工业和信息化部"十二五"规划教材
"十二五"国家重点图书出版规划项目

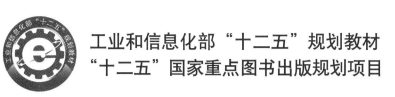

现代电化学表面处理专论

The Monograph of Modern Electrochemical Surface Treatment

● 杨培霞 张锦秋 王殿龙 安茂忠 编著

哈尔滨工业大学出版社
HARBIN INSTITUTE OF TECHNOLOGY PRESS

内 容 简 介

本书系统地介绍了复合镀技术、纳米电镀技术、电子电镀技术、电沉积泡沫金属、微弧氧化技术、电化学微加工技术、电化学方法制备功能材料薄膜等国内外现代电化学表面处理技术的原理、最新进展及其在现代高新技术产业中的应用。

本书不仅可以作为电化学专业学生的教材,也可以作为相关专业的科研与工程技术人员了解现代电化学表面处理技术的参考书。

图书在版编目(CIP)数据

现代电化学表面处理专论/杨培霞等编著. —哈尔滨:哈尔滨
工业大学出版社,2016.10
ISBN 978 - 7 - 5603 - 5722 - 5

Ⅰ.①现… Ⅱ.①杨… Ⅲ.①电化学—金属
表面处理 Ⅳ.①TG17

中国版本图书馆 CIP 数据核字(2015)第 274585 号

策划编辑 王桂芝
责任编辑 何波玲
出版发行 哈尔滨工业大学出版社
社 址 哈尔滨市南岗区复华四道街 10 号 邮编 150006
传 真 0451 - 86414749
网 址 http://hitpress.hit.edu.cn
印 刷 哈尔滨市工大节能印刷厂
开 本 787mm×1092mm 1/16 印张 19.75 字数 474 千字
版 次 2016 年 10 月第 1 版 2016 年 10 月第 1 次印刷
书 号 ISBN 978 - 7 - 5603 - 5722 - 5
定 价 48.00 元

(如因印装质量问题影响阅读,我社负责调换)

前　言

金属表面处理技术涉及国民经济的各行各业,在工业生产中占据着重要的地位。金属表面处理方法的特点是种类繁多,电化学表面处理技术是其中重要的方法之一。随着现代科学技术和工业的快速发展,对各种材料的表面性能提出了更高的要求,不仅要有好的耐蚀性和装饰性,还要具有各种各样的功能性,如耐磨性、润滑性、耐高温性、导电性、可焊性、磁性和光电性能等。因此,传统表面处理技术在不断地推陈出新,形成了一些新的电化学表面处理方法。

本书作者长期从事电化学表面处理方面的科研工作,为大力推动电化学表面处理技术的学习和应用,开设了"现代电化学表面处理专论"研究生课程,主要讲授现代电化学表面处理方法的基本理论及工艺,但一直没有合适的相关教材。此次作者结合自己的科研工作成果及多年的教学经验,撰写了本书。希望本书的面世能对扩大读者表面处理技术领域的知识面,提高解决实际工程问题的能力有所帮助。

全书共分9章:第1章金属表面处理技术概述,主要介绍金属表面处理技术的分类、方法及发展趋势;第2章复合镀原理、技术与应用,主要介绍复合镀的基本原理、复合镀和化学复合镀技术及应用;第3章纳米电镀技术,主要介绍纳米镀层的形成机制、纳米电镀的方法和原理、纳米电镀工艺及应用;第4章电子电镀技术,主要介绍印制板电镀技术、集成电路互连线电镀技术、引线框架电镀技术、电子连接器电镀及微波器件电镀的原理和工艺方法;第5章电沉积泡沫金属,主要介绍电沉积泡沫金属的工艺、连续电沉积泡沫金属的电流密度控制、单级和多级电沉积模型、影响泡沫金属DTR的电化学因素分析及电沉积泡沫金属的应用;第6章微弧氧化技术,主要介绍微弧氧化技术的基本原理、设备及工艺;第7章电化学微加工技术,主要介绍微细电解加工和微细电铸加工的原理、控制方法及应用;第8章电化学方法制备功能材料薄膜,主要介绍电沉积方法制备磁性材料薄膜、磁光记录介质薄膜、电致变色氧化物薄膜、高临界温度超导薄膜、金属化合物半导体薄膜、梯度功能材料薄膜和储氢材料;第9章现代镀层分析方法,主要介绍几种镀层表面形貌观察、结构分析、成分分析及现代原位分析方法。

本书由杨培霞、张锦秋、王殿龙、安茂忠共同撰写,具体分工如下:第1章由安茂忠撰写,第2、3、5章由王殿龙撰写,第4、6章由张锦秋撰写,第7、8、9章由杨培霞撰写,博士生潘晓娜、任雪峰、刘安敏、王冲、卢俊峰、苏彩娜等人也参与了部分章节的数据处理及文字整理工作,全书由杨培霞统稿。本书在撰写过程中参阅了大量的国内外相关文献,在此对相关文献的作者表示感谢。

限于作者水平,书中难免存在疏漏及不妥之处,敬请读者批评指正。

作　者
2015 年 9 月

目　　录

第 1 章　金属表面处理技术概述

1.1　金属表面处理技术的定义、特点及应用

金属表面处理技术是指用物理或化学方法,对金属表面进行加工,以达到改善、提高或赋予表面特殊物理、化学、机械等性能的处理方法。

金属表面处理技术的主要特点是种类繁多,用途广泛。其共同特点是在金属表面形成覆盖层或转化层,这层表面层不改变基体本身的性质,但能够显著改变其表面性能,从而提高制品的使用性能或质量品质。

金属表面处理技术的用途,归纳起来主要包括:

(1)提高金属表面对各种腐蚀环境的抗腐蚀能力

提高抗腐蚀能力常用的表面处理技术有电镀、化学镀、热浸镀(热镀)、渗镀(扩散处理)、热喷涂、物理气相沉积、化学气相沉积、搪瓷、涂装和化学转化处理等。例如,为提高抗大气腐蚀性能,出现了热镀锌钢板;为适应含酸性食品及含硫气氛,出现了电镀锡钢板;电视塔上的热喷涂构件;高速公路护栏采用的热喷镀铝钢板;对于化工反应釜,往往进行搪瓷处理;对于汽车、金属家具的装饰件,往往采用表面涂装。此外,用于飞机燃烧室的热喷涂 $CoCrAlY-MgO-ZrO_2$ 涂层、涡轮机叶片上的等离子喷焊 $NiCrAlY-Cr_2O_3$ 涂层等既具有良好的抗腐蚀性能,又具有优良的抗高温氧化性能和抗磨损性能。

(2)提高金属表面的抗磨损性能

提高金属表面的抗磨损性能常用的方法有电镀、刷镀、化学镀、物理气相沉积、化学气相沉积、热喷涂和热扩散处理等。例如,在轧辊上电镀硬铬镀层;在塑料模具表面刷镀半光亮镍镀层;在切削工具的刃口上,采用离子镀氮化钛层;对于高精度传动齿轮和轴,往往进行渗氮处理;在机械零、部件表面进行化学镀镍处理、复合电镀镍—碳化硅复合层和镍—金刚石复合镀层;在犁、耙等农业机械上常采用渗硼处理的钢材;对于飞机燃油泵转子等元件,采用等离子喷涂 $WC-Co$ 涂层;对于火箭喷嘴,采用等离子喷涂 $SiC-Si$ 涂层。

(3)在金属表面形成各种花纹、图案与色彩

常用的表面处理技术有喷砂、机械磨削、机械抛光、化学抛光、电化学抛光、化学腐蚀、电化学腐蚀、电镀、涂装、化学转化处理和物理气相沉积等。例如,不锈钢表面的镜面抛光、丝纹化、刻花、彩色处理等,应用非常广泛;对于铝合金,阳极氧化处理后,进行着色或涂装;对于钢板、钢铁零部件,采用彩色涂装、电镀仿金层、电镀黑镍层、电镀黑铬层等装饰性处理;钟表、手表壳体表面,往往采用离子镀金色氮化钛层;对于电镀锌制品,常采用表面彩色钝化来进行装饰和防护处理。

(4)修补金属表面的缺陷与磨损

修补金属表面的缺陷与磨损常用的表面处理技术有热喷涂、电镀和刷镀等。热喷涂在

航空航天工业中已广泛用于航空器材和飞机零部件的修补,如压缩机转子、气封、透平叶片楔形筒、燃料喷嘴、导弹挂钩以及火箭滑轨等的修复;在其他工业部门,也已普遍采用热喷涂技术修复磨损件。刷镀是修补金属表面磨损比较廉价的手段,特点是设备简单,操作灵活,适于野外和现场修复,特别是对于大型、精密设备的现场不解体修复更具有独特的优点。目前,刷镀技术已广泛用于加工超差件以及工件表面磨损、凹坑和斑蚀等缺陷部位的修复。当用反向电流时,刷镀机还可用于去毛刺和金属的刻蚀。

(5)赋予金属表面各种特殊功能

这方面的应用涉及面非常广。例如,不锈钢经渗硼处理后,可具有良好的核辐射屏蔽能力,常用作反应堆的屏蔽材料;在钢铁、铜基体表面上电镀一层银层或金层,可使其导电性、导热性大幅提高,常用于电子元器件;电镀铅锡合金镀层可用作轴承的减磨层;锡和铅锡合金镀层可用于提高电子元器件铜引线的可焊性;磷酸盐转化膜可用于提高钢丝在拉拔加工时的润滑性能等。

1.2　金属表面处理技术简介

1.2.1　金属表面处理技术的分类

金属表面处理技术的分类方法较多,比较常用的分类方法如下:

(1)按表面层种类分类

按照这种分类方法,可分为:

①无覆盖层技术。基体表面经过化学预处理、精整或热加工硬化,仅改变金属表面应力或组织状态,不改变基体表面成分。

②金属覆盖层技术。采用电镀、热喷涂、表面合金化或热浸、包覆、气相沉积等方法,在基体表面覆盖一层薄金属、合金或金属基复合材料层。

③有机覆盖层技术。主要是通过涂装在金属表面形成有机涂层,在金属表面覆盖一层塑料、橡胶层等也属于这类处理技术。

④无机覆盖层技术。在基体表面进行搪瓷处理,覆盖水泥、陶瓷等。

⑤转化膜技术。钢铁、锌、铝、镁、钛等金属及其合金,经化学或电化学处理后形成金属化合物薄膜,包括氧化物转化膜、磷酸盐转化膜、铬酸盐转化膜等。

(2)按表面层功能特性分类

按照这种分类方法,可分为:

①表面装饰技术。在金属表面获得不同的光亮度、色泽、花纹的组合,使其外观精美,多样化,增加美感与耐用性。

②防腐蚀技术。经过处理后,金属的耐大气腐蚀、耐海水腐蚀、耐化学介质腐蚀性能显著提高。

③耐磨损技术。经过处理后,基体的耐腐蚀磨损、微动磨损、磨粒磨损性能得以提高,有的还具有抗擦伤咬死、减摩自润滑、可磨耗密封等功能。

④热功能技术。经过处理后,可赋予基体耐热、抗高温氧化、热绝缘、抗热辐射、高温密封等功能。

　　⑤光、电、磁功能技术。经过处理后,可赋予基体特殊的反光、消光、吸光、超导、导电、绝缘、半导体、电磁屏蔽等特性。

　　⑥其他特殊功能技术。除以上功能外,还有具有吸波、红外反射、太阳能吸收、辐射屏蔽、催化、生物功能等多种多样的处理技术。

　　(3)按工艺方法分类

　　按照这种分类方法,可分为:

　　①电化学方法。利用电极反应,在金属基体表面形成镀覆层,如电镀、阳极氧化等。

　　②化学方法。利用化学物质的相互作用,在金属基体表面形成镀覆层,如化学镀、表面转化处理等。

　　③热加工法。利用高温条件下材料熔融或热扩散,在基体表面形成镀层、渗层,如热浸镀、表面合金化等。

　　④真空方法。利用材料在高真空条件下汽化或受激离子化形成表面镀覆层,如真空蒸镀、溅射镀、离子镀等。

　　⑤其他物理方法,如机械镀、涂装、激光表面加工等。

　　(4)按作用原理分类

　　按照这种分类方法,可分为:

　　①原子沉积技术。沉积物以原子、离子、分子和粒子基团等原子尺度的粒子形态在材料表面沉积形成外加覆盖层,如电镀、物理气相沉积、化学气相沉积等。

　　②颗粒沉积方法。沉积物以宏观尺度的颗粒形态在材料表面形成覆盖层,如热喷涂、粉末涂装等。

　　③整体覆盖方法。这类方法包括包覆、黏结、浸镀、涂刷、堆焊等。

　　④改性处理方法。这类方法包括化学转化、离子注入、离子渗、扩散渗、激光表面处理、热加工相变硬化、表面机械处理强化(喷丸、滚压)等。

1.2.2　常用金属表面处理技术简介

1.表面化学法预处理

　　表面化学法预处理方法主要包括溶剂清洗、碱洗、碱蚀、酸洗、酸蚀、乳化液清洗、化学抛光、电解抛光等。这些处理方法的主要用途是:清洁表面(去油、去锈、去氧化皮等);满足金属表面光亮、粗化或其他要求;使金属表面均一化。

　　(1)溶剂清洗

　　溶剂清洗又称为有机溶剂除油,其目的是除去金属表面的油污,使后续工艺得以顺利进行。溶剂清洗所使用的溶剂,主要包括石油溶剂(汽油、煤油、石油醚等)、芳烃溶剂(甲苯、二甲苯等)、卤代烃(二氯乙烷、三氯乙烯、四氯化碳等)等。

　　(2)碱洗与碱蚀

　　碱洗又称为化学除油或化学脱脂,其目的是增强表面防护层与基体的附着力,保证涂覆层不脱落、不起泡。碱洗液的组成主要包括氢氧化钠、碳酸钠、磷酸三钠、硅酸钠等。

　　碱蚀主要是针对两性金属,如铝、锌及其合金。碱蚀的目的是除去金属表面的氧化膜或形成特殊图案。碱蚀剂主要使用氢氧化钠。

（3）酸洗

酸洗也称为酸蚀,其目的是除去金属表面的锈蚀产物,使表面清洁。酸洗液的主要成分是强酸,包括盐酸、硫酸、硝酸、氢氟酸及其混合酸。

（4）乳化液清洗

乳化液清洗也称为表面活性剂清洗,其目的也是除去金属表面的油污,但只能除去金属表面的轻微油污,若油污过重,需要进行粗除油后再进行乳化液清洗。乳化液的主要成分是表面活性剂,包括阳离子表面活性剂、阴离子表面活性剂和非离子表面活性剂等。

（5）化学抛光

化学抛光是利用酸、碱等化学试剂对金属表面凹凸不平的区域进行选择性溶解,以消除磨痕、麻点、孔洞等的一种整平方法。化学抛光的特点是设备简单,可以处理形状比较复杂的零件。但化学抛光的质量不如电解抛光,所用溶液的调整和再生比较困难,在操作过程中易散发出大量有害气体,对环境污染非常严重。对于钢铁件来说,化学抛光液的主要成分是磷酸、硝酸、硫酸等。

（6）电解抛光

电解抛光是以被抛工件为阳极、不溶性金属为阴极,通以直流电,通过电解反应有选择性地进行溶解,从而达到除去工件表面细微毛刺和提高光亮度的方法。电解抛光的优点是表面不会产生变质层,适于复杂形状零件的加工,抛光时间短,生产效率高;其缺点是电解液通用性差,使用寿命短,有强腐蚀性。不同的金属,需使用不同的抛光液,对于钢铁件来说,电解抛光液的主要成分是磷酸、硫酸和铬酐。

2. 表面机械法精整

表面机械法精整方法主要包括喷砂、喷丸、磨光、抛光、滚光、刷光等。这些处理方法的主要用途是:清除金属表面的杂质;使金属表面均一化或粗糙化;强化金属表面。

（1）喷砂

喷砂是用净化的压缩空气将砂流强烈地喷到零件表面,以达到消除零件表面的毛刺、氧化皮及铸件表面的熔渣等缺陷的处理方法。影响喷砂效果的因素有砂粒的种类及尺寸、空气压力、砂流与零件表面的角度等。

（2）喷丸

喷丸与喷砂基本相同,只是将砂粒换成钢丸、玻璃丸、陶瓷丸等。喷丸除具有表面消光、去氧化皮和消除残余应力的效果外,还具有提高零件机械强度、耐磨、抗疲劳和耐腐蚀等的效果。

（3）磨光

磨光是由磨光机上带有磨料的高速旋转的磨轮完成的,具有切削刀刃的磨料用胶粘在磨轮上,与工件接触可起到磨光的作用。磨光的目的是磨平金属粗糙表面,并除去毛刺、氧化皮、锈及砂眼、沟纹、气泡等。

（4）抛光

抛光是由抛光机上的抛光轮完成的。抛光机与磨光机相似,但转速更高,借助抛光轮纤维及抛光膏的作用达到抛光效果。抛光的目的是消除金属表面的微观不平,并使其具有镜面般的外观。

（5）滚光

滚光是将零件与磨料一起放入滚桶内，通过滚动进行磨光处理。为提高滚光效果，有时还向滚桶中加入酸、碱等。滚光适合于大批量、小零件的处理。

3. 热加工相变硬化

热加工相变硬化方法主要包括火焰加热硬化、激光淬火、电子束表面硬化等。这些处理方法的主要用途是提高金属表面的硬度与耐磨性（不改变基体表面的化学成分）。

（1）火焰加热硬化

火焰加热硬化也称为火焰加热表面淬火，它是利用氧－乙炔气体或其他可燃气体（如天然气、焦炉煤气、石油气等）以一定比例混合进行燃烧，形成强烈的高温火焰，将零件迅速加热至淬火温度，然后急速冷却（冷却介质最常用的是水，也可以用乳化液），使表面获得要求的硬度和一定的硬化层深度，而基体保持原有组织的一种表面淬火方法。火焰加热表面淬火的特点是火焰加热的设备简单、使用方便、投资低；火焰加热温度高、加热快、时间短，因而热由表面向内部传播的深度较浅，所以最适合于处理硬化层较浅的零件；处理后表面清洁、无氧化、脱碳现象，同时零件的变形也较小。

（2）激光淬火

激光淬火的功率密度高，冷却速度快，不需要水或油等冷却介质，是清洁、快速的淬火工艺。与感应淬火、火焰淬火、渗碳淬火工艺相比，激光淬火层均匀，硬度高，工件变形小，加热层深度和加热轨迹容易控制，易于实现自动化。激光淬火前后工件的变形几乎可以忽略，因此特别适合于高精度要求的零件的表面处理。

（3）电子束表面硬化

电子束表面硬化是利用电子束轰击金属工件表面，使表面加热到相变温度以上，然后快速冷却而产生马氏体相变强化的处理方法。电子束表面硬化比较适合于碳钢、中碳低合金钢、铸铁等材料的表面强化。

4. 热化学（扩散）表面改性

热化学（扩散）表面改性方法主要包括渗碳、渗氮、碳氮共渗、渗硫、渗硼、多元共渗、渗金属及复合渗、热浸、激光表面合金化等。这些处理方法的主要用途是提高金属表面的耐蚀性、耐热性、耐磨性及抗疲劳性能。

（1）渗碳

渗碳是指使碳原子渗入到钢表面层的处理方法。通过渗碳处理，可使低碳钢工件具有高碳钢的表面层，再经过淬火和低温回火，使工件表面层具有高硬度和良好的耐磨性，而工件的中心部分仍然保持着低碳钢的韧性和塑性。适于渗碳的材料一般为低碳钢或低碳合金钢（碳的质量分数小于 0.25%）。渗碳后，钢件表面的化学成分可接近高碳钢的成分。渗碳工艺广泛应用于飞机、汽车和拖拉机等的机械零件，如齿轮、轴、凸轮等。

（2）渗氮

渗氮是在一定温度下、一定介质中使氮原子渗入工件表层的化学热处理工艺。常见的有液体渗氮、气体渗氮和离子渗氮。传统的气体渗氮是把工件放入密封容器中，通以流动的氨气并加热，保温一段时间后，氨气热分解产生活性氮原子，并不断吸附到工件表面，进一步扩散渗入工件表层，从而改变表面的化学成分和组织，获得优良的表面性能。

（3）碳氮共渗

碳氮共渗是在铁－氮共析转变温度以下，使工件表面在主要渗入氮的同时也渗入碳的方法。碳渗入后形成的微细碳化物能促进氮的扩散，加快高氮化合物的形成，这些高氮化合物反过来又能提高碳的溶解度，碳、氮原子相互促进便加快了渗入速度。此外，碳在氮化物中还能降低脆性，碳氮共渗后得到的化合物层韧性好、硬度高、耐磨、耐蚀、抗咬合。

（4）热浸

热浸又称为热浸镀或热镀，是将金属工件浸入熔融金属中获得金属镀层的方法。钢铁材料是热浸镀的主要基体材料，因此作为镀层材料的金属的熔点必须比钢铁的熔点低得多，常用的镀层金属有锌、铝、锡、铅等。热浸镀过程中，被镀金属基体与镀层金属之间通过溶解、化学反应和扩散等方式形成冶金结合的合金层。与电镀、化学镀相比，热浸镀可获得较厚的镀层，其耐腐蚀性能大大提高。

（5）激光表面合金化

激光表面合金化是利用激光束与金属表面的相互作用，在金属表面发生物理、冶金和化学变化，以达到表面强化的处理方法。该技术的特点是能在金属表面形成各种金属元素组成的合金层，还可对零件需要强化的部位进行局部处理。可用于激光表面合金化的基体除钢铁外，还包括铝合金、钛合金、铜合金、镍合金等，添加的合金元素有 Ni，Cr，W，Ti，Co，Mn，Mo，B 等。

5. 化学法镀覆与化学法转化

化学法镀覆方法主要包括化学镀、溶胶－凝胶等。化学法转化方法主要包括磷酸盐处理（磷化）、铬酸盐处理（钝化）、草酸盐处理、钢铁的氧化（发蓝）等。这些处理方法的主要用途是：赋予金属表面防护－装饰性能；改善材料表面的耐磨性能；适于金属冷变形加工润滑。

（1）化学镀

化学镀是一个氧化还原过程，它是靠适当的还原剂使金属离子还原成为金属而沉积在制品表面上的方法。与电镀相比，化学镀具有以下特点：适用于各种基体，包括金属、半导体、非金属等；镀层厚度均匀，与零件的几何形状无关；镀层的化学、机械、磁性能等良好（孔隙少、致密、硬度高）；不需要电镀设备。可进行化学镀的金属有 Ag，Au，Fe，Ni，Co，Cu，Sb，Pd 及其合金等，但目前仍以化学镀 Cu、化学镀 Ni 应用最为普遍。

（2）溶胶－凝胶

溶胶－凝胶法是一种条件温和的材料制备方法。溶胶－凝胶法是以无机物或金属醇盐作为前驱体，在液相时将这些原料混合均匀，并进行水解、缩合反应，在溶液中形成稳定的透明溶胶体系，溶胶经陈化、胶粒间缓慢聚合形成三维空间网络结构的凝胶，凝胶网络间流动性溶剂失去后形成凝胶。凝胶经过干燥、烧结固化制备出分子乃至纳米结构的材料。溶胶－凝胶技术在玻璃、氧化物涂层和功能陶瓷粉料，尤其是传统方法难以制备的复合氧化物材料、高临界温度氧化物超导材料的合成中均得到成功应用。溶胶－凝胶法与其他方法相比具有许多独特的优点：可以在很短的时间内获得分子水平的均匀性，在形成凝胶时，反应物之间很可能是在分子水平上被均匀地混合；可以容易、均匀、定量地掺入一些微量元素，实现分子水平上的均匀掺杂；反应温度较低；可制备各种新型材料。

（3）磷化

磷化是将金属零件浸入含有磷酸盐的溶液中进行化学处理，并在零件表面生成一层难溶于水的磷酸盐保护膜的方法。黑色金属(包括铸铁、碳钢、合金钢等)和有色金属(包括锌、铝、镁、铜、锡及其合金等)均可进行磷酸盐处理,目前磷化处理主要用于钢铁材料的处理。磷化液的种类繁多,但大多采用含 Zn,Mn,Fe 等的磷酸盐的溶液。磷化膜的颜色随基体材料及磷化工艺的变化而变化,常由暗灰色到黑灰色。磷化膜的主要成分是磷酸盐和磷酸氢盐。

(4)钝化

钝化是一种大幅度提高金属工件耐腐蚀能力的简便易行、费用较低的工艺方法,在工业上应用很广泛。钝化是通过钝化液与金属的化学反应,把活泼金属表面变成惰性表面的过程,从而阻止外界有破坏性的物质与金属表面发生反应,达到延长生锈时间的目的。金属经过钝化处理后,会在金属表面生成一种非常致密、覆盖良好、牢固附着的钝化膜,可起到提高金属耐蚀性、有效保护金属的作用。钝化处理主要用于锌及锌合金、铝及铝合金、铜及铜合金、不锈钢等。

(5)发蓝

发蓝是指钢铁材料的化学氧化处理,氧化过程是在氧化剂存在下、在一定温度的碱液中进行的,结果使钢铁制品表面生成一层均匀的蓝黑色到黑色的磁性氧化铁(Fe_3O_4)转化膜层。该膜层的颜色取决于零件的表面状态、材料的成分和氧化处理的工艺条件。发蓝的特点:是提高钢铁材料防腐能力的一种简便而又经济的工艺技术;氧化膜的厚度一般只有 $0.5 \sim 1.5 \, \mu m$,不会影响零件的精度;氧化膜具有较好的吸附性能,将膜层浸油或其他处理,其抗蚀能力大大提高;氧化膜还具有一定的弹性和润滑性,不会产生氢脆,但耐磨性较差。发蓝常用于机械、精密仪器、仪表、武器和日用品的防护－装饰,也适用于弹簧钢、钢丝及薄钢片等零件的处理。

6.电镀

电镀是金属表面处理的主要方法之一。电镀方法主要包括常规单金属电镀、复合电镀、合金电镀、脉冲电镀、高速电镀、电子电镀、纳米电镀、电刷镀、激光电镀等。这些处理方法的主要用途是:赋予金属表面防护－装饰性能;提高材料表面的减摩性能、耐磨性能等;制备特殊功能的金属覆盖层(光、电、磁、可焊性等)。

(1)复合电镀

复合电镀是通过电镀或化学镀方法,在普通镀液中添加不溶性的固体微粒(包括氧化物、高分子材料或金属微粒等)并使之分散均匀,在金属离子还原沉积的同时,将不溶性固体微粒均匀或呈梯度分布夹杂到金属镀层中的电化学过程。这种制备复合材料膜层的方法也称为弥散镀、分散镀、镶嵌镀,所形成的复合镀层是金属相连续、固体微粒相不连续的金属基复合材料。复合镀包括复合电镀和化学复合镀。

(2)合金电镀

合金电镀是利用电化学方法使两种或两种以上的金属(包括非金属)共沉积的过程,形成的镀层即为合金镀层。不管金属在镀层中存在的形式和结构如何,只要它们结晶致密,凭肉眼不能区别开来,均可称为合金镀层。一般来说,合金镀层中各组分含量应在 1%(质量分数)以上,但有些特殊的合金镀层,如镉钛、锌钛、锡铈等,钛或铈的含量虽然低于 1%(质量分数),但由于对合金镀层的性能影响很大,通常也称为合金镀层。合金镀层相对于组成合金的各单金属具有更加优异的性能,如耐蚀性、耐磨性、装饰性等。

（3）电子电镀

用于电子产品制造的电镀技术称为电子电镀。根据电子产品的不同,电子电镀可分为印制板电镀、微波器件电镀、接插件电镀、线材与引线框架电镀、磁性材料电镀、IC电镀、芯片电镀、整机电镀等。电子电镀在电子产品中应用广泛,且起着极其重要的作用。电镀不仅是电子产品中某一零件加工的需要,而且对整套设备有至关重要的作用。电镀质量、电镀层性能决定了电子产品的防护性、装饰性和功能性。

（4）纳米电镀

纳米电镀是利用电镀方法制备纳米材料或纳米材料镀层的方法。纳米材料是指在三维空间中至少有一维处于1～100 nm尺度范围的材料及其构成的宏观材料。其中,零维纳米材料是指三维均在纳米尺度的纳米团簇;一维纳米材料指在二维方向上为纳米尺度、长度为宏观尺度（微米量级以上）的纳米材料,如纳米线、纳米管等;二维纳米材料是指一维（厚度）为纳米尺度的纳米材料,如超薄膜、多层膜、石墨烯等;三维纳米材料是由零维、一维或二维纳米材料构成的宏观纳米材料,如纳米陶瓷等。利用纳米电镀技术可以制备一维纳米线（管）、二维纳米薄膜和宏观纳米材料涂层。为实现纳米电镀,可采用直流电镀、脉冲电镀、喷射电镀、超声波辅助电镀和复合电镀等技术。此外,为获得纳米镀层,适当提高电流密度、加入一定的有机添加剂也是必要的。纳米晶镀层往往具有优异的耐磨性、耐蚀性、磁性能和催化性能,因此有着广泛的应用前景。

（5）电刷镀

电刷镀是不用镀槽,而用浸有专用镀液的镀笔与镀件做相对运动,通过电解而获得镀层的电镀过程。电刷镀的特点是设备简单、工艺灵活,用同一套设备可以在不同基材上镀覆不同的镀层,可现场流动作业,镀速快、耗电量小。电刷镀必须采用专用的直流电源设备,将浸有镀液的镀笔接电源的正极,工件接电源的负极,手持进行电镀。电刷镀的设备主要包括专门用作刷镀的直流电源、刷镀笔和阳极等。

7. 电铸

电铸与电镀有相同的工作原理,不同的是电铸得到的膜层比电镀层更厚一些。电铸方法主要包括电铸镍、电铸铜等。电铸的主要目的是制取金属复制品,这不属于表面处理范畴。但是,电铸用于金属零件的尺寸修复则属于表面处理技术范畴。

8. 阳极氧化与着色

阳极氧化方法主要包括铝及铝合金的阳极氧化、镁及镁合金的阳极氧化、钛及钛合金的阳极氧化等,它们的氧化膜可进一步经化学处理得到各种不同的色彩,这即是着色。这些处理方法的主要用途是:赋予金属表面防护－装饰性能;提高材料表面的减摩性能、耐磨性能;制备特殊功能的薄膜（耐热、绝缘、太阳能吸收等）。

与阳极氧化具有相似工作原理的表面处理技术,还有微弧氧化技术和电解加工技术。

（1）微弧氧化

微弧氧化又称为等离子体电解氧化、阳极火花沉积、火花放电阳极氧化或等离子体增强电化学表面微弧氧化。微弧氧化是在普通阳极氧化的基础上,将 Al,Mg,Ti,Zr,Ta,Nb 等金属及其合金（统称为阀金属）置于电解液中,施加高电压使基体表面产生火花或微弧放电,从而形成金属氧化物陶瓷膜的一种表面改性技术。

（2）电解加工

电解加工是特种加工的一个重要分支，已成为一种较为成熟的特种加工工艺。电解加工是指通过电化学反应，从金属工件上去除或在工件上镀覆金属材料，以达到获得特殊形状的特种加工技术。与机械加工相比，电解加工不受材料硬度、强度、韧性的限制，具有高度的仿真性。电解加工表面无变质层、无残余应力、粗糙度小、无裂纹。电解加工成本相对较低，生产效率高，这些特点是其他微细加工方式所不具备的。

9. 涂装

涂装是用涂料均匀地施展在基体表面形成均匀覆盖层的整个工艺过程。涂料是一种有机高分子胶体混合物（液体或固体），将其涂覆到基体表面后，通过化学或物理变化能形成一层坚韧的薄膜（即涂层）。涂装方法主要包括浸涂、淋涂、辊涂、电泳涂装、自泳涂装、静电喷涂、空气喷涂、流化床涂覆等。涂装的主要用途是：赋予金属装饰效果；提高金属表面的耐蚀性；制备特殊功能的有机涂层（隔音、减震、隔热、耐油、防火、电绝缘、防污等）。

10. 热喷涂

热喷涂是将熔融状态的喷涂材料，通过高速气流使其雾化喷射在零件表面上形成喷涂层的一种表面加工方法。热喷涂方法主要包括火焰喷涂、电弧喷涂、等离子喷涂、爆炸喷涂、粉末等离子堆焊等。这些处理方法的主要用途是制备耐蚀、耐磨、减摩、隔热、导电、绝缘等多种功能性涂层。

（1）火焰喷涂

火焰喷涂是以火焰为热源，将金属与非金属材料加热到熔融状态，在高速气流的推动下形成雾流喷射到基体上沉积形成涂层的过程。按喷涂材料的形态，可以将火焰喷涂分为丝材火焰喷涂、粉末火焰喷涂、棒材火焰喷涂等；按喷涂火焰流的形态，又可将火焰喷涂分为普通火焰喷涂、超音速火焰喷涂、气体爆燃式火焰喷涂等。

（2）电弧喷涂

电弧喷涂是利用燃烧于两根连续送进的金属丝之间的电弧来熔化金属，用高速气流把熔化的金属雾化，并对雾化的金属粒子加速使它们喷向工件表面形成涂层的过程。电弧喷涂是钢结构防腐蚀、耐磨损和机械零件维修等实际应用中最普遍使用的一种热喷涂方法。电弧喷涂系统一般由喷涂专用电源、控制装置、电弧喷枪、送丝机及压缩空气供给系统等组成。

（3）等离子喷涂

等离子喷涂是采用由直流电驱动的等离子电弧作为热源，将陶瓷、合金、金属等材料加热到熔融或半熔融状态，并以高速喷向经过预处理的工件表面而形成附着牢固的表面涂层的方法。

（4）爆炸喷涂

爆炸喷涂是在特殊设计的燃烧室里，将氧气和乙炔气按一定比例混合后引爆，使料粉加热熔融并使颗粒高速撞击在零件表面形成涂层的方法。爆炸喷涂的最大特点是粒子飞行速度高、动能大，所以爆炸喷涂的涂层与基体结合牢固，涂层致密、气孔率低，涂层表面粗糙度低。爆炸喷涂可喷涂金属、金属陶瓷及陶瓷材料等。

（5）粉末等离子堆焊

粉末等离子堆焊是以等离子弧作为热源，应用等离子弧产生的高温将合金粉末与基体金属表面迅速加热并一起熔化、混合、扩散、凝固,等离子束离开后自动冷却形成一层高性能的合金层,从而实现零件表面的强化与硬化的堆焊工艺过程。

11. 物理气相沉积

物理气相沉积是在真空条件下,采用物理方法,将材料源——固体或液体表面汽化成气态原子、分子或部分电离成离子,并通过低压气体(或等离子体)作用,在基体表面沉积具有某种特殊功能的薄膜的技术。物理气相沉积的主要方法有真空蒸镀、溅射镀膜、离子镀膜等。物理气相沉积技术不仅可沉积金属膜、合金膜,还可以沉积化合物、陶瓷、半导体、聚合物膜等。这些处理方法的主要用途是制备装饰性、耐磨性、耐蚀性及具有光、电、磁等功能特性的薄膜。

(1)真空蒸镀

真空蒸镀是在真空条件下,使金属、合金或化合物蒸发,然后沉积在基体表面上成膜的过程。蒸发常用电阻加热、高频感应加热,也有用电子束、激光束、离子束等高能束轰击镀料的加热方法。

(2)溅射镀

溅射镀是在充氩气的真空条件下,使氩气辉光放电电离出 Ar^+,Ar^+ 在电场力作用下加速轰击以镀料制作的阴极靶材,靶材会被溅射出来而沉积到工件表面。如果采用直流辉光放电,则称为直流溅射;射频辉光放电引起的称为射频溅射;磁控辉光放电引起的称为磁控溅射。

(3)离子镀

离子镀是在真空条件下,采用某种等离子体电离技术,使镀料原子部分电离成离子,同时产生许多高能量的中性原子,在被镀基体上加负偏压,这样在深度负偏压的作用下,离子就会沉积于基体表面形成薄膜。

12. 化学气相沉积

化学气相沉积是一种气相下制备材料的有效方法,它是把一种或几种含有构成薄膜元素的化合物、单质气体通入放置有基材的反应室中,借助空间气相化学反应在基体表面上沉积出固态薄膜的工艺技术。化学气相沉积方法主要包括常压化学气相沉积、低压化学气相沉积、激光化学气相沉积、金属有机化合物化学气相沉积、等离子体化学气相沉积等。这些处理方法的主要用途是制备耐热、耐磨、耐蚀、抗氧化的固态薄膜。

13. 离子注入

当真空中有一束离子束射向一块固体材料时,离子束把固体材料的原子或分子撞击出固体材料表面,这一现象称为溅射;而当离子束射到固体材料时,从固体材料表面弹回来,或者穿越固体材料,这一现象就称为散射;离子束射到固体材料以后,受到固体材料的抵抗而速度慢慢降下来,并最终停留在固体材料中,这一现象就称为离子注入。离子注入方法主要包括氮离子注入、等离子源离子注入、离子辅助镀膜等。这些处理方法的主要用途是制备金属成型刀具、模具表面的耐磨硬质涂层。

14. 缓蚀材料防锈

缓蚀材料防锈处理方法也属于表面处理的范畴,其主要方法包括水剂防锈、油脂防锈、气相防锈、可剥性塑料防锈、防锈切削液等。这些处理方法的主要用途是针对整机设备及机械基础件在运输、储存及加工工序间周转过程中的防锈。

15. 其他

除以上表面处理技术外,包覆、衬里、搪瓷涂覆、离心浇注、料浆喷涂等方法也可以归入表面处理技术中。

1.3　金属表面处理技术在国民经济中的地位与作用

金属表面处理技术涉及国民经济的各行各业,其在国民经济中发挥着越来越重要的作用,占据着重要的地位,具体表现在以下几个方面:

①金属表面处理技术是产品制造的关键技术,是保证产品质量的基础工艺技术。应用各种金属表面处理技术(单一或复合),可在金属表面得到成分、组织可控的金属、合金、陶瓷、金属陶瓷、无机化合物、有机化合物等多种保护层,可满足不同工况下服役与装饰性外观的需求,显著提高产品的使用寿命、可靠性与市场竞争能力。例如,使用环境比较恶劣的海洋平台、大型露天煤矿开采设施、冶金石化生产设备等,采用长效复合的保护技术进行处理,可保证这些设施在 5～10 年的使用周期内不产生锈蚀;机械行业大量使用的刀具、模具、泵类、轴承、阀门等,经过表面强化处理后,使用寿命普遍提高 3～5 倍;在航空发动机中,大约有 2 800 多个零件需要采用热喷涂技术等进行处理,涂覆层种类达四十余种。

②金属表面处理技术是节能、节材和挽回经济损失的有效手段。据不完全统计,机械制造中约有 1/3 的能源直接或间接地消耗于磨损、腐蚀引起的损失,世界钢产量的 1/10 损耗于锈蚀与其他腐蚀,腐蚀与磨损给国民经济造成的损失是非常惊人的。据英、美等国家的调查统计,国民生产总值的 2%～4%因腐蚀而损失,我国每年因腐蚀而造成的损失在 500 亿元以上,因磨损而造成的损失在 150 亿元以上。

采用有效的防护手段,至少可减少腐蚀损失 15%～35%,减少磨损损失 1/3 左右。此外,由于表面涂层很薄,往往用极少量的材料进行表面涂覆和改性就能够明显提高耐蚀、耐磨等性能,这对节约贵重材料,降低制造成本具有明显的经济效益。例如,对阀门、钻杆接头、输煤机槽板等进行等离子喷焊处理,可使其寿命提高 3～5 倍,每年节约钢材 6 000 余吨;对内燃机缸套/活塞环、凸轮/挺杆、轴/轴瓦等摩擦件进行表面处理后,可降低能耗 $\frac{1}{4}$～$\frac{1}{3}$,大修里程由 10 万 km 提高到 30 万 km 以上。

此外,对于磨损过的零件或加工超标的零件,可以利用热喷涂、电刷镀等技术进行修复,其使用寿命还会比原来更长。例如,对磨损了的模具、曲轴、导轨、缸套、箱体、轴承座、衬板等进行修复,均获得了极大的经济效益。

③金属表面处理技术为新技术的发展提供特殊材料。金属表面处理技术可为新技术、新装备的发展提供特殊的涂层材料。例如,采用热喷涂技术可以制备纤维增强复合材料、超导材料;采用电沉积技术、化学沉积技术、热喷涂技术可制备非晶态材料;利用电沉积技术、离子注入技术可制备电子材料;电子电镀技术是电子产品制造的关键环节;各种复层钢板,如塑料复层钢板、喷铝/锌复层钢板、热镀铝/锌复层钢板等均在装备制造中得到了广泛的应用。

1.4　金属表面处理技术的发展趋势

为保证可持续发展,降低成本、节约能源、节约资源、减少污染、提高性能等将是金属表面处理技术的主要发展方向。为实现这一发展目标,当前金属表面处理技术的发展趋势大致可归纳为:

(1)深入开展工程基础理论与表面测试技术的研究

材料的磨损、腐蚀、疲劳失效及表面功能失效均发生在表面、界面,表面改性、表面涂覆的原理与机理、过程、特性等也都与表面密切相关。因此,随着表面科学与表面检测评价技术的进步,表面研究手段也不断更新,研究内容也需不断深化。例如,在腐蚀与防护方面,应用交流阻抗、电化学噪声等方法,结合现代表面分析技术(XPS,AES,SIMS 等),研究腐蚀过程、缓蚀机理、钝化膜形成过程、涂层失效机制等;在摩擦学方面,应用现代表面分析技术,从原子、分子水平上研究摩擦、磨损和润滑机理,研究摩擦磨损表面化学效应;在功能薄膜技术方面,研究表面模型、表面膜生长机制、界面设计及膜层/结合材料/基体之间的相互作用。

(2)发展金属表面复合技术

单一的金属表面处理技术由于其本身的局限性,已不能完全满足产品对高性能、多功能的要求,而两种及两种以上的表面处理技术结合到一起却可以达到事半功倍的效果。例如,热喷涂与激光重熔复合,化学热处理与电镀复合,表面强化与喷丸强化复合,热喷涂、电沉积与有机涂装复合等。因此,开发不同材料、不同工艺的复合表面处理技术已成为当今金属表面处理技术领域的一个重要方面。

(3)在传统表面处理产业中引入高新技术

随着科学技术的进步,传统表面处理产业也应推陈出新,不断吸收机械、电子、光电、信息、自动化、计算机、新材料等领域的先进技术。例如,采用自动化、智能化设备可大大减轻操作工人的劳动强度,逐步实现无人操作;引入激光、电子束、离子束等新技术,发展高能束金属表面处理技术;采用高性能的有机聚合物及超微粒金属、陶瓷粉末制备高性能涂层等。

(4)发展金属表面处理清洁生产工艺

长期以来,世界各国对传统金属表面处理工艺的三废(废水、废气、废渣)处理技术进行了大量研究,已开发出了多种效果良好的三废处理技术,但这只是消极、被动的补救措施,不是治本之道。关于三废治理的正确做法是,变末端处理为全过程控制和预防,开发出从设计到制造及运行全过程的无环境污染、节约能源、资源能再生利用的清洁生产新工艺,这必将成为表面处理行业今后的主要发展趋势。例如,以物理气相沉积代替电镀,就可以实现无毒、无三废排放、快速、低温、高效的生产方式;在电镀生产中,以电镀 Ni−W 合金代替电镀硬铬、以无铬钝化代替铬酸盐钝化、以无氰电镀代替氰化物电镀等。

第2章 复合镀原理、技术与应用

复合镀是通过电镀或化学镀方法,在普通镀液中添加不溶性的固体微粒,包括氧化物、高分子材料或金属微粒等,并使之在镀液中分散均匀,在金属离子还原沉积的同时,将不溶性固体微粒均匀或呈梯度分布夹杂到金属镀层中的电化学表面加工方法。这种制备复合材料层的方法也称为弥散镀、分散镀、镶嵌镀,所形成的复合镀层是金属相连续、固体微粒相不连续的金属基复合材料层,如图 2.1 所示。复合镀包括复合电镀(或复合电沉积)和化学复合镀。

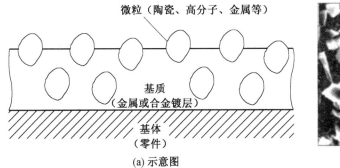

(a)示意图   (b)SEM 照片

图 2.1 复合镀层

复合镀层的种类繁多,可以按基质金属的种类和应用领域进行分类:

(1)按基质金属分类

按基质金属分类,复合镀层可分为镍基复合镀层、铜基复合镀层、银基复合镀层等。通过基体金属和分散微粒的不同组合,可以得到具有不同性能的复合镀层。表 2.1 是一些研究过的基质金属与分散相粒子的组合。

表 2.1 基质金属与分散相粒子的组合

基质金属	分散相粒子
Ni	金刚石,Al_2O_3,ZrO_2,SiC,TiC,WC,TiO_2,SiO_2,Cr_2O_3,ZrC,BN,ZrB_2,TiN,Si_3N_4,WS_2,PTFE,$(CF)_n$,石墨,MoS_2,CaF_2,$BaSO_4$,CdS,Cr,Mo,W
Cu	Al_2O_3,TiO_2,ZrO_2,SiO_2,SiC,TiC,WC,ZrC,B_4C,BN,PTFE,$(CF)_n$,MoS_2,WS_2,$BaSO_4$,石墨
Co	金刚石,Al_2O_3,Cr_2O_3,WC,ZrB_2,BN,Cr_3B_2
Cr	Al_2O_3,ZrO_2,TiO_2,SiO_2,SiC,WC,TiB_2
Fe	Al_2O_3,SiC,WC,PTFE,MoS_2

续表 2.1

基质金属	分散相粒子
Au	Al_2O_3，Y_2O_3，SiO_2，TiO_2，CeO_2，WC
Ag	Al_2O_3，TiO_2，SiC，BN，MoS_2，石墨
Zn	ZrO_2，SiO_2，TiO_2，Cr_2O_3，SiC，TiC，Cr_3C_2，Al
Cd	Al_2O_3，Fe_2O_3，B_4C
Pb	Al_2O_3，TiO_2，TiC，Si，Sb，B_4C
Ni—Co	Al_2O_3，SiC，Cr_3C_2，BN
Ni—Fe	Al_2O_3，Eu_2O_3，Cr_3C_2，SiC，BN
Ni—P	金刚石，Al_2O_3，Cr_2O_3，TiO_2，ZrO_2，SiC，Cr_3C_2，B_4C，PTFE，BN，CaF_2
Ni—B	金刚石，Al_2O_3，Cr_2O_3，SiC，Cr_3C_2

（2）按应用领域分类

按应用领域分类，复合镀层可分为防护－装饰性复合镀层、耐磨复合镀层、减磨复合镀层、自润滑复合镀层、耐高温复合镀层、光电材料的复合镀层等。

2.1　复合镀基本原理

影响复合镀的因素有很多，包括镀液组成、固体微粒性质（大小、形状、表面状态）、电极对固体微粒的吸附作用、镀液对流、重力等。其中，固体微粒在电极表面吸附是实现固体微粒与金属离子共沉积的关键。固体微粒在电极表面的吸附不同于分子、离子在电极表面的吸附，因为每个固体微粒都是镀液中独立存在的固相，电极和固体微粒表面都存在各自的电势、电荷分布。因此，固体微粒在电极表面的吸附既非化学键，也非范德瓦耳斯力，而主要源自于固体微粒与电极之间的静电作用。以下主要从固体微粒表面荷电状态分析入手，探讨固体微粒与电极的静电作用和在电极表面的吸附特征。

2.1.1　固体微粒在镀液中的荷电状态

1. 固体微粒对溶液中离子的特性吸附

研究发现，如果溶液中的离子能与固体微粒晶格点阵中的离子形成难溶或弱电离的化合物，则溶液中的该离子容易在固体微粒表面发生特性吸附。这是由特性吸附离子在固相和液相中的电化学势决定的，达到热力学平衡状态时，特性吸附离子在固相表面与液相中的电化学势相等，从而使固体微粒带电。例如，$AgNO_3$ 溶液中的 Ag^+ 容易吸附在 AgCl 颗粒表面，使 AgCl 颗粒带正电。但 AgCl 颗粒在浓度小于 10^{-4} $mol \cdot L^{-1}$ 的 $AgNO_3$ 溶液中也会带负电。溶液中的 Ag^+ 浓度影响 AgCl 颗粒带正电或负电，也就是说存在零电荷浓度。表 2.2 是几种固体微粒特性吸附的离子及零电荷浓度，由于电镀溶液中金属离子的浓度较高，特性吸附离子的浓度一般都高于零电荷浓度。

表 2.2　固体微粒特性吸附的离子及零电荷浓度

固体微粒	特性吸附离子	零电荷浓度
AgCl	Ag^+	$C_{Ag^+} = 10^{-4}$ mol·L^{-1}
Al_2O_3	H^+	pH＝9
AgI	Ag^+	$C_{Ag^+} = 10^{-5.6}$ mol·L^{-1}
$BaSO_4$	Ba^{2+}	$C_{Ba^{2+}} = 10^{-6.7}$ mol·L^{-1}
CaF_2	Ca^{2+}	$C_{Ca^{2+}} = 10^{-3}$ mol·L^{-1}

2. 固体微粒表面液层中的电荷分布

根据等势原理,固体微粒表面因特性吸附了溶液中的离子而带电,带电的固体微粒会在表面液层形成电场,吸引溶液中的异电荷离子和排斥同电荷离子。但由于热运动,会在固体微粒表面附近形成非电中性的液层,即分散层。分散层中正、负离子的分布规律同样取决于与热力学第二定律等价的等势原理,即达到热力学平衡状态时,分散层中的每种离子在各处的电化学势相等。

根据分散层中离子的等势原理,平衡状态时分散层各处某离子的电化学势应当与溶液本体该离子的电化学势相等,即

$$\overline{\mu_i} = \overline{\mu_i^0} \tag{2.1}$$

其中

$$\overline{\mu_i} = \mu_i^\theta + RT\ln a_i + z_iF\psi$$

$$\overline{\mu_i^0} = \mu_i^\theta + RT\ln a_i^0$$

式中　$\overline{\mu_i}$——分散层某处 i 离子的电化学势(i 代表溶液中的任何带电离子),J·mol^{-1};

　　　$\overline{\mu_i^0}$——溶液本体 i 离子的电化学势,J·mol^{-1};

　　　μ_i^θ——i 离子的标准化学势,J·mol^{-1};

　　　ψ——分散层某处的电势(相对溶液本体),V;

　　　a_i——分散层某处 i 离子的活度,mol·m^{-3};

　　　a_i^0——溶液本体 i 离子的活度,mol·m^{-3};

　　　z_i——i 离子所带的电荷;

　　　R——气体常数,8.31 J·mol^{-1}·K^{-1};

　　　T——绝对温度,K;

　　　F——法拉第常数,96 485 C·mol^{-1}。

由式(2.1)可以得到平衡状态分散层中 i 离子的活度分布:

$$\mu_i^\theta + RT\ln a_i + z_iF\psi = \mu_i^\theta + RT\ln a_i^0$$

$$\ln a_i + \frac{z_iF\psi}{RT} = \ln a_i^0$$

$$\ln \frac{a_i}{a_i^0} = -\frac{z_iF\psi}{RT}$$

$$a_i = a_i^0 \exp\left[-\frac{z_iF\psi}{RT}\right] \tag{2.2}$$

近似认为 i 离子的活度系数为常数,式(2.2)可转化为

$$C_i = C_i^0 \exp\left[-\frac{z_i F\psi}{RT}\right] \tag{2.3}$$

式中　　C_i—— 分散层某处 i 离子的浓度,$\mathrm{mol \cdot m^{-3}}$;

　　　　C_i^0—— 溶液本体 i 离子的浓度,$\mathrm{mol \cdot m^{-3}}$。

式(2.3)即为带电粒子(点电荷) 在电势场中的 Boltzmann 分布。由式(2.3)可以得到分散层中的剩余电荷密度:

$$\rho = \sum_i z_i F C_i = F \sum_i z_i C_i^0 \exp\left(-\frac{z_i F\psi}{RT}\right) \tag{2.4}$$

溶液中带电固体微粒的 Zeta 电势测试表明,一般小于 $10\ \mathrm{mV}$,式(2.4)可以进行一级近似($\mathrm{e}^x = 1 + x + \frac{x^2}{2} + \cdots \approx 1 + x$),则式(2.4)近似为

$$\rho = F \sum_i z_i C_i^0 \left(1 - \frac{F\psi}{RT}\right) \tag{2.5}$$

由于溶液本体为电中性,$\sum_i z_i C_i^0 = 0$,令 $\kappa^2 = \dfrac{F^2}{\varepsilon_0 \varepsilon_r RT} \sum_i z_i^2 C_i^0$($\varepsilon_0$ 为绝对介电常数,ε_r 为相对介电常数),式(2.5)简化为

$$\rho = -\varepsilon_0 \varepsilon_r \kappa^2 \psi \tag{2.6}$$

图 2.2 是溶液中固体微粒荷电状态示意图(静止)。需要说明的是,式(2.6)适用于 ψ 较小的情况,与产生 ψ 的源无关。

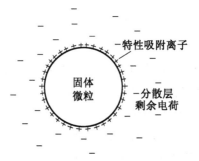

图 2.2　溶液中固体微粒荷电状态示意图

2.1.2　带电微粒在电极表面的吸附

带电固体微粒吸附到电极表面过程中,电极与固体微粒之间的静电作用起重要作用。电极与固体微粒的静电作用是通过电极表面液层中的电场对固体微粒表面特性吸附电荷和分散层电荷的静电作用实现的。

1. 电极表面的电势分布

对于形成离子双电层的平板电极,电极表面分散层的电势和电场分布如图 2.3 所示,ψ_1 较小时分散层电势分布可简化为(参见郭鹤桐编著的《电化学原理》或查全性等著《电极过程动力学导论》)

$$\psi(x) \approx \psi_1 \mathrm{e}^{-\kappa(x-d_1)} \tag{2.7}$$

其中

$$\kappa^2 = \frac{F^2}{\varepsilon_0 \varepsilon_r RT} \sum_i z_i^2 C_i^0$$

式中　$\psi(x)$—— 平板电极表面分散层电势（相对溶液本体），V；

　　　ψ_1—— 紧密层电势（相对溶液本体），V；

　　　κ—— 与溶液离子强度有关的参数，m^{-1}；

　　　d_1—— 紧密层厚度，m；

　　　x—— 距电极表面的距离，m。

根据电场强度的定义：

$$H(x) = -\frac{\mathrm{d}\psi(x)}{\mathrm{d}x} \tag{2.8}$$

平板电极表面分散层的电场强度为

$$H(x) \approx \psi_1 \kappa e^{-\kappa(x-d_1)} \tag{2.9}$$

式中　$H(x)$—— 平板电极表面分散层的电场强度，$V \cdot m^{-1}$。

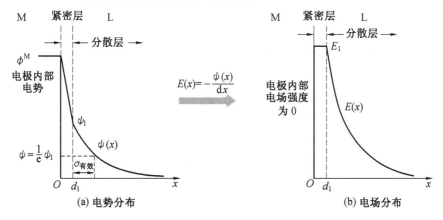

图 2.3　平板电极表面电势和电场分布

定义 $\psi(x) = \dfrac{\psi_1}{e}$ 时，对应的电极表面分散层的厚度 $(x-d_1)$ 为有效分散层的厚度 $\sigma_{有效}$ 即

$$\frac{\psi_1}{e} \approx \psi_1 e^{-\kappa\sigma_{有效}}$$

$$\sigma_{有效} \approx \frac{1}{\kappa} \tag{2.10}$$

2. 电极与固体微粒的相互作用的简化

（1）简化为平面－平面相互作用

复合镀溶液中的带电固体微粒首先通过传质输运到电极表面液层，然后与电极发生静电作用（图 2.4）。由于固体微粒带电部分只有进入到电极表面附近存在电势梯度（电场强度）的分散层才能与电极发生静电作用，而电镀液是浓溶液，电极表面的分散层厚度比微粒尺寸小几个数量级，带电固体微粒只有极少数部分与电极发生相互作用，可以近似视为平面与平面之间的相互作用（图 2.5）。

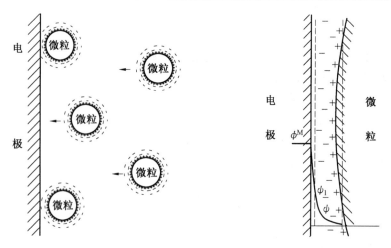

图 2.4   固体微粒向电极表面传质   图 2.5   微粒与电极近似为平面与平
                                              面之间的相互作用

以下举例说明电极表面有效分散层的厚度比微粒尺寸小几个数量级。根据有效分散层的厚度 $\sigma_{有效} \approx \dfrac{1}{\kappa}$，对于 $z-z$ 型电解质溶液 $z_+ = z_- = z$，$C_+^0 = C_-^0 = C^0 (\text{mol} \cdot \text{m}^{-3})$，则

$$\kappa^2 = \frac{F^2}{\varepsilon_0 \varepsilon_r RT} \sum_i z_i^2 C_i^0 = \frac{2z^2 F^2 C^0}{\varepsilon_0 \varepsilon_r RT}$$

$$\kappa / \text{m}^{-1} = zF \sqrt{\frac{2C^0}{\varepsilon_r \varepsilon_0 RT}} = z \times 96\,500 \sqrt{\frac{2C^0}{8.854 \times 10^{-12} \times 80 \times 8.31 \times 298}} \approx z \times 10^8 \sqrt{C^0}$$

根据式(2.10)有

$$\sigma_{有效} / \text{m} \approx \frac{1}{\kappa} \approx \frac{10^{-8}}{z \sqrt{C^0}}$$

表 2.3 列出了几种浓度的 $1-1$ 型溶液的有效分散层厚度，$0.1\ \text{mol} \cdot \text{L}^{-1}$ 溶液中有效分散层的厚度只有 $1\ \text{nm}$，考虑到实际分散层的厚度大于有效分散层厚度，也只有几纳米，这与微米级的固体颗粒相差 $2 \sim 3$ 个数量级，因此，可近似为平面－平面相互作用，而不影响分析结果。

表 2.3   1－1 型电解质的有效分散层厚度

$C^0 / (\text{mol} \cdot \text{L}^{-1})$	100	1
$C^0 / (\text{mol} \cdot \text{L}^{-1})$	0.1	0.001
$\sigma_{有效} / \text{nm}$	1	10

（2）微粒表面（平面）电荷分布

由以上分析，固体微粒与电极相互作用的区域可以近似看作平面，带电固体微粒表面的电势、电荷分布可类比于平面电极，如图 2.6 所示，其电势分布为

$$\psi(y) = \psi_{1,微粒}\, \text{e}^{-\kappa(y-d_2)} \qquad (2.11)$$

式中　$\psi(y)$——固体微粒表面分散层电势（相对溶液本体），V；

　　　$\psi_{1,微粒}$——固体微粒表面紧密层电势（相对溶液本体），V；

　　　d_2——固体微粒表面紧密层的厚度，m；

y—— 距固体微粒表面的距离,m。

将式(2.10) 代入式(2.8),并可用一维函数表示为

$$\rho(y) = -\varepsilon_0 \varepsilon_r \kappa^2 \psi_{1,微粒} e^{-\kappa(y-d_2)}$$

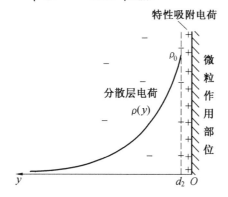

图 2.6　微粒表面电荷分布

令 $y = d_2$ 时,$\rho = \rho_0$,则

$$\rho_0 = -\varepsilon_0 \varepsilon_r \kappa^2 \psi_{1,微粒}$$

$$\kappa^2 = \frac{F^2}{\varepsilon_0 \varepsilon_r RT} \sum_i z_i^2 C_i^0$$

固体微粒的分散层剩余电荷密度为

$$\rho(y) = \rho_0 e^{-\kappa(y-d_2)} \tag{2.12}$$

式中　　$\rho(y)$—— 固体微粒表面分散层中剩余电荷密度,$mol \cdot m^{-3}$;

　　　　ρ_0—— $y = d_2$ 处剩余电荷密度,$mol \cdot m^{-3}$。

根据电中性原理,固体微粒单位面积表面特性吸附的电荷与其对应的分散层剩余电荷符号相反,数量相等,则

$$q_特 = -\int_{d_2}^{\infty} \rho_0 e^{-\kappa(y-d_2)} \, dy$$

$$q_特 = -\frac{\rho_0}{\kappa} \tag{2.13}$$

式中　　$q_特$ —— 固体微粒特性吸附的电荷面密度,$mol \cdot m^{-2}$。

3. 固体微粒在电极表面的吸附

电极对固体微粒的静电作用是通过微粒表面特性吸附的电荷和分散层的剩余电荷作用实现,静电作用力即为微粒所带电荷与其所处电极分散层电场强度的乘积。前面已分析二者的静电作用可以简化为平面－平面相互作用,则单位面积二者的静电作用力可表示为(二者相互作用力小于 0 是吸引,大于 0 是排斥)

$$F_{静电} = F_{特吸} + F_分 \tag{2.14}$$

其中

$$F_{特吸} = q_特 H(x) \tag{2.15}$$

$$F_分 = \int_{d_1}^{\delta-d_2} \frac{H(x)\rho(y)S dx}{S} \tag{2.16}$$

式中　　$F_{静电}$ —— 单位面积固体微粒与电极的静电作用力,$N \cdot m^{-2}$;

$F_{特吸}$——单位面积固体微粒特性吸附电荷与电极的静电作用力，$\mathrm{N \cdot m^{-2}}$；

$F_{分}$——单位面积固体微粒表面分散层电荷与电极的静电作用力，$\mathrm{N \cdot m^{-2}}$。

如图 2.7 所示，当固体微粒达到电极表面某一距离 δ 时，由 $q_{特} = -\dfrac{\rho_0}{\kappa}$，$\rho(y) = \rho_0 e^{-\kappa(y-d_2)}$ 和 $H(x) \approx \psi_1 \kappa e^{-\kappa(x-d_1)}$，式(2.15) 和式(2.16) 可化为

$$F_{特吸} = -\rho_0 \psi_1 e^{-\kappa(\delta-d_1)} \quad (x = \delta) \tag{2.17}$$

$$\begin{aligned}
F_{分} &= \int_{d_1}^{\delta-d_2} \frac{H(x)\rho(y)S\mathrm{d}x}{S} \\
&\approx \int_{d_1}^{\delta-d_2} \psi_1 \kappa e^{-\kappa(x-d_1)} \cdot \rho_0 e^{-\kappa(\delta-x-d_2)} \mathrm{d}x \\
&\approx \psi_1 \kappa \rho_0 \int_{d_1}^{\delta-d_2} e^{-\kappa(\delta-d_1-d_2)} \mathrm{d}x \\
&\approx \psi_1 \kappa \rho_0 (\delta - d_1 - d_2) e^{-\kappa(\delta-d_1-d_2)}
\end{aligned} \tag{2.18}$$

式中　　x——距电极表面的距离，m；

　　　　y——距固体微粒表面的距离，m；

　　　　δ——固体微粒与电极间的距离（其中 $\delta = x + y$），m。

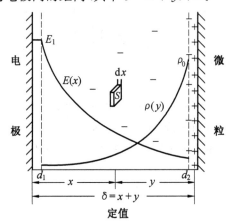

图 2.7　电极与固体微粒的静电作用

由式(2.17) 和式(2.18) 得

$$\begin{aligned}
F_{静电} = F_{分} + F_{特吸} &\approx \psi_1 \kappa \rho_0 (\delta - d_1 - d_2) e^{-\kappa(\delta-d_1-d_2)} - \psi_1 \rho_0 e^{-\kappa(\delta-d_1)} \\
&\approx \psi_1 \kappa \rho_0 \left[(\delta - d_1 - d_2) e^{-\kappa(\delta-d_1-d_2)} - \frac{1}{\kappa} e^{-\kappa(\delta-d_1-d_2)-\kappa d_2} \right]
\end{aligned}$$

可近似记为

$$F_{静电} = \psi_1 \kappa \rho_0 \left(\delta - d_1 - d_2 - \frac{1}{\kappa} e^{-\kappa d_2}\right) e^{-\kappa(\delta-d_1-d_2)} \tag{2.19}$$

从式(2.19) 可以看出，固体微粒与电极的静电作用力与二者之间的距离 δ、电极表面电势特征参数 ψ_1、微粒表面电荷参数 ρ_0 和与溶液粒子强度相关的参数 κ 有关，也就是说，固体微粒与电极的静电作用受电极表面电势、固体微粒荷电状态、溶液粒子强度及固体微粒与电极的距离影响。对于一个固定的复合镀体系，前三者为固定参数，固体微粒在电极表面的吸附过程中 δ 是变量。因此，下面主要根据式(2.19) 讨论 δ 变化对固体微粒与电极静电作用力 $F_{静电}$ 的影响和带电微粒在电极表面的吸附过程。由式(2.19) 可知：

① 当 $\delta \to \infty$ 时，$F_{静电} \to 0$。

说明带电微粒进入电极表面分散层之前无静电作用。

② 当 $\delta_2 = d_1 + d_2$ 时，则

$$F_2 = -\psi_1 \rho_0 \, \mathrm{e}^{-\kappa d_2} = \psi_1 q_特 \, \mathrm{e}^{-\kappa d_2} \tag{2.20}$$

由式（2.20）可知：ψ_1，$q_特$ 同号，则 $F_2 > 0$（排斥）；ψ_1，$q_特$ 异号，则 $F_2 < 0$（吸引）。

说明带电微粒紧密层与电极紧密层接触时（$\delta_2 = d_1 + d_2$），带负电的固体微粒在阴极表面被静电排斥，不易复合共沉积；而带正电的固体微粒在阴极表面静电吸引，容易复合共沉积。表 2.1 提到 Al_2O_3 微粒特性吸附 H^+ 而带正电，这正是 Al_2O_3 复合镀容易实现的主要原因。

③ 当 $F_{静电} = 0$ 时，对应的 δ 记为 δ_3。

$$\psi_1 \kappa \rho_0 \left(\delta_3 - d_1 - d_2 - \frac{1}{\kappa} \mathrm{e}^{-\kappa d_2} \right) \mathrm{e}^{-\kappa(\delta - d_1 - d_2)} = 0$$

$$\delta_3 - d_1 - d_2 - \frac{1}{\kappa} \mathrm{e}^{-\kappa d_2} = 0$$

$$\delta_3 = d_1 + d_2 + \frac{1}{\kappa} \mathrm{e}^{-\kappa d_2}$$

对照分析 $\delta \to \infty$ 时，$F_{静电} \to 0$ 和 $\delta_3 = d_1 + d_2 + \frac{1}{\kappa} \mathrm{e}^{-\kappa d_2}$ 时也出现 $F_3 = 0$ 可知，在 δ_3 和 $\delta \to \infty$ 之间可能存在极值点。

④ δ 为变量，$F_{静电}$ 的极值问题。

为了寻求微粒靠近电极过程中静电作用力是否出现极值，以 δ 为变量对式（2.19）求导：

$$\frac{\mathrm{d}F_{静电}}{\mathrm{d}\delta} = \psi_1 \kappa \rho_0 \left[\mathrm{e}^{-\kappa(\delta - d_1 - d_2)} - \kappa \left(\delta - d_1 - d_2 - \frac{1}{\kappa} \mathrm{e}^{-\kappa d_2} \right) \mathrm{e}^{-\kappa(\delta - d_1 - d_2)} \right]$$

$$= \psi_1 \kappa \rho_0 \left[1 - \kappa(\delta - d_1 - d_2) + \mathrm{e}^{-\kappa d_2} \right] \mathrm{e}^{-\kappa(\delta - d_1 - d_2)}$$

令 $\frac{\mathrm{d}F_{静电}}{\mathrm{d}\delta} = 0$，对应的 δ 记为 δ_4，则 $1 + \mathrm{e}^{-\kappa d_2} = \kappa(\delta_4 - d_1 - d_2)$，得

$$\delta_4 = d_1 + d_2 + \frac{1}{\kappa} \mathrm{e}^{-\kappa d_2} + \frac{1}{\kappa} = \delta_3 + \delta_{有效}$$

对应的极值静电力记为 F_4，得

$$F_4 = \psi_1 \rho_0 \, \mathrm{e}^{-(1 + \mathrm{e}^{-\kappa d_2})} = -\psi_1 q_特 \, \mathrm{e}^{-(1 + \mathrm{e}^{-\kappa d_2})} \tag{2.21}$$

由式（2.21）可知，ψ_1，$q_特$ 异号，则 $F_4 > 0$（排斥）；ψ_1，$q_特$ 同号，则 $F_4 < 0$（吸引）。与式（2.20）对比可知，带正电的固体微粒到阴极表面吸附之前要越过一个排斥的能垒。

图 2.8 是根据以上分析绘制的带正电微粒到达阴极表面的吸附历程：首先，运动的带电微粒向电极表面传质，需要具有一定的动能越过能垒；然后，带电微粒被吸引到电极表面。吸引到电极表面的微粒可形成吸附，也可脱附。

图 2.9 是采用石英晶体微天平测试粒度为 30 nm 的 $\alpha - Al_2O_3$ 微粒在电极表面的吸附实验结果。前面分析电极表面分散层厚度远远小于微粒尺度，所以微粒在电极表面的吸附是单层吸附。表 2.4 是图 2.9 的数据处理结果，可以看出，电极表面微粒的密度比悬浮液中高 5 个数量级，证实了固体微粒在电极表面存在吸附现象。

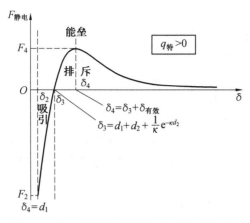

图 2.8 带正电微粒到达阴极表面的吸附历程

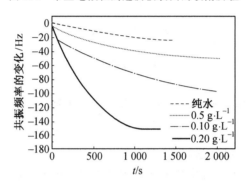

图 2.9 粒度为 30 nm 的 α—Al_2O_3 微粒在电极表面吸附的频率时间曲线

表 2.4 粒度为 30 nm 的 α—Al_2O_3 微粒在金电极表面的吸附量

悬浊液中 α—Al_2O_3 微粒含量/$(g \cdot m^{-3})$	50	100	200
电极表面单层吸附 α—Al_2O_3 微粒质量/$(g \cdot m^{-2})$	0.963	2.78	4.84
电极表面 α—Al_2O_3 微粒单位体积质量/$(g \cdot m^{-3})$	3.21×10^7	9.27×10^7	1.61×10^8
电极表面微粒密度/悬浮液微粒密度	6.42×10^5	9.27×10^5	8.05×10^5

2.1.3 复合电沉积的两步吸附理论

复合电沉积的两步吸附理论由 Guglielmi 于 1972 年提出,已成为复合电沉积的经典理论。

1. 两步吸附理论的理论框架

Guglielmi 的复合电沉积两步吸附理论建立在以下理论框架基础上:

①镀液对流速度不变。

②微粒沉积过程分两个步骤:弱吸附和强吸附(图 2.10)。

③弱吸附可逆,强吸附不可逆。

④固体微粒的沉积速度等于强吸附速度。

⑤ 固体微粒强吸附速度类比金属电沉积的电化学步骤 $\dfrac{dV_P}{dt} = k_p \theta e^{B\eta}$。

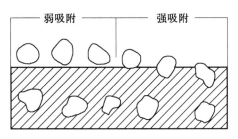

图 2.10 固体微粒在电极表面的弱吸附和强吸附

根据两步吸附理论,固体微粒在电极表面从吸附到共沉积的过程如图 2.11 所示。

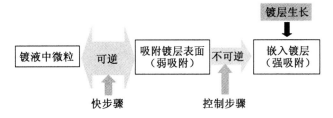

图 2.11 两步吸附理论的微粒复合共沉积过程

2. 弱吸附步骤分析

复合镀液中吸附到电极表面的微粒来自于镀液,微粒弱吸附到电极表面的速度与镀液中微粒的载荷成正比,同时考虑微粒在电极表面的吸附为单层吸附,要排除已被吸附部位,则微粒弱吸附到电极表面的速度为

$$\upsilon_{吸} = k_{吸} C(1-\theta) \tag{2.22}$$

式中 $\upsilon_{吸}$ —— 微粒在电极表面的弱吸附速度,$s^{-1} \cdot m^{-2}$;

$\quad\quad k_{吸}$ —— 微粒在电极表面的弱吸附速度常数,$s^{-1} \cdot m^{-2}$;

$\quad\quad C$ —— 用体积百分数表示镀液中微粒的含量(无量纲);

$\quad\quad \theta$ —— 弱吸附的覆盖率(无量纲)。

电极表面弱吸附的微粒相当于脱附的反应物,表面浓度为 θ,弱吸附的微粒脱附速度为

$$\upsilon_{脱} = k_{脱} \theta \tag{2.23}$$

式中 $\upsilon_{脱}$ —— 微粒在电极表面的脱附速度,$s^{-1} \cdot m^{-2}$;

$\quad\quad k_{脱}$ —— 微粒在电极表面的脱附速度常数,$s^{-1} \cdot m^{-2}$。

根据两步吸附理论的框架,弱吸附步骤可逆,所以

$$\upsilon_{吸} = \upsilon_{脱} \tag{2.24}$$

合并式(2.22)至式(2.24)得

$$\theta = \frac{KC}{1+KC} \tag{2.25}$$

其中 $K = \dfrac{k_{吸}}{k_{脱}}$,C,K,θ,σ 都是无量纲量。由于强吸附的部位也不能吸附其他微粒,式(2.25)修正为

$$\theta = \frac{KC}{1+KC}(1-\sigma) \tag{2.26}$$

式中 σ —— 强吸附的覆盖率(无量纲)。

3. 强吸附步骤分析

根据两步吸附理论的框架，强吸附的速度类比金属电沉积的电化学步骤，弱吸附的微粒相当于强吸附的反应物，浓度为 θ，则强吸附的速度为

$$\frac{\mathrm{d}V_{\mathrm{P}}}{\mathrm{d}t} = k_{\mathrm{p}}\theta \mathrm{e}^{B\eta} \tag{2.27}$$

式中　$\dfrac{\mathrm{d}V_{\mathrm{P}}}{\mathrm{d}t}$——单位面积、单位时间强吸附微粒的体积，$\mathrm{m}^3 \cdot \mathrm{m}^{-2} \cdot \mathrm{s}^{-1}$；

　　　　k_{p}——微粒在电极表面的脱附常数，$\mathrm{m}^3 \cdot \mathrm{m}^{-2} \cdot \mathrm{s}^{-1}$；

　　　　B——微粒沉积的极化常数，V^{-1}。

将式(2.26)代入式(2.27)得

$$\frac{\mathrm{d}V_{\mathrm{P}}}{\mathrm{d}t} = k_{\mathrm{p}}\frac{KC}{1+KC}(1-\sigma)\mathrm{e}^{B\eta} \tag{2.28}$$

复合镀层中按体积比定义的复合量(可测量)为

$$\alpha = \frac{复合镀层中微粒体积}{复合镀层中微粒体积 + 复合镀层中金属体积}$$

$$= \frac{单位时间、单位面积沉积微粒体积}{单位时间、单位面积沉积微粒体积 + 单位面积、单位时间金属沉积体积}$$

$$\alpha = \frac{\mathrm{d}V_{\mathrm{p}}/\mathrm{d}t}{\mathrm{d}V_{\mathrm{m}}/\mathrm{d}t + \mathrm{d}V_{\mathrm{p}}/\mathrm{d}t} \tag{2.29}$$

式中　α——镀层中固体微粒的复合量(体积比，无量纲)；

　　　　$\dfrac{\mathrm{d}V_{\mathrm{m}}}{\mathrm{d}t}$——单位面积、单位时间金属沉积的体积，$\mathrm{m}^3 \cdot \mathrm{m}^{-2} \cdot \mathrm{s}^{-1}$。

根据两步吸附理论的框架，微粒强吸附速度即为微粒沉积速度。根据法拉第定律 $\dfrac{\mathrm{d}V_{\mathrm{m}}}{\mathrm{d}t} = \dfrac{j_{\mathrm{c}}M}{nF\rho_{\mathrm{m}}}$ 和 Tafel 方程 $j_{\mathrm{c}} = (1-\sigma)j^0\mathrm{e}^{A\eta}$，$A = \dfrac{\beta F}{RT}$(系数 $(1-\sigma)$ 是指电极表面强吸附的部位不能沉积金属被排除)，以体积计量的金属沉积速度为

$$\frac{\mathrm{d}V_{\mathrm{m}}}{\mathrm{d}t} = \frac{M}{nF\rho_{\mathrm{m}}}(1-\sigma)j^0\mathrm{e}^{A\eta} \tag{2.30}$$

式中　M——沉积金属的摩尔质量，$\mathrm{g} \cdot \mathrm{mol}^{-1}$；

　　　　nF——沉积 1 mol 金属需要的电量，C；

　　　　ρ_{m}——沉积金属的密度，$\mathrm{g} \cdot \mathrm{m}^{-3}$；

　　　　j^0——金属电沉积的交换电流密度，$\mathrm{A} \cdot \mathrm{m}^{-2}$；

　　　　η——阴极过电势，V。

变换式(2.29)得

$$\frac{1-\alpha}{\alpha} = \frac{\mathrm{d}V_{\mathrm{m}}/\mathrm{d}t}{\mathrm{d}V_{\mathrm{p}}/\mathrm{d}t} \tag{2.31}$$

将式(2.28)和式(2.30)代入式(2.31)得

$$\frac{1-\alpha}{\alpha} = \frac{\mathrm{d}V_{\mathrm{m}}/\mathrm{d}t}{\mathrm{d}V_{\mathrm{p}}/\mathrm{d}t} = \frac{j^0 M}{nF\rho_{\mathrm{m}}k_{\mathrm{p}}}\left(1+\frac{1}{KC}\right)\mathrm{e}^{(A-B)\eta}$$

将上式变换成以 C 为自变量、$\dfrac{(1-\alpha)C}{\alpha}$ 为因变量的线性公式：

$$\frac{(1-\alpha)C}{\alpha} = \frac{j^0 M}{nF\rho_m k_p} e^{(A-B)\eta}\left(\frac{1}{K}+C\right) \tag{2.32}$$

式(2.32)即为推导出的两步吸附理论的数学表达式,对于固定的复合电镀体系,有3个变量:镀液中的微粒含量C、阴极过电势η及随二者变化的复合量α,其他参数为常数。当阴极过电势不变时(实验中固定电流密度),通过改变微粒含量C,获得不同的复合量α并计算对应的$\frac{(1-\alpha)C}{\alpha}$,式(2.32)则是以$C$为自变量、$\frac{(1-\alpha)C}{\alpha}$为因变量的线性公式,可以进行实验验证。其中,斜率为$\frac{j^0 M}{F\rho_m k_p} e^{(A-B)\eta}$,与阴极过电势$\eta$有关(对应电流密度$j_c$);$K=\frac{k_{吸}}{k_{脱}}$是与电流密度$j_c$无关的常数。

4. 实验验证

实验中固定电流密度和其他条件,改变镀液中微粒含量C,测量不同C对应的镀层复合量α,然后以$\frac{(1-\alpha)C}{\alpha}$为纵坐标、$C$为横坐标作图可以得到一条直线。根据式(2.32),直线的斜率为$\frac{j^0 M}{nF\rho_m k_p} e^{(A-B)\eta}$,与横坐标的截距为$-\frac{1}{K}$。再在另一个电流密度下重复上述试验并作图,可以得到图2.12。如果每条直线与横轴都交于一点,说明K为常数,可以验证两步吸附理论的弱吸附。

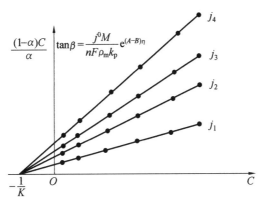

图 2.12　两步吸附理论实验验证图

根据$j=j^0 e^{A\eta}$,即$\eta=-\frac{1}{A}\ln j^0+\frac{1}{A}\ln j$,变换直线斜率的表达式$\tan\beta=\frac{j^0 M}{nF\rho_m k_p} e^{(A-B)\eta}$得

$$\ln\tan\beta = \ln\frac{M j^0}{nF\rho_m k_p} + (A-B)\eta$$

$$\ln\tan\beta = \ln\frac{M j^0}{nF\rho_m k_p} + (A-B)\left(-\frac{1}{A}\ln j^0+\frac{1}{A}\ln j\right)$$

$$\ln\tan\beta = \ln\frac{M j^0}{nF\rho_m k_p} + \ln j^0\left(\frac{B}{A}-1\right)+\left(1-\frac{B}{A}\right)\ln j$$

$$\ln\tan\beta = \ln\frac{M j^0 \frac{B}{A}}{nF\rho_m k_p} + \left(1-\frac{B}{A}\right)\ln j \tag{2.33}$$

式(2.33)是以$\ln\tan\beta$为变量、$\ln j$为因变量的线性公式。根据不同电流密度的$\ln j$为

横坐标,图 2.12 对应的直线斜率去对数后的 $\ln \tan \beta$ 为纵坐标作图,如果得到一条直线(图 2.13),说明 B 为常数,则可验证两步吸附理论的强吸附。

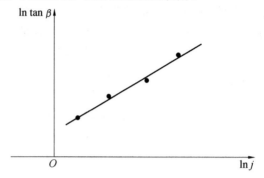

图 2.13　验证两步吸附理论强吸附实验图

使用上述方法,Guglielmi 在 Ni/TiO_2 氨基磺酸盐复合镀体系中对两步吸附理论进行了验证。

5. 极值问题

分析两步吸附理论的数学表达式(2.31)可以发现,复合量 α 随电流密度 j 单调变化。对式(2.31)求导(α 是 j 的函数)可得

$$-\frac{1}{\alpha}\frac{d\alpha}{dj} - \frac{(1-\alpha)}{\alpha^2}\frac{d\alpha}{dj} = \left[(A-B)\frac{Mj^0}{nFk_p\rho_m}\left(1+\frac{1}{KC}\right)e^{(A-B)\eta}\right]\frac{d\eta}{dj}$$

$$-\frac{1}{\alpha}\frac{d\alpha}{dj}\left[1+\frac{1-\alpha}{\alpha}\right] = (A-B)\frac{1-\alpha}{\alpha}\frac{d\eta}{dj}$$

$$\frac{d\alpha}{dj} = (B-A)\alpha(1-\alpha)\frac{1}{A}\cdot\frac{1}{j} \tag{2.34}$$

由于 $0 \leqslant \alpha \leqslant 1, A > 0, j > 0$,则式(2.34)表明 $B > A$,复合量 α 随电流密度 j 单调上升;$B < A$,复合量 α 随电流密度 j 单调下降,如图 2.14 所示。

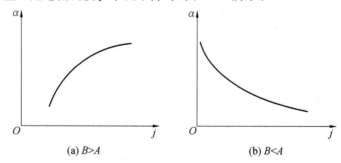

(a) $B > A$ 　　　　　(b) $B < A$

图 2.14　两步吸附理论复合量与电流密度的单调关系

对两步吸附理论的分析表明,随 j 变化,α 不会出现极值现象。但在一些复合镀体系中有极值现象,如图 2.15 和图 2.16 所示,说明两步吸附理论具有一定的局限性。

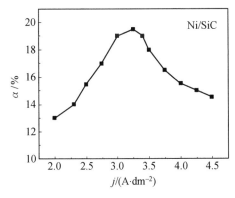

图 2.15　Watts Ni/SiC 复合镀

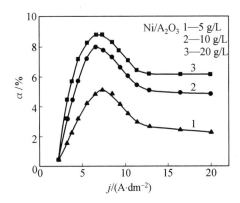

图 2.16　氨基磺酸盐体系 Ni/Al₂O₃ 复合镀

2.1.4　复合电沉积吸附强度统计模型

复合电沉积的吸附强度统计模型是由哈尔滨工业大学王殿龙于 1988 年提出的。该模型把每个固体微粒视为独立的个体,大量固体微粒在电极表面的吸附行为遵循统计规律,能够解释复合量 α 随电流密度 j 变化出现极值的现象。

1. 吸附强度统计模型的理论框架

复合电沉积的吸附强度统计模型建立在以下理论框架基础上:

① 镀液对流速度不变。

② 每个微粒都是独立的个体,定义单个微粒在电极表面的吸附强度为

$$\mu = -\frac{E_{吸附}}{kT}$$

电极表面大量微粒的平均吸附强度为

$$\bar{\mu} = \frac{1}{n}\sum_{i=1}^{n}\mu_i = \frac{1}{n}\sum_{i=1}^{n}\left(-\frac{E_{i\ 吸附}}{kT}\right) = -\frac{\bar{E}_{吸附}}{kT}$$

式中　　μ——单个微粒在电极表面的吸附强度,无量纲;

　　　　$E_{吸附}$——单个微粒在电极表面的吸附能,J;

　　　　$\bar{E}_{吸附}$——大量微粒在电极表面的平均吸附能,J;

　　　　k——Boltzmann 常数,$k = 1.38 \times 10^{-23}$ J·K⁻¹;

　　　　$\bar{\mu}$——大量微粒在电极表面的平均吸附强度,无量纲。

③ 电极表面大量微粒的吸附强度连续变化,且呈正态分布。

④ 吸附强度超过临界值(μ_0)的微粒与金属共沉积。

根据吸附强度统计模型的理论框架,吸附在电极表面的每个固体微粒都是独立的个体,吸附强度各不相同,而且连续变化,呈正态分布。按照统计规律,大量微粒的吸附强度正态分布决定了单个微粒吸附强度的概率密度呈正态分布,则单个微粒吸附强度的概率密度函数为

$$f(\mu) = \frac{1}{\sigma\sqrt{2\pi}}\exp\left[-\frac{(\mu-\bar{\mu})^2}{2\sigma^2}\right] \tag{2.35}$$

其中

$$\mu = -\frac{E_{吸附}}{kT}$$

$$\bar{\mu} = -\frac{\bar{E}_{吸附}}{kT}$$

$$\int_{-\infty}^{+\infty} f(\mu)\,\mathrm{d}\mu = 1$$

式中　　$f(\mu)$—— 单个微粒与金属共沉积的概率密度函数(无量纲);

　　　　σ—— 分布系数(无量纲,与电极表面性质和微粒性质有关)。

带电固体微粒与电极的相互作用主要为静电作用。

根据吸附强度统计模型的理论框架 ③,电极表面单个微粒吸附强度的概率密度正态分布函数如图 2.17 所示。

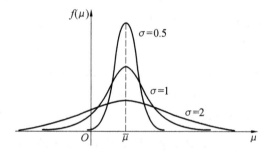

图 2.17　单个微粒吸附强度的概率密度正态分布函数

根据吸附强度统计模型的理论框架 ④,吸附强度超过临界值(μ_0)的微粒与金属共沉积,则单个微粒复合入镀层(共沉积) 的概率 P 为(图 2.18(a))

$$P = P(\mu_0, +\infty)$$

$$P = \int_{\mu_0}^{+\infty} f(\mu)\,\mathrm{d}\mu \tag{2.36}$$

式中　　P—— 单个微粒与金属共沉积的概率(无量纲);

　　　　μ_0—— 临界吸附强度,单个微粒在电极表面的吸附强度大于 μ_0 时与金属共沉积(无量纲,与电极表面性质和微粒性质有关)。

对一个特定的复合镀体系,临界吸附强度是一定的,如果增加阴极极化,带正电微粒的平均吸附强度增加,导致每个微粒与金属共沉积的概率增加,如图 2.18(b)所示阴影部分。

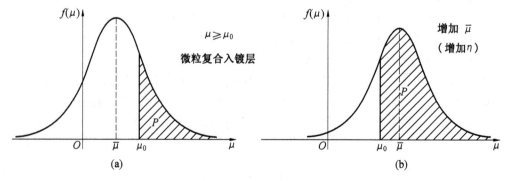

图 2.18　带正电微粒与金属共沉积的概率

　　有研究表明,带负电的固体微粒也能实现与金属共沉积,此现象可由图 2.19 解释:虽然带负电微粒在阴极的吸附势能为正值(排斥),平均吸附强度小于 0,但仍存在与金属共沉积的概率 $P > 0$。

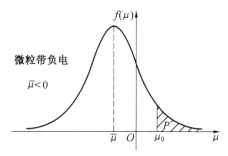

图 2.19　带负电微粒与金属共沉积的概率

　　由于式(2.36)微粒与金属共沉积的概率是变量 μ_0 的函数,而对于确定的复合镀体系临界吸附强度是定值,平均吸附强度可随阴极过电势改变而改变,也就是说需要把微粒与金属共沉积的概率函数变换成以平均吸附强度 $\bar{\mu}$ 为变量的函数。式(2.36)可作如下变换:

$$P = P(\mu_0, +\infty) = \int_{\mu_0}^{+\infty} f(\mu) \, \mathrm{d}\mu$$

$$= 1 - \int_{-\infty}^{\mu_0} f(\mu) \, \mathrm{d}\mu$$

$$= 1 - \int_{-\infty}^{\mu_0} \frac{1}{\sigma\sqrt{2\pi}} \exp\left[-\frac{(\mu - \bar{\mu})^2}{2\sigma^2}\right] \mathrm{d}\mu$$

令 $z = \dfrac{\mu - \bar{\mu}}{\sigma}$,则 $\mathrm{d}z = \dfrac{\mathrm{d}\mu}{\sigma}$,上式变换为

$$P = 1 - \int_{-\infty}^{(\mu_0 - \bar{\mu})/\sigma} \frac{1}{\sqrt{2\pi}} \exp\left[-\frac{z^2}{2}\right] \mathrm{d}z$$

可记为

$$P = 1 - \int_{-\infty}^{\frac{\mu_0 - \bar{\mu}}{\sigma}} f(z) \, \mathrm{d}z \tag{2.37}$$

其中,$f(z) = \dfrac{1}{\sqrt{2\pi}} \exp\left(-\dfrac{z^2}{2}\right)$,当 $\sigma = 1$,$\bar{z} = 1$ 时的标准正态分布概率密度函数。式(2.37)可由图 2.20 表示。

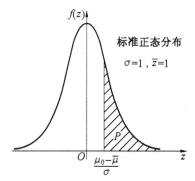

图 2.20　标准正态分布表示的概率函数

通过以上变换,微粒与金属共沉积的概率函数 P 变换为以 $\dfrac{\mu_0 - \bar{\mu}}{\sigma}$ 为变量的函数,对于一个确定的体系,μ_0 和 σ 为常数,$\bar{\mu}$ 是变量(与电极极化过电势、电流密度有关)。

根据标准正态分布函数的轴对称性质(图 2.21),微粒与金属共沉积的概率函数 P 可转化为

$$P = \int_{-\infty}^{\frac{\bar{\mu} - \mu_0}{\sigma}} f(z)\,\mathrm{d}z \tag{2.38}$$

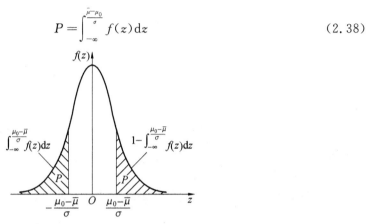

图 2.21 以 $\dfrac{\mu_0 - \bar{\mu}}{\sigma}$ 为变量的标准正态概率密度函数 $f(z)$

式(2.38)和图 2.21 表明,微粒与金属共沉积的概率函数 P 是微粒平均吸附强度的标准正态函数,如图 2.22 所示。对于标准正态分布,可由 P 查表获得 $\dfrac{\mu_0 - \bar{\mu}}{\sigma}$。对于一个确定的复合电镀体系,积分上限 $\dfrac{\mu_0 - \bar{\mu}}{\sigma}$ 中,临界吸附强度 μ_0 是常数,平均吸附强度 $\bar{\mu}$ 是随电流密度(极化过电势)改变的变量。

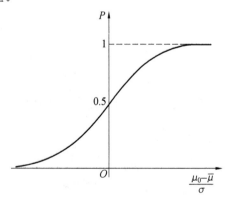

图 2.22 以 $\dfrac{\mu_0 - \bar{\mu}}{\sigma}$ 为变量的概率函数 P

2. 吸附强度模型在复合电沉积中的应用

为了建立复合量 α 与微粒沉积概率 P 的关系式,首先作以下界定:

① 定义微粒吸附速率为单位面积、单位时间吸附微粒的个数($\mathrm{s}^{-1} \cdot \mathrm{m}^{-2}$),即

$$v_{吸} = k_{吸}(1 - S_{微粒}\theta)C_{微粒} \tag{2.39}$$

式中 $C_{微粒}$ —— 镀液中的微粒含量,m^{-3};

θ——单位面积吸附微粒的个数,m^{-2};

$S_{微粒}$——单个微粒的有效截面积,m^2;

$k_{吸}$——吸附速率常数,$m \cdot s^{-1}$。

② 定义微粒脱附速率为单位面积、单位时间微粒脱附的个数($s^{-1} \cdot m^{-2}$),即

$$v_{脱} = k_{脱} \theta \tag{2.40}$$

式中　$k_{脱}$——脱附速率常数,s^{-1}。

③ 定义微粒共沉积的速率为单位面积、单位时间微粒沉积的个数($s^{-1} \cdot m^{-2}$)。则根据吸附强度统计模型的理论框架,微粒共沉积速率与单位面积吸附的微粒数和每个微粒沉积的概率 P(吸附强度大于临界吸附强度的概率)成正比,即

$$v_{复合} = k_{复合} \theta P \tag{2.41}$$

式中　$k_{复合}$——复合速率常数,s^{-1}。

根据物质守恒,稳态下电极表面微粒的吸脱附及复合速率存在以下关系:

$$v_{吸} = v_{复合} + v_{脱} \tag{2.42}$$

合并式(2.39)至式(2.42)得

$$k_{吸}(1 - S_{微粒} \theta) C_{微粒} = k_{复合} \theta P + k_{脱} \theta$$

$$k_{吸} C_{微粒} = \theta(k_{复合} P + k_{脱} + k_{吸} S_{微粒} C_{微粒})$$

$$\theta = \frac{k_{吸} C_{微粒}}{k_{复合} P + k_{脱} + k_{吸} S_{微粒} C_{微粒}}$$

令 $K = \dfrac{k_{吸}}{k_{复合} P + k_{脱}}$,上式简化为

$$\theta = \frac{K C_{微粒}}{1 + K S_{微粒} C_{微粒}} \tag{2.43}$$

由 $K = \dfrac{k_{吸}}{k_{复合} P + k_{脱}}$ 可以看出,K 与 P 有关,P 与 $\bar{\mu}$ 有关,$\bar{\mu}$ 与 η 有关,η 与 j_c 有关。因此,j_c 变化时,式(2.43)中的 K 不是常数(对比与两步吸附理论的不同:$\theta = \dfrac{KC}{1 + KC}$,$K = \dfrac{k_{吸}}{k_{脱}} = $ 常数)。

根据式(2.29)复合量的定义式可作如下推导:

$$\alpha = \frac{dV_P/dt}{dV_m/dt + dV_P/dt}$$

$$\frac{1 - \alpha}{\alpha} = \frac{dV_m/dt}{dV_P/dt}$$

根据法拉第定律,单位时间、单位面积电沉积金属的体积与电流密度的关系为

$$\frac{dV_m}{dt} = \frac{j_c M}{n F \rho_m}$$

根据定义的微粒共沉积的速率 $v_{复合}$ 和式(2.41)得

$$\frac{dV_P}{dt} = v_{微粒} v_{复合} = v_{微粒} k_{复合} \theta P$$

式中　$v_{微粒}$——单个微粒的体积。

合并以上公式得

$$\frac{1-\alpha}{\alpha} = \frac{j_{\mathrm{c}}M}{nF\rho_{\mathrm{m}}} \cdot \frac{1}{v_{微粒}k_{复合}\theta P} = \frac{j_{\mathrm{c}}M}{nF\rho_{\mathrm{m}}} \cdot \frac{1+KS_{微粒}C_{微粒}}{v_{微粒}k_{复合}KC_{微粒}P}$$

$$= \frac{j_{\mathrm{c}}M}{nF\rho_{\mathrm{m}}} \cdot \frac{1}{v_{微粒}k_{复合}C_{微粒}P}\left(\frac{1}{K}+S_{微粒}C_{微粒}\right)$$

将上式变换成以 $S_{微粒}C_{微粒}$ 为自变量、$\dfrac{(1-\alpha)C}{\alpha}$ 为因变量的线性公式：

$$\frac{(1-\alpha)C_{微粒}}{\alpha} = \frac{j_{\mathrm{c}}M}{nF\rho_{\mathrm{m}}} \cdot \frac{1}{v_{微粒}k_{复合}P} \cdot \left(\frac{1}{K}+S_{微粒}C_{微粒}\right) \tag{2.44}$$

式（2.44）就是复合电沉积吸附强度模型的数学表达式，与两步吸附理论的线性公式（2.32）类似 $\left(\dfrac{(1-\alpha)C}{\alpha} = \dfrac{j^{0}M}{nF\rho_{\mathrm{m}}k_{\mathrm{p}}}\mathrm{e}^{(A-B)\eta}\left(\dfrac{1}{K}+C\right)\right)$，但又有不同。对于固定的复合电镀体系，式（2.44）有 4 个变量：镀液中微粒含量 $C_{微粒}$、阴极电流密度 j_{c}（对应极化过电势 η）、每个微粒复合共沉积的概率 P（P 与 j_{c} 有关，与 $C_{微粒}$ 无关）和随三者变化的复合量 α，其他参数为常数。当实验中固定电流密度不变时，通过改变微粒含量 $C_{微粒}$，获得不同的复合量 α 和因变量 $\dfrac{(1-\alpha)C_{微粒}}{\alpha}$，可以进行实验验证。其中斜率为 $\dfrac{j_{\mathrm{c}}M}{nF\rho_{\mathrm{m}}} \cdot \dfrac{1}{v_{微粒}k_{复合}P}$，与电流密度 j_{c} 和每个微粒复合共沉积的概率 P 有关；$K = \dfrac{k_{吸}}{k_{复合}P+k_{脱}}$ 与 P 有关，P 与 $\bar{\mu}$ 有关，$\bar{\mu}$ 与 η 有关，η 与 j_{c} 有关。因此，j_{c} 变化时，式（2.44）中的 K 不是常数，与两步吸附理论式（2.32）中的 $K = \dfrac{k_{吸}}{k_{脱}} =$ 常数不同。

实验验证过程与两步吸附理论的做法相同，固定电流密度和其他条件，改变镀液中微粒含量 $C_{微粒}$，测量不同 $C_{微粒}$ 对应的镀层复合量 α，然后以 $\dfrac{(1-\alpha)C_{微粒}}{\alpha}$ 为纵坐标、$S_{微粒}C_{微粒}$ 为横坐标作图可以得到一条直线。根据式（2.44），直线的斜率为 $\dfrac{j_{\mathrm{c}}M}{nF\rho_{\mathrm{m}}} \cdot \dfrac{1}{v_{微粒}k_{复合}P}$，与横坐标的截距为 $-\dfrac{1}{K}$。再在另一个电流密度下重复上述试验并作图，可以得到图 2.23。如果直线与横轴不交于一点，说明 K 随 j_{c} 变化而不是常数，可以说明在解释复合电沉积现象时，吸附强度统计模型与两步吸附理论的不同之处。

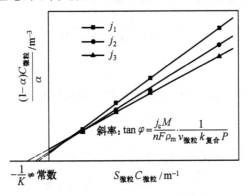

图 2.23　吸附强度统计模型的实验验证图

再根据不同 j_c 下直线的斜率，由公式 $\tan\varphi = \dfrac{j_c M}{n F \rho_m} \cdot \dfrac{1}{v_{微粒} k_{复合} P}$ 求对应的 $k_{复合} P$（其他参数均为可知的常数），然后作图 2.24，由 $\ln j_c \to \infty$ 时，$\dfrac{\overline{\mu} - \mu_0}{\sigma} \to \infty$，对应 $P=1$，或曲线拐点处 $P=1/2$，求出 $k_{复合}$。

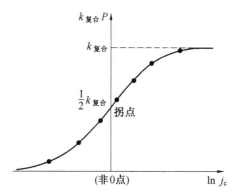

图 2.24　$k_{复合} P \sim \ln j_c$ 关系图

求出 $k_{复合}$ 后，反过来可以求出不同 j_c 对应的复合概率 P，再根据标准正态分布函数的特点，由 $P = \Phi\left(\dfrac{\overline{\mu} - \mu_0}{\sigma}\right)$ 查标准正态分布函数表得到对应不同 j_c 的 $\dfrac{\overline{\mu} - \mu_0}{\sigma}$ 值。

3. 关于复合电沉积吸附强度模型数学公式的讨论

（1）$\dfrac{\overline{\mu} - \mu_0}{\sigma}$ 与 $\ln j_c$ 的线性关系

对于确定的复合电镀体系（镀液组成、pH、温度、对流），$\dfrac{\overline{\mu} - \mu_0}{\sigma}$ 与 $\ln j_c$ 的线性关系基于以下原因：

① 固体微粒与电极的静电吸附能。固体微粒与电极的静电吸附能包括电极表面电势与微粒表面特性吸附电荷和分散层剩余电荷两部分的静电吸附能，如图 2.7 所示。

前面已经分析了固体微粒与电极的相互作用可以简化为平面－平面相互作用，静电吸附能的分析方法与 2.1.2 节中静电作用力的分析方法类似。根据静电吸附能为微粒所带电荷与其所处电极分散层电势的乘积，则单位面积二者的静电吸附能可表示为

$$E_{静电} = E_{特吸} + E_{分} \tag{2.45}$$

其中

$$E_{特吸} = q_{特}\,\psi(x) \tag{2.46}$$

$$E_{分} = \int_{d_1}^{\delta - d_2} \psi(x) \rho(y)\,\mathrm{d}x \tag{2.47}$$

式中　　$E_{静电}$ —— 单位面积固体微粒与电极的静电吸附能，$\mathrm{J \cdot m^{-2}}$；

　　　　$E_{特吸}$ —— 单位面积固体微粒特性吸附电荷与电极的静电吸附能，$\mathrm{J \cdot m^{-2}}$；

　　　　$E_{分}$ —— 单位面积固体微粒表面分散层电荷与电极的静电吸附能，$\mathrm{J \cdot m^{-2}}$。

如图 2.7 所示，当固体微粒达到电极表面某一距离 δ 时，由 $q_{特} = -\dfrac{\rho_0}{\kappa}$，$\rho(y) = \rho_0 e^{-\kappa(y - d_2)}$ 和 $\psi(x) = \psi_1 e^{-\kappa(x - d_1)}$，式（2.46）和式（2.47）可转化为

$$E_{特吸} = -\frac{\rho_0}{\kappa} \psi_1 e^{-\kappa(\delta-d_1)} \quad (x=\delta) \tag{2.48}$$

$$\begin{aligned} E_{分} &= \int_{d_1}^{\delta-d_2} \psi(x)\rho(y)\,\mathrm{d}x \\ &= \int_{d_1}^{\delta-d_2} \psi_1 e^{-\kappa(x-d_1)} \cdot \rho_0 e^{-\kappa(\delta-x-d_2)}\,\mathrm{d}x \\ &= \psi_1 \rho_0 \int_{d_1}^{\delta-d_2} e^{-\kappa(\delta-d_1-d_2)}\,\mathrm{d}x \\ &= \psi_1 \rho_0 (\delta-d_1-d_2) e^{-\kappa(\delta-d_1-d_2)} \end{aligned} \tag{2.49}$$

式中　　x——距电极表面的距离，m；

y——距固体微粒表面的距离，m；

δ——固体微粒与电极间的距离（其中 $\delta=x+y$），m。

合并式(2.48)和式(2.49)得

$$E_{静电} = \psi_1 \rho_0 \left(\delta-d_1-d_2-\frac{1}{\kappa}e^{-\kappa d_2}\right) e^{-\kappa(\delta-d_1-d_2)} \tag{2.50}$$

② $\dfrac{\bar{\mu}-\mu_0}{\sigma}$ 与 ψ_1 的线性关系。式(2.50)表明 $E_{静电}$ 与 ψ_1 为线性关系，再由 $\bar{\mu}=-\dfrac{\bar{E}_{吸附}}{kT}$，$\bar{E}_{吸附}=\bar{E}_{静电}+\bar{E}_{非静电}$（$\bar{E}_{非静电}$ 对于确定的复合电镀体系是与 ψ_1 无关的常数）和 $\bar{E}_{静电}=\dfrac{1}{n}\sum\limits_{i=1}^{n}E_{i静电}$ 可知，$\dfrac{\bar{\mu}-\mu_0}{\sigma}$ 与 ψ_1 为线性关系。

为了获得致密金属，电沉积的控制步骤为电化学控制，受分散层电势影响的电化学步骤的动力学方程为 $\eta=常数+\dfrac{RT}{\beta F}\ln j_c+\dfrac{z_0-\beta}{\beta}\psi_1$（参见查全性等著《电极过程动力学导论》），表明 ψ_1 与 $\ln j_c$（或 η）为线性关系，结合 $\dfrac{\bar{\mu}-\mu_0}{\sigma}$ 与 ψ_1 为线性关系，$\dfrac{\bar{\mu}-\mu_0}{\sigma}$ 与 $\ln j_c$（或 η）为线性关系（$\dfrac{\bar{\mu}-\mu_0}{\sigma}=a+b\ln j_c$）。

$\dfrac{\bar{\mu}-\mu_0}{\sigma}$ 与 $\ln j_c$ 的线性关系可进行实验验证：对实验结果以 $\dfrac{\bar{\mu}-\mu_0}{\sigma}$ 为纵坐标，$\ln j_c$ 为横坐标，作图 2.25，如果是直线，则可验证吸附强度统计模型。

(2) α 与 j_c 的极值问题

复合电沉积吸附强度模型数学公式(2.44)为

$$\frac{(1-\alpha)C_{微粒}}{\alpha} = \frac{j_c M}{nF\rho_m} \cdot \frac{1}{v_{微粒} k_{复合} P} \cdot \left(\frac{1}{K}+S_{微粒}C_{微粒}\right)$$

其中，$K=\dfrac{k_{吸}}{k_{复合}P+k_{脱}}$，$\alpha$ 和 P 是 j 的函数。由上式求导数 $\dfrac{\mathrm{d}\alpha}{\mathrm{d}j_c}$，进行以下推导，现将式(2.44)变换为

$$\frac{1}{\alpha}-1 = \frac{M}{nF\rho_m C_{微粒} k_{吸} \, v_{微粒} k_{复合}} \left[k_{复合}j_c + (k_{脱}+k_{吸}S_{微粒}C_{微粒})\frac{j_c}{P}\right] \tag{2.51}$$

求导

$$-\frac{1}{\alpha^2}\frac{\mathrm{d}\alpha}{\mathrm{d}j_c} = \frac{M}{nF\rho_m C_{微粒} k_{吸} \, v_{微粒} k_{复合}} \left[k_{复合} + (k_{脱}+k_{吸}S_{微粒}C_{微粒})\left(\frac{1}{P}-\frac{j_c}{P^2}\frac{\mathrm{d}P}{\mathrm{d}j_c}\right)\right]$$

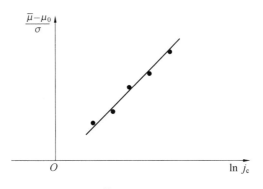

图 2.25　$\dfrac{\overline{\mu}-\mu_0}{\sigma} \sim \ln j_c$ 关系图

$$\frac{\mathrm{d}\alpha}{\mathrm{d}j_c}=\frac{\alpha^2 M}{nF\rho_{\mathrm{m}}C_{微粒}k_{吸}\ \ v_{微粒}k_{复合}}\left[(k_{脱}+k_{吸}\ S_{微粒}C_{微粒})\left(\frac{j_c}{P^2}\frac{\mathrm{d}P}{\mathrm{d}j_c}-\frac{1}{P}\right)-k_{复合}\right] \quad (2.52)$$

由式 (2.52) 可以看出

当 $\dfrac{j_c}{P^2}\dfrac{\mathrm{d}P}{\mathrm{d}j_c}-\dfrac{1}{P}>\dfrac{k_{复合}}{k_{脱}+k_{吸}\ S_{微粒}C_{微粒}}$ 时，$\dfrac{\mathrm{d}\alpha}{\mathrm{d}j_c}>0$，电流密度增加，复合量增加；

当 $\dfrac{j_c}{P^2}\dfrac{\mathrm{d}P}{\mathrm{d}j_c}-\dfrac{1}{P}<\dfrac{k_{复合}}{k_{脱}+k_{吸}\ S_{微粒}C_{微粒}}$ 时，$\dfrac{\mathrm{d}\alpha}{\mathrm{d}j_c}>0$，电流密度增加，复合量降低。

从另一个角度也可以说明复合量随电流密度变化出现极值的现象：前面已分析固体微粒共沉积的概率 $P=\displaystyle\int_{-\infty}^{\frac{\overline{\mu}-\mu_0}{\sigma}}f(z)\mathrm{d}z$（标准正态分布函数），其中 $\dfrac{\overline{\mu}-\mu_0}{\sigma}$ 与 $\ln j_c$ 为线性关系（$\dfrac{\overline{\mu}-\mu_0}{\sigma}=a+b\ln j_c$），而金属电沉积的电流密度 j_c 与 $\ln j_c$ 是指数关系。因此，可以通过图 2.26 的固体微粒共沉积概率与金属电沉积电流密度关系示意图分析复合量随电流密度变化的规律。

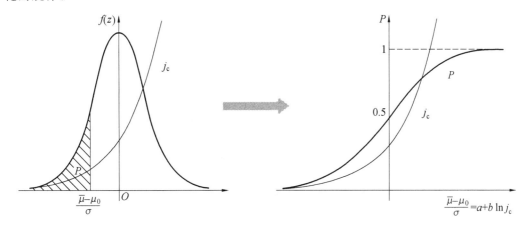

图 2.26　固体微粒共沉积概率与金属电沉积电流密度关系示意图

① 当电流密度比较小时，随着电流密度的增加，固体微粒共沉积的概率处于快速增加阶段，其增加的速率大于金属电沉积增加的速率，因此电流密度增加，镀层中沉积出的固体微粒比例增加，复合量增加。

② 当电流密度比较大时，随着电流密度的增加，固体微粒共沉积概率增加的速率减慢，小于金属电沉积增加的速率，因此电流密度增加，镀层中沉积出的固体微粒比例减小，复合量降低。

③ 在 ① 和 ② 两种情况之间必然存在复合量随电流密度增加出现极大值现象。

④ 以上分析也表明，不会发生随电流密度增加，复合量出现极小值现象。

（3）复合电沉积吸附强度统计模型与两步吸附理论的关系

实际的复合镀体系，电流密度都有规范的范围，主要是为了获得致密的镀层，金属电沉积为电化学步骤控制，并有一定的电流密度范围。这个规范的电流密度范围与固体微粒共沉积的概率可能发生以下相互关联：

① 复合镀体系电流密度规范的范围处于固体微粒共沉积概率快速增加的区间，随着电流密度的增加，固体微粒共沉积概率增加的速率大于金属电沉积增加的速率，镀层中沉积出的固体微粒比例增加。因此，电流密度增加，复合量增加。这个允许的电流密度的上限还没有达到复合量出现极大值的电流密度值，这样的复合镀体系与 Guglielmi 两步吸附理论 $B > A$ 类似（图 2.14(a)）。

② 复合镀体系电流密度规定的范围处于固体微粒共沉积概率增加较慢的区间，随着电流密度的增加，固体微粒共沉积概率增加的速率小于金属电沉积增加的速率，镀层中沉积出的固体微粒比例减小。因此，电流密度增加，复合量降低。这个允许的电流密度的下限已经超过复合量出现极大值的电流密度值，这样的复合镀体系与 Guglielmi 两步吸附理论 $B < A$ 类似（图 2.14(b)）。

③ 上述分析说明，复合电沉积吸附强度统计模型可以涵盖两步吸附理论，并能解释复合量随电流密度增加出现的极大值现象。

④ 复合电沉积吸附强度统计模型与两步吸附理论的相同之处在于固体微粒在电极表面先吸附后沉积；区别之处在于两步吸附理论把吸附过程分为弱吸附和强吸附，而吸附强度统计模型认为固体微粒在电极表面的吸附强度连续变化。

4. 吸附强度统计模型的实验验证

试验复合镀体系为 $Fe-P/Al_2O_3$ 复合电沉积，固体微粒为 $\alpha-Al_2O_3(W7)$，试验步骤如下：

① 固定镀液组成、pH、温度和对流强度。

② 在某一固定的阴极电流密度下，改变镀液中的固体微粒含量，测量对应每个镀液得到的镀层中固体微粒的复合量。

③ 改变阴极电流密度，重复以上实验。

④ 数据处理，与吸附强度统计模型对照。

图 2.27 是测得的不同电流密度下镀层中的 $\alpha-Al_2O_3$ 复合量与镀液中 $\alpha-Al_2O_3$ 含量相对应的实验数据。从图中可以看出，镀液中固体微粒含量为 $10\ g \cdot L^{-1}$，$20\ g \cdot L^{-1}$，$30\ g \cdot L^{-1}$，$50\ g \cdot L^{-1}$ 时，分别在电流密度 $5\ A \cdot dm^{-2}$，$10\ A \cdot dm^{-2}$，$20\ A \cdot dm^{-2}$，$40\ A \cdot dm^{-2}$ 下复合量出现极大值。

图 2.28 是根据图 2.27 实验数据处理得到的 $\frac{(1-\alpha)}{\alpha}C_{微粒} \sim S_{微粒}C_{微粒}$ 实验数据图，同一个电流密度下的数据点在同一个直线上，说明电流密度和电极表面电场不变时，复合电沉积

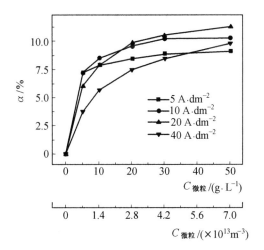

图 2.27　不同电流密度下镀层中的 $\alpha - Al_2O_3$ 复合量与镀液中 $\alpha - Al_2O_3$ 含量相对应的实验数据

吸附强度模型数学公式(2.44)与实验相符,但直线与横坐标的交点不在同一点,说明 K 与电流密度有关。

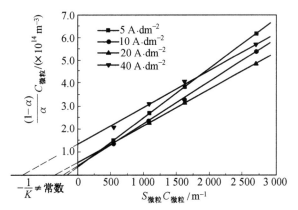

图 2.28　不同电流密度下 $\dfrac{(1-\alpha)}{\alpha}C_{微粒} \sim S_{微粒}C_{微粒}$ 实验数据图

根据图 2.28 直线的斜率 $\tan \varphi = \dfrac{j_c M}{nF\rho_m} \cdot \dfrac{1}{v_{微粒} k_{复合} P}$ 的数值,可以求出不同电流密度对应的 $k_{复合} P$ 值,表 2.5 是根据图 2.28 处理得到的数据。

表 2.5　根据图 2.28 处理得到的数据

$j/(A \cdot m^{-2})$	$\ln j_c/(A \cdot m^{-2})$	$K/(\times 10^{-3} m)$	$\tan \varphi/(\times 10^{-5} m^{-2})$	$k_{复合} P/(\times 10^{-4} s^{-1})$
500	6.22	7.07	4.38	4.20
1 000	6.91	6.10	3.77	9.77
2 000	7.60	2.69	3.18	23.14
4 000	8.29	1.35	3.36	43.83

由表 2.5 的 $k_{复合} P \sim \ln j$ 数据作图 2.29,并由图 2.29 得到 $k_{复合}$ 的近似值为 $7.5 \times 10^{-3} s^{-1}$,再由 $k_{复合} P$ 值计算不同电流密度下的 P 值。查标准正态分布函数表,可以得到对应

不同电流密度下的 $\dfrac{\overline{\mu} - \mu_0}{\sigma}$，见表 2.6。

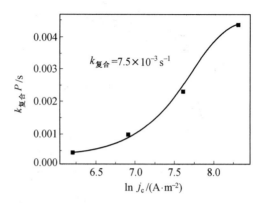

图 2.29　$k_{复合} P \sim \ln j$ 数据图

表 2.6　根据图 2.29 处理得到的数据

$\ln j/(\text{A} \cdot \text{m}^{-2})$	$P = \Phi\left(\dfrac{\overline{\mu} - \mu_0}{\sigma}\right)$	$\dfrac{\overline{\mu} - \mu_0}{\sigma}$
6.22	0.06	-1.59
6.91	0.13	-1.13
7.60	0.31	-0.50
8.29	0.58	0.21

由表 2.6 中的数据作图 2.30，$\dfrac{\overline{\mu} - \mu_0}{\sigma}$ 与 $\ln j_c$ 的线性关系说明，电流密度变化时，复合电沉积吸附强度模型数学公式（2.44）与实验相符。

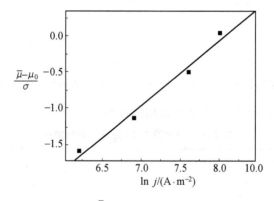

图 2.30　$\dfrac{\overline{\mu} - \mu_0}{\sigma} \sim \ln j_c$ 的线性关系

2.2　复合镀技术

复合镀技术是指能够实现固体颗粒（或纤维）等与金属共沉积，在零件表面获得金属基

复合材料层的工艺和方法,包括复合电镀和复合化学镀。与其他制备复合材料零件的方法相比,复合镀技术具有以下特点:

①复合镀技术是在廉价的基材零件表面获得特殊功能的复合材料层,代替由贵重原材料制造的零部件,降低零件的制造成本。对很多零部件,其耐磨、耐蚀、抗高温氧化等功能均是由零件的表层表现出来的,因此,很多情况下可以采用具有特殊功能的复合镀层来取代整体材料,或是在廉价的基体上沉积复合镀层,替代需要由贵重原材料制备的零部件;另外,也可以在强度较低的基体金属表面沉积硬的复合镀层,从而提高零部件的性能。

②复合镀技术采用冷加工方法制备复合材料,可以制备热加工方法无法制备的复合材料。由于复合镀的温度低,对基体的组织、性能不会产生影响,工件不会发生变形。例如,PTFE 的分解温度为 420 ℃,只能与金属在低温下形成复合材料,复合镀制备 PTFE 复合材料层是一种简单易行的方法。

③采用复合镀技术容易制备梯度材料层,通过控制电流密度等参数连续变化,可实现镀层中复合量的连续变化。

④复合镀设备简单,投资少、易于控制,生产成本和能耗都较低,且对原材料的利用率也比较高。使用一般电镀或化学镀设备,增加固体微粒悬浮装置,就能用来进行复合镀。

⑤采用复合镀技术制备复合材料层的厚度容易控制,且镀层表面光滑,既可以在复杂形状的基体上制得均匀的复合镀层,也可以在局部位置进行选择性镀覆,当零件局部发生磨损或其他失效后,还可以进行重新修复。

⑥对同一基质的金属可以嵌入一种或数种性质不同的固体微粒,也可以同一种固体微粒嵌入到不同的基质金属中,而且,通过改变电镀条件,可以改变固体微粒的复合量,改变镀层的性质。因此,为复合镀层提供了极大的可能性和多样性。

镀层中复合量的表示方法有两种:

$$质量分数 = \frac{镀层中微粒的质量}{镀层质量} \times 100\%$$

$$体积分数 = \frac{镀层中微粒的体积}{镀层体积} \times 100\%$$

镀层中复合量的测试方法有重量法、显微镜法和分光光度法等,其中纳米复合镀层中的颗粒微小,容易透过滤膜,不能用重量法测量,比较合适的方法是分光光度法。

利用分光光度法测量复合镀层中纳米粒子含量的原理是:当光线入射到分散体系时,由于粒子与溶液对光的吸收与反射,会降低透射光的强度,若分散相的粒子粒径小于入射光的波长,还要发生光的散射,粒子半径大于 $\frac{1}{20}\lambda$ 时,为 Mie 散射;粒子半径小于等于 $\frac{1}{20}\lambda$ 时,为 Rayleigh 散射。Mie 光散射理论和 Rayleigh 光散射理论均表明,当一束强度为 I_0 的单色平行光通过含有均匀悬浮颗粒的介质时,透射光强与入射光强的关系满足:

$$\log \frac{I}{I_0} \propto w \tag{2.53}$$

式中　$\log \dfrac{I}{I_0}$——分光光度计指示的吸光度;

　　　w——悬浊液中的粒子含量。

式(2.53)表明透过悬浊液光波的吸光度与悬浊液中的粒子含量 w 成正比,因此,可以用分光光度计测定悬浊液中的粒子含量。

　　用分光光度法测量复合镀层中纳米粒子含量的方法是:纳米复合镀层(m_1)→用过量硝酸溶解→容量瓶中定容→选择合适波长测量其吸光度→用标准曲线求微粒质量(m_2)→计算复合量:$m_2/m_1 \times 100\%$。其中,标准曲线的制作是用于复合镀层中金属对应的稀硝酸溶液和微粒,配成已知微粒含量分散液,选择合适的波长进行分光光度法测量,制作标准曲线。

　　用分光光度法测量复合镀层中纳米粒子含量,为了减小测量误差,需要选择合适的测量波长,选择的测量波长应使有色的镍粒子的吸光最弱,而使纳米粒子的吸光相对较强。例如为了测定 Ni－P/纳米 Al_2O_3 复合镀层中的 Al_2O_3 含量进行的试验,图 2.31 是 0.1 mol·L^{-1} $Ni(NO_3)_2$ 溶液、0.02 mol·$L^{-1}Ni(NO_3)_2$ 溶液和用 HNO_3 溶解的 Ni－P 镀层并稀释的溶液(含镍约 0.02 mol·L^{-1},pH＝1)的吸光度及透过率曲线。从图 2.31 中可以看出:

　　①配制分散液时,金属离子的浓度尽量要低。

　　②Ni^{2+} 和 NO_3^- 在波长 500 nm 左右吸光度接近于 0,对应的透光率接近 100%,对测量纳米微粒吸光度的影响最小。

　　③用 HNO_3 溶解的 Ni－P 镀层并稀释的溶液(含镍约 0.02 mol·L^{-1},pH＝1)的吸光度及透过率与 0.02 mol·$L^{-1}Ni(NO_3)_2$ 溶液在波长 500 nm 左右相同,镀层中的 P 不影响测量。

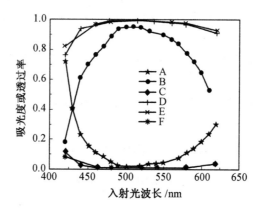

A—0.1 mol·$L^{-1}Ni(NO_3)_2$吸光度曲线;B—0.1 mol·L^{-1} $Ni(NO_3)_2$透过率曲线;C—0.02 mol·$L^{-1}Ni(NO_3)_2$吸光度曲线;D—0.02 mol·$L^{-1}Ni(NO_3)_2$透过率曲线;E—Ni－P镀层的硝酸溶解液吸光度曲线;F—Ni－P镀层的硝酸溶解液透过率曲线

图 2.31　三种溶液的吸光度及透过率曲线

　　图 2.32 是 Al_2O_3 纳米微粒分散液在超声波分散处理后测量波长 λ＝500 nm 的吸光度标准曲线,线性相关度为 99.96%,表明此方法可行。

　　复合镀所使用的固体微粒需要进行前处理,使固体微粒表面晶格裸露出来,容易与金属共沉积。固体微粒的前处理过程为:热碱洗→水洗→酸洗→水洗(→表面活性剂)。

2.2.1　复合电镀技术

　　复合电镀技术是采用电镀方法将固体微粒分散到金属镀层中,获得复合镀层的工艺技

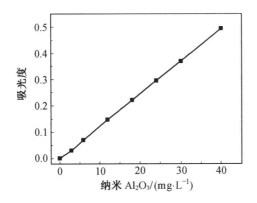

图 2.32　Al_2O_3 纳米微粒分散液的吸光度标准曲线

术。随着复合镀技术的发展,复合电镀技术可以细分为纳米复合镀技术、梯度复合镀技术、脉冲复合镀技术、超声波复合镀技术等。

1. 纳米复合镀技术

采用复合电镀技术,将纳米微粒引入金属镀层中,获得纳米材料镀层,是复合镀技术发展的一次质的飞跃。纳米复合镀技术的研究始于 20 世纪 90 年代,由于纳米复合镀层所表现出的诸多优异性能,纳米复合镀技术得到迅速发展。

与普通镀层相比,纳米复合镀层在结构上主要有以下特点:纳米复合镀层由大量均匀弥散分布于基质金属中、尺寸在纳米量级的纳米微粒与基质金属两部分构成,因而,纳米复合镀层具有多相结构;纳米微粒与基质金属共沉积过程中,影响基质金属的电结晶过程,使基质金属的晶粒大为细化,甚至可使基质金属的晶粒小到纳米尺度而成为纳米晶;纳米复合镀层中的纳米粒子的含量通常不超过 10％(质量分数)。

与微粒粒径在微米尺度的普通复合镀层相比,由于纳米微粒本身具有很多独特的物理性质及化学性质,使得纳米复合镀层表现出很多优异的性能,而且性能提高的幅度往往随纳米微粒粒径的减小而增大。这些性能包括硬度、耐磨性能、抗高温氧化性能、耐腐蚀性能、电催化性能、光催化性能等。正因为如此,纳米复合镀层正获得越来越广泛的研究,一些镀种已在生产中得到应用。

进行纳米复合镀,镀液中的纳米微粒团聚现象比较突出,其原因在于:纳米微粒表面的原子数占有很大比例,其表面的原子价键不饱和,使得处在镀液中的纳米微粒,一方面颗粒与颗粒之间有较大的范德瓦尔斯力;另一方面,在高浓度的电解质镀液体系中,颗粒周围的双电层减薄,颗粒间的静电斥力减小,因此纳米颗粒极易团聚,并最终导致复合镀层中的微粒以团聚形式存在(图 2.33),失去其应有的作用。而且,对于用在摩擦磨损情况的复合镀层,团聚的

图 2.33　复合镀层中团聚的纳米微粒

纳米微粒很容易从镀层中脱落,脱落的硬质微粒会作为磨料,对镀层产生极大伤害。解决纳米微粒在镀液中的团聚问题,以及制备纳米微粒单分散的纳米复合镀层,是纳米复合镀技术

的关键之一。使纳米微粒在镀液中均匀分散常用的方法有机械分散、超声波分散和添加表面活性剂等。

机械分散是借助外界剪切力或撞击力等机械能使纳米微粒在介质中分散,并保持悬浮状态的一种方法,也是复合镀中使用最广泛的一种方法,包括机械搅拌、空气搅拌等。通常,机械搅拌、空气搅拌对微米尺度的固体微粒在镀液中的分散比较有效,但对纳米微粒的分散效果不明显。

超声波分散是用适当功率和频率的超声波施加到纳米复合镀液中。超声波的分散作用机理普遍认为与空化作用有关,通过空化效应和机械扰动效应,能有效防止纳米微粒的团聚,提高镀液扩散传质效率,加速纳米微粒与基质金属离子的共沉积,使纳米微粒均匀分散在镀层中,赋予镀层好的性能。超声波还能够促进基质金属晶体成核并控制其生长,起到细晶强化的作用。

添加合适的表面活性剂,利用静电排斥作用或空间位阻作用,也可以使纳米微粒在镀层中分散较均匀。添加表面活性剂还可以改善微粒润湿性和表面电荷极性,有利于纳米微粒向阴极迁移并被阴极表面俘获,可提高纳米微粒在镀层中的含量,并改善复合镀层的表面形貌。目前常用的分散剂主要是表面活性剂和高分子聚电解质,如高分子聚电解质 PEDA 和 MZS 作为镀液中 ZrO_2 纳米粉体的分散剂。分散剂 MZS 通过高分子聚电解质的空间位阻效应和静电斥力作用,可以有效地分散复合镀镍溶液中的 ZrO_2 纳米微粒。

2. 梯度复合镀技术

通常的复合镀层在整个镀层厚度内微粒的分布是均匀的。如果在复合电镀过程中连续地改变某一工艺参数,如电流密度、镀液对流强度、固体微粒的载荷等,可以控制镀层中的微粒含量随着镀层厚度连续变化,即在整个镀层内微粒呈梯度分布,形成梯度复合镀层。梯度复合镀层在组织、结构上连续的变化,金属侧向陶瓷侧过渡的过程中形成一种无界面。例如,所制备的 $Ni-ZrO_2$ 梯度复合镀层,镀层外侧的 ZrO_2 含量高达 35%(体积分数),明显反映陶瓷性能,而镀层与基体结合处的 ZrO_2 含量很少,主要表现出金属的性质,与基体金属的结合强度高。这种梯度复合镀层具有很好的高温性能,耐热冲击,抗烧蚀,适合用于喷气发动机。梯度复合镀层在航空航天、核工业、生物医学工程、化学工程、电子工程等领域有着重要应用。

3. 脉冲复合镀技术

脉冲复合镀技术是脉冲电镀技术与复合镀技术相结合的产物。脉冲电镀所依据的电化学原理主要是利用电流(或电压)脉冲降低阴极的浓度极化,从而改善镀层的物理化学性能。与直流电镀相比,脉冲复合电沉积技术能提高复合镀层中微粒的质量分数,改善复合镀层的厚度均匀性和形貌结构。周期换向脉冲纳米复合镀技术可以增加镀层中颗粒复合量的原因:在周期换向脉冲纳米复合镀过程中,阴极过程将发生金属与颗粒共同沉积,而在阳极过程,镀层的部分金属被溶解,因此颗粒的相对百分含量得到增加。

脉冲复合镀技术的另一重要特点是,对镀液中的颗粒具有选择性共沉积的作用。在脉冲纳米复合镀时,较大的纳米微粒或者团聚的纳米微粒在一个脉冲时间内不能被沉积的金属充分捕获或成强吸附,在下一个脉冲来临之前的间歇时间里,这些微粒会从表面脱离,不能与金属共沉积。而较小的纳米微粒,被金属捕获的机会大。因此,只有一定小尺寸的少团聚的纳米颗粒才能与金属共沉积。

研究周期换向脉冲纳米复合镀 $Cu-Al_2O_3$ 复合镀层时发现,在直流电流条件下沉积的纳米微粒的大小不均匀,微粒的直径从几十到一百多纳米。而在周期换向电流条件下,镀层中的纳米颗粒大小非常均匀,微粒的直径均在 30 nm 以下。

在采用单向脉冲制备 $Ni-Al_2O_3$ 纳米复合镀层时也发现,脉冲复合镀技术对镀液中的颗粒具有选择性共沉积的作用。采用直流获得的纳米复合镀层 Al_2O_3 微粒大于 100 nm,而且团聚严重;采用脉冲电流,复合镀层中 Al_2O_3 微粒的尺寸均小于 100 nm,而团聚现象很少。

4. 超声波复合镀技术

超声波是指频率大于 20 kHz 的声波,在水中的波速一般约为 $1\,500\ m\cdot s^{-1}$。超声效应不是来自声波与物质分子的直接相互作用,因为超声波的波长远大于分子尺度。超声波对复合镀的作用主要源于超声波对镀液和微粒的热效应、机械效应和空化效应,具体为:

①热效应是指超声波在镀液中传播时,其振动能量不断地被镀液吸收转变为热能,使镀液温度升高,所产生的超声效应。声能被吸收可引起镀液的整体加热、局部加热和空化形成激波时波前处的局部加热等。

②机械效应是指超声波在镀液中传播时,引起镀液质点弹性振动而产生的超声效应。激烈而快速变化的机械运动,会显著增强镀液和微粒的传质过程。

③空化效应是指超声波在镀液中传播时,液相空化而引发的超声效应。超声波在镀液中传播时是一系列疏密相间的纵波,当声强达到一定时,在液体的某些区域会形成局部的暂时的负压区,液体中的微气泡在超声波作用下被激活,表现为泡核的振荡、生长、收缩及崩溃等一系列动力学过程。空化泡崩溃时,能在极短时间内在空化泡周围的小空间内形成局部高温,产生 5 000 K 以上的高温和大约 50 MPa 的高压,温度变化率高达 $10^9\,K\cdot s^{-1}$,寿命仅为几个微秒,并伴生强烈的冲击波和时速达 400 km 的微射流,这为复合镀提供了有利条件。

另外,在复合镀溶液中,超声空化过程还会产生 4 个附加效应,即湍动效应、微扰效应、界面效应和聚能效应。超声空化产生的声冲击波引起镀液的宏观湍动和固体微粒的高速冲撞,使边界层和扩散层减薄,增大传质效率,称为湍动效应;超声空化的微扰动可能使固液传质过程的“瓶颈”——微孔扩散得以强化,称为微扰效应;超声空化产生的微射流对镀层表面的作用称为界面效应;超声空化的能量聚结产生的局部高温、高压,能改变金属电沉积的极化过电势,影响成核过程,称为聚能效应。

超声波技术用于复合镀能够加速金属沉积速度,细化镀层晶粒,提高固体微粒的复合量,减少纳米微粒的团聚。

5. 复合电镀装置

复合电镀可以在一般电镀设备、镀液基础上加入不溶性微粒(几纳米至几百微米)和使微粒悬浮、分散的措施,如机械搅拌、空气搅拌、磁力搅拌、平板泵搅拌、超声波搅拌、流动床镀液循环、埋布砂法等,就可以进行复合镀。常用复合电镀实验装置如图 2.34 所示,复合电镀生产装置如图 2.35 所示。

2.2.2　化学复合镀技术

化学复合镀技术是采用化学沉积方法制备复合材料镀层,与复合电镀相比,不需要直流

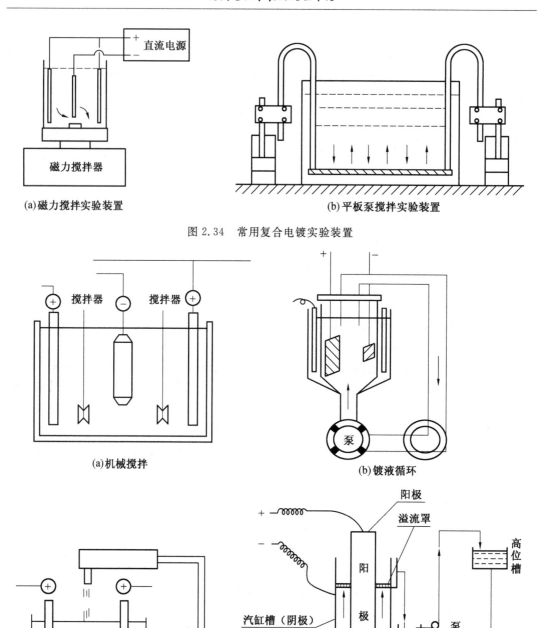

(a)磁力搅拌实验装置　　　　　(b)平板泵搅拌实验装置

图 2.34　常用复合电镀实验装置

(a)机械搅拌

(b)镀液循环

(c)镀液循环＋镀件转动

(d)汽缸专用装置

图 2.35　复合电镀生产装置

电源。化学镀镍磷合金具有独特的物理性能和化学性能,已经应用到很多领域。化学复合镀层不仅具有化学镀层的优异特性,而且当第二相硬质微粒分散在化学镀镍层内时,其复合镀层将获得更高的耐磨和耐蚀性能。

早期的化学复合镀是在化学镀溶液中加入的微粒为微米量级,一般为 $1\sim5~\mu m$,有时可以达到 $8\sim10~\mu m$,而工业应用的复合镀层厚度一般为 $25~\mu m$ 左右,能够复合的固体颗粒数量较少,限制了复合镀层的应用和发展。从理论上分析,若将微粒尺寸由微米数量级减小到纳米数量级,可以大幅度提高复合镀层中微粒的数量。另外,由于纳米微粒表现出尺寸效应、界面效应和量子尺寸效应,能够大幅度提升镀层的功能特性。

通过选择不同的分散相微粒,可以得到高硬度、耐磨损性、润滑性、耐热性、耐腐蚀性及其他功能性复合镀层。到目前为止,研究的化学复合镀层主要是化学镀 Ni－P 复合镀层,包括 Ni－P－Al$_2$O$_3$,Ni－P－SiC,Ni－P－ZrO$_2$,Ni－P－Si$_3$N$_4$,Ni－P－PTFE,Ni－P－金刚石,Ni－P－WC,Ni－P－SiO$_2$,Ni－P－CNT(碳纳米管),Ni－P－BN,Ni－P－CeO$_2$,Ni－P－TiO$_2$等。

采用化学镀技术使纳米 ZrO$_2$ 颗粒与 Ni－P 非晶合金共沉积,再经适当的热处理使 Ni－P非晶转变成纳米晶,可获得纳米 Ni－P－ZrO$_2$ 功能涂层。纳米 Ni－P－ZrO$_2$ 功能涂层由于纳米 ZrO$_2$ 颗粒的存在,使纳米复合镀层基质金属的纳米尺寸更加稳定,因而具有更高的高温硬度和耐高温性能。

进行化学复合镀需要注意,加入固体微粒会促进镀液的自发分解。化学镀液是一个亚稳态体系,无论是化学镀反应过程中镀液自身形成的沉淀物(例如化学镀镍中的亚磷酸盐、氢氧化镍等),还是由空气中降落到镀液中的尘埃,都会在化学镀液中形成催化核心,加速化学镀液的分解。当化学镀液中加入高比表面积的固体微粒,有可能作为催化核心,容易发生金属离子在固体微粒表面还原为金属,使镀液的不稳定性增加,加速化学镀液的分解。所以,化学复合镀溶液的稳定性比普通化学镀溶液要求更高,稳定剂的添加量更大。当然,加入的稳定剂也不能太多,否则会明显降低化学镀的沉积速度。因此,为了能在生产上实现化学复合镀,绝不能单纯从提高稳定剂的加入量来解决此问题,而必须注意采用稳定效果更好的稳定剂,以及其他辅助措施,才能在不降低沉积速度的前提下,达到使镀液稳定的目的。化学复合镀通常采用以下措施:

①加入稳定剂。例如,化学镀镍溶液中除含有镍盐和次磷酸盐之外,还必须加入某些有机酸或有机酸盐作为稳定剂。它们一方面具有缓冲作用,使镀液的 pH 不产生太大变化;另一方面又可减缓金属离子在镀液中的还原过程。

②连续过滤镀液。及时用过滤的方法清除化学镀液中出现的各种沉淀和尘埃,也是保持镀液稳定的一项措施。

③适当地限制进入镀液中的镀件面积与镀液体积的比值。为了避免在短时间内镀液的浓度变化过大,有必要限制在一定体积的镀液中放入镀件的数量。通常认为,在每升化学镀液中同时浸入的镀件面积不应超过 $1.5~dm^2$。

不同的固体微粒,对化学镀液的催化分解能力存在相当大的差别。一般说来,金属微粒的催化活性高,对镀液稳定性的影响较大。在复合化学镀中,尤其不能选用比基质金属更活泼的金属作为共沉积的微粒。否则,这种金属微粒会从镀液中置换出一层基质金属膜。化学镀过程将在此置换膜上迅速进行下去,使镀液很快失效。因此,在化学复合镀中,应尽量选用对基质金属催化活性较低的固体微粒(例如碳化物、氧化物、氮化物等)。在满足镀层中微粒含量要求的前提下,应尽量减少化学镀液中固体微粒的浓度。

2.3　复合镀层的性能及应用

复合镀层中由于分散相固体微粒的作用,镀层具有耐磨、自润滑、抗高温氧化等性能,在许多领域具有应用价值。

2.3.1　复合镀层的强化机理

一般来说,普通金属镀层的强化方式主要有晶粒细化、位错、孪晶和晶体缺陷。复合镀层除了以上强化方式外,由于大量固体微粒分散在镀层中,还存在弥散强化作用。固体微粒对复合镀层的弥散强化机理可以分为以下两个方面:

①在复合镀过程中,生长的镀层表面由于固体微粒的存在,阻碍金属晶粒生长,细化晶粒,增加金属相的位错、孪晶和缺陷的数量,提高镀层强度。

②固体微粒分散在镀层中,对金属晶粒间的滑移产生阻碍作用。根据位错理论,弥散强化是由基质金属中的滑动位错与微粒之间的交互作用引起的。由于固体微粒内部多为离子键,抗剪切强度高,从而使金属相得到有效强化。如图 2.36 所示,如果图 2.36(a)中运动的位错遇到固体微粒时,通过图 2.36(b)的方式切断微粒,延伸滑移,就需要很高的能量。如果运动的位错遇到"坚硬"固体微粒不能切断时,位错线就要发生弯曲,绕过微粒,如图 2.37(a)所示;随着位错线弯曲程度加剧,逐渐形成环状,如图 2.37(b)所示,由于两个微粒的环状位错方向相反,会相互抵消,其结果是抑制了位错的延伸。

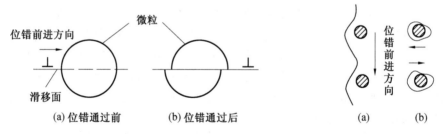

图 2.36　位错对微粒的切割作用　　　　　图 2.37　位错线绕过颗粒的过程

弥散强化强度的大小主要取决于固体微粒的种类、大小和含量。当复合镀层中固体微粒的种类和复合量一定时,所产生的强化效应随粒径减小而增大,其原理是固体微粒与基质金属的相界面增加所致。但微粒的尺寸过小,其自身的强度会降低,强化相应反而会减小。当固体微粒尺寸小到 1 nm 时,弥散效应达到极大值,因此存在"临界弥散强度"。为了获得高的弥散强化,纳米尺度的微粒比较好,当微粒粒径大于 2 μm,对镀层的强化作用就十分有限了。

复合镀层中固体微粒的种类和大小一定时,复合量对强化效果也有重要影响,当复合量超过 2% 时,弥散强化作用就能明显表现出来。理论上,复合量为 30%～50% 的镀层强度最好,但工艺上很难实现,一般将复合量控制在 2%～10% 比较合适。

在复合镀层中,固体微粒的团聚严重影响其弥散强化效应,尤其是纳米微粒在镀液中容易出现团聚现象,使得共沉积得到的镀层中的纳米微粒也是团聚形式。由于微粒团聚中颗粒与颗粒之间的作用力很小,导致阻碍滑移作用大大减小。

2.3.2　复合镀层的性能与应用

通过改变基质金属和分散微粒可获得具有高硬度、耐磨性、自润滑性、耐热性、耐蚀性和特殊功能的复合镀层。各种功能的复合镀层在航空、航天、机械、化工、轻工及军工等方面有广泛的应用。

1. 防护与装饰

镀层的防护与装饰两种功能常紧密相连。为了保持长久的装饰作用,装饰性镀层必须具有一定的防护能力,反之,对于一些属于纯防护性的镀层,也都提出了不同程度的装饰性要求。

电镀装饰铬中的镍封闭技术,就是镀铬之前,在原来双层镍的基础上镀上一层复合镀层,微粒是氧化物、碳化物等,微粒直径约为 0.02 μm。这种镍封层在套铬时,由于微粒不导电,微粒上无铬沉积,从而使所得铬层为微孔铬。在镍铬防护体系中,从电化学方面看,镍是阳极,铬是阴极,这种微孔铬使镍的腐蚀电流分散而降低,减缓腐蚀速度,提高镀层的耐蚀性能和装饰效果。

2. 钻磨工具

将大粒度的金刚石镀于磨削工具上,可以达到锋利的切割效果。各种电镀金刚石磨削工具如图 2.38 所示。电镀金刚石磨削工具广泛应用于硬脆材料(如工程陶瓷、宝石、玛瑙、玻璃等)的加工。硬脆材料具有硬度高、脆性大的特点,在冲击和动负荷的作用下极易破碎和产生崩边,用普通方法加工十分困难。而电镀金刚石磨削工具包含的金刚石磨粒硬度极高,非常适合硬脆材料的加工;同时,电镀金刚石磨削工具可将切削转化为金刚石磨粒对材料的磨削作用,防止硬脆材料崩边。

图 2.38　电镀金刚石磨削工具

3. 耐磨

机械运动伴随着摩擦与磨损,将硬质微粒与硬度较高的基质金属形成各种复合镀层,利用硬质颗粒的弥散强化作用,提高硬度和耐磨性。而且,由于硬质微粒弥散分布于复合镀层中,当磨损持续到硬质微粒暴露出来时,硬质微粒起到支承作用,可以承受磨损负载,从而提高耐磨能力。耐磨复合镀层的耐磨性与分散微粒的硬度有关。常用于复合镀的硬质微粒的物理性能见表 2.7。

表 2.7　常用于复合镀的硬质微粒的物理性能

硬质微粒	密度/(g·cm^{-3})	显微硬度/Hv	熔点/℃
金刚石	3.5	8 000	>3 500
$\alpha-Al_2O_3$	3.98	3 000	2 000
SiC	3.2	2 500	2 700
WC	15.8	2 400	2 600
SiO$_2$	2.2	1 200	1 710
ZrO$_2$	5.7	1 150	2 700
TiO$_2$	4.2~4.8	1 000	1 830

将硬质微粒与 Ni,Cr,Co,Cu,Fe 及其合金等共沉积,可形成耐磨复合镀层,适合用于发动机汽缸、轴承、曲轴、活塞连杆、活塞环、轧辊、金属模具等。

相对于金属镀层,复合镀层具有明显的高温耐磨损优势。高温下,金属材料的位错、孪晶和缺陷会消失,强化作用大大减弱。但复合镀层中,固体微粒一般耐高温性能好(氧化物等),其弥散强化作用仍可保持。如常温下电镀硬铬的耐磨性能良好,但在 400 ℃以上,铬镀层的硬度显著下降,已起不到耐磨作用。而 Co-SiC 在 300~800 ℃具有良好的耐磨性能。

复合镀层的耐磨性能主要取决于镀层中微粒的含量和硬质微粒的特性。硬质微粒的硬度必须和基质金属相匹配,才能取得较好的效果。微粒如果太硬,基质金属对其黏结强度不够;如果太软,将会失去耐磨的作用。

4. 自润滑

为了降低零件表面的摩擦系数,通常的做法是在摩擦界面上添加液体润滑剂。但是,在摩擦一段时间后,液体润滑剂往往大量流失,造成对周围环境的污染,而且,还必须定期补充润滑剂。对于在高氧化性介质、高腐蚀性介质、高温条件下以及高真空等特殊环境下工作的设备,普通液体润滑剂不能满足要求。具有自润滑功能的固体微粒与金属共沉积制得的复合镀层,因摩擦系数小和磨损量少,可作为特殊环境下滑动零部件表面的无油自润滑镀层。

与液体润滑剂相比,自润滑复合镀层具有下列优点:

①自润滑复合镀层的温度适应范围宽,在摄氏数百度的高温和零下几十度的低温环境下工作,镀层的自润滑性能均无太大变化,而在高温和低温下,液体润滑剂很难使用。

②自润滑复合镀层在宇宙空间的高真空条件下,很难挥发和分解。因此,复合镀层的润滑性能比较稳定,而且还减少了废气对环境的污染。这是液体润滑剂无法比拟的。

③自润滑复合镀层的化学稳定性多数都较高,可用于有机溶剂、强碱性、酸性介质中。不像液体润滑剂那样,在应用上有很多限制。

④当承受的负荷较高时,无论相对速度高低,自润滑复合镀层的润滑性能均很好。液体润滑剂在高温、高速度或高负荷下,常常易于失效。所以,对于航空和航天设备上那些难以经常润滑,安装后又难以拆卸的部件,自润滑复合镀层更显优越。

⑤自润滑复合镀层没有润滑剂的流失,不需要定期补充润滑剂,当然也就不存在储存与保管润滑剂的问题,不需要像液体润滑剂那样加强密封和保管,以减小时效变化。几乎对于容易产生放射物质污染的核工业和对防污染要求极高的食品工业,这个特点更有意义。

⑥由于自润滑复合镀层无须周期性补充和添加润滑剂,因此,在设计、加工机械设备时,

就不必设计润滑油的油孔、油道,当然也不会产生因油孔、油道堵塞而引起的故障。同时,还省去了设计、制造与安装润滑油的过滤、循环等润滑系统的设备。

自润滑复合镀层常用的固体微粒有二硫化钼(MoS_2)、聚四氟乙烯(PTFE)、石墨、氟化石墨等,这些具有自润滑性能的软微粒的物理性能见表 2.8。

表 2.8　常用于复合镀的软微粒的物理性能

软微粒	密度/($g \cdot cm^{-3}$)	显微硬度/Hv	熔点/℃
MoS_2	4.8	26	1 820~2 100
PTFE	1~2.85	35(肖氏)	415(分解温度)
石墨	2.2	50~70(肖氏)	3 900
氟化石墨	2.34~2.68	1~2(莫氏)	320(分解温度)

值得注意的是,选择自润滑复合镀层的关键是根据使用条件选择合适的固体微粒。因为微粒不同,使用的条件和效果也不一样。例如,石墨是一种常见的固体润滑剂,它可以以颗粒状形式夹嵌在基质金属中,但石墨在高温、高速、高压及潮湿的情况下,很快会失去润滑作用,而氟化石墨即使在高温、高压、高速的摩擦状态下,仍能保持良好的摩擦性能,其摩擦系数并不因温度变化而发生显著改变。自润滑复合镀层还有一个特点,即与一些硬度较高的材料对磨时,往往只减磨而不耐磨,如果与自身对磨,效果最好,还可用在活塞和内燃机的汽缸上。

聚四氟乙烯的摩擦系数只有 0.05,是一种优良的自润滑材料,化学稳定性高,耐蚀性好,而且憎水、憎油,抗黏附、脱模性好,在汽车的离合器、变速机构等方面的应用效果都很好。如果在黄铜制的汽油雾化器零件上沉积一层 PTFE 复合镀层,可有效地预防雾化器小孔的阻塞。把 PTFE 复合镀层用于形状较复杂的塑料压铸模具,脱模和防腐效果很好。计算机硬盘中要求无油润滑,其滑动部件表面化学镀 Ni—P—PTFE 复合镀层已广泛应用。

5. 耐腐蚀

复合镀层中的固体微粒能够改变镀层结晶形貌,消除镀层孔隙,提高耐蚀性,纳米微粒的效果更好。图 2.39、图 2.40 和表 2.9 是化学镀 Ni—P 合金镀层与 Ni—P/纳米 Al_2O_3 复合镀层的微观形貌和耐浓硝酸试验测试结果。Ni—P/纳米 Al_2O_3 复合镀层由于大量纳米 Al_2O_3 弥散到镀层中,不但消除了孔隙,而且基质金属 Ni—P 合金的抗浓硝酸氧化性能提高,复合量越高,效果越明显。

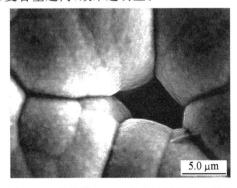
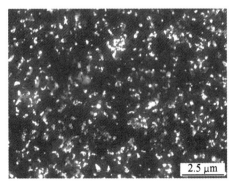

图 2.39　化学镀 Ni—P 合金镀层的微观形貌　　图 2.40　Ni—P/纳米 Al_2O_3 复合镀层的微观形貌

表 2.9　Ni－P 合金镀层与 Ni－P/纳米 Al₂O₃ 复合镀层的耐硝酸试验结果

镀层		耐浓硝酸的时间
化学镀 Ni－P 合金（中磷）		2 s 内镀层变深黑
化学复合镀 Ni－P(中磷)/纳米 Al₂O₃	1.2%（质量分数）	20 min 后镀层变黑
	4.8%（质量分数）	60 min 没有明显变化
	5.0%（质量分数）	60 min 没有明显变化

6. 抗高温氧化

氧化物陶瓷微粒具有良好的耐高温和抗高温氧化性能，将氧化物陶瓷颗粒嵌入镀层中，能有效地改善复合镀层的微观组织结构，进而提高复合镀层的耐高温性能。与微米微粒相比，纳米微粒的加入可显著改善镀层的微观组织，提高镀层的抗高温氧化性能。ZrO_2 具有良好的抗高温特性，将纳米 ZrO_2 微粒与化学沉积镍磷非晶态合金共沉积，经过适当的热处理后，镍磷非晶态合金转变成纳米晶，获得的化学沉积 Ni－P/纳米 ZrO_2 功能镀层，由于纳米 ZrO_2 颗粒的存在，镀层的微观组织结构得到显著改善，复合镀层中纳米尺寸的晶体更加稳定，镀层在 550～580 ℃条件下的抗高温氧化性能明显提高。

电镀 Ni/SiO_2 具有高温抗氧化性，对于防止高温腐蚀磨损有较好效果。Ni/SiO_2 复合镀层在 1 000 ℃时抗氧化能力远比普通 Ni 镀层强，其腐蚀磨损量仅为纯 Ni 镀层的 1/3 左右。

7. 电接触

电接触材料是电力、自控、信息传递等领域常用的关键材料之一。电接触现象是一种十分复杂的物理现象，这对电接触材料提出了许多苛刻的、甚至是矛盾的要求，如高电导、低接触电阻、高热导、高耐磨、耐蚀、抗焊、抗冲击等特性。广泛使用镀金层与镀银层作为电接触材料，这类镀层虽具有优良的导电、导热和耐蚀性能，但其硬度低，耐磨性差，若使一些固体微粒与其共沉积，形成复合镀层，则具有良好的电接触功能。这类复合镀层以 Au,Ag 为基质的较多，添加固体微粒的 Au,Ag 基复合镀层，如 Ag/La_2O_3，Ag/MoS_2，Ag/CeO_2 和 Au/WC，Au/SiC 等，在保持 Au,Ag 基质金属良好电性能的前提下，能显著提高抗电蚀能力和耐磨性能。如 Ag/La_2O_3 和 Ag/CeO_2 已被用作电接触材料使用。

Au－WC，Au－TiC 复合镀膜的强度、硬度、耐磨性优于纯 Au 镀层，且接触电阻和纯 Au 大体相当，可用于具有滑动面的各种电接插件。Au/石墨复合镀层可使摩擦系数降低到仅为纯金镀层的 $\frac{1}{5} \sim \frac{1}{6}$，接触电阻比纯金镀层增加 20%～80%，寿命大大提高。

第3章 纳米电镀技术

纳米电镀技术是利用电镀方法制备纳米材料或纳米材料镀层。纳米材料是指在三维空间中至少有一维处于 $1\sim100$ nm 尺度范围的材料及其构成的宏观材料。其中,零维纳米材料是指三维均在纳米尺度的纳米团簇;一维纳米结构材料是指在二维方向上为纳米尺度、长度为宏观尺度(达微米量级以上)的纳米材料,如纳米线、纳米管等;二维纳米材料是指一维(厚度)为纳米尺度的纳米材料,如超薄膜、多层膜、石墨烯等;三维纳米结构材料是由零维、一维或二维纳米材料构成的宏观纳米材料,如纳米陶瓷等。利用纳米电镀技术可以制备一维纳米线(管)、二维纳米薄膜和宏观纳米材料涂层。

3.1 纳米材料的特性

纳米材料是按尺度划分的一类材料,尺度范围为 $1\sim100$ nm 的纳米材料与宏观材料相比,特殊的物质尺度使其具有许多特殊的物理性质和化学性质。

3.1.1 纳米材料的表、界面效应

纳米材料的表、界面效应是指纳米粒子表面的不饱和性质的原子数与总原子数之比随粒径的变小急剧增大(图 3.1),导致其表面积、表面能及表面结合能都迅速增大所引起的物理、化学性质的变化。例如粒径在 10 nm 以下,表面原子的比例迅速增加,当粒径降到 1 nm 时,表面原子数分数达到约 90%,原子几乎全部集中到纳米粒子的表面。由于纳米粒子表面原子数增多,表面原子配位数不足和高的表面能使纳米微粒具有很高的活性和其他特殊的性质。

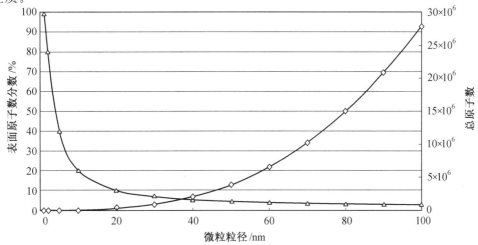

图 3.1 表面原子数分数与微粒粒径的关系

3.1.2　纳米材料的体积效应

由于纳米颗粒体积极小,所包含的原子数很少,相应的质量极小,因此,许多现象就不能用通常有无限个原子的块状物质的性质加以说明,这种特殊的现象通常称为体积效应。例如,当纳米颗粒的尺寸与光的波长、超导相干波长和透射深度等物理特征尺寸相当或更小时,其周期性边界条件将被破坏,它本身和由它构成的宏观纳米固体的热、光、电、磁和化学性质将具有与传统固体所不同的特殊性质。对于宏观纳米结构材料还表现为强度、韧性和超塑性大大提高,完全不同于微米或毫米级的颗粒,例如,纳米相铜的强度比普通铜高5倍;纳米相陶瓷不易脆性断裂。

3.1.3　量子尺寸效应

当纳米粒子的尺寸下降到某一值时,金属粒子费米面附近电子能级由准连续变为离散能级,并且纳米半导体微粒存在不连续的最高被占据的分子轨道能级和最低未被占据的分子轨道能级,使能隙变宽的现象,称为纳米材料的量子尺寸效应。

久保理论认为,金属纳米粒子靠近费米面附近的电子状态是受尺寸限制的简并电子态,电子能级为准粒子态的不连续能级,相邻电子能级间距 δ 和金属纳米粒子的直径 d 的关系为

$$\delta = 4E_F/3N \propto V^{-1} \propto 1/d^3 \tag{3.1}$$

式中　N——一个金属纳米粒子的总导电电子数;

　　　V——纳米粒子的体积;

　　　E_F——费米能级。

由式(3.1)可以看出,随着纳米粒子的直径减小,能级间距增大,电子移动困难,电阻率增大,从而使能隙变宽,金属导体将变为绝缘体。

近年来,人们发现纳米粒子的磁化强度、量子相干器件中的磁通量等也有隧道效应,称为纳米粒子的宏观量子隧道效应。

3.2　纳米镀层的形成机制

金属电沉积至少包括金属离子放电和放电原子结晶两个串联步骤,即电化学步骤和电结晶步骤,这两个步骤均发生在电极/溶液界面。其中,金属电结晶过程受阴极表面状态和阴极极化作用(过电势)等许多的因素影响,形成的晶粒大小与电结晶时晶核的形成速度和晶粒的生长速度有关。研究表明,高的阴极过电势、高的吸附原子总数和低的吸附原子表面迁移率,是增加成核和减少晶粒生长的必要条件。

3.2.1　晶核的形成与晶粒生长过程

1.金属电结晶的成核速率

金属电结晶包括晶核的形成和晶粒生长过程,成核速度快而晶粒生长速度慢,电结晶的晶粒尺寸就小。金属电结晶的成核速率用 υ 表示,则

$$\upsilon = K_1 \exp\left(-\frac{bs\varepsilon^2}{ze_0 kT\eta^2}\right) \tag{3.2}$$

式中　　K_1—— 速率常数；

　　　　b—— 几何指数；

　　　　s—— 一个原子在晶格上占的面积；

　　　　ε—— 边界能量；

　　　　k—— 玻耳兹曼（Boltzmann）常量；

　　　　e_0—— 电子电量；

　　　　z—— 离子电荷数；

　　　　T—— 绝对温度；

　　　　η—— 过电势。

由式(3.2)可知,影响成核速率的电化学因素主要是过电势,当金属离子在很小的过电势($\eta < 100\ \text{mV}$)下放电时,新晶核的形成速度很小,这时电结晶过程主要是原有晶体的继续长大。提高过电势,成核速率增加,以至晶核形成数目就越多,晶核尺寸随之变小,容易获得纳米晶。

金属电沉积的速率影响电结晶晶粒的大小,成核速率一定时,金属离子放电生成金属原子的速率越快,电结晶的晶粒越大。提高过电势会导致金属沉积的电流密度增加,即生成金属原子的速率增加。对于受电化学步骤控制的金属电沉积,塔菲尔(Tafel)公式给出了电流密度与过电势的关系：

$$\eta = a + b\ln j \tag{3.3}$$

式中　a,b—— 常数；

　　　j—— 电流密度。

比较式(3.2)和式(3.3),提高金属电沉积的过电势,成核速率增加的幅度大于金属原子生成的速率,有利于获得纳米晶镀层。

2. 金属电结晶的成核与晶粒生长过程

金属电沉积过程中,晶粒的成核与生长过程受诸多因素影响,除传质、电势(电场)因素外,还受电极表面状态(包括每个晶粒的表面状态)、"吸附原子"在晶粒表面的扩散等诸多因素影响。

(1)未完成晶面上的生长和成核过程

未完成晶面上的生长和成核可能按照不同的方式进行：

①放电过程只在"生长点"上发生,放电步骤与结晶步骤合二为一。

②放电过程可以在晶面上任何地点发生,形成晶面上的吸附原子,然后这些吸附原子通过晶面上的扩散过程转移到"生长点"或"生长线"。按这种历程进行时,放电过程与结晶过程是分别进行的,而且在金属表面上总存在一定浓度的吸附原子。

③吸附原子在晶面上扩散的过程中,热运动可导致彼此之间偶然靠近而形成新的二维或三维原子簇,以及新的生长点和生长线。如果这种原子簇达到了一定尺寸,就可以形成新的晶核。

(2)平整晶面上晶核的形成与生长

在理想平整的晶面上不存在生长点,因此在已有的平整晶面上晶体继续生长的前提是在晶面上出现新的晶核。新的晶核和晶粒可以在同种材料的晶面上形成,也可以在不同的材料基底上形成。新晶核的形成往往涉及较高的析出过电势,对应于在晶面上吸附原子的浓度大大超过平衡时的数值。

(3)实际晶面的生长过程

电沉积的实际晶粒表面总是有大量的螺旋位错,如果晶面绕着位错线生长,生长线就永远不会消失。如果电沉积过程在很低的极化下进行,则镀层往往由粗大的晶粒所组成。为了获得纳米晶镀层,必须设法增大过电势。按照近代理论,继续生长是依靠螺旋位错还是依靠形成二维晶核,将主要取决于电结晶过程的过电势。在过电势小于 10 mV 时,完全不可能形成二维晶核,只能沿着位错(主要是螺旋位错)生长;而当过电势升高,由于吸附原子浓度局部升高和吸附原子表面扩散缓慢,吸附原子会聚集成核。

3.2.2 电沉积纳米晶的工艺措施与特点

1.电沉积纳米晶的工艺措施

上述分析表明,增加金属电沉积的过电势,有利于成核速率增加和晶粒细化。为了使电结晶的晶粒大小达到纳米级,工艺上常采取以下措施:

(1)适当高的电流密度

金属电沉积的电流密度增加,对应电极上的过电势升高,使成核的驱动力增加,会促使电结晶的晶粒尺寸减小。如果电流密度过大而引起电极表面产生浓度极化,则反而会使晶粒尺寸增大,生成粗晶或枝晶。因此,通过提高过电势和电流密度,需要消除浓度极化,比较有效的措施有直流脉冲、液流喷射和超声波等。

(2)添加有机添加剂

镀液中添加有机添加剂能起细化晶粒的作用:一方面,添加剂分子吸附在晶粒表面的活性部位,可抑制晶粒的生长;另一方面,析出原子的扩散也被吸附的有机添加剂分子所抑制,阻碍其到达晶粒的生长点,从而优先形成新的晶核;此外,结晶细化添加剂在阴极的吸附会增大阴极极化,增加成核速率的同时,减小电流密度,从而使晶粒细化,促使形成纳米晶。

2.电沉积纳米晶的特点

与其他制备方法相比,电沉积法制备纳米材料具有以下优点:

①可制备多种纳米晶体材料,如金属、合金、半导体、导电高分子等,平均晶粒尺寸可减小到 10 nm 以下。

②所制备的纳米晶体材料受尺寸和形状的限制较少,且具有较高的密度和低孔隙率。由于制备过程中没有预变形或高温等因素干扰,所制备的纳米晶体材料往往可反映其本质属性。

③工艺简单,技术灵活,通过改变工艺参数和镀液成分,可控制纳米晶体材料的化学成分、结晶方向和晶粒尺寸分布等。整个沉积过程易于监控,而且不需要其他后处理过程。

④金属电沉积一般在常温条件下进行,投资成本较低,生产效率高,易于实现工业化。

电沉积法制备纳米晶材料也存在一些缺点:为获得纳米晶体材料,通常需要在电解液中加入少量有机添加剂,这会降低纳米晶体材料的纯度。事实上电沉积纳米晶体材料中的杂质对其性能影响很大。另外,随着沉积层厚度的增加,沉积层内容易出现柱状晶或层状结构,从而使其不属于纳米晶体材料的范畴。

3.3　纳米镀层的微观结构形貌

3.3.1　纳米镀层的微观结构特点

纳米镀层主要由纳米晶粒和晶界或相界两部分组成。纳米晶粒内部的微观结构与传统的晶体结构基本一致,只是由于每个晶粒仅包含数量很少的晶胞,晶格点阵必然会发生一定程度的弹性畸变。尽管纳米镀层的每个晶粒都非常小,但与传统的粗晶类似,其内部同样会存在着各种点阵缺陷,如点缺陷、位错、孪晶界等。

1. 纳米晶界结构

纳米晶界结构受晶粒取向和外场作用等因素的影响,在有序和无序之间变化,某些晶界显示出完全有序的结构,而另一些晶界则表现出较大的无序性。界面结构与界面性能和热力学特性密切相关,通过测量纳米晶体的界面性能和热力学参量,可推断出其界面结构。利用非晶晶化法可以制备出无微孔隙的纳米晶体,卢柯等人利用这一特点定量测量了纳米晶体 $Ni-P$ 合金和单质 Se 纳米晶体中的界面热力学参数,发现界面热力学参量随纳米晶体的晶粒尺寸而发生变化,随晶粒尺寸减小,界面过剩能呈线性降低。这一结果意味着纳米晶体的界面结构依赖于晶粒尺寸的大小,当晶粒很小时,界面能态很低。纳米晶体的低能态晶界结构与一些性能测试结果相一致,也与 HRTEM(高分辨透射电子显微镜)直接观察结果和计算机结构模拟计算结果均相吻合。

2. 纳米晶粒结构

长期以来,人们普遍认为纳米晶体中的晶粒具有完整晶体结构,因而在结构及性能分析时,往往忽略晶粒而只考虑界面的作用。但是,最近的研究表明,纳米尺寸晶粒的结构与完整晶格有很大差异,其点阵常数偏离了平衡值,表明纳米尺寸晶粒发生了严重的晶格畸变,而总的单胞体积有所膨胀。卢柯等人精确测定了晶粒尺寸为 6~15 nm Ni 纳米晶的晶格常数,发现其晶格常数均大于完整镍单晶的平衡晶格常数,且随晶粒尺寸减小而显著增大,通过纳米晶体的热力学对这种晶格膨胀效应进行解释。晶格畸变或膨胀可能是纳米晶体表现出一些优异性能的主要原因之一。

不同的纳米晶体材料表现出不同的晶格畸变效应,表明晶格畸变现象与样品的制备过程、热历史、微孔隙等诸多因素相关。

3. 纳米晶的结构稳定性

传统理论认为,纳米晶体中大量的晶界处于热力学亚稳态,在适当的外界条件下会向稳态转化,一般表现为晶粒长大、相转变或固溶脱溶三种形式。纳米晶体一旦发生晶粒长大,即转变为普通粗晶材料,失去其优异性能。按照经典的多晶体晶粒长大理论,晶粒长大的驱动力 (Δp) 与其晶粒尺寸成反比,即纳米晶体的晶粒长大驱动力从理论上讲要远远大于一般多晶体,甚至在常温下,纳米晶粒也难以稳定。

然而,大量实验表明,纳米晶体具有良好的热稳定性,绝大多数纳米晶体在室温下形态稳定,不会长大,有些纳米晶体的晶粒长大温度高达 1 000 K 以上。对于单质纳米晶体,熔点越高的物质,晶粒长大温度越高,但比普通多晶体的再结晶温度低。例如,纳米 Cu 的晶粒长大起始温度约为 373 K,纳米 Fe 的晶粒长大起始温度为 473 K,纳米 Pd 的晶粒长大起始温度为 523 K,而纳米 Ge 的晶粒长大起始温度仅约为 300 K。少量杂质的存在会提高金属纳米晶体的热稳定性,如在纳米 Ag 的晶粒中加入 7.0%(质量分数)的氧,会使其晶粒长大温度由 423 K 升高到 513 K。

合金及化合物纳米晶体的晶粒长大温度往往较高,纳米 Ni-P 合金的晶粒长大起始温度约为 620 K,是熔点的 0.56 倍;晶粒尺寸为 12 nm 的 Ti 纳米晶体的热稳定性几乎与普通多晶体相当。研究表明,合金及化合物纳米晶体晶粒长大的激活能往往较高,接近相应的元素体扩散能;而单质纳米晶体长大激活能则较低,与界面扩散激活能相近。这说明纳米晶粒长大过程不能简单地沿用经典晶粒长大理论来描述,其中存在着一些纳米晶体结构的本质影响因素,而这些因素还未被人们所认识。

4. 纳米结构单元之间的交互作用

近几年人们发现,铁磁性和非磁性金属材料组成的纳米结构多层膜表现出巨磁电阻效应,这种巨磁电阻效应是由于相邻磁性层之间的相互祸合造成的。同一磁性层内的磁矩彼此平行排列,形成一个统一的层内磁矩。相邻铁磁层间的磁矩可能平行排列(铁磁祸合)或反平行排列(反铁磁祸合),这取决于非磁性间隔层的厚度和特性,磁层之间的祸合强度随间隔层的厚度呈周期性振荡。对于反铁磁祸合体系(如(Fe/Cr)$_n$),在足够大的外磁场(1 000 kA/m)作用下,反铁磁祸合被克服,所有磁层的磁矩平行排列,这时多层膜的电阻比零场时的大为减小。类似地,由磁性纳米颗粒均匀分散于非磁性介质所构成纳米颗粒膜,在外磁场的作用下也具有巨磁电阻效应,这种现象也是由于纳米磁性颗粒通过非磁性介质而发生交互作用造成的。

3.3.2　纳米镀层的微观形貌

1. 纳米镀层的微观形貌

纳米镀层的微观形貌受晶体内部结构的对称性、结构基元之间的成键作用以及晶体缺陷等因素的制约,但在很大的程度上受到电沉积条件的影响,镀层的形貌有以下几种:

(1)层状

层状是金属电结晶生长的最常见类型。层状生长物具有平行于基体某一结晶轴的台阶边缘,层本身包含无数的微观台阶,所有台阶沿着同一方向扩展。

(2)脊柱状

当溶液很纯时,脊柱状生长主要出现在(110)面上,如果溶液不纯也可能出现在其他取向的晶面上。

(3)棱锥状

镀层表面有时呈现棱锥状,常见的有三角棱锥、四角棱锥和六角棱锥,它们的侧面一般是高指数面且包含台阶。棱锥的对称性取决于基体的性质。这种生长形态比较容易出现在纯溶液、电流密度低的条件下,而且只能出现在某些特定取向的晶面上生长。

(4)块状

有人认为块状生长是层状生长的扩展。如果基体的表面是低指数面,层状生长相互交盖便变为块状生长,然而块状生长更常被视为棱锥状截去尖顶的产物。

（5）螺旋状

在低指数面的单晶电极上可以观察到螺旋状生长形貌。例如铜和银的电结晶,当溶液的浓度很高时,便能出现螺旋状生长。此种生长对表面活性物质很敏感,采用方波脉冲电流可以增加螺旋状生长出现的概率。

（6）枝晶

枝晶为呈苔藓状或松树叶状的沉积物,这种生长形貌比较容易出现在交换电流密度大、浓度低的简单金属离子的电沉积中。

（7）须晶

须晶是线状的长单晶,它与枝晶的区别在于它的纵向尺寸与侧向尺寸之比非常大。在须晶生长时,侧向生长几乎完全受抑制,故没有侧向分枝现象。须晶在非常高的电流密度下形成,而且溶液中必须有添加剂存在。

2. 影响镀层微观形貌的工艺因素

影响镀层微观形貌的电沉积工艺因素包括以下几方面:

（1）镀层厚度

金属电沉积的过程是初始阶段形成晶核并逐渐长大,最终长成大的晶粒。所以,在镀层厚度小于最终晶粒尺寸范围内,镀层的微观形貌随镀层厚度增加而变化。图 3.2 是在非晶合金基体表面电镀 Ag,镀层厚度对其微观形貌的影响,随着镀层厚度增加,晶粒逐渐长大,表面粗糙度增加。因此,研究其他因素对镀层微观形貌的影响时,镀层厚度要一致。

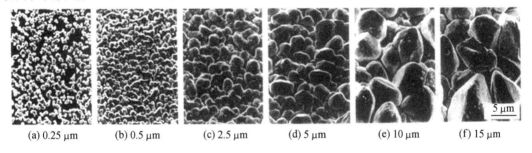

(a) 0.25 μm　　(b) 0.5 μm　　(c) 2.5 μm　　(d) 5 μm　　(e) 10 μm　　(f) 15 μm

图 3.2　在非晶合金基体表面电镀 Ag 不同厚度电镀 Ag 层的微观形貌

（2）基体

基体材料对镀层的形貌也有影响,尤其是电镀的初始阶段,基体影响晶核的形成和形貌。图 3.3 为铜基体的不同晶面形成晶核和晶核长大过程,在（100）晶面上,镀层垂直基体形成柱状结晶;在（110）晶面上呈台阶生长;在（111）晶面上则平行于基体表面二维生长。

（3）温度

镀液温度升高使放电离子活化,电化学极化降低,粗晶趋势增强。某些情况下镀液温度升高,稳定性下降,水解或氧化反应容易进行。但当其他条件有利时,升高镀液温度不仅能提高盐类的溶解度和溶液的导电性,还能增大离子的扩散速率,降低浓度极化,从而提高阴极电流效率。此外,温度升高对减少镀层含氢量和降低脆性也有利。

（4）电流密度

电流密度对电结晶质量的影响存在上、下限,在电流密度下限值以下,提高电流密度有

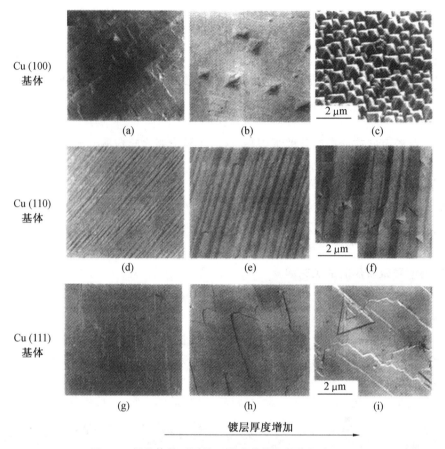

图 3.3　铜基体的不同晶面形成晶核和晶核长大过程

利于晶体生长,导致结晶粗化。在下限值以上,随着电流密度的提高,阴极极化和过电位增大,有利于晶核形成,结晶细化。但当电流密度达到上极限电流时,出现疏松的海绵状镀层。

(5)搅拌

搅拌促使溶液对流,减薄界面扩散层厚度而使传质步骤得到加快,降低浓度极化和提高极限电流,对于消除枝晶效果显著。

(6)添加剂

添加剂吸附在晶粒表面的活性部位,可以抑制晶粒的生长,具有提高过电势,增加成核速率和细化晶粒作用,能促使形成纳米晶。

(7)电流波形

①换向电流。换向电流通过直流电流周期性换向,使镀件处于阴极与阳极的交替状态而呈间歇沉积,电流正反向时间比为重要的可控参数。当镀件由阴极转变为阳极时,界面上已被消耗的金属离子得到适当的补充,浓差极化得到抑制,有利于极限电流的提高。另一方面,原先沉积上的劣质镀层与异常长大的晶粒受到阳极的刻蚀作用而去除,不仅有利于镀层的平整细化,而且去除物溶解在界面上,一定程度上提高了表面有效浓度,对提高电化学极化有利。

但在有些情况下,镀件处于阳极状态可能引发镀层钝化,而造成镀层分层缺陷或结合力下降。

②脉冲电流。脉冲电流通过单向周期电流被一系列开路所中断而呈间歇沉积状态。高频脉冲电流作用下的高频间歇阴极过程,由于电流或电压脉冲的张弛导致阴极电化学极化的增加和浓差极化的降低,对电结晶细化作用往往十分明显。

3.4　纳米电镀的方法和原理

利用电沉积技术制备纳米材料的方法主要有直流电沉积、脉冲电沉积、喷射电沉积、超声波辅助电沉积和复合电沉积等。电沉积纳米晶材料由两个关键步骤控制:形成高晶核数和控制晶核的成长。

3.4.1　直流电沉积

前面分析表明,电沉积纳米晶过程中非常关键的步骤是新晶核的生成和晶粒的生长,这两个步骤的竞争直接影响镀层中生成的晶粒大小,其决定因素是过电势和吸附原子在表面的扩散速率。

在直流电沉积时,如果在沉积表面形成大量的晶核,且晶核和晶粒的生长得到较大的抑制,就有可能得到纳米晶。金属电沉积晶核的大小和数目可由过电势来控制,根据 Kelvin公式,晶核大小与过电势成反比:

$$r \propto \frac{\delta}{\eta} \tag{3.4}$$

式中　r——临界晶核形成的半径;

　　　δ——表面能量;

　　　η——过电势。

式(3.4)表明,高的过电势可形成小的晶核,有利于制备纳米晶镀层。

3.4.2　脉冲电沉积

采用脉冲电沉积制备纳米晶的目的是为了消除浓度极化的影响,允许提高极化过电势,有利于沉积纳米晶。与直流电沉积相比,采用脉冲技术,通过控制波形、频率、通断比及平均电流密度等参数减小晶粒尺寸,更容易得到纳米晶镀层。

每个周期内的脉冲电沉积过程都是一个暂态过程,允许很大的极化过电势而不产生浓度极化。当一个脉冲电流结束后,阴极/溶液界面处消耗的金属离子可在脉冲间隔内得到补充,如此连续反复进行,控制了微晶的大小和成长,得到了纳米晶。脉冲电沉积可采用高的峰值电流密度和极化过电势,得到的晶粒尺寸比直流电沉积的小。

此外,采用脉冲电沉积时,由于脉冲间隔的存在,使增长的晶体受到阻碍,减少了外延生长,生长的趋势也发生改变,从而不易形成粗大的晶体。目前电沉积纳米晶较多采用脉冲电沉积技术,所用的脉冲电流波形一般为矩形波。

脉冲电沉积过程中,除可以选择不同的电流波形外,还有三个独立的参数可以调控,即脉冲电流密度 j_p、脉冲导通时间 t_{on} 和脉冲关断时间 t_{off}(图 3.4)。各参数间的关系为:脉冲周期

$$t = t_{on} + t_{off}$$

脉冲频率

$$f = 1/t$$

平均电流密度

$$j_m = j_p t_{on}/t$$

峰值电流密度

$$j_p = j_m/\nu$$

式中　ν——占空比(导通时间与周期之比),$\nu = (t_{on}/t) \times 100\%$。

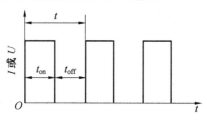

图 3.4　脉冲电沉积波形

在脉冲电沉积时,因脉冲电流很高,在阴极附近金属离子的浓度会迅速降低,而金属离子传质补充的速度相对较慢。因此,脉冲导通时间不能过长,一般仅为几毫秒,脉冲关断时间则需要几十毫秒。

进行脉冲电沉积纳米晶时,要注意以下几点:

①极化过电势或电流密度影响晶核的大小和数目,在每个周期恒定情况下,提高极化过电势或电流密度可降低晶粒尺寸。

②在恒定导通时间 t_{on} 和电流密度条件下,关断时间 t_{off} 延长,晶粒尺寸增大,减小脉冲周期或降低占空比都能有效地提高电流密度和极化过电势,细化晶粒。

③使用有机添加剂(结晶细化剂)可以控制关断时间内的结晶过程,因为添加剂分子吸附在电极表面,会阻碍已经还原但尚未结晶的吸附原子在表面的扩散。

④工作温度对晶核形成和晶粒生长有影响,为了得到纳米晶,应该在室温甚至更低的温度下进行,因为低温下吸附原子的扩散速度低,不但限制了晶粒的生长速度,还有利于吸附原子形成新晶核。

⑤为了保证阴极/溶液界面处的金属离子得到及时补充,采用峰值电流密度高的脉冲电流时,应结合短的脉冲导通时间和适当大的脉冲关断时间,或增加电解液与阴极的相对流速,如采用高速喷射或增大阴极旋转速度等措施。

另外,镀液的组成、pH、溶液对流以及电流的波形对电结晶的晶粒尺寸也有不同程度的影响。

3.4.3　喷射电沉积

喷射电沉积是一种局部高速电沉积技术,由于其特殊的流体动力学特性,兼有高的热量和物质传递速率,可以显著提高电沉积的极限电流密度和沉积速度,并在高的过电势下促进晶核形成,有利于获得纳米晶镀层。

喷射电沉积时,电解液从阳极喷嘴以一定的速度和压力垂直喷射到阴极表面,这种连续的冲击使界面层和扩散层厚度大大减小,同时还增强了电解液的对流强度和液相传质速度,允许提高电流密度和极化过电势;另一方面,冲击液流对镀层具有机械活化作用,改变结晶结构形貌,使镀层组织致密,晶粒细化,性能提高。

进行喷射电沉积时,可以调节阴、阳极之间的距离,应尽可能缩小阴极和阳极间的间隙,减小溶液电阻和发热现象,在降低能耗的同时,提高电沉积的速度。

可以将脉冲技术引入喷射电沉积中,利用脉冲电流进行喷射电沉积,更容易得到纳米晶镀层。

3.4.4　复合电沉积

用复合电沉积方法制备的纳米镀层,是将纳米微粒分散于金属镀层中,获得多相纳米镀层。纳米复合镀层中由于纳米微粒独特的物理性能和化学性能,赋予镀层很多优异性能,如耐磨性、耐蚀性等。

纳米复合镀层与普通镀层相比,具有以下特点:

①由纳米微粒与基质金属组成的复合镀层具有多相结构,分散相微粒处于纳米尺度,可使镀层性能发生质变。

②纳米微粒与基质金属共沉积过程中,纳米微粒的存在影响电结晶过程,能使基质金属的晶粒细化,有可能成为纳米晶。

影响纳米复合镀层的因素主要有纳米微粒的尺寸和形状、电流密度、搅拌强度、镀液类型、添加剂、工艺参数等。另外,纳米微粒的表面状态对沉积层的性能也有很大的影响,添加适量的添加剂可以改善微粒的润湿性和表面电荷的极性,使纳米微粒有利于向阴极迁移、传递和容易被阴极表面俘获。

3.4.5　超声波辅助电沉积

利用超声波能够加速和控制金属电沉积的过程,改变晶粒形貌和尺寸,获得纳米晶镀层。超声场对电沉积纳米晶镀层的作用可归功于超声空化,超声空化效应对金属电沉积的成核和晶粒生长过程都产生作用,原理如下:

①在成核期,临界晶核的形成需要一定能量,即成核能,成核能可借助于体系内部的能量起伏来获得。在超声场作用下,局部的高能量加大了单位体积的能量起伏,使成核能大大增加,从而使体系的亚晶核容易达到所需要的成核能,增大成核速率。

②在晶粒的生长期,超声空化可有效控制晶核的长大。由于超声空化泡表面可做径向均匀的非线性振动,能向反应液辐射次级均匀的球面波,当气泡移动到晶粒表面时,这种球面波就会在晶粒表面上引发显微涡流,扰乱原子的扩散,从而控制晶粒长大。

③超声空化泡在镀层表面上引发显微涡流,能够促进液相传质,消除浓度极化。因此,在超声波作用下,允许大幅度提高金属电沉积的极化过电势和电流密度,有利于形成纳米晶镀层。

3.4.6　模板法电沉积

模板法电沉积纳米材料是以模板作为阴极,在模板的孔内电沉积金属或合金等,从而得到一维纳米材料(纳米线、纳米管等),是一种用反向模板制备目标材料的方法。该方法可通过模板尺寸控制纳米线、管的直径,通过电镀时间控制纳米线、管的长度,改变纳米线、管的长径比和管壁厚度,从而得到不同性能的纳米线、管。用模板法电沉积的一维纳米材料,其形状和尺寸受模板规则度限制,模板的均匀性直接影响到纳米线、管的均匀性。

常用的模板有两种:一种是电化学法制备的阳极氧化铝(AAO)模板;另一种是径迹刻蚀法制备的聚合物薄膜,如径迹刻蚀聚碳酸酯模板,此外,还有纳米微球、纳米孔洞玻璃、介孔沸石、分子筛、金属模板,以及 DNA、病毒、蝴蝶翅膀等具有微纳米结构的生物模板等。

AAO 模板是发展较为成熟且使用率极高的模板,两步法制备通孔 AAO 模板的简单流程如图 3.5 所示,具体步骤包括:

①铝片预处理。取纯度为 99.99%(质量分数)以上的平整铝片,尺寸根据阳极氧化装置而定。将铝片置于丙酮中利用超声清洗,然后放入烘箱中干燥,并在保护气氛(氮气、氩气等)中或真空炉中退火,退火温度为 450~650 ℃,时间为 4~6 h。然后进行电化学抛光,抛光液为高氯酸与乙醇体积比为 1∶4 的高氯酸乙醇溶液,温度为 0~10 ℃,时间为 30~50 s,抛光后用稀酸或稀碱溶液清洗基片。

②一次氧化:以硫酸溶液为例,在 12%~16%(质量分数)的硫酸溶液中,温度控制在 -6~6 ℃,阴极选择铂片(涂氧化钌的钛电极,不锈钢也可以),电压根据所需孔径而定,孔径和电压之比约为 0.9 nm/V,氧化时间为 2~5 h。一次氧化的微孔阵列大小不够均匀,排列也比较无序,需要进行二次氧化。

③二次氧化。先将一次氧化的铝片在磷酸、铬酸、水质量比为 6∶1.8∶92.2 的溶液中去除氧化层,温度为 65 ℃,时间为 40~60 min。然后进行二次氧化,二次氧化的工艺条件与一次氧化相同。

④去除铝基体和阻挡层。将模板放入浓度为 10%~16%(质量分数)的 SnCl₄ 溶液或氯化铜溶液中,浸泡 4~8 h。随后浸入 6%(质量分数)的磷酸溶液,温度控制在 30 ℃,时间为 10~16 min,就可以得到通孔 AAO 模板。

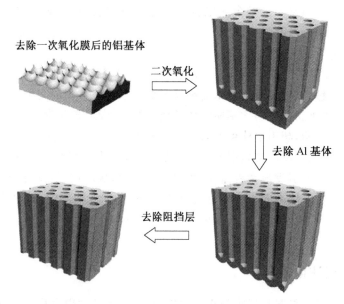

图 3.5　两步制备通孔 AAO 模板的简单流程

上述方法制备的纳米多孔氧化铝模板,孔径大小一致、排列有序、分布均匀,孔密度可以

达到 $10^9/cm^2$，孔深可达几十微米。

3.4.7　纳米叠层电沉积

传统电镀层多呈垂直于基体表面生长的柱状晶粒，在柱状晶粒之间容易形成孔隙。为了提高镀层的耐蚀性，通常进行多层电镀（如 Ni—Cu—Ni 等）降低镀层的孔隙率。为了防止镀液相互污染，每道电镀工序后要有三道水洗，导致多层电镀的工序繁多，不仅成本高，而且清洗水的环保治理难度大。

纳米叠层电镀是在同一镀液中获得每层厚度 100 nm 以下多层叠加镀层，其主要目的是为了降低镀层孔隙，在减薄镀层厚度和降低成本的同时，提高镀层的耐蚀性。

利用脉冲超声波可实现纳米叠层电镀，其原理是：有超声波作用时，镀层呈层状平行于基体表面生长，无超声波作用时，镀层呈柱状垂直于基体表面生长，如此交替进行，从而形成微观组织结构不同的多层叠加，而且可以通过控制超声波的脉冲频率，很容易控制每层的厚度，获得纳米叠层电镀。图 3.6 所示为 Ni 的纳米叠层镀层，其中白色层为加超声镀层，暗色层为不加超声镀层，每层厚度大约为 50 nm。

图 3.6　Ni 的纳米叠层镀层

超声波作用下镀层沿层状生长的主要原因是超声波的空化效应。超声波的频率大于 20 kHz，当强度达到一定时会使镀液空化，空化泡崩溃时，能在极短时间内在空化泡周围形成局部高温、高压，并伴生强烈的冲击波和高速微射流作用到镀层表面，改变晶粒生长的结晶取向，形成层状镀层。

由于纳米叠层中相邻膜层的结晶取向和晶粒尺寸不同，使镀膜中的针孔外延生长在相邻膜层的界面处被终止，可以有效阻止穿越整个镀层的针孔形成。有实验表明，7 μm 的纳米叠层 Ni 镀层可以完全消除孔隙，而相同基体在同样溶液中普通镀镍层消除孔隙则需要 25 μm。

另外，由于超声波的空化效应，能够增加镀层与基体的结合强度和镀层硬度，提高耐磨性能。

3.5　纳米电镀工艺

目前，已经对纳米电镀技术进行了很多研究，制备了很多具有优异特性的纳米镀层及材料，例如 Ag，Cu，Zn—Ni，Zn—Co，Ni—P，Co—P，Co—Ni，Ni—Fe，Ni—W，Ni—Mo，Ni—Co，Ni—Cu，Ti—Ni，Pb—Se，Co—Ni—Fe，Co—Ni—P 等纳米金属及合金，以及 Ni/Al_2O_3，Ni—P/金刚石等纳米复合材料。

3.5.1　电沉积单金属纳米晶材料

采用脉冲电沉积方法可以电沉积铜纳米晶镀层，工艺规范见表 3.1，晶粒大小为 20～30 nm。对以酒石酸为配位剂的镀液，改变酒石酸的浓度，可以得到不同晶粒大小的纳米晶镀层，如图 3.7 所示，酒石酸浓度增加，晶粒尺寸（D_v）减小。

表 3.1　脉冲电沉积铜纳米晶镀层工艺规范

	A	B	C
硫酸铜/($g \cdot L^{-1}$)	28	28	28
硫酸铵/($g \cdot L^{-1}$)	50	50	50
柠檬酸/($g \cdot L^{-1}$)	21	—	—
酒石酸/($g \cdot L^{-1}$)	—	25	—
EDTA 二钠/($g \cdot L^{-1}$)	—	—	42
D/nm	29	22	20
工艺条件	脉冲持续时间 $t_{on}=1$ ms,脉冲隔断时间 $t_{off}=100$ ms,脉冲峰值电流密度 $j_p=125$ A·dm^{-2},pH$=1\sim2$,$T=40$ ℃		

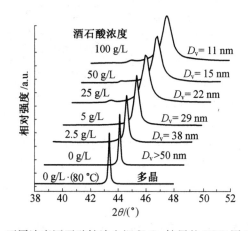

图 3.7　不同浓度酒石酸镀液电沉积 Cu 镀层的 XRD 图(111 晶面)

脉冲参数对晶粒尺寸也有较大影响,保持平均电流密度恒定条件下,脉冲关断时间越长脉冲电流越大,电结晶的平均粒径越小(见表 3.2);保持平均电流密度和关断时间恒定条件下,脉冲持续时间越短和脉冲电流越大,电结晶的平均粒径越小(见表 3.3)。

表 3.2　脉冲关断时间对晶粒尺寸的影响

t_{on}/ms	t_{off}/ms	j_p/(A·dm^{-2})	平均 D/nm
1	100	125	10
1	50	62.5	14
1	25	31.2	25
1	18	22.2	32
1	12	15.6	51
1	6	7.8	83
工艺条件	硫酸铜 28 g·L^{-1},硫酸铵 50 g·L^{-1},酒石酸 30 g·L^{-1},pH$=1\sim2$,$T=40$ ℃,平均电流密度恒定		

表 3.3　脉冲持续时间对晶粒尺寸的影响

t_{on}/ms	t_{off}/ms	$j_p/(A \cdot dm^{-2})$	平均 D/nm
1	100	125	10
2	100	62.5	12
4	100	31.2	19
8	100	22.5	25
工艺条件	硫酸铜 28 g·L^{-1},硫酸铵 50 g·L^{-1},酒石酸 30 g·L^{-1},pH= 1~2,T=40 ℃,平均电流密度恒定		

3.5.2　电沉积合金纳米镀层

1.电沉积 Zn－Ni 纳米合金工艺

Zn－Ni 纳米合金镀层具有优异的耐蚀性,镍质量分数为 28％的 Zn－Ni 纳米晶镀层的耐蚀性是 Cd 镀层的 5 倍,可以代替镉镀层。

在目前使用的碱性镀液中,采用脉冲电沉积技术,就能得到不同比例的纳米合金镀层。电流密度为 300 A·dm^{-2}时,Zn－Ni 镀层的晶体粒度为 70~80 nm,降低占空比和增加断开时间,可增加 Zn－Ni 合金纳米晶镀层中的镍含量。

2.电沉积 Ni－W 纳米合金工艺

Yamasaki 等人用电沉积法制备了高强度的 Ni－W 纳米合金镀层,具有高的应力强度,约为 23 000 MPa,并有良好的韧性,镀层试片可弯曲 180°而未破坏。镀液组成及工艺条件为:硫酸镍浓度为 0.06 mol·L^{-1},柠檬酸浓度为 0.5 mol·L^{-1},钨酸钠浓度为 0.14 mol·L^{-1},氯化铵浓度为 0.5 mol·L^{-1},溴化钠浓度为 0.15 mol/L,温度为 75 ℃,电流密度为 5~2 A·dm^{-2},pH=7.5。柠檬酸和氯化铵是镀液中镍和钨的配位剂,加入溴化钠可以改善镀液的导电性。通过改变电流密度,可以获得 W 的原子数分数大于 20％,粒径为 2.5~7 nm 的纳米晶镀层。当镀层中 W 的原子数分数大于 20％时形成非晶态。

3.电沉积 Fe－Ni 纳米合金工艺

Fe－Ni 纳米微晶材料具有十分优异的磁性能,如高磁导率、低损耗、高饱和磁化强度等,有利于实现器件的小型化、轻量化及多功能化。有研究表明,降低晶体材料的平均晶粒尺寸,使其达到 20 nm 以下,就可减少磁性损失。

Michel 等人用脉冲电沉积法制备了富铁 Fe－Ni 纳米晶磁性材料,具有高饱和磁矩和软磁性。其工艺条件为:氨基磺酸镍浓度为 0.75 mol·L^{-1},氯化铁浓度为 0.25 mol·L^{-1},硼酸浓度为 0.5 mol·L^{-1},十二烷基硫酸钠浓度为 0.5 g·L^{-1},糖精浓度为 1 g·L^{-1},pH=2~3,工作温度为 22~65 ℃,用 Ni 和 Ni－Fe 合金做阳极,电镀过程中不用搅拌。糖精是晶粒细化剂,可降低电沉积的晶粒尺寸。脉冲参数为:导通时间为 1~40 ms,断开时间为 100~360 ms,峰值电流密度 I_p=0.2~1.2 A·cm^{-2}。

采用上述工艺获得的 Fe－Ni 纳米晶的晶粒尺寸约为 10 nm。当其他条件相同时,在室温下容易形成体心立方晶体结构和高 Fe 含量的 Fe－Ni 合金;若电沉积温度为 50 ℃时,则容易形成面心立方晶体相结构 Fe－Ni 合金。

4. 电沉积 Co－Ni 纳米合金工艺

Co－Ni 合金是应用比较广泛的一种合金,多用于装饰性、耐蚀性和磁性材料,如磁性记录装置等。采用高速喷射电沉积的方法可制备 10～20 nm 的纳米 Co－Ni 合金镀层,工艺参数为:硫酸钴浓度为 0.231 mol·L^{-1},氯化镍浓度为 0.841 mol·L^{-1},硼酸浓度为 0.486 mol·L^{-1},阴极电流密度为 160～500 A·cm^{-2},镀液喷射速度为 300～500 m·min^{-1},温度为 30～40 ℃。通过增加镀液中 Co^{2+} 含量、提高喷射速度和阴极电流密度以及降低镀液温度可提高合金镀层中的钴含量。

5. 电沉积 Ni－Cu 纳米合金工艺

Ni－Cu 合金具有良好的装饰性、耐蚀性、电性能和催化性能,特别是含 Cu 的质量分数 30％的 Ni－Cu 合金,在海水中、酸、碱介质和一些氧化性及还原性环境中都有很高的稳定性。但由于 Ni 和 Cu 的还原电势相差较大,直流电镀时间较长时,会出现镀层表面粗糙。采用脉冲电镀技术,可降低孔隙率、内应力、杂质和氢含量,并可获得纳米晶镀层。

脉冲电镀 Ni－Cu 纳米晶镀层工艺为:硫酸镍浓度为 0.475 moL·L^{-1},硫酸铜浓度为 0.125 moL·L^{-1},柠檬酸钠浓度为 0.20 mol·L^{-1},pH＝9.5(用氨水调),脉冲参数峰值电流密度为 20 A·dm^{-2},平均电流密度为 4 A·dm^{-2},脉冲频率为 50 Hz。

3.6　纳米电镀的应用

由于上述各种优异性能,纳米材料具有广阔的应用前景。纳米材料在磁性方面的应用很多。对于纳米尺度的强磁性颗粒,当粒度为单磁畴临界尺寸时,具有甚高的矫顽力,可制成各种磁卡,还可以制成磁流体,广泛应用于电声器件、阻尼器件、旋转密封、磁性选矿等领域。

3.6.1　耐磨性纳米镀层

在纳米金属材料中普遍存在细晶强化效应,即材料的硬度和强度随着晶粒尺寸的减小而增大。如纳米 Cu(6 nm)和纳米 Pd(5～10 nm)的硬度均为相应粗晶材料的 5 倍以上。纳米材料中临界位错圈的直径比纳米晶粒的直径还要大,因而在纳米材料中位错滑移不会发生,这是纳米晶强化效应的主要原因之一。对于纳米结构的多层膜,人们也发现了类似的现象,即多层膜的硬度随着纳米结构单元尺度的减小而增大。

事实上,晶格结构的变化会对材料的硬度和模量有显著作用,因此可以推断晶格畸变亦可能对纳米晶体的力学性能变化有贡献。

3.6.2　耐蚀性纳米镀层

纳米晶体金属由于大量晶界的存在,具有很高的活性,按照传统的腐蚀理论,晶界是腐蚀的活性区,因此纳米晶体材料的耐腐蚀性可能较差。但也有研究表明,纳米化可以提高材料的耐蚀性,如纳米晶 Ni 和 Ni－Co 合金镀层在 3.5％(质量分数)NaCl 溶液中浸泡,腐蚀极少,表现出优异的耐腐蚀性能,而在 5％(质量分数)HCl 溶液中的腐蚀形态则表现为均匀腐蚀。

纳米叠层镀层呈层状平行于基体表面生长,可以有效消除镀层孔隙,提高整体镀层的耐蚀性。纳米复合镀层的分散相微粒能够分散腐蚀电流,从而提高耐蚀性。

3.6.3　磁性材料

在纳米磁性材料中,随着晶粒尺寸的减小,材料的磁有序状态将发生本质的变化。粗晶状态下为铁磁性的材料,当颗粒尺寸小于某一临界值时可以转变为超顺磁状态。这种奇特的磁性转变主要是由于小尺寸效应造成的。纳米材料与常规的多晶和非晶材料在磁结构上有很大的差异,常规磁性材料的磁结构是由许多磁畴构成的,畴间由畴壁隔开,磁化是通过畴壁的运动来实现的。而在纳米材料中,当晶粒尺寸小于某一临界值时,每个晶粒都成为一个单磁畴(如 Fe 和 Fe_3O_4 单磁畴的临界尺寸分别为 12 nm 和 40 nm)。由于纳米材料中晶粒取向是无规则的,因此各个晶粒的磁矩也是混乱排列的。当小晶粒的磁各向异性能减小到与热运动能相当时,磁化方向就不再固定在一个易磁化方向而做无规律的变化,结果导致超顺磁性的出现。在纳米铁电材料中,随着晶粒尺度的减小也会出现铁电体－顺电体的转变。此外,晶粒的高度细化还会使得一些抗磁性物质转变为顺磁性物质,也可使得非磁性或顺磁性物质转变为铁磁性物质。

对电沉积纳米晶镍的电－磁及力学性质研究发现,晶粒尺寸为 11 nm 的电沉积纳米晶镍的室温电阻率比常规粗晶镍增大了 2 倍,饱和磁化强度基本与常规镍的相同,当晶粒尺寸从 10 μm 减小到 40 nm 时,矫顽力即从 3.18 Ak·m^{-1} 下降到 1.99 Ak·m^{-1},达到最低值,再进一步减小晶粒尺寸,矫顽力又开始增大。当晶粒尺寸从 100 μm 减小到 10 nm 时,电沉积纳米晶镍的硬度增大了 4 倍。

3.6.4　催化剂

纳米材料的比表面积大、表面原子配位不饱和性将导致大量的悬空键和不饱和键等,使得纳米材料具有较高的化学活性。许多纳米金属微粒室温下在空气中就会被强烈氧化而燃烧。将纳米 Er 和纳米 Cu 粒子在室温下进行压结就能够发生反应形成 CuEr 金属间化合物。

很多催化剂的催化效率随颗粒尺寸减小到纳米量级而得以显著提高,同时催化选择性也得以增强。例如对于金红石结构的 TiO_2 粉末,当其比表面积由 2.4 m^2·g^{-1}(粒径约为 400 nm)变为 76 m^2/g(粒径约为 12 nm)时,它对于 H_2S 气体分解反应的催化效率可提高 8 倍以上;Ni 或 Cu－Zn 纳米颗粒对某些有机物的氢化反应是极好的催化剂,可替代昂贵的铂或钯催化剂;纳米铂黑催化剂可使乙烯的氧化反应温度从 600 ℃ 降到室温。

电沉积泡沫钯纳米晶催化剂可在常温下催化氢气和氧气的复合反应,与纳米粉体催化剂相比,具有以下优点:

①钯纳米晶构成了连续镀层,结构稳定。

②催化剂的三维网状结构有利于生成的水流出,不淹没催化层,因此电沉积泡沫钯纳米晶催化剂活性高、寿命长。

第4章 电子电镀技术

电镀技术作为一种加工工艺技术,除了在机械、轻工等工业领域有广泛的应用外,在电子产品的制造中也发挥了特别重要的作用。家用电器、通信工具、电子玩具、医疗器械、办公电子产品中的很多部件都需要电镀。随着电子工业的不断发展,其用到的电镀工艺也随之出现了很多新的技术方法。通常,将用于电子产品制造的电镀技术统称为电子电镀技术。本章根据产品的类别介绍了电子电镀的相关知识和新技术的发展状况。

4.1 电子产品与电镀技术

电镀在电子产品中应用广泛,且起着极其重要的作用。电镀不仅是电子产品中某一零件加工的需要,而且对整套设备有至关重要的作用。电子电镀与电子产品的防护性、装饰性、功能性都密切相关。

4.1.1 电子电镀的特点

电子产品的外壳、装饰板、线路板、连接件等许多零件的加工过程中用到了电镀技术。电子产品不仅需要防护性和装饰性电镀,更多的是需要进行功能性电镀。并且,考虑到电子产品废弃可能带来的环境污染问题,国际上对电子产品提出了严格的环保要求。因此,电子产品所用到电子电镀工艺与其他产品的防护性或装饰性电镀工艺有所不同,具有以下几个特点。

1. 使用满足电子产品要求的电镀工艺

电子产品对整机的性能要求比较高,特别是进行功能性电镀时,要选择合适的电镀工艺,以满足电子产品对镀层导电、导磁、导波等性能的要求。例如,印制板的孔金属化要求孔壁内的镀层与孔外平板上的镀层的厚度比要接近 $1:1$,普通酸性镀铜工艺的硫酸含量低,而硫酸铜含量高,镀速快,但覆盖能力不够好,不能满足要求。因此要采用硫酸含量高,而硫酸铜含量低的工艺,并且通过加入添加剂和强力搅拌等手段来进行高品质的孔金属化,实现多层印制板的层间线路互联。

2. 原材料的纯度要求高

我国自 2007 年 3 月 1 日起施行了与国际相关标准衔接的《电子信息产品污染控制管理办法》,禁止铅、汞、镉、六价铬等有害物质作为电子产品的金属镀层成分,上述有害物质作为杂质的含量不能超过限量标准。因此,电子电镀工艺的原材料的纯度要求比普通电镀工艺的高。这些原材料不仅包括配制镀液所需的化学试剂和镀液用水,也包括阳极材料和清洗用水。例如,电子元器件封装必须使用无铅可焊性镀层,不仅不能使用锡铅合金镀层,而且要对无铅镀锡工艺中的锡盐和其他化学原料中的铅含量加以控制,避免镀层中的铅含量超标。电子电镀工艺中所有阳极材料通常都要求纯度为 99.99%（质量分数），特别是镀银、锡、镍等工艺。否则，随着阳极在电镀过程中不断地溶解，杂质元素在镀液中浓度增加，夹杂到镀层中影响产品质量。

3. 工艺过程控制严格

电子电镀的工艺控制过程要求非常严格，岗位操作要严格管理，工艺参数要清晰记录，使生产过程可查，保证整个生产过程都处于受控状态，使电子产品的质量符合要求。电子电镀生产线通常采用各种控制系统和自动化设备来保证工艺参数的稳定性和重现性，这些控制系统包括温度控制系统、水质保证系统、pH 控制系统、电量控制系统、时间控制系统、循环过滤系统、超声波控制系统、阴极移动和镀液搅拌控制系统、镀液成分补加系统等。

对活化液和清洗水的管理往往是电镀管理中的盲区。活化液在使用过程中由于化学反应而产生基体或镀层金属的离子，使活化效果下降，影响后续电镀工艺。有些清洗用的去离子水在使用一段时间后，由于镀件上化学液的进入成为含一定离子浓度的水，可能会将有害离子带入下一工序中，影响镀层品质。因此活化液和清洗水也需要定时检测和及时更换。

4. 镀层性能检测指标要求高

电子产品的整机性能是靠各种功能元器件来实现的，而这些元器件的防护性镀层或功能性镀层必须要符合相关的要求，所以电子电镀的镀层性能检测项目比常规电镀的要多，指标要求也高。与普通电镀相同的检测包括镀层厚度、表面光洁度、合金组成、杂质含量、耐蚀性、三防性能等。与镀层功能性相关的检测，包括表面电阻率、孔金属化沉积率、连接线导通性能等。

4.1.2 防护性电子电镀技术

电子产品的三防性能，即防腐蚀、防潮湿、防霉菌，是保证电子产品可靠性的基本考核指标。防腐蚀是三防中的重点。对电子产品的金属结构件进行电镀表面处理，是防腐蚀的主要措施。所有的防护性镀层需要具有一定的厚度和低孔隙率，以保证通过三防实验。

电子产品的机箱、机壳、底板等钢铁冲压件通常采用镀锌彩色钝化层作为主要防护性镀层。根据产品的不同需要，还可以进行军绿色钝化、黑色钝化或蓝白色钝化。

目前无氰镀锌工艺有两种体系，分别是碱性锌酸盐镀锌和酸性氯化物镀锌。碱性锌酸盐镀锌以氧化锌为主盐，氢氧化钠为配位剂，主要靠添加剂来改善锌的电沉积过程，镀液组成和工艺如下：

氧化锌	$8\sim12$ g $\cdot$ L^{-1}
氢氧化钠	$80\sim120$ g $\cdot$ L^{-1}
光亮剂	$10\sim25$ mL $\cdot$ L^{-1}
温度	<35 ℃
电流密度	$1\sim5$ A $\cdot$ dm^{-2}

酸性氯化物镀锌工艺得到的锌层光亮，在电子产品的紧固件滚镀中应用广泛。其主要镀液组成包括氯化锌、氯化钾、硼酸和光亮剂。镀液组成和工艺如下：

氯化锌	$60\sim70$ g $\cdot$ L^{-1}
氯化钾	$180\sim220$ g $\cdot$ L^{-1}

硼酸	$25\sim35\ g\cdot L^{-1}$
光亮剂	$10\sim20\ mL\cdot L^{-1}$
pH	$4.5\sim6.5$
温度	$10\sim55\ ℃$
电流密度	$1\sim4\ A\cdot dm^{-2}$

由于镀液中使用了大量的有机光亮剂,在镀层中会夹杂一定量的有机物,对后续钝化处理有不利影响。通常在碳酸钠溶液(质量分数为 2%)和硝酸溶液(质量分数为 1%)中依次进行浸渍和出光处理,再进行钝化。

国内外镀锌层的无铬钝化工艺主要有 3 类,分别是:

①无机物钝化液,包括钼酸盐钝化液、钨酸盐钝化液、硅酸盐钝化液、稀土金属盐钝化液等无铬钝化液和含 Cr^{3+} 的钝化液。

②有机物无铬钝化液,使用了单宁酸、植酸、有机硅烷等有机物。

③有机/无机复合型钝化液,例如将钼酸盐与丙烯酸树脂复配,二氧化硅、磷酸系化合物和有机树脂复配等。

应用上述无铬钝化工艺可以得到色彩丰富的钝化膜,部分工艺的钝化膜耐蚀性与铬酸盐钝化膜耐蚀性相当。

4.1.3　装饰性电子电镀技术

电子产品上应用最广泛的装饰性电镀技术是塑料电镀,如电子产品的塑料外壳、拉手、镶条等,降低了电子产品的重量和成本,而且有金属装饰的效果。电子产品外装的金属制件一般进行的是装饰性或防护—装饰性电镀,镀种包括镀铜、镍、铬、仿金、合金等。

丙烯腈—丁二烯—苯乙烯共聚物(ABS)是最早开发出来的可电镀工业塑料,目前电镀工艺已经非常成熟。ABS 塑料电镀工艺可分为前处理、化学镀和电镀 3 部分。

前处理包括表面整理、内应力检查、除油和粗化。一般性表面整理可以在 20%(质量分数)丙酮溶液中浸泡 $5\sim10\ s$,在 80 ℃ 恒温下用烘箱或水浴处理至少 8 h,以去除塑料注塑成型过程中产生的残余应力,避免电镀过程中镀层起泡。无内应力或内应力较小的 ABS 塑料在冰醋酸中浸泡 $2\sim3\ min$ 后,清洗晾干后不变色,在显微镜下无裂纹。除油可以选用商品化的除油剂或配制的含有碳酸钠、氢氧化钠、磷酸钠及乳化剂的除油液。除油后要进行彻底的清洗,以保护粗化液。传统的粗化液是铬酐—硫酸体系,相比较而言,高硫酸型的粗化液更符合环保要求。环保的无铬粗化工艺是用二氧化锰替代铬酐,其中硫酸(质量分数为 98%)的用量为 $12.3\ mL\cdot L^{-1}$,MnO_2 的质量浓度为 $30\ g\cdot L^{-1}$,微蚀时间为 20 min。

化学镀工艺包括敏化、活化、化学镀铜或化学镀镍。敏化液中含有氯化亚锡和盐酸。活化可以选用胶体钯活化、银盐活化或者钯盐活化。化学镀镍之前的活化处理不能使用银盐。化学镀镍层的导电性和光泽性都优于化学镀铜层,并且化学镀镍液的自身稳定性比化学镀铜液高。传统的化学镀铜液中含有甲醛,稳定性和环保性都比较差。无甲醛的化学镀铜液正在开发中。

装饰性电镀工艺有酸性光亮镀铜、光亮镀镍、仿金镀层和装饰性镀铬等。由于六价铬的使用受到限制,还有一些代铬电镀工艺,如电镀锡钴锌合金等。

4.1.4　功能性电子电镀技术

功能性电子电镀技术是电子电镀技术中最重要的部分。电子产品除了导电性能外,还有光学性能、热稳定性、磁性能、微波特性等不同功能方面的要求,所涉及的镀种主要包括镀金、银、锡、锡合金、铜、镍等,这些常规的电镀工艺根据电子产品功能性方面的要求做了适当的调整。此外,还有针对某种电子产品开发的专用电镀技术,包括化学镀、多元合金电镀、复合电镀、纳米电镀等,例如芯片电镀中使用了大马士革铜互连技术,还有微电子加工技术。电子产品的开发周期越来越短,一些新的电镀技术也在不断涌现,电子电镀技术正在蓬勃发展。本章主要介绍的是功能性电子电镀技术。

4.2　印制板电镀

印制板是印制电路或印制线路成品板的通称,是为了方便安装分立电子元件,减少过多连接线而设计的一种代替电子线路连接线的安装基板。印制电路是指在绝缘基材上,按预定设计形成的印制元件或印制线路以及两者结合图形,其成品板称为印制电路板(Printed Circuit Board,PCB)。而印制线路是指在绝缘基材上形成的导电图形,用于元器件之间的连接,但不包括印制元件,其成品板称为印制线路板(Printed Wiring Board,PWB)。习惯上常常把印制电路板和印制线路板统称为 PCB,即 PWB 也是 PCB。1936 年,英国的 Eisler 博士第一次提出了"印制电路"概念,同年,在日本诞生了第一块印制电路板。但是直到 1940 年才制造出了真正意义上的印制电路板,这是由 Eisler 博士使用印制技术在覆盖金属箔的绝缘板上制造出来的。

印制板的主要作用是连接和支撑电子器件,并提供所要求的电气特性,同时为元器件的焊接提供阻焊图形,为元器件插装、检查、维修提供识别字符。随着电子工业技术的发展,印制板还要求具有能够埋入有源、无源元件和搭载电子系统的功能。

印制板按导电图形层数,可以分为单面印制板、双面印制板和多层印制板。单面印制板(Single-Sided Boards),即仅一面上有导电图形的印制板,零件集中在其中一面,导线则集中在另一面上且线路间不能交叉。单面印制板生产工艺简单,是最基本的印制板,目前只有比较简单的机电设备和电子产品才使用单面印制板。双面印制板(Double-Sided Boards)是两面都有导电图形并经通孔互连的印制板。与双面印制板两面电路都相连接的孔称为导孔。双面印制板的布线面积比单面印制板的大了一倍,而且布线可以互相交错,或者绕到另一面。双面印制板常用于比较复杂的机电设备和电子产品,所需要的生产工艺较复杂。多层印制板(Multi-Layer Boards)即由 3 层或 3 层以上的导电图形与绝缘材料交替黏结在一起,且层间导电图形按要求实现了互连的印制板。多层印制板的层数代表独立布线的层数,通常层数都是偶数,并且包含最外侧的两层。与双面印制板上打穿整个板子的导孔不同,多层印制板中较多地采用了埋孔(Buriedvias)和盲孔(Blindvias)技术,孔只穿透其中的几层板子,避免浪费其他一些层的线路空间。在多层电路板制作工艺中,层与层之间的导通是一项非常关键的技术。从 20 世纪 60 年代开始,PCB 开始采用金属化的孔使不同的层之间导通,即孔金属化技术,孔金属化是现在 PCB 制作过程中最核心的技术之一,电镀是孔金属化的主要途径。多层印制板生产工艺复杂,常用于高级精密的电子设备和通讯、信息产品。多层 PCB 从 4 层发展到 100 多层,大部分的电脑主机板都是 4~8 层的结构,近 100 层的 PCB 板可以用在大型的超级计算机上作为主机板使用。

　　印制板按基材强度特性分类,可以分为刚性印制板、挠性印制板和刚挠结合印制板。刚性印制板,即利用刚性材料制成的印制板(俗称硬板)。刚性印制板一般由纸基板经过预浸酚醛(常用于单面板)或玻璃布基板经过预浸环氧树脂(常用于双层板和多层板)后,在其表面粘上覆铜薄板,再层压固化而成。电脑主机板、显卡、网卡等属于刚性印制板。挠性印制板,即利用挠性基材制成的印制板(也称柔性印制板,俗称软板)。无论是单层挠性板、双层挠性板或多层挠性板,其大多采用聚酰亚胺膜为基材,用环氧树脂黏结压延铜箔而成。电脑键盘里的软性薄膜就是挠性印制板。挠性板具有轻、薄、短、小以及结构灵活等特点,除可静态弯曲外,还能做动态弯曲,如卷曲和折叠等。刚挠结合印制板,即利用挠性基材在不同区域与刚性基材结合制成的印制板。刚挠结合印制板具有减少连接器元件点数,提高图形设计的自由度的特点。在刚挠结合区,挠性基材与刚性基材上的导电图形通常都要进行互联。

　　印制板按照应用领域分类,可以分为系统板、通信背板、微波射频板、埋入式元器件板、高密度封装板等。近年来,手机应用 PCB 和汽车应用 PCB 的增长较为迅速。随着智能手机和平板电脑的应用范围扩大,高密度互联板(HDI)和挠性印制板的需求增大。

　　印制板可能会发生线路短路,引起燃烧事故。出于防止燃烧的目的,印制板的树脂基板中通常会加入卤素化合物类的阻燃剂。含卤素的废旧印制板作为垃圾被焚烧处理时,会产生严重污染环境的二噁英。为了保护环境,减少电子固体废弃物带来的污染,可以采用无卤素 PCB 板,即不采用卤素类阻燃剂的 PCB 板。为了保证 PCB 的阻燃性,一般用含磷有机物、有机醇类、硼酸、硼砂、硅树脂、水玻璃、钨酸钠等取代卤素类阻燃剂。采用新型基板材料,如陶瓷类基板、铝氧化基板、应用纳米材料的基板等,可以从根本上杜绝污染,但是 PCB 制造程序也要相应地做出调整,是目前面临最大的挑战。

4.2.1　印制板电镀原理

　　多层板是在绝缘基板的内外形成导电图形的 PCB,它是由板面方向的导电图形形成步骤和厚度方向的导电连接步骤组合制造的。印制板的图形形成及加厚、导电性和抗变色性能的提高等需要用到电镀技术,双层印制板和多层印制板需要孔金属化技术和电镀铜技术使层间电路互联。随着技术的发展,印制板电镀复杂程度增加,其复杂程度可由如下经验公式进行比较。

$$印制板电镀复杂程度指标 = \frac{印制板层数 \times 两焊点间导线数目}{两焊点间距 \times 导线宽度}$$

　　例如,一个 8 层板,其焊点间距为 0.2 inch(5.08 mm),导线宽度为 10 mils(0.254 mm),两焊点间有 4 条导线,则其复杂程度指标为 16。而一个 16 层板,其焊点间距为 0.1 inch(2.54 mm),导线宽度为 5 mils(0.127 mm),两焊点间有 3 条导线,则其复杂程度指标为 96。

　　随着技术的发展,印制板层数越来越多,而线宽及间距越来越小。线宽从 0.5 mm 逐渐减小到 0.35 mm、0.2 mm、0.1 mm;孔径由 0.6~0.8 mm 减小到 0.3~0.4 mm,甚至达到 0.2 mm 以下。线路板电镀的复杂程度指标快速上升,从传统电路板的 20 左右升高到目前的 100 或更高。印制板的厚径比,即板厚与孔径的比值,也越来越大。目前,印制板的最大厚径比达 20,对通孔电镀的要求非常高。

1. 印制板上的阴极电流分布

印制板在加工时,通常是整块加工好之后再分割为所需大小。单面板和双面板的最大加工尺寸一般是 1 000 mm×600 mm,多层板的最大加工尺寸一般是 600 mm×600 mm。板面电镀均匀性直接影响后续精细线路的制作及形成。电镀时板中央和板边缘的镀层厚度受阴极电流分布的影响,而影响电流分布的因素包括几何因素和电化学因素。

假设不存在阴极极化时,电流在电极上的一次电流分布与阴阳极的距离、大小和形状有关。对印制板板面而言,受一次电流分布的影响,其边缘部分的等势面分布较密集,故镀层较厚,而中央部分较薄。增加阴阳极的距离、加大阳极面积、使用绝缘屏蔽物来改变等势平面、采用辅助阳极来改善低电流密度区的电流分布,使用辅助阴极来分散高电流密度区的电流等是使一次电流分布趋于均匀的有效方法。

由于电极产生极化,改变了一次电流分布,此时,所得到的二次电流分布或多或少可减少一次电流不均匀的现象。若极化作用远大于电场效应,则电流倾向于二次电流分布,将十分均匀。此外,电解液的电导率增加,即电解液的电阻率减小,可以降低远近阴极与阳极间电解液的电压,也可以使二次电流分布均匀。因此,选择适当的配位剂和添加剂提高电解液的阴极极化率,在电解液中加入碱金属的盐类或铵类提高电解液的导电性能,均可以使二次电流分布均匀。

对印制板的通孔电镀而言,孔内电镀均匀性对层间导通可靠性起着十分重要的作用。采用直流方式进行通孔电镀时,导致 PCB 镀层不均匀的因素是电流密度分布不均匀。一方面,孔内的电流密度分布和 PCB 板面的电流密度分布有较大的差别,使得板面的镀层厚度跟孔内的镀层厚度出现差异;另一方面,从孔口到孔中或孔底部也会出现不均匀的电流密度分布,这是导致孔内镀层厚度不均匀的最根本原因。另一个导致 PCB 镀层不均匀的因素是阴极表面镀液对流强度不同。由于 PCB 上分布着导通孔,即便是在电镀过程中加入了强搅拌措施,仍然存在孔内和孔外不同的对流强度。不同的对流强度一方面影响镀液中添加剂的作用,另一方面影响镀液的传质过程。有限元模拟的电镀过程中通孔内 Cu^{2+} 分布情况表明,从阳极到通孔的孔中心位置,Cu^{2+} 的浓度逐渐减小(图 4.1(a)),这使得孔中心位置可能会出现 Cu^{2+} 供给的缺乏,从而引起电镀速度下降,最终也将导致孔中心位置的镀层比较薄。而孔口处由于处于高电流密度区,而且 Cu^{2+} 的供给相对充足,最终将出现图 4.1(b)～4.1(f)所示的结果,孔口镀层增厚较快甚至孔口堵死。这种孔口直角弯处镀层厚,孔内镀层薄,越到孔中心镀层越薄的镀层形状,看起来形似狗骨,所以称通孔电镀的"狗骨现象"。

提高镀液分散能力的措施主要包括机械方法、物理方法和化学方法。机械方法主要包括阴极移动、震动、跳动,以改善传质过程;物理方法主要指采用镀液循环和射流技术改善传质过程;化学方法主要是指采用添加剂来改善阴极表面的二次电流密度分布,并调节 Cu^{2+} 在阴极不同区域的沉积速率,以获得阴极表面均匀的镀层。传统的镀铜添加剂只能在一定范围内改善阴极镀层的均匀性。当今的 PCB 孔金属化镀液中,一般都包含新型添加剂,特别是强力促进剂、强力抑制剂和强力整平剂。另外结合一定强度的镀液对流措施,实现 PCB 通孔的均匀性电镀和盲孔的完美封孔。抑制剂吸附在高电流密度区,抑制 Cu^{2+} 的沉积,减缓沉积速率,而促进剂主要作用于低电流密度区,加速 Cu^{2+} 的沉积速率,通过控制合适的对流和添加剂浓度,就可以在孔内获得均匀的镀层或实现完美封孔。

由于表面贴装组件的大量采用,印制板趋向细线、小孔和多层化,加工的困难程度增加,

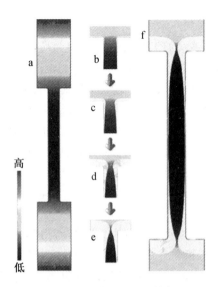

图 4.1　有限元模拟通孔电镀铜过程

钻孔、除胶渣、镀铜等工艺都面临着前所未有的挑战。例如,一个厚度为 7.62 mm 的多层板上钻出直径为 0.381 mm 的通孔,则厚径比为 20,这种小孔所具有的表面张力与一根毛细管相当,根据理论计算至少需要 641 Pa 的外加压力方能使液体顺利穿过这样的细深小孔,传统的吹气搅拌方式已经无法满足这种要求。若要提高小孔内的电镀速率,必须使产生电极反应的金属离子迅速得到补充,通常有借助扩散作用和借助对流两种方式。冲击喷射法和单向压力差法可以达到上述效果。

考虑到通孔及其附近的溶液传质等复杂的因素所引起的三次电流分布,靠近孔壁及远离孔壁的区域间形成了扩散层,达到极限电流密度时会形成不合格的镀层。提高极限电流密度能提高电镀速率,方法包括增加铜离子浓度、提高扩散常数、降低扩散层厚度等。升高温度具有提高扩散常数的效果,而脉冲电镀技术的采用则可以有效减少扩散层厚度。PCB脉冲电镀过程中一般使用周期换向脉冲电流,实质是既把 PCB 当作阴极,又把 PCB 当作阳极,通过控制 PCB 做阴阳极的不同时间和不同的脉冲电流,以控制阴极不同区域的沉积和溶解量,最后得到理想厚度的镀层。但是当阴极 PCB 上含有不同厚径比的孔时,如何调节正反向脉冲电流就成为重要的问题,这也是脉冲电镀在 PCB 孔金属化过程中迫切需要解决的问题。另外,脉冲电镀设备的价格偏高,导致当今大部分电镀厂家不选择该工艺。

影响小孔通孔电镀的因素很多,Thomas Kessler 和 Richard Alkire 定义了两个基本参数 N 和 E 用于评估电流分布和镀层品质,N 代表平均电流参数,E 代表电流分布参数,即

$$N = \frac{溶液电阻}{传质电阻} \tag{4.1}$$

$$E = \frac{溶液电阻}{极化电阻} \tag{4.2}$$

如果 N 值很大,代表电流趋向于一次电流分布,比较不均匀;如果 N 值很小,表示趋向传质极限,即镀层的品质恶化,当 $E \ll 1$ 时,极化作用的影响大于溶液中电阻的作用,使电流趋向二次电流分布,将十分均匀;如果 $E \gg 1$,电流分布均匀度变差,如将 N 和 E 同时考虑,$N \geqslant 64E$ 可在孔内电流分布均匀性及镀层品质之间达成平衡。

2. 导电图形的制作方法

印制板板面方向上的导电图形有 3 种制作方式,分别是加成法、减成法和半加成法。目前多层板的制造普遍采用的是半加成法。

(1)加成法

在没有覆铜箔的胶板上印刷电路后,以化学镀铜的方法在胶板上镀出铜线路图形,形成以化学镀铜层为线路的印制板,该制备方法称为加成法。这种方法要求铜层与基体结合牢固,制造工艺简单,成本低,镀液的分散能力好。加减法适用于双面板制造、多层板制造和小孔径高密度板制造。

工艺流程为:无铜箔基板→钻孔→催化→图形形成(负像图形、网版印制抗镀剂)→图形电镀(化学镀铜)→脱膜

其中,化学镀铜的工艺要求铜镀层应有良好的韧性,结晶细致,有较高的选择性,在有抗镀剂的区域不应镀上镀层。

(2)减成法

在覆铜板上印制图形后,将图形部分用抗蚀膜保护起来,将没有抗蚀膜的多余铜层腐蚀掉,以减去铜层的方法形成印制板的制造方法称为减成法。

工艺流程为:覆铜板→图形形成→蚀刻→脱膜→表面粗化→层压→外形整形→内层线路层压板→钻孔→除钻污→全板电镀→线路图像形成→蚀刻→脱膜。

(3)半加成法

采用覆铜板制造印制板,采用正像图形法保护线路,将非线路部分的铜层刻蚀掉,然后通过化学镀铜在孔内形成铜连接层,将多层板的线路连接起来。该制造方法仅是在孔金属化过程中采用了加成法,所以称为半加成法。

工艺流程为:覆铜板→钻孔→催化(孔壁)→图形形成(在表面制正像图形、抗蚀层)→蚀刻(除去非图形部分的铜箔)→脱膜(完成外层线路)→阻焊剂(网版印刷、抗镀层)→通孔电镀→下道工序。

上述工艺流程中出现的全板电镀和图形电镀,是两种不同的形成线路图形的方法。

全板电镀是指对整个印制板进行电镀,线路图形的印制和刻蚀是在全板电镀之后进行的。图形电镀是仅对需要的图形部分进行电镀,线路图形的印制是在图形电镀之前完成的。图形电镀法和全板电镀法的比较如图 4.2 所示。

3. 孔金属化原理

孔金属化是实现印制板厚度方向上的层间线路互联的工艺,即用化学镀和电镀方法在绝缘的孔壁上镀上一层导电金属,使各层印制导线在孔中互相可靠连通。孔金属化又称为通孔电镀(Plated Through Hole,PTH),是印制电路板制造技术的关键之一。被广泛采用的化学镀铜孔金属化工艺至今已经有 50 多年的历史,但是存在还原剂甲醛有毒、氢气导致的孔内空洞等问题。D. A. Radovsky 于 1963 年发明了直接电镀工艺,该过程不使用化学镀铜,可以直接在非金属表面获得导电铜层。目前,孔的直接电镀技术主要有钯系列活化法、导电高分子聚合物处理法、黑孔化 3 种处理方法。孔的直接电镀技术正在逐步取代化学镀铜孔金属化工艺。

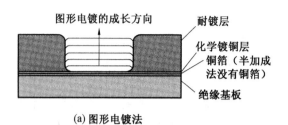

(a) 图形电镀法

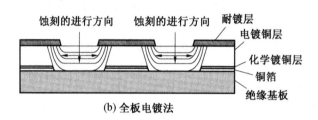

(b) 全板电镀法

图 4.2　图形电镀法和全板电镀法的比较

(1)化学镀铜原理

化学镀铜是指在没有外加电流的条件下,利用处于同一溶液中的铜盐和还原剂在具有催化活性的基体表面上进行自催化氧化还原反应的原理,在印制板孔壁内化学沉积形成铜层。

铜盐大多采用硫酸铜,此外也有人使用氯化铜、酒石酸铜、硝酸铜等。工业上普遍采用的还原剂是还原能力强而价格便宜的甲醛,其缺点是生产过程中会产生有害的甲醛气体。目前正在开发的无甲醛化学镀铜液采用了乙醛酸、次磷酸钠、二甲基胺硼烷等作为还原剂。化学镀铜液中还需要加入配位剂,增大铜离子极化,使镀层结晶细致光亮,防止生成 $Cu(OH)_2$ 沉淀,使镀液稳定。添加剂包括稳定剂、加速剂、表面活性剂、pH 调节剂等。

由于化学镀铜过程有氢气析出,早期的理论研究提出了原子氢理论、氢化物理论、金属氢氧化物机理和纯电化学机理等 4 种不同的机理来解释化学镀铜历程。现在较普遍接受的是将早期的电化学理论与混合电位理论结合起来的电化学混合电位理论。根据电化学混合电位理论,化学镀铜发生在水溶液与具有催化活性的固体界面,由还原剂将铜离子还原成金属铜层。其氧化还原反应得失电子过程可以表达为

还原反应:

$$Cu^{2+} + 2e^- \longrightarrow Cu^0 \tag{4.3}$$

氧化反应:

$$R \longrightarrow O + 2e^- \tag{4.4}$$

其中,R 为还原剂,O 为还原剂的氧化态;铜离子的还原电子全部由还原剂提供。

当选用甲醛为还原剂,根据热力学,当 $\Delta G < 0$ 时,反应才能自发进行。

还原反应:

$$Cu^{2+} + 2e^- \longrightarrow Cu \quad E^{\ominus} = 0.34 \text{ V} \tag{4.5}$$

在中性或酸性介质中的氧化反应:

$$HCHO + H_2O \longrightarrow HCOOH + 2H^+ + 2e^- \quad E^{\ominus} = -0.056 \sim 0.06pH \tag{4.6}$$

在碱性介质中的氧化反应:

$$2HCHO+4OH^- \longrightarrow 2HCOO^- +H_2\uparrow +2H_2O+2e^- \qquad E^\ominus=0.32\sim0.12pH \quad (4.7)$$

甲醛的还原能力与镀液 pH 关系很大。随镀液 pH 升高,甲醛的电极电势降低,还原能力增强。所以,化学镀铜总在强碱性溶液中进行,通常保持 pH 为 $11.5\sim12.5$,其总反应为

$$Cu^{2+}+HCHO+4OH^- \longrightarrow Cu\downarrow +2HCOO^- +2H_2O+H_2\uparrow \qquad (4.8)$$

当镀液 pH 超过 13,则反应速度过快,镀液极易分解。除上述主反应外,还发生甲醛的歧化、Cu 的生成及 Cu 的歧化等副反应。

当选用次亚磷酸钠作为还原剂时,镀液中的主要氧化还原反应是铜离子还原成金属铜和次磷酸根离子氧化成亚磷酸根离子。由于反应只能在催化表面上发生,故第一步反应是还原剂的去氧反应:

$$H_2PO_2^- \longrightarrow HPO_2^- +H \qquad (4.9)$$

生成的 HPO_2^- 和 OH^- 反应生成 $H_2PO_3^-$ 并释放电子:

$$HPO_2^- +OH^- \longrightarrow H_2PO_3^- +e^- \qquad (4.10)$$

Cu^{2+} 得到电子还原成金属。水与 Cu^{2+} 争夺电子发生反应:

$$H_2O+e^- \longrightarrow OH^- +H \qquad (4.11)$$

式(4.9)和式(4.11)中生成的氢原子结合成氢气:

$$H+H \longrightarrow H_2\uparrow \qquad (4.12)$$

因此,利用次亚磷酸钠作为还原剂进行化学镀铜的主要反应式为

$$2H_2PO_2^- +Cu^{2+}+OH^- \longrightarrow Cu+2H_2PO_3^- +H_2\uparrow \qquad (4.13)$$

(2)钯系列活化法原理

钯系列活化法包括胶体钯、离子钯、有机钯、激光溅射钯等用钯来活化的处理法。该系列方法通过吸附 Pd-Sn 胶体离子或钯离子使印制板孔壁获得导电性,为电镀提供导电层。化学镀铜前活化处理所吸附的胶体钯粒径约为 300 nm,而直接电镀用的胶体钯粒子更细小,为 $100\sim250$ nm,被称为导体吸附剂。直接电镀吸附 Pd-Sn 胶体的性能要求与化学镀铜活化处理也不同,一是要致密吸附,通过在 Pd-Sn 胶体中加入添加剂,使 Pd-Sn 胶粒的吸附紧密接触,互相重合成为层状,以提高导电性;二是要选择吸附,通过选择助催化剂和清洁整孔剂来控制吸附量,使在环氧树脂上的吸附量增加,而在铜上的吸附量减少。为提高钯膜的导电性,依各种不同方法,有的进行硫化处理,有的进行稳定性处理,有的进行中和处理。

(3)导电高分子聚合物处理法原理

高分子聚合物本身具有特殊结构并经过适当处理可具有一定程度的导电性。所有的导电高分子都属于所谓的"共轭高分子",由长链的碳分子以 sp^2 键连接而成。由于 sp^2 键的特性,使得每个碳原子有一个价电子未配对,且在垂直于 sp^2 面上形成未配对键。相邻原子的未配对键的电子云互相接触,会使得未配对电子很容易沿着长链移动,从而形成导电高分子,如聚乙烯、聚苯胺、聚吡咯、聚噻吩、聚对苯乙烯以及它们的衍生物。

例如,有机单体吡咯通过聚合反应能形成导电性聚合物,能以粉状、箔状或直接附着于塑胶陶瓷等表面上作为导电层。在酸性溶液中,吡咯在二氧化锰作用下发生聚合反应生成导电聚吡咯化合物,反应如图 4.3 所示。印制板经高锰酸盐处理后,在树脂上生成的二氧化锰多,在玻璃上生成的少,在铜上几乎没有。因此,浸在铜上的吡咯不能聚合,即铜上没有导电聚合物生成,后续工艺的孔内电镀铜层直接与印制板板面的铜线连接,可靠性高,流程如

图 4.4 所示。

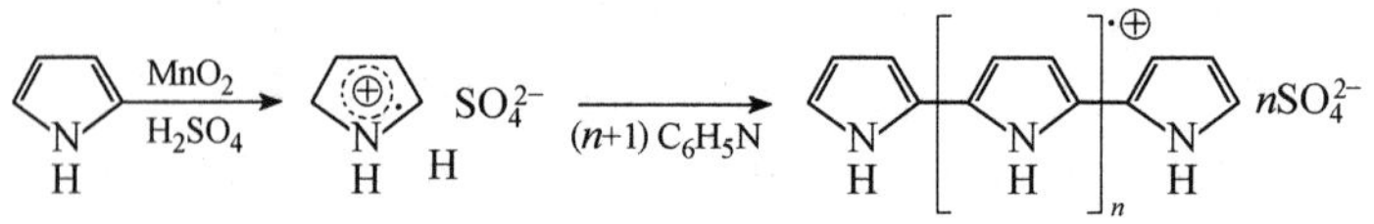

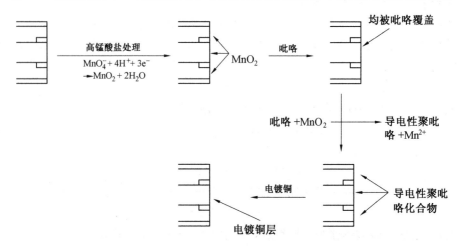

图 4.3　酸性溶液中在二氧化锰作用下吡咯进行聚合反应形成导电聚吡咯化合物的反应

图 4.4　印制板孔壁附着导电性高分子膜的示意图

（4）黑孔化直接电镀原理

黑孔化（Viaking）是以炭黑、石墨或二者的混合物作为导电基质，做成分散悬浊液，将具有优良导电性的碳粉末材料浸涂在孔壁上形成导电层，对孔进行导电化处理的方法，也被称为碳系列直接电镀法。黑孔化溶液由碳粉末材料、液体分散介质和表面活性剂三部分组成。碳粉末材料要求细致多孔，粒径为 $0.2 \sim 2~\mu m$ 时较好，表面积为 $300 \sim 600~m^2/g$ 时较好。液体分散介质的作用是分散碳粉末材料，通常使用去离子水作为分散介质。表面活性剂的作用是使碳粉末材料在分散介质中均匀分散、保持分散稳定性以及具有良好的润湿性，使碳粉末材料充分地被吸附在绝缘基材的孔壁表面上。阳离子、银离子和非离子表面活性剂均可使用，但要保证其可溶、稳定及在悬浮液中不起泡。

4.2.2　刚性印制板电镀工艺

1. 刚性印制板制造工艺流程

（1）单面刚性印制板的制造工艺流程

单面刚性印制板只需在板子的一面制作线路图形，采用单面覆铜板，用减成法制作好线路图形，即可进行网印阻焊图形、网印字符标记图形、冲孔等后续处理。由于只有一面线路图形，不涉及与其他面层的线路图形互联的问题，单面板可以在线路图形制作好以后再钻定位孔。

工艺流程为：单面覆铜板下料→刷洗、干燥→网印线路抗蚀刻图形→固化检查、修板→蚀刻铜→去抗蚀印料、干燥→钻网印及冲压定位孔→刷洗、干燥→网印阻焊图形、紫外线固化→网印字符标记图形、紫外线固化→预热→冲孔及外形→电气开、短路检测→刷洗、干燥

→预涂助焊防氧化剂、干燥→检验包装→成品出厂。

（2）双面刚性印制板的制造工艺流程

双面刚性印制板首先需要数控钻基准孔和导通孔，然后进行孔金属化处理，将板的两面的铜层连接起来，这一步相当于加成法。然后用减成法制做出线路图形后，再进行后续加工。因此将双面板的制作方式归为半加成法。

工艺流程为：双面覆铜板下料→钻基准孔→钻导通孔→检验、去毛刺→刷洗→孔金属化（化学镀铜）→全板电镀薄铜→检验刷洗→网印负像电路图形、固化→检查、修板→线路图形电镀→电镀锡（或镍／金）→去印料（感光膜）→蚀刻铜→退锡→清洁刷洗→网印阻焊图形→清洗、干燥→网印标记字符图形、固化→外形加工、清洗、干燥→电气开、短路检测→喷锡或有机保焊膜→检验包装→成品出厂。

（3）多层印制板的制造工艺流程

多层印制板的制造相当于将多个制作好导电图形的双面板层压在一起，然后再进行通孔电镀。多层板的制造工艺完成上述工序的多层印制板可以看作是一块比较厚的双面板，后续处理与双面印制板相似。与双面板的制造工艺相比，多层板的制造工艺独特之处有以下几个方面：金属化孔内层互联，钻孔与去钻污，定位系统，层压、专用材料等。

工艺流程为：内层覆铜板双面开料→刷洗→钻定位孔→贴光致抗蚀干膜或涂覆光致抗蚀剂→曝光→显影→蚀刻与去膜→内层粗化、去氧化→内层检查（外层单面覆铜板线路制作、B-阶半固化片、板材半固化片检查、钻孔定位）→层压→数控钻孔→孔检查→孔金属化（化学镀铜）→全板镀薄铜→镀层检查→贴光致耐电镀干膜或涂覆光致耐电镀剂→面层底板曝光→显影、修板→线路图形电镀→电镀铅锡合金（或镍／金）镀层→去膜与蚀刻→检查→网印阻焊图形或光致阻焊图形→印刷字符图形→热风整平或有机保焊膜→数控铣外形→成品检查→包装出厂。

从上述不同种类的刚性印制板的制造工艺流程可以看出，流程中的各道工序都是围绕线路图形的制作展开的，在多个步骤中用到的化学镀铜、电镀铜、镀锡、镀金、镀镍等电镀技术是制造线路图形的关键工序，属于制造加工手段，而不只是表面处理工艺。印制板所使用的电镀技术与常规电镀有一些区别，例如，电镀铜要求高分散能力和低应力，电镀锡要求高分散能力和高电流效率，电镀镍要求低应力和低孔隙率。为了达到这些要求，电镀液组成和工艺条件要做出相应的调整。

2. 化学镀铜孔金属化工艺

采用化学镀铜法进行孔金属化的工艺流程为：去毛刺→去钻污→清洁调整→活化→解胶→化学镀铜。在化学镀铜后要进行电镀铜加厚。

（1）去毛刺工艺

孔口毛刺会改变孔径尺寸，导致孔口处变小，影响元器件的插入。凸起或陷入孔内的毛刺会影响电镀层的厚度分布，导致孔口镀层偏薄和应力集中，从而造成成品板孔口镀层在受到热冲击时造成断裂开路现象。大多采用含碳化硅磨料的尼龙刷辊进行抛刷，也有液体喷砂法和阳极电解法去毛刺。去毛刺机备有酸洗段、高压水冲洗段、循环水洗和冷热风吹干机构。

（2）去钻污工艺

多层板在钻孔过程中，钻头高速旋转与切削作用，与孔壁摩擦产生高温，瞬间高温超过树脂的玻璃化温度时，在孔壁上产生一层很薄的树脂层——钻污。如果钻污完全覆盖了内层铜箔，将导致多层板内层导线与金属化孔孔壁镀层不相连通或者虽然内层铜箔与孔壁镀层能够导通，但由于钻污处的附着强度不够，受到热应力时，镀层从孔壁上剥离，造成与内层铜箔分离。

多层板的去钻污工艺分凹蚀工艺和非凹蚀工艺。凹蚀工艺同时要去除环氧树脂和玻璃纤维，形成可靠的三维结合，凹蚀深度一般为 $5\sim10~\mu m$。非凹蚀工艺仅仅去除钻孔过程中脱落和汽化的环氧钻污，得到干净的孔壁，形成二维结合。单从理论上讲，三维结合要比二维结合可靠性高，但通过提高化学镀铜层的致密性和延展性，完全可以达到相应的技术要求。非凹蚀工艺简单、可靠，并已十分成熟，因此在大多数厂家得到广泛应用。

高锰酸钾去钻污是典型的非凹蚀工艺（见表4.2），主要步骤包括溶胀、去钻污和还原。

表 4.2　高锰酸钾去钻污工艺

步骤	溶胀	去钻污	还原
目的	溶胀环氧树脂，使其软化，为高锰酸钾去钻污做准备	利用高锰酸钾的强氧化性，使溶胀软化的环氧树脂钻污氧化裂解	去除高锰酸钾去钻污残留的高锰酸钾、锰酸钾和二氧化锰，避免引起"钯中毒"
溶液组成	氢氧化钠:20 g·L⁻¹ 已二醇乙醚:30 g·L⁻¹ 已二醇:2 g·L⁻¹	氢氧化钠:35 g·L⁻¹ 高锰酸钾:55 g·L⁻¹ 次氯酸钠:0.5 g·L⁻¹	浓硫酸:100 mL·L⁻¹ 草酸钠:30 g·L⁻¹
工艺条件	温度:60～80 ℃ 时间:5 min	温度:75 ℃ 时间:10 min	温度:40 ℃

（3）清洁调整工艺

孔壁的清洁调整相当于塑料电镀的除油和粗化。孔壁的清洁调整工艺见表4.3。有时需要配合超声波清洗，如深孔孔壁的清洁。

表 4.3　孔壁的清洁调整工艺

清洁调整方法	有机溶剂清洗	预粗化	粗化
溶液组成及工艺条件	三氯甲烷 温度:75～85 ℃ 时间:2～5 min	过硫酸铵水溶液:10% 温度:25～35 ℃ 时间:1～3 min	a.硫酸,室温,时间 1～2 min b.硫酸 60%,氢氟酸 40%,室温,时间 1～2 min

（4）活化工艺

活化即活性化处理，在绝缘基体表面吸附一层非连续的具有催化能力的贵金属微粒，使活化后的表面具有催化还原金属的能力，从而使整个化学镀铜反应在整个活化处理过的基体表面上顺利进行。对铜有催化还原能力的金属及催化能力的顺序是：钯＞银＞金＞铜，其中以钯的应用最为广泛。

活化工艺主要有敏化－活化分步法和胶体钯活化法，还有胶体铜活化法等。

①敏化－活化分步法工艺。

敏化－活化分步法是先利用敏化步骤在孔壁上浸润一层具有还原作用的金属盐溶液

（通常使用氯化亚锡），然后利用活化步骤在贵金属盐溶液（通常使用氯化钯）中还原出催化中心 Pd。

这种方法在印制板生产中存在两个严重问题：一是孔金属化合格率低，主要原因是亚锡离子易被氧化，敏化后水洗时间稍长，就被氧化，从而失去敏化效果，导致沉积不上铜；另一个问题是单盐活化液易与铜箔产生置换反应，在铜表面生成松散的贵金属置换层，造成镀铜层结构不牢或不可靠。

②胶体钯活化法工艺。

目前，生产广泛使用的是胶体钯活化法。胶体钯是将氯化钯和氯化亚锡溶液混合后，经化学反应形成以 Pd 为胶核的胶体溶液，胶体颗粒结构式为

$$\{(Pd)_m(Sn^{2+})_n \cdot 2(n-x)Cl^-\} \cdot 2xCl^-$$
$$\text{胶核} \qquad \text{吸附层} \qquad \text{扩散层}$$

根据胶体粒子的分散介质不同，胶体钯又可分为酸性胶体钯和盐基胶体钯，活化液组成及工艺条件见表 4.4。酸基胶体钯是以较高浓度的盐酸水溶液为分散介质，由于酸性太强对多层印制板的内层有侵蚀现象，在内层孔壁极易产生"粉红环"，极大地降低多层板金属化孔的可靠性。

表 4.4　胶体钯活化液组成及工艺条件

组分及工艺条件	盐基胶体钯	酸基胶体钯
氯化钯	$0.25\ g \cdot L^{-1}$	$1\ g \cdot L^{-1}$
氯化亚锡	$7 \sim 12\ g \cdot L^{-1}$	$72\ g \cdot L^{-1}$
盐酸（质量分数为 37%）	$10\ mL \cdot L^{-1}$	$300\ mL \cdot L^{-1}$
锡酸钠	—	$7\ g \cdot L^{-1}$
氯化钠	$250\ g \cdot L^{-1}$	—
酸式盐	$25 \sim 30\ g \cdot L^{-1}$	—
尿素	$50\ g \cdot L^{-1}$	—
相对密度	$1.18 \sim 1.2$	—
pH	$0.5 \sim 1.5$	—

活化后必须进行水洗，经胶体钯活化处理后的工件其非金属表面的催化活性中心是在活化的水洗过程中形成的。水洗时，胶体钯吸附层面的 pH 迅速上升，吸附于钯核外的 Sn^{2+} 发生水解形成碱式锡酸盐胶状物：

$$SnCl_2 + H_2O \longrightarrow Sn(OH)Cl \downarrow + HCl \qquad (4.14)$$

这种胶状物可有效地将钯核固着于工件表面。

（5）解胶工艺

胶体钯活化、水洗之后必须进行解胶处理，充分暴露出钯核，从而快速地引发化学镀铜反应。解胶处理又称为加速处理，实质是使碱式锡酸盐胶状物重新溶解，既可用酸性处理液，也可用碱性处理液。表 4.5 是不同解胶溶液的效果比较。

（6）化学镀铜工艺

根据不同目的可沉积不同厚度，如只要求赋予导电性，可镀薄铜，厚度为 $0.3 \sim 0.5\ \mu m$，如为了省一次镀铜，可镀厚铜，厚度为 $1.5 \sim 2\ \mu m$。如果采用加成法制作印制板，厚度应达到 $25 \sim 30\ \mu m$。

表 4.5　不同解胶溶液的解胶效果比较

氢氧化钠 (质量分数为 5%)	作用明显,效果好,但对于水质过于敏感,生产过程中产生的絮状沉淀会污染工件,导致质量故障
盐酸 (质量分数为 10%)	对铜有一定的浸蚀溶解作用,Cu^{2+} 含量应控制在 $1\ g \cdot L^{-1}$ 以下,否则会明显降低解胶性能
氟硼酸 (质量分数为 5%)	对水质要求不高,性能效果平衡

化学镀铜工艺见表 4.6。广泛应用的是以酒石酸钾钠(Tart)、乙二胺四乙酸二钠(EDTA)体系、四羟丙基乙二胺(THPED)等为配位剂的碱性化学镀铜体系,所使用的还原剂有甲醛、乙醛酸、次磷酸钠等。

表 4.6　化学镀铜工艺

镀液组成和 工艺条件	工艺 1	工艺 2	工艺 3	工艺 4	工艺 5	工艺 6
硫酸铜/$(g \cdot L^{-1})$	7	6	28	16	12	12~15
酒石酸钾钠/$(g \cdot L^{-1})$	35			16		
乙二胺四乙酸二钠/$(g \cdot L^{-1})$		20	32	21	5.8	30~40
四羟丙基乙二胺/$(g \cdot L^{-1})$					10	
氢氧化钠/$(g \cdot L^{-1})$	10					
氢氧化钾/$(g \cdot L^{-1})$			26			
甲醛/$(mL \cdot L^{-1})$	50			5.0	17	
乙醛酸/$(g \cdot L^{-1})$			12.6			10~12
草酸/$(g \cdot L^{-1})$						5~7
次磷酸钠/$(g \cdot L^{-1})$		30				
四硼酸钠/$(g \cdot L^{-1})$		37				
柠檬酸钠/$(g \cdot L^{-1})$		15				
硫酸镍/$(g \cdot L^{-1})$		0.5				
硫脲/$(mg \cdot L^{-1})$		0.2				
十二烷基硫酸钠/$(mg \cdot L^{-1})$		10				
亚铁氰化钾/$(mg \cdot L^{-1})$			10	70	10	
$\alpha,\alpha'-$联吡啶/$(mg \cdot L^{-1})$			10	8	10	10~20
PEG-1000/$(g \cdot L^{-1})$				1	0.5	
2-巯基苯并噻唑/$(mg \cdot L^{-1})$					5	
pH	12.5	8.75	12.5~13.5	12.75	12.5	12
温度/℃	25	65	35~45	50	40	50
时间/min	30	40	30	30	20	30

使用甲醛为还原剂的化学镀铜工艺,原料便宜易得,工作所需要的温度较低并且操作比较方便。其缺点是镀铜溶液不够稳定,甲醛在碱性溶液中因为发生还原反应而损耗,并且挥发出有毒的甲醛蒸气,造成环境污染,损害操作者的身体健康。该类工艺正在被无甲醛化学镀铜工艺代替。

乙醛酸作为化学镀铜工艺的还原剂时,其还原能力与甲醛相当。该工艺镀速高,可以得到高纯度的铜镀层。生产过程中溢出的气体无毒,对环境无污染,安全。但这种镀液的稳定性较差,容忍杂质的能力较低。

以次磷酸盐作为还原剂配制的化学镀铜液不仅无毒副反应,而且溶液的使用寿命长,镀层微观结构呈针状结晶,镀层与基体结合力强并且镀层性能好。由于 Ni 的催化活性较强,为了能让化学镀铜持续进行,镀铜液中常常需要保持一定数量的镍离子。

(7)化学镀镍工艺

尽管化学镀镍层的延展性、导电性较铜差,但由于镀液稳定性好,沉积速度快,在双面板的孔金属化工艺中也有采用化学镀镍工艺的。化学镀铜的处理时间一般是 30 min,而获得与铜层相同厚度的化学镀镍层仅需 5 min。化学镀镍液有酸性和碱性之分,工作温度都不能太高,工艺见表 4.7。

表 4.7 化学镀镍工艺

镀液组成和工艺条件	酸性体系	碱性体系
硫酸镍/(g·L⁻¹)	10～40	10～40
柠檬酸钠/(g·L⁻¹)	10～40	
氯化铵/(g·L⁻¹)	30～50	
次磷酸钠/(g·L⁻¹)	10～40	
焦磷酸钾/(g·L⁻¹)		20～60
次磷酸钠/(g·L⁻¹)		10～40
pH	5.0～6.2	8.3～10.0
温度/℃	55～63	20～32

3. 钯系列活化法孔金属化工艺

(1)钯盐还原法

日本在 1994 年发表的一项专利技术介绍了一种钯盐还原法。其工艺流程是:硅烷偶联剂处理→酸液处理→水洗→阴离子表面活性剂处理→水洗→钯盐溶液处理→水洗→还原→水洗。经过处理后,可直接电镀。

①硅烷偶联剂处理。PCB 基材经过钻孔、刷板和清洁以后,采用含有硅烷偶联剂的溶液进行浸渍处理,以便在 PCB 基材表面上形成硅烷偶联剂分子膜。硅烷偶联剂处理溶液中还含有表面活性剂,目的在于降低处理溶液的表面张力,提高对基材的净化度和浸透性。

硅烷偶联剂分为水溶性和溶剂性两种,最好采用水溶性硅烷偶联剂。某工艺如下:

3-氨丙基三乙氧基硅烷　　　　　5 g·L⁻¹

非离子表面活性剂　　　　　　　5 g·L⁻¹

温度　　　　　　　　　　　　　70 ℃

时间   5 min

②酸液处理。硅烷偶联剂处理过的 PCB 基材一般采用硫酸或盐酸等强酸溶液浸渍处理,促使硅烷偶联剂水解,提高硅烷偶联剂对基材的固着性,有助于提高以后工序中的阴离子表面活性剂或 Pd 金属对基材表面的附着性。某工艺如下:

硫酸(质量分数为98%)   100 g·L^{-1}

温度   25 ℃

时间   3 min

③阴离子表面活性剂处理。使用磺酸型、磷酸醋型、烷基硫酸盐型、烷基醚硫酸盐型和磺基丁二酸型等阴离子表面活性剂溶液处理,使其在 PCB 基材表面吸附。某工艺如下:

十二烷基磺酸钠   10 g·L^{-1}

温度   25 ℃

时间   3 min

④Pd 盐溶液处理。Pd 盐溶液中含有 Pd 盐和硫脲、硫代乙酰胺、氨基硫脲、二甲基硫脲和乙烯基硫脲等含 N 和 S 的化合物。配制溶液时,首先把难溶于水的 Pd 盐化合物溶解于酸液中,再加入含 N 和 S 的化合物,然后添加碱金属盐调节溶液 pH,当 Pd 盐溶液 pH>6 时,可以防止生成 Pd 沉淀物。Pd 盐与含 N 和 S 化合物生成阳离子型配合物,当阴离子表面活性剂处理过的 PCB 基材浸渍于 Pd 盐处理溶液时,Pd 阳离子配合物强力地吸附到其上,且可以防止 Cu 层上置换出金属 Pd。某工艺如下:

氯化钯   1 g·L^{-1}

盐酸(质量分数为37%)   1

硫脲   1.5

pH(醋酸钠调节)   4

温度   25 ℃

时间   3 min

⑤还原处理。PCB 基材表面上吸附的 Pd,需要经过还原处理,形成金属 Pd,作为直接电镀用的基底导电层。适宜的还原剂有 $NaBH_4$、二甲胺硼烷(DMAB)、乙醛酸、NaH_2PO_2、肼和羟胺等。一般采用氢氧化钠、氢氧化钾、碳酸钠、磷酸钠等调节溶液 pH 为 11~13。某工艺如下:

二甲胺硼烷   2 g·L^{-1}

氢氧化钠   1 g·L^{-1}

温度   35 ℃

时间   3 min

(2)钯/锡胶体活化法

哈尔滨工业大学化工学院李宁课题组研制了一种钯/锡胶体催化剂用于直接电镀。该胶体的制备方法为:

①将 0.1 g 氯化钯溶解于 40 mL 质量分数为 50% HCl(V)溶液中,并搅拌使其完全溶解。

②将 1.0 g $SnCl_2·2H_2O$ 加入到 20 mL 浓 HCl 中,晶体完全溶解后往溶液中加入 20 mL 去离子水。

③在搅拌下将溶液②缓慢加入到溶液①中,混合溶液逐渐变为棕黑色。

④将 40 g NaCl,0.8 g Na_2SnO_3,10 g $SnCl_2 \cdot 2H_2O$ 溶解于 80 mL 含有少量 HCl 的去离子水中。

⑤缓慢搅拌下将溶液④加入到溶液③中,溶液又变为墨绿色,搅拌反应 1 h 后在 65 ℃ 保温 4 h,静置 2 d 待用。

胶体 Pd 溶液非常不稳定,在光照或者暴露于空气中,Sn^{2+} 容易被氧化为 SnO_2,Pd^0 容易被氧化为 $[PdCl_4]^{2-}$。经过稀释的胶体钯性质类似于真溶液,故配制浓缩胶体钯应该用饱和的 NaCl 溶液和一定量 HCl 溶液来稀释。

在钯/锡胶体中加入香草醛(3-甲氧基-4-羟基苯甲醛),可以使钯/锡胶体催化剂产生憎水性,可以保护钯/锡胶体不凝聚,提高其分散性和稳定性,又可以增进胶体催化剂的吸附。香草醛优先吸附在基体表面,锡靠近溶液,钯则介于香草醛与锡二者之间。这种独特的吸附特性既可使胶体催化剂紧密地吸附在基体表面,又易于快速除去 Pd^0 外围的锡层,裸露出导电性 Pd^0 层。

保温的作用主要是提供胶体钯生成所需要的温度,只有加热到 60 ℃ 以上,溶液才能完全生成胶体,胶体钯溶液才具有催化活性。

4. 导电高分子聚合物膜孔金属化工艺

导电聚吡咯、聚苯胺、聚噻吩等在空气中具有较好的稳定性,目前已成为导电高分子的三大主要品种。聚吡咯是共轭高聚物中少数稳定的导电高聚物之一,具有较高电导率。聚苯胺具有良好的环境稳定性,易制成柔软坚韧的膜,且价廉易得,其可溶性和可加工性正在不断改善。聚噻吩掺杂后的导电率可在较大的范围内调控,且具有制备容易、尺寸小、潜在功能丰富等优点。

采用导电高分子聚合物膜进行孔金属化的工艺流程比较简单,线路板钻孔后去毛刺,即可进入有机导电膜工序。然后直接进入图形转移工序,再电镀铜。以聚吡咯有机导电膜的直接电镀工艺为例,有机导电膜工序主要包括整孔、氧化和催化 3 个步骤,每个步骤均需要搅拌。除催化步骤外,每个步骤后均需去离子水冲洗 1～2 min。

(1)整孔工艺

整孔工艺包括 2 个部分:碱液除油和粗化。其目的是提高基材和镀层之间的结合力。

碱液除油工艺使用的除油液含有 10 g·L^{-1} 氢氧化钠和 5 mL·L^{-1} OP,在 70 ℃ 条件下进行除油处理 10 min。

粗化工艺使用的粗化液含有 100～150 g·L^{-1} 高锰酸钾,100～150 g·L^{-1} 浓硫酸(质量分数为 98%)以及适量的 OP,在 70 ℃ 条件下进行粗化处理 20～30 min。

(2)氧化工艺

氧化工艺包含 2 个步骤:氧化和中和。氧化液中高锰酸钾如果含量过低,表层生成的富 Mn 树脂岛状物较少,中和以后的微观粗化程度也小,这将降低表面与镀层之间的结合力。高锰酸钾含量过高也不好,虽然岛状物密度增大,黏附性能得以提高,但密度过大时,与孔壁结合不牢的 MnO_2 将会污染下一步的催化溶液,影响聚吡咯在孔壁表面的形成。氧化时间低于 5 min,基本上没有氧化物生成。但如果氧化时间大于 15 min,岛状物之间的凹陷深度增大到 13 μm 以上时,过大的粗糙度也会影响电沉积时的黏附性。氧化液最好是即配即用,避免在碱性条件下发生水解,影响氧化效果。

氧化工艺使用的氧化液含 70 g·L^{-1} 高锰酸钾,10 g·L^{-1} 氢氧化钾和 3 mL·L^{-1} OP,在 80 ℃ 条件下进行氧化处理 10 min。

中和工艺使用的中和液含有 6 mL·L^{-1} 水合肼和适量的 EDTA,在 55~60 ℃ 条件下进行中和处理 5 min。

(3)催化工艺

要获得导电性好的聚合物膜,首先应选择适宜的单体及相关的氧化剂、掺杂剂等。适宜的有机单体有吡咯、呋喃、苯胺或噻吩及其衍生物。吡咯溶液在空气中相当稳定,但遇光会氧化聚合成吡咯黑不溶性沉淀,应避免光直接照射。加入适当的表面活性剂,可以增加它的稳定性。聚合物膜的导电性随吡咯单体的增加而提高,达 20 mL·L^{-1} 后不再有明显变化。催化液中的酸性化合物和磺酸盐类提供了聚合物膜中的掺杂阴离子。催化液中加入醇类有机溶液或溶解促进剂能改善催化液的稳定性,加入明胶则可显著改善聚吡咯对基体的涂覆性。氯化铁是一种效果良好的氧化掺杂剂。

催化工艺使用的催化液含有 15 mL·L^{-1} 吡咯,150 mL·L^{-1} 异丙醇,10 g·L^{-1} 对甲苯磺酸钠,30 g·L^{-1} 对甲苯磺酸,3 g·L^{-1} 氟化钠,80 g·L^{-1} 氯化铁,10 mL·L^{-1}OP 和 2 g·L^{-1} 明胶,在 20~30 ℃ 条件下进行催化处理 10 min。

5. 黑孔化工艺

印制板在钻孔后,经过调整,就可以直接进入黑孔化处理。其具体工艺流程为:调整→水洗→黑孔→预干燥→微蚀→水洗→抗氧化→水洗→干燥。

(1)调整工艺

调整工艺一般采用清洁和调整两步操作。

①清洁步骤起清洁板面和孔壁的作用。目的是除去线路板的表面和孔壁的油污,以利于增强导电层的结合力。采用的是弱碱性溶液,组成可以是乙醇胺、非离子表面活性剂和乙二醇的组合,也可以是氢氧化钠、阴离子表面活性剂和洗涤剂的组合,质量分数为 1%~10%,pH 为 11~12,加热到 60 ℃ 使用效果更好。去钻污或等离子体清洁等工序必须完全去除材料的油污,才能保证黑孔化良好的效果。并且,由于许多试剂会中和调整剂,要注意去钻污工序所用的溶液必须保证不影响后续步骤的调整剂。

②调整步骤起调整孔壁的作用。在经过清洁后,电路板孔壁中的环氧和玻璃纤维往往带有负电荷。而调整剂中含有阳离子表面活性剂,可以使孔壁荷正电。孔壁上正电荷能够吸引荷负电的黑孔液,形成完整的碳导电覆盖层。适宜的整平剂是磷酸酯型或聚丙烯酰胺型等聚合高分子电解质均聚物的水溶液,质量分数为 0.035%~0.045%。

两步合并为一步进行操作容易使调整剂中油污含量累积增加,调整剂主要吸附于油污处,而导致游离调整剂分子减少,影响孔内壁有机调整膜的形成。

(2)黑孔工艺

早期的黑孔液由炭黑、可以分散炭黑的表面活性剂和去离子水混合而成的。炭黑的平均粒径要小于 3 μm,以便获得平滑和结合力好的镀层。最好使用与水混合为浆状时 pH 为 2~4 的炭黑,且其多孔表面积为 300~800 m^2·g^{-1} 较好。表面活性剂能增进润湿性和炭黑悬浮液的稳定性。此外,还需要氢氧化钾等碱金属氢氧化物调节黑孔液的 pH 为 10~12。黑孔液组成和工艺条件如下:

炭黑	0.2%～2.0%(质量分数)
表面活性剂	0.05%～2%(质量分数)
碱性氢氧化物	0.4%～0.8%(质量分数)
温度	20～30 ℃
时间	3～5 min

配制黑孔液时,首先将表面活性剂溶解于碱性氢氧化物水溶液中,再加入炭黑配制成浓的悬浮液,然后进行球磨,使炭黑颗粒与表面活性剂紧密涂覆和润湿。球磨后再用表面活性剂和水稀释至使用浓度。

还有一种以纳米碳为导电材料的黑孔液。这种纳米炭黑孔化溶液主要由颗粒直径为 0.05～0.1 μm 的精细的炭黑粉、液体分散介质即去离子水、表面活性剂等组成。由于所用的精细炭黑粉粒径小,使得炭黑可以在孔壁吸附得更均匀细致,与孔壁的结合力更牢固,电镀铜层的可靠性更高。纳米炭黑孔化液对尺寸比较大的孔渗透力较好(悬浮液的黏度接近水的黏度),对直径为 0.3 mm 的孔也能适应。

新型的复合石墨基黑孔液是一种复合石墨构成的弱碱性导电胶体。石墨和特殊有机黏结剂结合在一起,显示负电性,能吸附在整孔后的孔壁上。导电石墨会覆盖整个线路板(包括孔内壁)。要求在基材上的覆盖层薄,以利于在后工序中去除铜面上和内层铜断面上的石墨。石墨每个碳原子的周边联结着另外 3 个以共价键结合的碳原子,构成共价分子,每个碳原子会放出一个电子,电子能够自由移动,比早期的以炭黑为导电层的导电率高。

注意,在黑孔工艺后不能使用碱性清洗剂。

(3)预干燥工艺

在微蚀前,导电胶体必须进行烘干,否则碳层会在微蚀时被喷嘴洗掉,烘干的温度最低 60 ℃,时间最短要 25 s。若干膜发生脱落应当再进行一次黑孔工艺处理。

(4)微蚀工艺

微蚀的作用是去除板上铜箔表面,包括内层铜面的导电碳材料覆盖层。微蚀的机理是选择性的铜刻蚀。微蚀剂通过干燥多孔的碳材料覆盖层而腐蚀铜层(包括外层铜和内层铜),由此把碳材料从铜面上剥离出来,其他基材没有被腐蚀。因此碳导电层仍完整地附在非导电基体表面上。微蚀率控制在 0.25～0.35 μm。此时所有铜表面被完全清洁,无调整剂、碳和其他物质在铜表面残留。经这个步骤,孔壁的内层再进行将酸性电镀铜处理,这样就可以形成纯粹的铜—铜连接。

微蚀液的组成和工艺条件如下:

$Na_2S_2O_8$	200 g·L^{-1}
浓硫酸(98%)	0.5%(体积分数)
温度	室温
时间	30 s

(5)水洗工艺

清洗整个板面,去除多余的导电碳粉末材料。清洗可以采用浸洗,而这样在短时间难以使板子足够的清洁,会影响电镀铜的结合力。因此需要强度更高的清洗方式。采用喷头冲洗一般可以达到良好的效果。

(6)抗氧化工艺

该步骤是可选择加入的。主要采用一种弱酸性溶液,在干燥或电镀前保护微蚀后的铜

面,防止其发生氧化。抗氧化液的组成和工艺条件如下:

$H_3C_6H_5O_7 \cdot H_2O$	$50 \ g \cdot L^{-1}$
浓硫酸(98%)	0.5%(体积分数)
温度	室温
时间	20 s

(7)烘干工艺

在这个步骤中,板面和孔内必须去除水分完全烘干,防止水分残留及氧化,烘干最低温度为 60 ℃,最少需要 20 s。

可采用短时间高温或长时间低温干燥,其目的是去除涂层中的水分,增进炭黑等碳材料与绝缘基材表面之间的附着力。

6. 电镀铜工艺

电镀铜的目的是印制电路板在孔壁导电之后,必须用电镀的方法将孔壁导电体加厚,以满足互联的电气性能。实施孔壁导电体加厚有全板电镀和图形电镀两种工艺。电镀铜层最少要 25 μm,才能显示出良好的导电性和结合力。镀液要分散能力好,最好能使孔内镀层与基板表面镀层厚度相等,避免出现"狗骨现象"。

电镀铜工艺有氰化物体系、焦磷酸盐体系、硫酸盐体系、羟基乙叉二膦酸体系、柠檬酸—酒石酸体系等。在印制板行业中,有些印制板的镀铜加厚采用焦磷酸盐镀铜工艺,应用最广泛的是硫酸盐镀铜工艺,镀液组成和工艺条件见表 4.8。

表 4.8　印制板电镀铜工艺

类型		焦磷酸盐镀铜		硫酸盐镀铜	
				普通	高分散能力
镀液组成	焦磷酸铜	$80 \sim 100 \ g \cdot L^{-1}$	硫酸铜	$150 \sim 200 \ g \cdot L^{-1}$	$60 \sim 100 \ g \cdot L^{-1}$
	焦磷酸钾	$300 \sim 400 \ g \cdot L^{-1}$	硫酸	$40 \sim 60 \ g \cdot L^{-1}$	$170 \sim 230 \ g \cdot L^{-1}$
	P 比([$P_2O_7^{4-}$]/[Cu^{2+}])　7.0～8.0		Cl^-	$20 \sim 100 \ mg \cdot L^{-1}$	$40 \sim 100 \ mg \cdot L^{-1}$
	正磷酸	$<90 \ g \cdot L^{-1}$	光亮剂	适量	适量
	氨水	$2 \sim 5 \ mL \cdot L^{-1}$			
	光亮剂	$0.5 \ mL \cdot L^{-1}$			
工艺条件	阴极电流密度	$2 \sim 3 \ A \cdot dm^{-2}$	阴极电流密度　$3 \sim 6 \ A \cdot dm^{-2}$		$1 \sim 4 \ A \cdot dm^{-2}$
	温度	55 ℃	温度	$15 \sim 30$ ℃	
	搅拌	阴极移动或空气搅拌	搅拌	阴极移动或空气搅拌	
	阳极	无氧铜	阳极	无氧含磷铜	
	pH	8.4～9.0			

(1)焦磷酸盐镀铜工艺

焦磷酸盐会水解形成正磷酸。当镀液中正磷酸含量过高时,镀层质量下降,此时只能废弃一部分旧液,补充新液进行调整,导致生产成本增加。而且,聚酰亚胺板易被焦磷酸盐腐蚀,所以不能用该镀液处理该类有细微线路的印制板。此外,由于焦磷酸根与铜离子形成配合物,造成废水处理困难。尽管焦磷酸盐镀铜液的分散能力较好,但是随着硫酸盐镀铜工艺的改进,该工艺已经被替代。

（2）硫酸盐镀铜工艺

在硫酸盐镀铜液中，主盐是硫酸铜，镀液中的 Cu^{2+} 浓度在电镀中应选择合适的范围，太高会导致镀液整平能力的下降，太低则会导致高电流密度电镀时出现烧焦现象。

电镀过程中，阴极过程主要包括 2 个步骤：离子放电反应和铜结晶过程，反应如下：

$$Cu^{2+} + e^- \longrightarrow Cu^+$$

$$Cu^+ + e^- \longrightarrow Cu（吸附）$$

$$Cu（吸附）\longrightarrow Cu（晶格）$$

硫酸在镀液中主要是起 3 方面的作用：一是降低镀液的电阻，提高导电性能；二是有效防止铜盐水解；三是改善镀液的均镀能力和阳极溶解的性能。

在一定范围内提高温度可增大电镀时的电流密度，但一般在电镀中都需要加入光亮剂，温度过高时就会影响光亮剂的效果和作用，故一般电镀温度应控制在 15～30 ℃。

在光亮酸性镀铜过程中，铜阳极的选择非常重要，一般使用的铜阳极是无氧含磷铜阳极，铜阳极中的磷能使阳极在发生电化学溶解时在铜表面产生一层黑色的膜，从而避免不均匀溶解。

镀液要施加强制搅拌，目的是降低浓差极化，提升极限电流密度。搅拌的方式较多，如阴极移动，底喷、侧喷、鼓气等喷流，电振，摇摆等。在搅拌的同时如果配有镀液过滤的设备能在很大程度上增加镀液的稳定性。

酸性硫酸盐镀铜包含两种不同的体系，一种是"高铜低酸"，另一种是"高酸低铜"。实现盲孔的封孔，一般使用"高铜低酸"体系，因为盲孔封孔需要强促进剂加速盲孔底部 Cu^{2+} 的沉积，这就需要溶液中有高浓度的 Cu^{2+} 存在。而通孔的均匀性电镀一般选择"高酸低铜"体系，因为其具有良好的分散能力。但是仅依靠基础镀液几乎不可能在孔内获得均匀的镀层，为了使镀液具有高分散能力，需要在硫酸盐镀铜液中加入添加剂。高性能添加剂是非常重要的组成部分，其开发和使用促进了硫酸盐镀铜体系的广泛应用。添加剂有很多种类，一般可以概括为第一类光亮剂、整平剂和第二类光亮剂，一般由以下 3 类物质组成。

①带有磺酸基的有机硫化物，如聚二硫丙烷磺酸钠（SPS）、2－噻唑啉基聚二硫丙烷磺酸钠（SH110）等，硫化物质量浓度为 0.01～0.02 g·L^{-1}。通常认为，这类物质起光亮剂的作用，细化晶粒；增强高电流密度区光亮度；与整平剂配合发挥作用，单独使用不但不能得到光亮镀层且有负整平作用。缺点是易分解，分解产物的还原产物对镀液有害。添加硫醇化合物能降低该有害成分的含量，延长镀液寿命。有研究发现，SH110 是一种优秀的促进剂，可以在较高电流密度下实现厚径比为 5 的通孔的电镀封孔，分子动力学模拟结果表明，SH110 分子结构中含有抑制剂或整平剂的部分，其抑制作用更容易出现在阴极强对流区，而其促进作用主要出现在阴极弱对流区。在通孔电镀过程中，这种作用使得 Cu^{2+} 在孔口处的沉积受到抑制，在孔中心处的沉积受到促进。

②聚醚化合物，包括聚乙二醇（PEG）、脂肪醇聚氧乙烯醚（AEO）、RPE（聚氧乙烯 EO、聚氧丙烯 PO 嵌段共聚物）等，用量为 0.01～5 g·L^{-1}。通常认为，这类物质在阴极/溶液界面上定向排列和产生吸附，能提高阴极极化，起润湿作用，可消除铜镀层产生的针孔、麻砂，还可以使镀层的晶粒更加均匀、细致和紧密。缺点是使电解液不稳定，正常使用时会分解；镀层表面易形成憎水膜。

③季胺类化合物。其中带有支链的聚乙烯亚胺类化合物既是整平剂又是低电流密度区

光亮剂;起配位、协同作用,能够增强高电流密度区的阻化作用,减少盲孔填充时发生隆起。另一种锍盐类的季胺类化合物常用的有聚乙烯基咪唑锍季胺类化合物、乙烯基吡咯烷酮与乙烯基咪唑锍季胺类化合物的共聚物等。对盲孔的填充以及通孔的均匀电镀起着积极作用。

但是,并非所有含有季铵化 N 的杂环有机化合物都可以作为通孔电镀的整平剂。例如,健那绿 B(简称 JGB,3-(二乙基氨基)-7-[[4-(二甲基氨基)苯基]偶氮]-5-苯基吩嗪锍氯化物)是有效的整平剂,而藏红 T(3,7-二氨基-2,8-二甲基-5-氯化苯吩嗪)则不是。哈尔滨工业大学安茂忠教授课题组研究人员使用基于密度泛函理论的量子化学计算发现,JGB 能够做整平剂,是由于其分子结构上的 N=N 或氨基偶氮苯区域,此区域具有最强的电子供给能力,能与铜的空轨道成键,形成化学吸附。

7. 电镀锡及锡合金工艺

电镀锡的作用是保护线路图(减成法),图形制造完成后退去锡镀层。图形保护镀锡不要求装饰性和可焊性,但是要求高的分散能力,镀层应均匀一致。如果孔小、线密、镀层薄,起不到保护作用,可能蚀刻过度,出现孔或线的破损。表面贴装技术在 PCB 封装行业的广泛应用,使得电镀锡及锡合金可作为最终可焊性镀层。传统电子封装工艺广泛使用 Sn-Pb 合金镀层作为可焊性镀层。该镀层熔点较低(183 ℃)、可焊性好、能有效抑制锡须、耐蚀性好、镀液稳定、成本较低、均镀能力良好。然而,铅及其化合物是一种不可降解的环境污染物,严重危害人类身体健康。纯锡镀层在使用过程中容易因产生锡须而导致 PCB 短路。因此,近些年来,开发了 Sn-Cu,Sn-Ag,Sn-Bi,Sn-Ag-Cu 等锡基无铅可焊性镀层。表4.9 是电镀锡的工艺。表 4.10 是电镀锡基合金的工艺。

表 4.9　电镀锡的工艺

	氟硼酸盐镀锡	甲磺酸盐镀锡	硫酸盐镀锡
镀液组成	氟硼酸锡:25~50 g·L^{-1} 氟硼酸:260~300 g·L^{-1} 硼酸:30~35 g·L^{-1} 甲醛:L20~30 mL·L^{-1} 平平加:30~40 mL·L^{-1} 2-甲基醛缩苯胺:30~40 mL·L^{-1} b-萘酚:1 mL·L^{-1}	甲基磺酸锡:30 g·L^{-1} 羟基酸:125 g·L^{-1} 乙醛:15 mL·L^{-1} 光亮剂:25 mL·L^{-1} 分散剂:10 mL·L^{-1} 稳定剂:20 mL·L^{-1}	硫酸亚锡:60 g·L^{-1} 硫酸:150 g·L^{-1} 添加剂 A:8 mL·L^{-1} 添加剂 B:5 mL·L^{-1}
工艺条件	阴极电流密度:1~3 A·dm^{-2} 温度:15~25 ℃ 搅拌:阴极移动	阴极电流密度:1~5 A·dm^{-2} 温度:15~25 ℃ 搅拌:阴极移动 1~3 m·min^{-1}	阴极电流密度:1~5 A·dm^{-2} 温度:10~25 ℃ 搅拌:阴极移动 20~30 次/分

表 4.10　电镀锡基合金的工艺

镀液组成和工艺条件	Sn-Cu	Sn-Ag	Sn-Bi	Sn-Ag-Cu
硫酸亚锡/(g·L^{-1})	30			
硫酸铜/(g·L^{-1})	80			
氧化亚锡/(g·L^{-1})		30		
氧化银/(g·L^{-1})		1		

续表 4.10

镀液组成和工艺条件	Sn—Cu	Sn—Ag	Sn—Bi	Sn—Ag—Cu
甲磺酸亚锡/(g·L^{-1})			50	60
甲磺酸铋/(g·L^{-1})			110	
甲磺酸/(mL·L^{-1})		150	500	
硫脲/(g·L^{-1})		2		
碘化银/(g·L^{-1})				1
甲磺酸铜/(g·L^{-1})				0.4
非离子表面活性剂/(g·L^{-1})	2	4		
六次甲基四胺/(g·L^{-1})		4		
苯甲酰丙酮/(g·L^{-1})		1.5		
焦磷酸钾/(g·L^{-1})				200
碘化钾/(g·L^{-1})				220
三乙醇胺/(g·L^{-1})				30
光亮剂/(mL·L^{-1})			50	16
抗氧化剂/(g·L^{-1})				2
阴极电流密度/(A·dm^{-2})	2	2	2～3	4
温度/℃	20	20	20	20

8. 电镀镍/金工艺

印制板往往做成一个模块,便于从整机上插拔,这就需要在印制板上制作一排像手指一样张开的线路插脚,插脚表面必须具有良好的导电性、耐磨性和耐蚀性,因此需要在插脚表面电镀金,该电镀过程即称为金手指电镀。该镀层作为抗蚀层,能够承受蚀刻液的浸蚀,降低接触电阻,具有可焊性。

(1)硫酸盐电镀镍工艺

硫酸镍 300 g·L^{-1};氯化镍 45 g·L^{-1};硼酸 40 g·L^{-1};添加剂适量;pH=4.0～4.6;阴极电流密度为 1～4 A·dm^{-2};温度为 55 ℃。

(2)氨基磺酸盐电镀镍工艺

氨基磺酸镍 350 g·L^{-1};氯化镍 5 g·L^{-1};硼酸 40 g·L^{-1};添加剂:适量;pH=3.5～4.5;阴极电流密度为 1～5 A·dm^{-2};温度为 55 ℃。

(3)酸性镀硬金工艺

金盐 2～8 g·L^{-1};柠檬酸钾 60～80 g·L^{-1};柠檬酸 10～20 g·L^{-1};钴、镍、铁离子 0.1～0.5 g·L^{-1};pH=4.0～4.5;阴极电流密度为 0.5～2 A·dm^{-2};温度为 30～50 ℃;阳极:镀铂的钛板。

(4)普通导线连接用镀金工艺

金盐 6～12 g·L^{-1};磷酸钾 40～60 g·L^{-1};氯苯酸钾:微量;pH=6.0～8.0;阴极电流

密度为 $0.1\sim0.5$ A·dm^{-2};温度为 $60\sim80$ ℃;阳极:镀铂的钛板。

9. 热风整平及其替代工艺

印制线路板在图形制作完成后,由于在其上安装分立元件并进行焊接的需要,对线路要进行可焊性镀层的镀覆,但是由于线路之间并不是全部完全导通的,用电镀法不可能在线路板上全部镀出镀层,这时只能采用浸镀(化学镀)的方法,而已经制成的线路板尤其是安装有分立元件的线路板不可能再在化学液中浸泡,这时就得采用热浸锡的方法。

热风整平工艺也称为热风整平焊料涂覆工艺,是把印制板浸入熔融的锡焊料中,提出后用热的压缩空气将板面上和金属化孔内多余的焊料吹掉,从而得到平滑、光亮、厚度均匀的焊料涂敷层的方法。该工艺对薄型及微型板,容易造成变形,原材料消耗大,能耗大,焊料中含铅,污染严重,不适于高密度、微细孔板的生产。

热风整平的替代工艺有如下几种。

(1)化学防氧化技术

化学防氧化技术是在铜层表面形成均匀的隔绝氧化介质,且有助于焊接性的有机膜的技术。该方法简便易行,适于低档、且装配后不需再次焊接的产品,但是可靠性较差,不适于高精密 PCB 的制备。具体措施是浸防铜变色剂(抗氧化剂,由金属钝化剂、成膜物质、表面活性剂组成)或涂有机膜(有助焊性,由 BTA(咪唑)缓蚀剂、成膜剂、稳定剂组成)。

(2)化学镀镍/金技术

化学镀镍/金技术是现代微电子技术中的重要镀覆工艺。其特点是分散能力好,所有部位都有镀层。化学镀镍/金层与铝基导线、金丝导线有良好的焊接性,抗变色能力强,适于多次焊接。

化学镀镍作为铜基体与金层间的阻挡层,能防止金与铜生成金属间化合物而导致表面性能变化,厚度为 $3\sim5$ mm,镀层含磷量 $6\%\sim10\%$(质量分数),无磁性。

化学镀金首先采用浸金,即置换金的方法在镀镍层上形成厚度为 0.1 μm 左右的预镀金层,然后在其上化学镀厚金,厚度为 1 μm 左右。工艺流程如下:

酸性除油→水洗→微蚀→水洗→预浸→活化→水洗→化学镀镍→水洗→纯水洗→浸金→水洗→纯水洗→化学镀厚金→水洗→热纯水洗→干燥。

(3)化学镀银/化学镀钯技术

化学镀银层的性能介于化学防氧化膜层与化学镀镍/金镀层之间,其导电性、焊接性比化学防氧化膜层好,但是其抗变色性差,不能获得厚镀层。工艺有以下几种:

①置换镀(铜基体):氰化银 8 g·L^{-1},氰化钠 15 g·L^{-1},温度:室温。

②无氰镀:硝酸银 8 g·L^{-1},硫代硫酸钠 105 g·L^{-1},氨水 75 g·L^{-1},温度:室温。

③化学镀:氰化银 1.83 g·L^{-1},氰化钠 1 g·L^{-1},氢氧化钠 0.75 g·L^{-1},二甲氨基硼烷 2 g·L^{-1},温度:室温。

化学镀钯适应于微电子封装,抗变色性良好,化学稳定性好,但工艺比较麻烦,成本高。

(4)化学镀锡技术

化学镀锡技术实为化学浸锡或置换镀锡,可加入光亮剂改善镀层光亮性,沉积速度慢,镀层不能增厚,其厚度仅为 $0.5\sim1.2$ mm,焊接性优良。温度对沉积过程影响大,硫脲体系加入阴离子表面活性剂后使用温度可提高。需要注意的是 Cu^{2+} 对沉积过程起毒化作用,可小电流电解除去。工艺有以下几种:

①硫脲 55 g・L^{-1},酒石酸 39 g・L^{-1},氯化亚锡 6 g・L^{-1},温度:室温,搅拌:需要。

②氯化亚锡 18.5 g・L^{-1},氢氧化钠 22.5 g・L^{-1},氰化钠 18.5 g・L^{-1},温度:10 ℃以下。

③锡酸钾 60 g・L^{-1},氢氧化钾 7.5 g・L^{-1},氰化钾 120 g・L^{-1},温度:70 ℃。

4.2.3　挠性印制板电镀工艺

1. 挠性板结构

挠性印制板是指用挠性基材制成的印制板,可以有无覆盖层,简称 FPC(Flexible Prin-ted Circuit Board)。FPC 是一种特殊的电子互连技术,与刚性印制板相比,它具有轻、薄、短、小、结构灵活的特点,除了可以静态弯曲外,还能动态弯曲、卷曲和折叠等,FPC 的功能包括四种,分别为引脚线路(Lead Line)、印制电路(Printed Circuit)、连接器(Connector)以及功能整合系统(Itegration of Fuction)。FPC 可以满足多种封装技术,并且可以用于几乎所有的电子产品中,是电子互连产品市场发展最快的产品之一,其优越性无可代替。

FPC 按线路层数分类可以分为单面板、双面板、多层板和挠性开窗板。按基材分类,可以分为聚酰亚胺型挠性印制板、聚酯型挠性印制板、芳香族聚酰胺性挠性印制板和聚四氟乙烯介质薄膜等。按有无胶黏层分类,可以分为有胶黏层挠性印制板和无胶黏层挠性印制板。按线路密度分类,可以分为普通型挠性印制板和高密度型挠性印制板。按封装分类,可以分为 TAB(Tape Automated Bonding),COF(Chip On Flex/Film),CSP(Chip Scale Package)和 MCM(Multi-Chip Module)。双面 FPC 板为最常见的挠性板,其结构示意图如图 4.5所示。

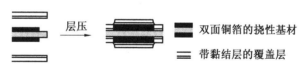

图 4.5　双面挠性印制板的结构示意图

挠性覆铜箔基材是在挠性介质薄膜的单面或双面黏结上一层铜箔制作而成。最常用的挠性介质薄膜是聚酰亚胺类,如杜邦公司生产的 Kapton 膜,具有耐高温的特征,介电强度高,电气性能和力学性能极佳,但是价格昂贵,易吸潮。FPC 一般选用压延铜箔,因为其铜微粒呈水平轴状结构,能够进行多次挠曲而不失效,但是在蚀刻过程中会对蚀刻剂造成一定的阻挡。另一种业内常用的电解铜箔只适用于刚性板。因为电解铜箔的铜微粒结晶状态为垂直针状,蚀刻过程中会形成垂直的线条边缘,虽然这样有利于精细线路的制作,但是针状结构容易在弯曲半径小于 5 mm 或动态挠曲时发生断裂,不适用于挠性板。

覆盖层是盖在 FPC 表面的保护层,是在挠性介质薄膜的一面涂上一层黏结薄膜,然后再在黏结薄膜上覆盖一层可撕下的保护膜,通常是与基材材料相同的绝缘薄膜,要求有很好的挠曲性能和良好的覆形性。覆盖层起到保护表面导线,增强基板强度,使电路不受尘埃、潮气、化学药品的侵蚀以及减小弯曲过程中应力的作用,是挠性板和刚性板最明显的不同之处。黏结薄膜主要有丙烯酸类、环氧类和聚酯类。丙烯酸与聚酰亚胺的结合力极好,具有较强的耐化学性能和耐热性能,挠性很好。环氧树脂与聚酰亚胺的结合力不如丙烯酸树脂,所以主要用于黏结覆盖层和内层,环氧树脂的热膨胀系数低于丙烯酸树脂,在 Z 方向的热膨胀小,有利于保证金属化孔的耐热冲击性。丙烯酸薄膜的热膨胀系数(CTE)很大,当用改性丙烯酸薄膜做内层的黏结剂时,内层间的丙烯酸厚度一般不超过 0.05 mm,因为连通各层的金属化孔会因为 Z 方向的热膨胀过大而断裂。

2. 挠性板制造工艺流程

(1)挠性单面板的制造工艺流程

挠性单面板生产方式有滚辊连续式和单片间断式,但是所用的生产流程基本相同。其制造有印制和蚀刻加工法、模具冲压加工法、加成和半加成加工法等。印制和蚀刻加工法是挠性单面板最常用的加工法,是在金属铜箔上通过曝光显影,再经过蚀刻形成线路。图 4.6 所示是一种挠性单面板的加工流程,即挠性单面层压板→钻孔→线路图形形成→刻蚀铜→脱模→覆盖保护膜。

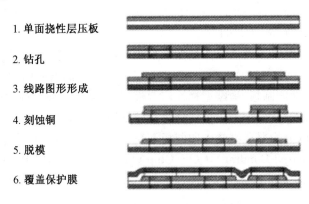

1. 单面挠性层压板

2. 钻孔

3. 线路图形形成

4. 刻蚀铜

5. 脱模

6. 覆盖保护膜

图 4.6　挠性单面板制作工艺示意图

模具冲压加工法是用制作的模具,在成卷铜箔上冲切出电路图形,并同步把导电线路层压在有黏合胶的薄膜基材上。此工艺不需要进行蚀刻,被较多地应用于制作粗线路挠性单面板中。加成和半加成加工法通常采用聚合厚膜技术和阴极喷镀涂技术,方法较为简单。挠性单面板两面通路的加工法通常在只有一层导电层的单面板生产中使用,其两个表面都有露出连接盘可供连接。

FPC 技术因为采用柔性基底,同近年来兴起的印制电子(Printed Electronics)技术具有一定的兼容性和互补性,如何将打印技术用于加成法制作印制电路是 FPC 制造领域的一个新课题。这对 FPC 的材料和工艺的兼容性以及印制电子的墨水、基底材料等提出了更高的要求。

(2)双面和多层挠性板的制造工艺流程

挠性双面板既可以采用滚辊连续加工法,也能采用片式间歇性加工法,一般采用后者,工艺流程如下:

下料→钻孔→化学镀铜→全板镀铜→贴干膜→干膜曝光→显影蚀刻剥膜→自动光学检测→棕化→叠板→层压→钻钯→表面涂覆→电测→补强装配→外形→成检→贴件→包装→出货。

挠性多层板由于由三层或更多层的导体构成,设计和制造很复杂,只能采用片式间歇性加工法。线路工艺和孔工艺很大程度上决定着挠性多层板的质量。在制作过程中基材会因为多次经过湿制程而吸湿,所以每个步骤结束都要进行烘干,完全排干基材中的水分。

　　挠性印制板上的线路制造工艺一般以减成法为主。最近随着挠性基板的布线密度越来越高,减成法制作的线路已经无法满足线路精细化的要求,业界逐而转向半加成线路制造工艺。同时,一些薄型挠性基板和埋嵌式挠性基板的制造工艺也逐渐投入量产应用。

　　挠性多层线路板在钻孔后,化学镀铜和电镀铜的工艺流程为:去毛刺→去钻污→清洁调整处理→水洗→粗化→水洗→预浸→活化处理→水洗→加速处理→水洗→化学镀铜→二级逆流漂洗→预浸酸→预镀铜。该流程与刚性板的化学镀铜和电镀铜工艺类似。

　　去钻污可以采用干法处理,即在真空环境下通过等离子体去除孔壁内的钻污,成本较高。采用湿法去钻污时,由于挠性印制板基材含有聚酰亚胺(PI)和丙烯酸树脂等不耐强碱的材料,不能用刚性板所使用的强碱性高锰酸钾法。电子科技大学的何为课题组使用了一种调整法,可以去除聚酰亚胺钻污,并能凹蚀掉 $5\sim13\ \mu m$ 的聚酰亚胺,使沉铜层与孔壁产生三维结合,结合力牢固,同时能够调整孔壁的带电性,提高了对活化剂的吸附量。其处理步骤为:浸去离子水→调整处理→自来水洗。

4.2.4　刚挠结合板电镀工艺

1. 刚挠结合板的结构

　　刚挠结合板(R-FPC)俗称软硬结合板,是在挠性印制板上黏结刚性外层,每块软硬结合板有一个或多个刚性板区及挠性板区,刚性层的电路与挠性层的电路通过金属化孔相互连通,具备挠性印制板(软板)与刚性印制板(硬板)两者的特性,可曲可挠,绝缘性能好,抗干扰性强,电流传输高效且稳定。刚挠结合板提供了电子组件之间一种崭新的连接方式,大大减少了连接点,结构形式较多样化,而实现的工艺形式稍有变通,可极大地提高产品的性能,在很大程度上满足了电子产品质量轻、体积小、厚度薄的发展要求。

　　刚挠结合板根据挠曲程度不同,可分为反复弯曲型、静态弯曲型和半弯曲型。根据刚性区和挠性区的不同分布,可分为对称型、非对称型、书本型、飞尾型和屏蔽型。根据制造方法的不同,可分为镀铜孔型和积层型。

　　典型的 4 层刚挠结合印刷电路板有一个挠性聚酰亚胺核,它的上、下两面都覆着铜箔。外部刚性层由单面的玻璃纤维环氧树脂覆铜板组成,它们被层压入挠性核的两面,组装成多层的 PCB。

　　某种 6 层非对称刚挠结合板是外层为挠性层,2～6 层为刚性层的结构,线宽间距为 0.1 mm,并且在刚性区和刚挠结合区有大量埋盲孔。1 层为压延聚酰亚胺(PI)单面覆铜板,2、5、6 层为一面棕化的铜箔,3、4 层板为玻璃纤维环氧树脂双面覆铜板。

　　某种 18 层刚挠结合板采用了 5R+6F+7R(5 层刚性板+6 层挠性板+7 层刚性板)结构,尺寸较大,为 200.3 mm×700.0 mm,属于书本式刚挠结合板,内层含有 6 层 FPC(即 3 张挠性芯板)。

2. 刚挠结合板的制造工艺流程

　　刚挠结合板基本制造工艺流程首先包括 3 个平行的工序,分别对软板、硬板和高聚物聚丙烯(PP)开料加工,然后再通过压板工序将刚性部分和挠性部分结合为一体,再进行后续加工。

　　①软板开料→钻工具孔→内层线路→自动光学检测(AOI)→表面处理→压 PI 板→棕化。

②PP 开料→钻工具孔→开窗铣腔(Cavtiy)。

③硬板开料→钻工具孔→内层线路→自动光学检测(AOI)→开窗铣腔(Cavtiy)→棕化。

④①+②+③→预排→压板→X 射线→机械钻孔→面孔电沉积铜→全板电镀→图形转移(ODF)负片→负片刻蚀→自动光学检测(AOI)→阻焊→镀金→丝网印刷文字→成型→测试→终检(FQC)。

有研究人员发现,由于刚挠结合板中挠性板的材料构成和刚性板基材玻璃纤维布的成分不同,钻孔后有些残渣很容易附着甚至覆盖到孔的内壁,导致刚挠结合处孔壁较粗糙。因此,刚挠结合板在钻孔时应注意叠板数、钻速和进给速度等问题,以减少残渣。为了达到更好的刚挠结合板去钻污效果,目前采用等离子清洗方法的较多,但加工费用昂贵。等离子去钻污可以看作是高度活化状态的等离子气体与孔壁的丙烯酸、聚酰亚胺、环氧树脂和玻璃纤维发生气固化学反应,同时生成的气体产物和部分未发生反应的离子被抽气泵排出,是一个动态的复杂的物理化学过程。气体比例、流量、射频功率、真空度和处理时间是影响等离子体处理效果的主要参数。气体比例是决定生成等离子体活性的重要参数。低的射频功率导致反应速度很慢,而高的射频功率使气体电离度提高,提高了反应速度,但同时也产生大量的热量,从而增加了间歇式反应的次数。系统气体压力较低时,等离子体放电不均匀,但粒子的平均自由程加大,可增加粒子进入小孔的能力。而系统气体压力较高时,粒子的渗透能力降低,且产生大量辉光。有研究人员对 6 层非对称型刚挠结合板进行处理时,导入了 O_2 和 CF_4 气体,流量分别为 800 mL·min^{-1} 和 300 mL·min^{-1},射频功率为 1 200 W,温度为 110 ℃,时间为 8 min。也有研究人员采用传统的除钻污工艺,膨松时间为 2 min,除钻污时间为 7 min,同样达到了除钻污的目的。但参数设置要适中,否则容易导致除钻污过度,导致成品绝缘不良。

全板电镀的流程可以细分为整孔→除油→微蚀→预浸→活化→加速→化学沉铜→电沉积铜。刚挠印制板全板电镀化学沉积铜的工艺参数见表 4.11。有研究表明,采用电流密度为 1.5 A·dm^{-2},时间为 90 min 时,孔内铜平均厚度为 0.024 mm,板面铜平均厚度为 0.038 mm。

表 4.11　刚挠印制板全板电镀化学沉积铜的工艺参数

参数	整孔	除油	微蚀	预浸	活化	加速	化学沉铜	电镀铜
温度/℃	75	75	45	45	45	25	28	30
时间/min	8	4	1	2	7	6	30	45~90
电流密度/(A·dm^{-2})								1.5

镀金工艺若放在丝网印刷文字之后,由于挠性区 PI 覆盖膜比较光滑,与文字油墨的结合力差,镀金液会导致挠性区文字油墨脱落,故先进行镀金,再印文字。

4.3　集成电路互连线电镀技术

4.3.1　互连线电镀原理

1. 芯片的制造过程

芯片是集成电路(Integrated Circuit,IC)的载体,由晶圆分割而成。"芯片"和"集成电路"这两个词经常混着使用,实际上,这两个词有联系,也有区别。集成电路更着重电路的设计和布局布线,芯片更强调电路的集成、生产和封装。狭义的集成电路,是强调电路本身。而广义的集成电路,当涉及行业(区别于其他行业)时,也可以包含芯片相关的各种含义,如芯片行业、集成电路行业、IC 行业往往是一个意思。当今半导体工业大多数应用的是基于硅的集成电路。

芯片是由石英砂石矿经过冶炼、切割、光刻等复杂工序生产出来的,其生产过程如下:

普通硅砂冶炼→分子拉晶提纯→晶柱切割→晶圆光刻和离子注入→电路互连→电气性能测试→管芯切割→芯片封装。

普通的砂子中约有 25%(质量分数)的硅,主要以二氧化硅的形态存在。这些硅经过冶炼和提纯,采用旋转拉伸的方式制成一个圆柱形的单晶硅锭。然后,用钻石刀将硅锭横向切成圆片,经过抛光便制成了晶圆,也就是芯片的基板。晶圆直径越大,切割时浪费的部分就越少,而且每颗芯片的单价越低。英特尔(Intel)公司之前普遍使用的是 300 mm 的晶圆,从 2012 年开始与荷兰阿斯麦(ASML)公司合作加速研发 450 mm 晶圆技术。切割好的晶圆片经过适当清洗,再在其表面进行氧化及化学气相沉积二氧化硅薄膜,然后进行光刻。在晶圆上旋涂光刻胶,用紫外线透过掩膜照射硅晶圆,在光刻胶层上形成微处理器的每层电路图案。被曝光的光刻胶溶解后,把暴露出来的氧化层蚀刻掉,露出硅层,得到一个准备(进行)离子注入的硅片。上述光刻步骤会反复在硅片上进行,加入一个二氧化硅层,然后光刻一次,与下一步的离子注入步骤一起,用于制造晶体管。一块晶圆片上可同时制造出几百个芯片,每个芯片包含了数亿个晶体管,这些晶体管是通过离子注入的方法,在硅圆片上注入 n 型或 p 型物质制作而成的。晶体管通过沟槽中的铜线进行互连,2015 年 Intel 公司生产的最新型芯片的铜线的线宽已经缩小为 14 nm。如图 4.7 所示,制作完成后的芯片是一个由硅片、晶体管和互连线组成的多层立体架构,可能包含 20 多层复杂的电路。

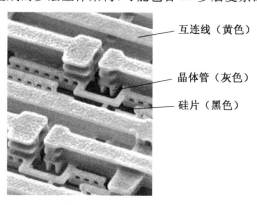

图 4.7　芯片三维结构图

经过针测实验测试电气性能后,在晶圆上制作出的一块块方形的芯片被切割成单个的芯片,称为管芯(DIE),也称为裸芯片。裸芯片上只有用于封装的压焊点,是不能直接应用于实际电路当中的。而且裸芯片极易受外部环境的温度、杂质和物理作用力的影响,很容易遭到破坏,所以必须封入一个密闭空间内,引出相应的引脚,提供管芯和电路板通讯所必需的电连接,才能作为一个基本的元器件使用。

2. 集成电路互连线的电镀原理

芯片中晶体管间的互连技术一直是集成电路制造工艺中的核心。随着集成电路芯片中器件特征尺寸的不断缩小,芯片中互连线的宽度在 130 nm 以下时,RC 延迟(R 为芯片中用于连接各个功能点的互连线的电阻,C 为基板的电容)成为影响半导体芯片速率的主要因素。

解决 RC 信号延迟有 3 种方法:

①改进和完善集成电路设计方案,尽量减少连接导线的长度,从而降低导线电阻。

②使用低电阻率的基材,即低阶电常数材料以降低基材的电容。

③使用铜线(电阻率为 $1.68\ \Omega\cdot cm$)代替铝线(电阻率为 $2.78\ \Omega\cdot cm$),以降低导线电阻,同时铜具有非常好的抗电子迁移性能,有利于提高芯片的可靠性。

1995 年,IBM 率先提出用铜线代替铝线作为半导体集成电路的互连线方案,并于 1998 年推出第一个用铜互连大马士革工艺制作的新一代半导体芯片。从此,在大多数的主要芯片制造中铝互连工艺被铜互连工艺取代。

铜互连工艺可采用物理气相沉积、化学气相沉积、原子层沉积、化学沉积及电沉积技术。各种铜互连工艺的特点见表 4.12。

表 4.12　各种铜互连工艺的特点

铜互连工艺	优点	缺点
物理气相沉积	纯度高	台阶覆盖性能差,采用回流技术也可能产生空洞
化学气相沉积	台阶覆盖性能好,沉积速率均匀	微槽/孔尺寸较小时,很可能在中央产生缝隙
原子层沉积	通常用作高介电常数介质和铜籽晶层的制备	沉积速度很慢,不用于微槽/孔的完全填充
化学沉积	可超级填充	沉积层的有机夹杂较严重,电阻率高($5\sim10\ \mu\Omega\cdot cm$)
电沉积	可超级填充,沉积层纯度高,沉积速率快,费用和工作温度低	镀层厚度不均匀

虽然在一定条件下,化学沉积和电沉积都具有所谓的"超级填充"方式,即沿着微槽/孔向下的方向沉积速率加快。但化学沉积由于电阻率高,可能用在铜种晶层的制备上,而不用于微槽/孔中铜的完全填充。与其他技术相比,电沉积技术优点多,已成为超大规模集成电路铜互连中铜沉积的主流技术。

晶圆片电镀铜有垂直电镀和水平电镀 2 种方式。垂直电镀就是让待镀表面、铜阳极板与镀液液面垂直,同时待镀表面与铜阳极板之间保持平行;水平电镀就是让待镀表面、铜阳极板与镀液液面保持水平,同样,待镀表面与铜阳极板也保持平行。

垂直电镀方式的电路分布及等效电路图如图 4.8 所示。取垂直于液面放置的晶圆上边缘、中间处和下边缘三处进行等效电路模拟。由于晶圆上有一层溅射的几十纳米厚的种晶层,其铜膜电阻不可忽略,用 R_{Cu1}、R_{Cu2} 表示。R_{s1}、R_m 和 R_{s2} 分别表示溶液电阻。假设搅拌作用下溶液均匀一致,那么 $R_{s1}=R_m=R_{s2}$。同时,由于 R_m 支路为晶圆正中间支路,$R_{Cu1}=R_{Cu2}$。理论可知,薄膜电阻比溶液电阻大,三条支路中的电流大小顺序为:$I_1>I_2>I_3$。即垂直电镀中晶圆上部的电流大,电流密度大,沉积快,厚度大;晶圆下部的电流小,电流密度小,厚度小。

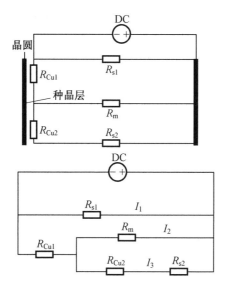

图 4.8　垂直电镀方式的电路分布及等效电路图

水平电镀方式的电路分布及等效电路图如图 4.9 所示。水平电镀时,晶圆表面铜膜的电阻同样不可忽略。搅拌作用下溶液均匀一致,溶液电阻同样存在 $R_{s1}=R_m=R_{s2}$ 的关系。由等效电路可知,

$$R_{s1}=R_{s2}<R_m+\frac{R_{Cu1}R_{Cu2}}{R_{Cu1}+R_{Cu2}}$$

可推导出:

$$I_1=I_3>I_2$$

即水平电镀时,晶圆边缘处的电流较大,电流密度也较大,沉积速度快,厚度大;而中心处的

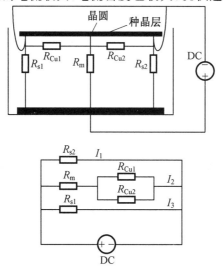

图 4.9　水平电镀方式的电路分布及等效电路图

电流小,电流密度较小,沉积速度小,厚度小。

无论是垂直电镀还是水平电镀,由于电流密度分布不均匀,晶圆与阴极导电装置接触的部位镀层厚度大,而远离接触点的位置镀层厚度小。上述理论分析结果与实际电镀结果一致。在实际生产中,目前的解决方法是在晶圆上电镀上厚度不均匀的镀层后,再通过抛光的方式打磨成厚度均匀的镀层,存在加工程序复杂和浪费原料的问题。目前,研究人员在电镀设备方面提出了一些工艺改进方案,包括弓形铜阳极、棒状铜阳极、可移动镀槽和双阳极系统。

4.3.2 大马士革铜互连线工艺

1. 大马士革铜互连线工艺流程

大马士革铜互连线工艺流程主要由开槽/孔、形成防扩散层和种子层、电化学镀铜、除多余铜4步组成。

①在二氧化硅的基材上,通过光刻形成沟槽和连接孔。

②在基板和沟槽的表面形成防扩散层和种子层。由于铜的自由电子在加热的情况下易于向二氧化硅/硅基材扩散,从而影响半导体的特性。为了阻止铜的自由电子向二氧化硅/硅扩散,需要在金属铜膜和二氧化硅膜之间加上一层防扩散层,如 TaN,TiN,WN 等。由于 TaN 防扩散层电阻率比较大,不能直接实现均匀的电化学镀铜,故需在防扩层表面形成一铜层作为导电或种子层。防扩散层和铜种子层一般采用真空溅射或物理气相沉积形成。

③在铜种子层上再电化学镀铜填充沟槽。为了避免在沟槽底部形成空洞或缝隙,可通过超级电化学镀铜来填充微细的沟槽。

④多余的铜经化学机械抛光(CMP)去除,对互连线进行平面化处理。

2. 电镀铜互连线工艺

大马士革电镀铜的阴极是镀覆了铜种子层的晶圆,在电镀前要进行除油和去氧化膜处理。可在稀硫酸中浸泡 120 s,再用去离子水清洗 3 次,每次清洗 20 s,再用高纯氮气吹干,以除去铜种子层表面的氧化膜。

所采用的镀铜液是硫酸盐体系,含有五水硫酸铜 110 g·L^{-1}、硫酸 175 g·L^{-1}、Cl$^-$ 50 mg·L^{-1} 和添加剂。Nagy 等人提出氯离子的桥架理论解释了 Cl$^-$ 的作用。当含有铜镀液中没有 Cl$^-$ 存在时,两个 Cu^{2+} 间以两个水分子当媒介传递电子,距离较远电子传送速度较慢,当有 Cl$^-$ 存在时,两个 Cu^{2+} 间可以通过一个 Cl$^-$ 相连,电子的传递会容易,而使 Cu^{2+} 容易还原成 Cu$^+$,加速铜的还原反应。添加剂有商品化的专用添加剂,加入量一般为 5~10 mL·L^{-1},还可以添加 2-四氢噻唑硫酮 10 mg·L^{-1} 和苯基聚二硫二丙烷硫酸钠 10 mg·L^{-1},以减少镀层内应力。阴极电流密度为 2~3 A·dm^{-2},温度为 20 ℃。

大马士革电镀铜工艺在孔或金属槽的底部、侧壁和上部容易出现空洞,主要因素有镀液组成、外加电场的波形、电流密度、孔和槽的形状以及铜种子层的质量。通常,侧壁和底部的空洞是由于铜种子层没有完全覆盖晶圆基体造成的。另外一种现象是电镀铜在通孔/金属槽还没有填满之前,上部已经封口,造成中间空洞。

电镀铜工艺的改进主要有两方面,一是添加其他有机物添加剂;二是采用外加电场并对电流波形进行调制。在酸性硫酸铜电镀液中加入含有催化剂和抑制剂的有机物添加剂,可以降低顶部的沉积速率,提高孔和金属槽底部的沉积速率。在正、负电极之间加脉冲波形电场或加多级直流电场,施加脉冲波形电场时,正电场时加快图形底部扩散层的置换,最终达到消除空洞的目的,负电场明显改进图形侧壁的平均沉积速率,其产生的铜离子梯度分布加快了底部的沉积速度。脉冲电场与低的正向电流相结合,可以显著改进电镀铜在孔颈部位的夹断现象,从而减小中间空洞。

铜电镀层的质量对后续工序影响很大,片间、片内、芯片内非均匀性容易造成后续的化学机械抛光工艺缺陷,在图形低密度区域会发生凹陷,而在图形高密度区域易发生侵蚀。一般采用铜膜厚总偏差来控制铜电镀层的质量。

3. 超级化学镀铜互连线工艺

随着半导体技术的飞速发展,铜互连线的宽度变得越来越窄,传统电镀填充变得比较困难,而超级化学镀填充能够实现微孔或微沟槽的完美填充。

化学镀铜理论上能够实现均匀化学铜沉积,然而受沟槽或微孔中各种氧化剂和还原剂浓度以及 pH 的影响,实际填充过程中往往会出现缝隙、空洞等缺陷。当金属铜在沟槽或微孔口部附近的沉积速率大于其在沟槽或微孔底部的沉积速率时,金属铜镀层会封口而形成空洞。当金属铜在沟槽或微孔底部和沟槽外的沉积速率比较均匀时,则会在道沟或微孔中间形成缝隙,这称为均匀填充。只有当金属铜在沟槽或微孔底部的沉积速率大于其在沟槽或微孔表面的沉积速率时,才能将沟槽或微孔填充满,避免产生缝隙和空洞,实现无缺陷填充,这称为超级填充,是最理想的填充方式。实现超级化学镀铜的关键是在化学镀铜溶液中选择合适的添加剂,即加速剂和/或抑制剂。从理论上来说,超级化学镀铜技术不仅可以解决宽度小于 70 nm 的铜互连线的微孔或沟槽的填充问题,而且,也可以完全填充深径比达到 10 以上的三维封装贯通导线。

化学镀铜前,镀覆了铜种子层的晶圆在 1 mol·L^{-1} H$_2$SO$_4$ 中清洗 5 min,可以施加超声波以提高去除铜种子层表面的氧化层的效果,然后用去离子水清洗 2～3 次,除去残留的 H$_2$SO$_4$。将经过上述前处理后的晶圆置于化学镀铜液中进行填充处理。化学镀铜液中含有五水硫酸铜 10 g·L^{-1},乙二胺四乙酸二钠 30 g·L^{-1},甲醛(质量分数为 37%)3 mL·L^{-1},以及适量的添加剂。施镀温度为 70 ℃,pH 为 12.5。

添加剂的选择有两种方案,一种方案选择单一添加剂,这类添加剂起抑制剂的作用,相对分子质量较大、扩散系数小、能在微孔口部和底部形成浓度梯度,使铜离子自微孔或沟槽口部到底部的浓度逐渐降低,从而控制铜的化学沉积的速率;另一种方案是选择含有加速剂和抑制剂的复合添加剂,加速剂的相对分子质量小、扩散系数较大,抑制剂的相对分子质量较大、扩散系数较小,二者之间具有协同抑制作用,一方面抑制剂起抑制沟槽或微孔表面的沉积速率的作用,同时加速剂和抑制剂起协同抑制沟槽或微孔内部沉积速率的作用,从而实现超级化学镀铜的完美填充。

4.4　引线框架电镀技术

IC 是集成电路板、二极管、三极管以及特殊电子元件等半导体元件产品的统称。引线框架的主要功能是为 IC 芯片提供机械支撑载体,并作为导电介质连接 IC 外部电路,传送电信号,以及与封装材料一起,向外散发芯片工作时产生的热量,是 IC 的关键零部件。为了保证引线框架与 IC 芯片及金丝间的可焊性及 IC 器件的电参数性能,提高内引线金丝键合性,需要对引线框架的有效区域进行镀银等电镀处理。由于引线针脚非常细小,不适合进行单件电镀。普遍采用的方法是将引线针脚在成卷的带材上冲制成型后,整卷进行电镀,即采用了线材连续电镀技术,或者裁切为片式,采用钢带夹持传送方式进行连续电镀。

4.4.1　线材电镀原理

1. 线材电镀方式

线材的特点是细而长,若在普通的镀槽内只能成卷成卷地电镀,但是由于各个线圈之间的重叠和交叉,这种电镀方式不能将线材完整均匀地镀上镀层。若将线材完全展开进行电镀,则需要少则十几米,多达数千米的镀槽,这在实际生产中是不可能实现的。为了解决线材电镀的问题,开发出了线材连续电镀技术,让线材在运动中通过镀槽,镀覆完成后在收线机上收成线卷,这样可以用不长的镀槽对很长的线材进行电镀加工。钢线材一般电镀铜,铜线材一般电镀金或电镀银。

(1)直线式

线材通过镀槽是直线运行的,根据线材的入槽方式又可分为直入式和导入式两种。常见的线材电镀多采用多头多槽的直入式,让多根线材直线依次通过不同镀槽,完成整个工艺流程。

(2)螺旋式

线材通过镀槽是螺旋式运行的,其优点是驱动点多,线张力极小,电镀槽空间利用率高,无需很长的生产线。但是螺旋式只能单线工作,且由于传动件在电解液中运动,使设备可靠性下降,仅适用于工序、品种较少的生产规模。

(3)往复式

线材在同一个镀槽的电轮上往复行走多次,相当于延长了镀槽的长度。由于线材在输送过程中反复弯曲-拉直-弯曲,牵引和弯曲力均由线材在驱动轮上作 $180°$ 的摩擦进行传递,所以线材始终处于高应力状态下,只适用于较小线径的线材电镀。另外,往复式线材电镀的一次电流分布也不合理,很难保证镀层的同心度。因此,除一些特殊场合外,通常不采用这种方式。

2. 影响线材电镀效率的因素

电镀层厚度达到一定标准时,才能具有相应的防护性能和其他物理性能。线材电镀采用连续电镀加工装置,电镀时间、电流密度和电流效率是决定电镀层厚度的主要因素,对线材的电镀效率影响很大。

(1)电镀时间

在电流效率和电流密度为定值时,影响镀层厚度的主要因素是电镀时间。当线材高速运动时,要保证有足够的电镀时间,就必须有足够长的电镀槽。在实际生产中,要根据场地限制来确定走线速度。以低碳钢丝材镀锌为例,其实际走线速度为 $7 \sim 12 \ \mathrm{m \cdot min^{-1}}$,远低于收线机能达到的 $200 \ \mathrm{m \cdot min^{-1}}$ 的速度。靠延长电镀槽长度来提高电镀层厚度是不可取的,因为这样会占用更多的厂房面积,耗费更多的设备投资。

（2）电流密度

当收线速度和镀槽长度一定时,提高电流密度是增加镀层厚度的有效方法。目前线材电镀加工的电流密度都比常规电镀的高。但是,由于电镀工艺本身的限制,每种镀液的工作电流密度范围是一定的,并不能无限制地提高电流密度。较大的电流密度容易引起阳极钝化和镀液温度升高加快。阳极钝化会导致槽压升高,当电量不变时,实际电流密度下降,达不到提高电镀速度的目的。镀液温度超过工艺规范时,也无法得到合格的镀层。

（3）电流效率

高速电镀过程中,电流效率的影响比常规电镀的更大。高速电镀液通常采用简单盐镀液,必要时才加入适当的添加剂,以保证较高的电流效率。

提高线材电镀效率要从采用高速电镀工艺和改进电镀设备两个方面着手。高速电镀工艺要满足镀液组成简单稳定、电流效率高、电流密度范围宽、镀液温度上限较高等要求。为了在一定长度的镀槽内实现高速线材电镀,电镀设备要在以下几方面进行改进。

①导线截面积要足够大,使镀槽能够持续在大电流强度下工作。

②保证正确的阴、阳极比例（1∶10 以上）,确保镀液的主盐消耗能够得到及时的补充。

③在电镀槽外设置镀液储存槽,总的电镀液的体积应该是电镀槽体积的数倍,用泵向镀槽连续提供镀液,起到加强搅拌和及时补充阴极区消耗的金属离子的作用。

④镀槽要具有热交换能力,以便在镀液温度过高时进行强制冷却。

4.4.2　线材电镀工艺

1. 常规线材电镀设备

（1）线材运送动力装置

线材电镀需要有一组提供线材运动的牵引装置,通常称为收放线机。工厂中多采用以收线机为主动轮,放线机为从动轮的模式。在收线机主动轮的牵引下,放线机上待电镀的成卷线材在阴极导电辊和压线轮的导引下进入镀槽。使用一个收线轮进行工作的为单机式,使用多个收线轮让多根线材平行地在镀槽中电镀的为多头式。

（2）镀槽

线材电镀用的镀槽的纵向长度通常都很大,有的达到几十米或上百米,以保证线材在镀槽中有足够的电镀时间。但是同一个镀槽做得太长,制造和管理上都存在问题。为此,可以采用多槽串联的方式,让线材在导电辊的引导下依次通过多个镀槽,重复电镀过程。

实际的线材电镀自动生产线不只包括镀槽,还包括线材的去油、酸蚀、活化、清洗等前处理和后处理工序所需的工作槽,生产线全长可达 150 m。无须通电的工作槽中,用耐腐蚀的陶瓷或工程塑料制造的引导轮,引导线材进入槽液中。

（3）导电辊

导电辊是将线材与电源阴极相连接的装置,应具有良好的导电性和耐磨性,并与收线机的转速相同。为了保证旋转时与电源阴极的有效连接,导电辊的两端除了装有轴承外,还要有与电源相连接的类似发电机电刷式的石墨导电机构。

（4）压线轮

压线轮的作用是将线材压入镀液中完成电镀过程。压线轮要求用耐腐蚀材料制造,分半浸式和全浸式。半浸式压线轮的中轴在液面上方,方便安装和维护。

（5）镀液循环与过滤装置

线材电镀一般在较高的电流密度下工作，镀液升温非常快，主盐金属离子消耗也很快。因此，要求槽液有较大的体积。由于工作槽的容量有限，一般是在槽体下方或槽体侧面另设一个与工作槽连通的循环过滤槽，其体积是工作槽的 2～5 倍。循环过滤槽配有过滤机和热交换装置。

2. 钢铁线材电镀铜

钢铁线材电镀铜工艺流程为：线卷上放线轮架→化学除油→热水洗→水洗→阴极电解除油→阳极电解除油→热水洗→水洗→化学酸洗→水洗→水洗→氰化镀铜→热水洗→水洗→弱酸活化→酸性光亮镀铜→水洗→水洗→化学钝化或浸防变色膜→干燥→收线卷。

氰化物预镀铜的镀液组成和工艺条件如下：

氰化亚铜为 80～90 $g \cdot L^{-1}$；氰化钠为 95～105 $g \cdot L^{-1}$；氢氧化钾为 20～30 $g \cdot L^{-1}$；亚硒酸钠为 1～1.5 $g \cdot L^{-1}$；表面活性剂为 1～1.5 $g \cdot L^{-1}$；温度为 70～75 ℃；阴极电流密度为 3～5 $A \cdot dm^{-2}$；空气搅拌/连续过滤；走线速度为 7～10 $m \cdot min^{-1}$。

酸性光亮镀铜的镀液组成和工艺条件如下：

硫酸铜为 220～250 $g \cdot L^{-1}$；硫酸为 50～60 $g \cdot L^{-1}$；氯离子为 0.02～0.08 $g \cdot L^{-1}$；添加剂 0.5～2 $mL \cdot L^{-1}$；温度为 20～30 ℃；阴极电流密度为 10～30 $A \cdot dm^{-2}$；阳极：专用磷铜阳极；空气搅拌/循环过滤；走线速度为 7～10 $m \cdot min^{-1}$。

3. 铜线材电镀银

铜线材电镀银工艺流程为：线卷上放线轮架→化学除油→热水洗→水洗→阴极电解除油→热水洗→水洗→化学酸洗→水洗→水洗→预镀（浸）银→镀银→水洗→水洗→化学钝化或浸防变色膜→干燥→收线卷。

预镀银的镀液组成和工艺条件如下：

氰化银钾为 1.5 $g \cdot L^{-1}$；氰化钾为 25 $g \cdot L^{-1}$；氢氧化钾为 20 $g \cdot L^{-1}$；温度为室温；阴极电流密度为 0.1～0.5 $A \cdot dm^{-2}$。

预浸银的镀液组成和工艺条件如下：

氰化银为 5.6 $g \cdot L^{-1}$；氰化钾为 3.5 $g \cdot L^{-1}$；温度为室温。

光亮电镀银的镀液组成和工艺条件如下：

氰化银为 40 $g \cdot L^{-1}$；氰化银钾为 110 $g \cdot L^{-1}$；碳酸钾为 30 $g \cdot L^{-1}$；温度为 40 ℃；阴极电流密度为 1～4 $A \cdot dm^{-2}$；走线速度为 3～5 $m \cdot min^{-1}$。

4.4.3　引线框架电镀工艺

1. 引线框架结构

在电子封装中，实现芯片级互连的技术主要有引线键合（Wire Bonding，WB）、载带自动焊（Tape Automated Bonding，TAB）和倒装芯片焊（Flip Chip，FC）等类型。其中，引线键合技术开始应用的时间最早，具有工艺成熟、可靠性高、通用性强且成本低廉的优点，近年来随着自动化的发展，引线键合速度上也有了很大的进步，目前，集成电路和其他半导体芯片中的互连仍然有约 90% 是通过引线键合的方式实现的。

引线键合技术是用金属丝将芯片的 I/O 端（内侧引线端子）与对应的封装引脚或者基

板上布线焊区(外侧引线端子)互连,实现固相焊接的过程。图 4.10 是引线框架封装芯片的结构示意图。引线框架根据应用于不同的半导体,可以分为应用于集成电路的引线框架和应用于分立器件(主要是各种晶体管)的引线框架两大类。这两大类半导体所采用的后继封装方式各不相同,所需要的引线框架也不同,因此,通常以半导体的封装方式对引线框架进行命名。随着封装要求的提高,引线框架的结构从简单到复杂,引脚数量从低密度向高密度方向发展。

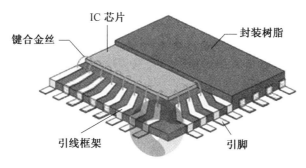

图 4.10　引线框架封装芯片的结构示意图

2. PPF 电镀工艺流程

PPF 电镀工艺中最常见的是在铜基体上依次电镀镍层、钯层和金层,形成 Cu/Ni/Pd/Au 4 层结构,通常称为预镀钯引线框架(Pd PPF)。这种结构可同时满足内引腿与金线键合以及外引腿与焊料的焊接两个焊接性能。一方面利用了 Ni 与 Au 可以形成固溶体来实现金线键合,另一方面 Cu/Ni 与 Sn 形成金属间化合物适合于焊接,作为底层可以保持可焊性,表面镀 Pd/Au 防止 Ni 氧化。

PPF 电镀工艺的特点是框架电镀一次性完成,不含有毒的铅,也没有氰化镀银步骤,减少了环境污染;可用作无铅可焊性镀层且无晶须隐患,耐热、耐蚀性好,适合可靠性要求高的产品;采用全板电镀,省去局部镀设备和塑封后电镀,简化了工艺设备,缩短了工期,提高了生产效率,综合成本低,是一种理想的无铅化技术。该工艺的不足之处在于 Ni/Pd/Au 镀层较硬,引脚弯处容易有裂痕,电镀 Pd/Au 的成本相对较高。

Pd PPF 电镀工艺一般采用卷对卷的连续生产线,工艺流程为:化学除油→电解除油→酸洗→电镀镍→电镀钯→电镀金→后处理。

该工艺对镀液中的杂质含量要求严格,不能有杂质积累和带入。镍镀层要求尽可能软,一般禁止使用添加剂。电镀层厚度分布要求均匀。需要注意的是,该工艺不适合用在 A42 型号的铁镍合金上,因为铜基体与金层的电势差为 1.364 V,而 A42 型号的铁镍合金与金层的电势差为 2.123 V,更容易被腐蚀。

3. 引线框架电镀设备

(1)卷对卷式引线框架连续电镀设备

引线框架冲制成卷式进行连续电镀时,与普通线材的连续电镀类似,所使用的设备也主要由传送装置、电镀槽、循环过滤等系统组成。与普通线材连续电镀不同的是,根据引线框架所镀区域的不同,在镀槽中采用了不同的电镀区域控制机构,具体可分为浸镀、轮镀、压板式喷镀等类型。

①卷对卷式连续全浸镀生产线。该类型的生产线适合引线框架整体电镀。电镀过程中,引线框架在镀槽中全部浸入镀液中,经过动力传送装置的导引,连续经过各道工序的工作槽,最后洗净、烘干,在收线机上得到成品。

②卷对卷式连续局部浸镀生产线。该类型的生产线适合引线框架的局部镀银或局部镀镍。与全浸镀生产线不同的是,有的工序采用液面控制系统,使镀槽中的液面保持一定的高度,只对引线框架的下半部分进行局部电镀。

③卷对卷式连续轮镀(喷镀)自动线。该类型的生产线适合引线框架的单面局部电镀。冲制为引线框架的铜带的一个面贴于喷镀轮上,另一面被掩膜压带压住,铜带随喷镀轮的转动同步移动,而镀液被泵从特定方向喷射到未被压住的铜带表面上,使其上覆盖所需的镀层,而被掩膜及喷轮压住的部分则基本没有镀层。

④卷对卷压板式喷镀自动线。该类型的生产线同样适合引线框架的单面局部电镀。从工作原理上看,压板式喷镀是间歇式喷镀与连续带镀的组合。一段引线框架被送入约80 cm长的压板喷镀模具中,并定位,然后引线框架被上、下模板压紧(模板在需要电镀的区域上有开口),同时镀液被高速喷射到表面上,十多秒达到所需镀层厚度后,停泵,松模,将镀好的引线框架前移,下一段引线框架进入喷模,然后重复前面的工序,如此周而复始,达到产品局部单面镀的目的。

(2)片式引线框架局部电镀银设备

片式引线框架局部电镀银设备整体分为上料、镀前预处理、局部镀、镀后处理、收料五大部分,主要由上料机构、循环过滤系统、直流导电系统、PLC 编程和控制系统、引线整列机构、温度控制系统、连续传输系统和气动装置等组成。

①上料机构。上料机构是一个多级齿轮传输装置,通过链条传输辊将引线框架依次送入相应的工艺槽位中。

②循环过滤系统。在各工艺工位中,各种工艺的溶液均通过循环磁力泵在工作槽与储液槽间不断循环,液体的高度能够完全浸没通过的引线框架。循环过滤系统能够除去溶液中的各种固体杂质和沉渣,避免了镀层结合力差和镀层粗糙、疏松多孔的问题。

③直流导电系统。电源阳极通过不锈钢导电机构与溶液相通,引线框架通过传输辊上的阴极导电机构与电源阴极连通。直流导电系统由整流器、阳极板条等组成。整流器一般选择高频开关电源,输出平滑的电流波形。

④局部镀银装置。经过镀前处理后的引线框架,由气缸控制水平送料机构定位送入喷镀下模具上面,使引线框架需镀区域与下模具的开口区域吻合;压板气缸将上模板压下,启动循环泵,将镀液高速喷射到引线框架表面,同时将高频开关电源通电施镀。若干秒后断电,松模,将镀好的引线框架送到镀后处理部分。

⑤PLC 编程和控制系统。控制系统采用了 PLC(专为在工业环境下应用而设计的一种数字运算操作的电子系统)控制技术。按照设备的工艺流程,PLC 控制程序通过对设备的各状态检测、输出控制指令,完成电机运行、各动作元件等的控制。

局部镀银装置的控制是设备中核心的控制部分,根据投料的种类和电镀时间系统优化后自动生成各流程所需要的时间,即使不同的工件在同时电镀时也不会产生干扰。由于高速电镀对电镀时间的要求精确,需要高速传送信号,开关元件需选用高速通断的元件。

⑥整列机构。整列机构的作用是纠正引线框架在传输过程中的走偏行为,保证整线工

作的连续性。一般在镀前处理中段及镀后处理中段均配置有一套整列机构。

4.5　电子连接器电镀

4.5.1　电子连接器电镀原理

电子连接器是传输电子信号的装置(类比信号或数位信号),可提供分离的界面用以连接两个次电子系统,是用以完成电路或电子机器等相互间电气连接的元件,也称为接插件,广泛应用于电子工业。电子连接器包括射频同轴连接器、光纤连接器、市话广播连接器、家用电器连接器、电脑连接器、网络连接器、微电子器件连接器、防爆电连接器等。生活中常见的连接器就是电源插座/插头,以及手机和电脑上的耳机插座、通用串行总线(USB)等。在宇航电子系统和日用通信终端设备追求极致轻型化的进程中,接触件中心距为 1.27 mm 的微小型连接器以及接触件中心距为 0.635 mm 的纳小型连接器被开发出来并得到应用,例如,美国 Airborn 公司制造的纳小型连接器系统已应用到了"勇气"号和"机遇"号火星探测器上。

1. 连接器的电气性能与镀层要求

连接器的电气性能主要包括接触电阻、绝缘电阻、抗电强度、电磁干扰抗漏衰减等。对于射频同轴连接器、高速信号连接器等,还有电压驻波比、特性阻抗、串扰、传输延迟等一些电气指标。

由于很多连接器实际上主要是依靠表面导电层的导通作用,基体多选用成本不高的铜、铜合金、铝合金或不锈钢,连接器的电气性能在很大程度上与电镀技术有关。例如,高质量的连接器应具有低而稳定的接触电阻,这主要是表面镀层的电阻,镀银是保证导电性的首选工艺。镀银层的防变色性能是保证电信号导通性的一个重要指标,目前比较环保的做法是在镀银后浸涂导电性防变色水溶性膜。有些要求较高的产品则采用表面镀铑的技术防银变色。

2. 连接器的力学性能与镀层要求

插拔力是连接器重要的力学性能,包括插入力和拔出力。插入力应尽量小,一般规定最大插入力,而拔出力(分离力)应尽量大,否则影响接触可靠性,一般规定最小分离力。连接器的机械寿命以循环插拔周期来评价,即以一次插入和一次拔出为一个循环,以在规定的插拔循环后连接器能否正常完成其连接功能(如接触电阻值)作为评判依据。

连接器的结构、接触部位的电镀层质量和连接器排列尺寸精度等是影响插拔力和机械寿命的主要因素,这些因素分别影响正压力、滑动摩擦系数以及对准度。通过表面处理,如电镀硬金等,可以使其具有良好的力学性能。电镀前处理和电镀过程可能会导致材料发生氢脆、镀层内应力和结晶取向改变等,会影响其力学性能。

3. 连接器的环境性能与镀层要求

连接器要具有的环境性能包括耐温、耐湿、耐腐蚀、耐振动和冲击等性能。一般认为,连接器的工作温度等于环境温度与接点温升之和。目前连接器的工作温度变化范围绝大多数为 $-65 \sim 200$ ℃。恒定湿热试验(相对湿度为 $90\% \sim 95\%$,温度为 (40 ± 20) ℃)可以测试连接器的耐湿性,试验时间不能少于 96 h。耐蚀性测试一般选用 48 h 以上的盐雾实验。耐冲击性、密封性、耐氧化性等其他环境性能也都有相应的测试方法。

尽管上述性能的测试是对整个器件进行的,但对性能影响最大的是表面的镀层。例如,连接器的耐蚀性主要是通过电镀方法来提高的。基体材料、前处理工艺和电镀工艺对连接器的耐蚀性都有很大的影响,例如,超声波清洗可以充分去除基体表面的油污,提高铝件等易腐蚀基体与镀层的结合力和耐蚀性。

4. 微小孔的电镀过程及影响因素

电子连接器的种类多种多样,外形和尺寸也不尽相同。对于尺寸较大、没有深孔的电子连接器,其电镀加工可以按普通的电子电镀工艺进行处理。而对于纳小型连接器,例如直径为 0.32 mm 弹性麻花针和孔径为 0.30 mm 刚性插孔的接触对,其插孔的电镀过程相当于高深径比的盲孔电镀。高深径比的电子连接器在电镀后常出现黑孔、孔内无镀层或者只有孔口有少量的镀层的故障,这些情况都可能造成接触不良。黑孔不一定是孔内无镀层,但孔内无镀层一般都会表现为黑孔。以微小孔镀镍/金为例,对其电镀过程及影响因素进行分析。

(1)液体进入孔内的过程

从与固体表面垂直的方向上看,液体在固体表面的流动性是按水分子的吸附层、溶液黏滞层、溶液的扩散与对流层、平流层的梯度增加的,液体的流动性也与其温度成正比。当孔径比较大的连接器浸入电镀液时,对流层的液体厚度远远大于黏滞层厚度,孔内液体具有流动性,盲孔内的气体可排出。孔径为 0.28 mm、孔深为 2.0 mm 的连接器的孔比较微小,属于毛细管盲孔,即使孔内壁是清洁且亲水的,浸润孔口内壁的水柱会黏滞在孔壁上,几乎没有流动性,对孔内气体产生闭塞作用。只有通过外力作用将毛细管孔的液体自闭塞状态破坏后,液体才可进入孔内至孔底。孔内比表面大,液体分子对内表面润湿后,固/气表面自由能和液/气表面自由能释放,孔底的液体处于低能态,需要高能量使孔内的镀液或清洗液得到更新,例如使用振动电镀设备或利用超声波空化作用等。

(2)金属离子在孔内的扩散

在微小孔内镀液完全填充,以及孔内表面清洁的状态下,孔内镀层的覆盖能力随孔深度呈二阶反比降低,与孔径呈正比,这与孔内镀液的导电能力和离子扩散能力是相关的。由于孔内的镀层沉积与电镀时孔内欧姆电阻 E 呈反比,深孔的电镀难度系数 D 与 E 则呈正比,孔内的镀层厚度随孔深增加而快速降低。

$$E = JL^2/(2Kd) \tag{4.15}$$

$$D = L^2/d \tag{4.16}$$

式中　　J——阴极电流密度;

　　　　L——镀覆孔的深度;

　　　　K——镀液的电导率;

　　　　d——孔直径。

由式(4.16)可估算出直径 0.28 mm、深 2.0 mm 的小孔的电镀难度系数与直径 1.0 mm、深 3.8 mm 的小孔相当,但实际上因为溶液在微小孔壁表面的黏滞作用更加突出,前者的电镀比后者难得多,根据经验,实际上与直径 1.0 mm、深 10 mm 的小孔的难度系数相当。

（3）金属离子在孔内的沉积

若在孔内壁和孔底没有全面镀上具有反光能力的镍和金层，那么进入孔内的光线多数被散射或被吸光物质吸收，从外观上看，就产生了黑孔现象。吸光物质包括但不限于金属氧化物、油脂、碳化物、非金属晶体状的金属沉积层及其混合物。金属离子在孔内的沉积过程受到孔内基体、孔内杂质、镀液交换能力、镀液杂质以及打底镍层等因素的影响。

基体表面粗糙度过高时，电镀镍时的析氢过电位降低，析氢反应所占比例加大，而镍的沉积则需要更高的过电势。由于微小孔的孔底呈电场屏蔽状态，在正常电流密度情况下不可能提供足够高的阴极过电势，孔底不能沉积镍层，就会出现黑孔现象。

微小孔的内表面吸附金属氧化物、油腻、碳化物等杂质时，会阻碍了金属离子放电，使镍和金的沉积同样需要在更高的阴极极化下才能进行，导致孔内表面沉积不全面、不均匀。

电镀过程中如果存在毛细孔闭塞效应，或者电镀液不能充分交换到孔底，则孔内金属离子浓度会逐渐降低，导致严重的浓差极化，也不能在孔内，特别是孔底，全面而均匀地沉积出光亮的镀层。

镀镍溶液中含有锌、铜等杂质金属离子时，低电流密度区的镀层为镍与锌、铜杂质的共沉积，金属结晶取向杂乱，镀层就会变暗，甚至变黑，且机械性能降低。在这样不合格的镀镍层上继续镀金，金层也没有光泽，表现为黑孔。而当镀镍液中重金属离子杂质含量过高时，镀层表现出大的张应力，与铜基体的结合力明显降低。

镀金溶液中重金属含量过高或者 pH 过高、光亮剂过少等情况下，镀金层光泽降低，结晶粗糙，容易吸附有机物质，反光能力大幅度降低，也会出现黑孔现象。

4.5.2　连接器电镀技术

从连接器的功能性、装饰性、配套性和成本等方面进行综合考虑，连接器的导体部分一般选择镀银、镀金或代银镀层等工艺，而外壳通常选择镀锌、镀镉或镀镍等工艺。连接器形状为带料时，可以采用与线材电镀相同的高速电镀工艺，若为散件接触体，要选择滚镀、挂镀、振动镀等工艺。

1. 常用的连接器电镀工艺

（1）电子开关接插件滚镀银

电子开关接插件通常都是比较小的铜制零件，一般选用滚镀法进行镀银处理，提高其导电性、导热性及焊接性。要求镀银层表面光洁、白亮，无露底、毛刺、发黄等不良现象，与铜基体结合力良好，厚度、防腐蚀变色性能、电接触性能等满足产品的工艺性能要求。

滚镀银的工艺流程为：化学除油→清洗→滚光除油→清洗→酸洗→预镀银→光亮镀银→回收→清洗→浸保护剂→清洗→热水洗→离心甩干→烘干→检验→包装→出厂。

①除油。小零件在化学除油时容易发生层叠而影响除油效果，所以增加滚光除油步骤，使除油进行得更加彻底。

②酸洗。酸洗可以使用改良的无烟酸洗液。用硝酸钠代替传统酸洗液中的硝酸，并加入具有整平缓蚀作用的添加剂，抑制酸洗过程中含氮氧化物的酸雾的产生，减少铜件的过腐蚀现象，使酸洗后的零件表面光亮、均匀。

③预镀银。预镀银可以避免铜零件与光亮镀银液接触时发生置换反应并产生结合力不牢的疏松镀层。除了使用低银离子浓度的预镀银镀液外，在实际生产中也可以将处理过的

光亮镀银回收液用作预镀液。

光亮镀银回收液的处理工艺为:将回收液搅拌加热至 50 ℃后,加入 4 g·L^{-1}的活性炭搅拌 2 h,继续加热至 60 ℃并搅拌 2 h,冷却,静置过夜(不少于 8 h)后过滤,分析过滤液并将其调整至预镀液的标准。

④光亮镀银。氰化镀银液的主要成分为硝酸银和氰化钾。当银含量过高时,镀层粗糙,色泽发黄甚至为橘皮状;过低时,沉积速率慢,效率低。由于银盐价格比较贵,为了降低成本,在生产实践中常通过降低镀液中银离子浓度的方法来减少镀液的带出损失。氰化钾是银的主要配位剂,其主要作用是稳定镀液,使镀层均匀细致,促进阳极溶解,提高镀液导电性。氰化钾含量过高时,沉积速率慢;过低时,镀层粗糙,结合力不好。镀液中还需要加入主光亮剂和辅助光亮剂。对于电子开关接插件滚镀银工艺,当硝酸银质量浓度为 12～20 g·L^{-1},氰化钾质量浓度为 40～80 g·L^{-1},温度为 5～10 ℃时,可得到满足要求的镀层。

⑤浸保护剂。银在含硫的环境中很容易变色,发黄、发黑。为提高镀层的抗变色能力和抗蚀性能,零件镀银后要在保护剂溶液中进行后处理。

(2)连接器端子连续局部电镀金

连接器端子与引线框架的加工方法类似,可以冲制成带式,采用连续电镀的方法进行表面处理。镀金层具有瑰丽的金黄色外观和良好的导电性,其化学性质稳定、抗变色、耐腐蚀性、耐磨及可焊性等均优于镀银层,常用于对可靠性要求较高的电子连接器端子上。由于金价昂贵,镀金通常都采用局部电镀工艺,以降低成本。

电镀金的工艺流程为:除油→清洗→活化→清洗→中和→清洗→预镀铜→清洗→活化→镀中间层→清洗→电镀金→清洗→后处理。

①前处理。基材表面的光亮致密性影响镀金层的光亮程度。在前处理工序中,单独使用酸蚀活化工艺处理的效果较差。为了提高端子的基材表面质量,可以使用抛光以及预镀处理。化学抛光或电解抛光可以提高端子基材的表面光亮度,并有去毛刺等功能。预镀镍、碱性镀铜和光亮酸性镀铜工艺可提高基材表面的光亮致密性。

②镀中间层。有的电镀金工艺是在预镀铜层和镀金层之间电镀一层镍作为中间层。由于镀镍中间阻挡层仅有 1 μm 左右,镍层薄,孔隙多,而且纯度差,不能防止铜元素扩散迁移到镀金层表面,导致镀金层存在抗变色能力差等诸多质量问题。

使用组合中间阻挡层技术可以提高带料端子产品的镀金技术质量并减薄金层厚度。在镀金的单一镀镍中间阻挡层上,镀高温镍－磷合金层,其耐蚀性可提高一倍;加镀锡－镍合金层,可耐硝酸浸泡时间数小时;再加镀一层新型的酸性钯或钯－镍合金层(钯的质量分数为 75%～80%),可降低金层厚度又能提高耐盐雾试验和耐磨性能。

根据铜合金带料端子产品技术要求和基材的不同,可以选用不同的镀金中间阻挡层组合:

a. 中间层全镀半光亮镍或光亮镍,然后全镀金或功能端局部镀金。

b. 中间层镀半光亮镍,再镀高温镍－磷合金,然后功能端局部镀金。

c. 中间层全镀半光亮镍,功能端局部镀钯－镍合金,然后再局部镀金。

黑色金属基材端子零件因耐蚀性及可靠性佳,越来越多用在手机、通信等特殊领域中,电镀金层可以增加其导电性能、减小接触电阻、提高可焊性。黑色金属基材端子在电镀金层

前,必须先预镀氯化物镍层或氰化镀铜,不锈钢除镀氨基磺酸镍层外,有的还需酸性光亮镀铜后再镀氨基磺酸镍层。组合工艺有:

a. 黑色金属端子全预镀镍,然后只镀镍层。

b. 黑色金属(不锈钢)基材端子全预镀镍,再镀镍,然后全镀金或局部镀金。

c. 黑色金属(不锈钢)基材端子全预镀镍,再镀铜,再镀镍,然后全镀金或局部镀金层。

③电镀金。在镀金液中添加镍、钴、锑等的金属盐可以提高镀金层硬度。连续电镀所采用的微酸性柠檬酸体系高速电镀工艺如下:

金盐质量浓度为 $8\sim16$ g·L^{-1},钴盐质量浓度为 $0.7\sim1.2$ g·L^{-1},配位剂质量浓度为 $20\sim45$ g·L^{-1},添加剂质量浓度为 $0.4\sim0.6$ g·L^{-1},pH 为 $4.2\sim4.9$,温度为 $30\sim60$ ℃,阴极电流密度为 $10\sim50$ A·dm^{-2},阳极为镀铂的钛板。

在镀液中加入防金置换添加剂可以减少金在基材金属、镀槽及其他设备上的沉积。加入封孔添加剂可以对沉积出的金层表面孔隙有填充吸附作用,提高金层的抗蚀性能,减少镀金工序后对镀金层的水溶剂和有机油剂的封孔抗变色处理,适合镀金层为 0.8 μm 以下的端子零件孔隙封闭的生产。

电镀金常见问题包括:金镀层颜色不正常,原因是杂质影响、电流密度过大、pH 过高、镀液老化、合金元素含量变化等;孔内无镀层,原因是镀件互相对插、镀件首尾相接、盲孔过深、阳极面积小等;镀层结合力差,原因是除油不彻底、活化不足、镀液浓度偏低(镀镍或预镀金时)、电流密度过大或过小等;金镀层抗变色能力差,原因是结构设计不合理、基体材料化学成分不合要求、机械加工精度不够、镀前处理不当、中间层不当、镀金液被污染、镀后处理不当;金镀层可焊性差,原因是镀层纯度差、焊线孔内金镀层质量差、镀后清洗不净、装配时镀层污损等。

(3)N 型连接器电镀 $Cu-Sn-Zn$ 三元合金代银镀层

由于镀银成本较高,且在外装时防变色性能差,外装的 N 型连接器多采用 $Cu-Sn-Zn$ 三元合金代银镀层,镀层中 Sn 含量(质量分数)为 $15\%\sim20\%$,Zn 含量(质量分数)为 $10\%\sim15\%$。镀液组成和工艺条件如下:

氰化亚铜质量浓度为 $8\sim10$ g·L^{-1},锡酸钠质量浓度为 40 g·L^{-1},氰化钠(总)质量浓度为 $20\sim24$ g·L^{-1},氧化锌质量浓度为 $1\sim2$ g·L^{-1},氢氧化钠质量浓度为 $8\sim10$ g·L^{-1},温度为 $55\sim60$ ℃,阴极电流密度为 $0.5\sim2$ A·dm^{-2},时间为 $30\sim90$ s。

该工艺所得的镀层只在较薄时才有光亮性,因此对基体或打底镀层的光亮性要求较高。

(4)电镀 $Ni-Pd$ 合金代金镀层

电镀 $Ni-Pd$ 合金(质量分数比为 80%∶20%)的成本较电镀硬金低,而且镀层性能可与电镀硬金相接近。低氨高速电镀 $Ni-Pd$ 合金的镀液组成和工艺条件如下:

钯盐质量浓度为 $15\sim35$ g·L^{-1},镍盐质量浓度为 $6\sim15$ g·L^{-1},温度为 $50\sim70$ ℃,pH 为 $7.0\sim7.5$(用 NaOH 溶液调整),J_k 为 $5\sim60$ A·dm^{-2},游离氨<10 g·L^{-1},沉积速率为 15 μm·min^{-1}。

Pd^{2+} 和 Ni^{2+} 的还原电势有显著差异,使用氨作为配位剂,在适当的 pH 范围内($7\sim9$),通过调整金属离子的浓度可以达到理想的合金成分。

2. 振动电镀

振动电镀是将零件置于振筛中,靠电机带动振筛剧烈振动,从而起到搅拌镀液的一种电镀方式。振动电镀的优点是所获得的镀层致密性和光洁度提高,镀液覆盖能力增强。振动电镀适用于带有盲孔、深孔的小孔接触体。这项技术自 20 世纪 80 年代末期被引进国内后,经过 20 多年的发展,目前已在电子连接器电镀行业中大量运用,应用范围从单一镀金扩展到多个镀种,其设备由初期的单机电镀类型发展到一线多机电镀类型,并进一步发展到近几年的在一条电镀生产线上可实现滚镀、挂镀、振动镀的通用电镀类型。

(1)振动电镀的分类

根据振荡器形式可将振动电镀设备分为弹性连杆式振镀机、液压式振镀机、电磁式振镀机及惯性式振镀机等几种。根据工作槽数量可将振动电镀设备分为单机振镀机和振镀生产线两种形式。常见的单机振镀机有可自动更换溶液的电磁式单机振镀机、振杆式振镀机及微型悬挂式振镀机等。生产中应用较多的振镀生产线由振荡器在振筛上方和振荡器在振筛下方两种形式,分为单机生产线、多机生产线和滚镀振镀混合生产线。

振荡器在振筛上方的单机生产线电镀时,振镀机头(振荡器与振筛的组合体)依次经过生产线各工序的工作槽,可由滚镀生产线改造而成,投资较少。但该类型生产线用作多镀种电镀时生产量较低,一般作为小型生产线用于工艺试验或少量样品电镀使用。

振荡器在振筛下方的单机生产线与全自动波轮洗衣机类似,零件的电镀、清洗以及其他处理工序都在一个槽子里进行。电镀时各工序的溶液由压缩空气从储液槽推动至工作槽,工作完毕溶液由虹吸管回流至各自的储液槽。这种生产线占地面积小,自动化程度较高,可一人管理多台设备,但一次性投入成本较高,设备出故障时易出现交叉污染现象。

多机生产线如果使用的是振荡器在振筛上方的多个振动机头时,第一台振动机头完毕一个工序后,第二台、第三台可依次接着进行这道工序。由于行车需要带动整个振动机头移动,振筛的直径及镀件装载质量受到限制,生产效率稍低。但该类型的振筛出槽时可以继续维持振动,溶液带出损失较低,工序间清洗比较彻底。

多机生产线如果采用的是振荡器在振筛下方的形式,则每道工序的工作槽下面都装有振荡器,可由吊车带动多个振筛同时进行多道工序的工作。由于振动源动力较大,且行车只需带动振筛移动,可以使用直径为 500 mm 类型的大振筛电镀,镀件装载质量大,镀细长镀件时出现镀层质量问题的发生率较低,电镀生产效率较高。

滚镀振镀混合生产线是多机振镀线和滚镀线的组合,可以将原有滚镀生产线经过适当改造增加一个或几个振动机头来完成,是小型镀件散件电镀较实用的电镀设备。对于小孔、深孔镀件可以采用振动镀方式来保证孔内镀层质量;对于带有尖锐棱角或形状细长镀件可以采用滚镀方式,以避免棱角镀层损伤和细长镀件两头与中间出现明显厚度差异。

(2)振动电镀的工艺条件

振动电镀工艺与普通电镀无区别,只要根据所加工零件的特点,选择合适的工艺条件即可,包括振动频率和振幅参数的设定。

对于振动电镀,需要注意以下几个方面:

①选择振动电镀方式时,最好选择振幅和振动频率能分开调节的振动装置。当溶液密度不同时,更要注意振幅的调整。

②选择镀件翻动混合效果较好的振筛,如带有镀件分流板的振筛(图 4.12),比平底的振筛镀件的翻动效果要好一些。

③镀件的装载量以振动时镀件能覆盖住振筛最上面一颗导电钉为装载质量下限,以不

振动时盖住振筛最上面一颗导电钉上面的镀件厚度不超过大约 10 cm 为装载质量上限。避免装载量过大引起的镀层厚度不均匀，以及装载量过小引起的镀层结合力不牢的问题。

④使用同一个镀槽时，尽可能选择直径小一点的振筛，使装载量较低，这样，阳极面积和镀槽容积相对较大，镀液的深镀能力和分散能力较好。若配置换向脉冲电镀电源，电镀效果较佳，注意其他工艺参数要做出相应调整。

⑤镀件会在振筛内互相挤压摩擦最终产生类似振光的效果，对于复杂的镀件和带有台阶的镀件在镀后会出现表面镀层亮度不均匀现象。采用振镀方式电镀锡和电镀银这类软镀层时，其电镀工艺应选择光亮电镀工艺，如果不需要光亮镀层，那么就只能改为滚镀方式。

⑥设定烘干时间时，要留有 5 min 的吹冷风时间，以保证烘干的镀件冷却。

图 4.12　带有镀件分流板的振筛

4.6　微波器件的电镀

微波是无线电波的一种，其特征是频率高、波长短，具有良好的定向性和远程传递特性。微波是指波长为 1 m～1 mm 的无线电波，微波有时也特指 1 m～10 cm 的无线电波。微波通信的特点是频带宽、容量大，适于各种电信业务的传送，具有良好的抗灾性能。但是，微波易受干扰，同一微波电路上不能使用相同频率于同一方向。而且，微波传输为直线传播，在传输方向上不能有高楼等障碍物。由于地球曲面的影响以及空间传输的损耗，一般每隔 50 km 左右，就需要设置中继站，将电波放大而转发。这种通信方式也称为微波中继通信或微波接力通信。微波站设备包括天线、反馈系统、收发信机、调制器、功放器、多路复用设备、电源设备和自动控制设备等。微波通信系统中，最重要的是各种接收和传送微波的电子器件，其中相当一部分采用的是各种形状的空心金属管或腔制成的连接器，统称为波导。此外，还有腔体、盖板、安装板、谐振器、同轴连接线等微波器件。这些微波器件需要覆镀功能性镀层，是微波器件制造中重要的工艺过程。

4.6.1　波导的电镀原理

1. 波导的趋肤效应

电工学中电流通过能力与导体截面积正比相关，电压不变时，电线都是越粗越好。但是，微波传送不同于电流的传输，微波是沿波导的表面及其附近空间传送的，因此波导材料及其表面处理都有一定的特殊性。

微波在波导中的传输遵循趋肤效应,即导体中由微波诱导产生的电流都集中在导体的表面的现象。

微波场对导体的穿透程度可用趋肤深度(δ,单位 m)来表示,即

$$\delta = \sqrt{\frac{2}{\omega\mu_0\sigma}} = \frac{1}{K} \qquad (4.17)$$

式中　ω——微波场振动的角频率,rad·s^{-1};

　　　σ——金属的电导率,S·m^{-1};

　　　μ_0——真空中的磁导率,$\mu_0 = 4\pi \times 10^{-7}$ H·m^{-1};

　　　K——衰减系数。

由此可知,影响微波传输时趋肤深度的主要因素是微波的频率和金属的电导率,并且频率越高,金属的电导率越大,其趋肤的深度就越小。在理想的导体中,电导率 $\sigma \to \infty$,衰减系数 K 是无限增长的,这时微波不通过导体的深处,微波由材料表面衰减至表面值 $1/K$ 处的深度就是趋肤深度。对于理想导体,由于其电导趋于无穷大,也就是 $1/K$ 的值趋向于 0,这时微波已经完全在导体表面的空间传输。各种常用导体材料的微波传输特性见表 4.12。

表 4.12　常用导体材料的微波传输特性(频率为 2 GHz)

特性	相对于铜的直流电阻/Ω	趋肤深度 $\delta/\mu m$	电导率 $\sigma/(S \cdot m^{-1})$
银	0.95	1.4	6.17×10^7
铜	1.00	1.5	5.80×10^7
金	1.36	1.7	4.10×10^7
铝	1.60	1.9	3.72×10^7
铁	2.60	3.6	0.99×10^7

当金属材料为银时,趋肤深度的单位为 μm 时,趋肤深度的公式可简化为

$$\delta = \frac{10^6}{\sqrt{\pi\mu_0 \cdot \sigma}} \cdot \frac{1}{\sqrt{f}} = 64\,200 \cdot \frac{1}{\sqrt{f}} \qquad (4.18)$$

式中　f——微波场振动的频率,Hz。

银在所有导体中电导率是最高的,可以使微波的传输损耗最小,所以银是波导材料的首选。根据趋肤深度的公式(4.18)计算,当以银为导体时,2 GHz 的微波只在 1.4 μm 的深度传输。可见,微波在波导上的传输只与波导的表面镀层相关,而与波导的整体制造材料无关。因此,可以用铜、铝、钢铁、工程塑料等材料制作波导,然后在其表面进行镀银处理,从而降低制造成本。

对于不同频率的微波,其在不同材料上的趋肤深度不同,所需电镀层的厚度也不同。由趋肤深度计算公式可知,频率越高,趋肤深度越浅,镀层也可以越薄。但是,从工程学的角度,影响微波传输的因素不只是金属的电导率,还包括几何因素、杂质影响、表面光洁度等其他方面的因素,需要综合加以考虑。以波导镀银为例,不同频率微波在银层中传导时的趋肤深度及建议镀银厚度见表 4.13。对于具体的波导产品而言,由于材料的不同以及防护性要求的不同,还需要考虑底镀层和中间镀层的选取。总体看,波导镀银层的厚度比其他电子产

品镀银标准推荐的厚度(室内良好环境中为 $7\sim10\ \mu m$,室外、不良环境中为 $15\sim20\ \mu m$)要少得多,所以波导的镀银成本并不高。

表 4.13　不同频率微波在银层中传导时的趋肤深度及建议镀银厚度

频率/GHz	趋肤深度/μm	建议镀银厚度/μm
0.3	3.60	5
0.45	3.00	4
0.9	2.13	3
2	1.43	2
3	1.16	2
30	0.36	1
300	0.12	1

2. 镀银液的配位剂选择原则

金属银的标准电极电势为 0.799 V,属电正性较强的金属。另外,银离子还原为银的交换电流密度比较大,也就是电化学极化小。因此,从简单盐电解液中沉积的银镀层结晶粗大。为了获得结晶细致、紧密的镀层,必须使用配位剂,使 Ag^+ 与配位剂形成较稳定的配合离子,使体系的平衡电势向负方向移动,交换电流密度减小,电化学极化增大,因而能得到细致均匀的沉积层。因此镀银配位剂是确定电解液的首要问题。

配位剂选择有三个原则,分别是:银配位离子的 $K_{不稳}$ 尽量小;银的配位剂应为软碱;金属配合离子应为阴配离子型。

电化学极化增加导致形核概率增加,进而得到结晶细致的镀层。电化学极化的大小与中心离子周围配体转化时的能量变化有关。与银有关的配合物的不稳定常数见表 4.14。通常,$K_{不稳}$ 越小,配位化合物越稳定,配位体转化为活化配合物时的能量变化较大,即金属配位离子还原时往往产生较大的阴极极化。氰根与银离子的配合物 $K_{不稳}$ 最小,硫脲和硫代硫酸盐的次之。

表 4.14　与银有关的配合物的不稳定常数

配位剂	配位离子	不稳定常数
氰化物	$[Ag(CN)_2]^-$	8.0×10^{-22}
硫代硫酸盐	$[Ag(S_2O_3)]^-$	1.5×10^{-9}
	$[Ag(S_2O_3)_2]^{3-}$	3.5×10^{-14}
焦磷酸钾	$[Ag(P_2O_7)_2]^{7-}$	9.45×10^{-3}
亚硫酸盐	$[Ag(SO_3)_2]^-$	4.5×10^{-8}
有机胺	—	$1.2\times10^{-7}\sim5.2\times10^{-6}$
硫脲	$[Ag(CSN_2H_4)_2]^+$	7.0×10^{-14}
5,5-二甲基乙内酰脲	$[Ag(C_5H_7N_2O_4)_2]^-$	5.9×10^{-10}
乙内酰脲	$[Ag(C_3H_3N_2O_2)_2]^-$	8.3×10^{-3}

软硬酸碱理论认为,体积小、正电荷数高、可极化性低的中心原子称为硬酸;体积大、正电荷数低、可极化性高的中心原子称为软酸;电负性高、极化性低、难被氧化的配位原子称为硬碱;电负性低、极化性高、易被氧化的配位原子称为软碱;硬酸和硬碱以库仑力作为主要的作用力;软酸和软碱以共价键力作为主要的相互作用力。

配合物是由易于接受电子对的金属原子和含有孤对电子的配体通过配位键形成的化合物,配合物形成的难易主要是由配位键的强弱决定的,而配位键的强弱是由金属离子和配体的性质决定的。银的价电子构型为 $4d^{10}5s^1$,是软酸,4 d 和 5 s 能量接近,均能失电子,银离子可为 +1 价、+2 价或 +3 价。

配体碱的硬度从大到小的顺序是: $H_2O > OH^- > OCH_3 > F^- > Cl^- > NH_3 > C_6H_5N > NO_3 > N_3 > NH_2OH > H_2N-NH_2 > C_6H_5SH > Br > I > SCN > SO_3^{2-} > SeCN^- > C_6H_5S > (H_2N)_2C=S > S_2O_3^{2-} > CN^-$。

根据"硬亲硬,软亲软"原则,与银离子结合稳定性最好的是氰根。

如果两种配合物的不稳定常数在同一数量级时,那么阴离子型的电解液要比阳离子型电解液的性能优越许多。例如,$[Ag(NH_3)_2]^+$ 与 $[Ag(SO_3)_2]^{3-}$ 的 $K_{不稳} = 10^{-8}$,前者为阳配离子型,在电镀时发生剧烈接触析出,恶化了镀层。再如,$[Ag(CH_4N_2S)]^+$ 与 $[Ag(S_2O_3)_2]^{3-}$ 的 $K_{不稳} = 10^{-14}$,前者有可能使整个基团在阴极上沉积,所以得到的镀层因为有机物的夹杂而发黑。阴配离子型配合物的重要特点是金属处于稳定的阴配离子,当它在阴极附近放电时,存在电化学极化,从而给予充分条件,使晶核的形成速度大于晶体的生长速度,因此可获得细小晶粒结构的镀层。

综上可见,氰化物作为配位剂,符合这三个原则,所以是性能优良的配位剂,而且其地位难以被其他物质取代。无氰镀银技术经过几十年的探索和发展,目前以 5,5-二甲基乙内酰脲为配位剂的无氰镀银工艺可以媲美氰化物镀银工艺,并且实现了工业应用。

4.6.2　微波器件的电镀工艺

1. 工艺流程

不同基体材料的波导在镀银时要采用不同的电镀工艺过程。对于铜或铜合金制成的波导,以预镀铜层打底,加镀光亮铜,再镀光亮银即可。钢铁制成的波导的电镀银工艺可参照铜制波导的工艺,需要注意的是钢铁与银的电极电势相差较大,要增加镀铜层和镀银层的厚度,减少镀层的孔隙率,防止基体发生点蚀。对于铝基波导,首先要通过置换镀锌或化学镀镍的方法解决镀层与基体结合力不好的问题,然后再预镀铜,其后的工艺与铜上镀银是相同的。对于塑料制成的波导,首先进行塑料表面的金属化处理,其后预镀铜、镀光亮铜、镀光亮银的工艺与铜制波导相同。对于其他微波器件产品的镀银工艺,铜制、铝制、塑料制的微波器件产品可采用与波导电镀一样的工艺。对于钢铁制的具有深孔等复杂结构的微波器件,可以在完成前处理后,增加化学镀镍步骤,既能保证孔内有完整的镀层,提高后续镀层的结合力,又可以增加镀层的抗蚀性。

(1)铜制波导镀银工艺流程

化学除油→水洗→超声波除油→水洗→酸蚀→水洗→电化学除油→水洗→活化→水洗→

预镀铜→水洗→活化→酸性光亮镀铜→水洗→预镀银→镀光亮银→水洗→钝化→水洗→干燥。

（2）铝制波导镀银工艺流程

有机除油→水洗→化学除油→酸蚀→水洗→一次化学镀锌→水洗→退锌→水洗→二次化学镀锌或化学镀锌镍→水洗→电镀锌→水洗→镀碱铜→水洗→镀亮铜→水洗→预镀银→镀亮银→水洗→钝化→水洗→干燥。

（3）钢铁制谐振杆镀银工艺流程

化学除油→水洗→超声波除油→水洗→酸蚀→水洗→电化学除油→水洗→活化→水洗→化学镀镍→水洗→预镀铜→水洗→活化→酸性光亮镀铜→水洗→预镀银→镀光亮银→水洗→钝化→水洗→干燥。

2. 电镀工艺条件

（1）化学除油

氢氧化钠质量浓度为 $5 \sim 10$ g·L^{-1}，碳酸钠质量浓度为 $35 \sim 40$ g·L^{-1}，磷酸钠质量浓度为 $40 \sim 60$ g·L^{-1}，OP 乳化剂 $2 \sim 3$ mL·L^{-1}，温度为 $50 \sim 70$ ℃，时间为 $5 \sim 10$ min。

（2）超声波除油

碳酸钠质量浓度为 $10 \sim 20$ g·L^{-1}，磷酸钠质量浓度为 $10 \sim 50$ g·L^{-1}，OP 乳化剂 $1 \sim 2$ mL·L^{-1}，温度为 $40 \sim 60$ ℃，时间为 3 min。

（3）电化学除油

碳酸钠质量浓度为 $25 \sim 40$ g·L^{-1}，磷酸钠质量浓度为 $25 \sim 40$ g·L^{-1}，OP 乳化剂 $1 \sim 2$ mL·L^{-1}，温度为 $60 \sim 80$ ℃，时间为 $20 \sim 30$ s，阴极电流密度 $5 \sim 8$ A·dm^{-2}。

（4）预镀铜工艺

氰化亚铜质量浓度为 $8 \sim 35$ g·L^{-1}，氰化钠质量浓度为 $12 \sim 54$ g·L^{-1}，氢氧化钠质量浓度为 $2 \sim 10$ g·L^{-1}，温度为 $20 \sim 50$ ℃，时间为 $30 \sim 60$ s，阴极电流密度为 $0.5 \sim 2$ A·dm^{-2}。

（5）镀酸性光亮铜

五水硫酸铜质量浓度为 $60 \sim 80$ g·L^{-1}，硫酸质量浓度为 $180 \sim 200$ g·L^{-1}，氯离子质量浓度为 50 mL·L^{-1}，添加剂适量，温度室温，pH＝$2.3 \sim 3$，阴极电流密度为 $1 \sim 3$ A·dm^{-2}，时间为 $5 \sim 10$ min。

（6）预镀银

氰化银质量浓度为 $3 \sim 5$ g·L^{-1}，氰化钾质量浓度为 $60 \sim 70$ g·L^{-1}，碳酸钾质量浓度为 $5 \sim 10$ g·L^{-1}，添加剂适量，温度为 $18 \sim 30$ ℃，阴极电流密度为 $0.3 \sim 0.5$ A·dm^{-2}，时间为 $60 \sim 120$ s。

（7）镀亮银

氰化银质量浓度为 $30 \sim 45$ g·L^{-1}，氰化钾质量浓度为 $160 \sim 200$ g·L^{-1}，碳酸钾质量浓度为 $5 \sim 10$ g·L^{-1}，光亮剂 A 为 30 mL·L^{-1}，光亮剂 B 为 10 mL·L^{-1}，温度为 $20 \sim 35$ ℃，阴极电流密度为 $0.5 \sim 4$ A·dm^{-2}，时间为 10 min。

(8)化学镀锌工艺(见表 4.15)

表 4.15　化学镀锌工艺

药品	一次镀锌工艺	二次镀锌工艺
氧化锌	$100\ g \cdot L^{-1}$	$20\ g \cdot L^{-1}$
氢氧化钠	$500\ g \cdot L^{-1}$	$120\ g \cdot L^{-1}$
酒石酸钾钠	$10 \sim 20\ g \cdot L^{-1}$	$50\ g \cdot L^{-1}$
三氯化铁	$1\ g \cdot L^{-1}$	$2\ g \cdot L^{-1}$
温度	$15 \sim 30\ ℃$	$15 \sim 30\ ℃$
时间	$30 \sim 60\ s$	$20 \sim 40\ s$

(9)化学镀锌镍工艺

氧化锌质量浓度为 $5\ g \cdot L^{-1}$,氯化镍质量浓度为 $15\ g \cdot L^{-1}$,氢氧化钠质量浓度为 $100\ g \cdot L^{-1}$,酒石酸钾钠质量浓度为 $20\ g \cdot L^{-1}$,硝酸钠质量浓度为 $1\ g \cdot L^{-1}$,三氯化铁质量浓度为 $2\ g \cdot L^{-1}$,氰化钠质量浓度为 $3\ g \cdot L^{-1}$,温度为 $15 \sim 30\ ℃$,时间为 $30 \sim 40\ s$。

(10)化学镀镍

当钢铁基体中含碳量过高或合金成分复杂时,可采用电化学闪镀镍工艺活化基体表面,再进行化学镀镍,以增加化学镀镍层与基体的结合力。若在不锈钢或镍基表面化学镀镍,则还应增加阳极活化步骤。

①电化学闪镀镍工艺。氯化镍质量浓度为 $240\ g \cdot L^{-1}$,盐酸(质量分数为 37%)用量为 $320\ mL \cdot L^{-1}$,阳极镍板,阴极电流密度为 $3.5 \sim 7.5\ A \cdot dm^{-2}$,时间为 $2 \sim 4\ min$。

②阳极活化工艺。硫酸 60%(质量分数),阴极铅板,阳极电流密度为 $10 \sim 16\ A \cdot dm^{-2}$,温度为室温,时间为 $60\ s$。

③多配位剂的化学镀镍工艺。硫酸镍质量浓度为 $27\ g \cdot L^{-1}$,次亚磷酸钠质量浓度为 $30\ g \cdot L^{-1}$,苹果酸质量浓度为 $15\ g \cdot L^{-1}$,乳酸质量浓度为 $10\ g \cdot L^{-1}$,柠檬酸质量浓度为 $0.5\ g \cdot L^{-1}$,硫脲质量浓度为 $5\ mg \cdot L^{-1}$,$pH = 4.6 \sim 5.2$,温度为 $75 \sim 95\ ℃$。

④高速化学镀镍工艺。硫酸镍质量浓度为 $20 \sim 30\ g \cdot L^{-1}$,次亚磷酸钠质量浓度为 $20 \sim 24\ g \cdot L^{-1}$,乳酸质量浓度为 $25 \sim 34\ g \cdot L^{-1}$,丙酸质量浓度为 $2 \sim 2.5\ g \cdot L^{-1}$,稳定剂质量浓度为 $1\ mg \cdot L^{-1}$,$pH = 4.4 \sim 4.8$,温度为 $90 \sim 95\ ℃$,镀速为 $25\ \mu m \cdot h^{-1}$。

4.6.3　无氰电镀银技术

1. 无氰电镀银的研究历史

氰化镀银在工业上已经有 100 多年的应用历史。多年的实践表明,氰化钾是镀银电解液的最好的配位剂,Ag^+ 与 CN^- 配位,可以使体系的平衡电势向负方向移动,电化学极化增大,从而获得结晶细致、紧密的镀层。然而,氰化钾是剧毒物质,从环保和安全的角度出发,氰化物电镀工艺应该被淘汰。

人们主要从无毒或低毒的配位剂以及配套的镀银光亮剂两方面开展无氰镀银的研究。近 40 年来,硫代硫酸盐、丁二酰亚胺、甲磺酸、柠檬酸、乙内酰脲等多种配位剂,以及明胶和吡啶衍生物、聚乙烯亚胺、有机硫化物和有机羧酸等光亮剂被研究和开发出来。然而,由于镀层性能欠佳、镀液不稳定、工艺条件不适合工业生产等问题,无氰镀银工艺在短时间内仍然很难全面代替氰化镀银。

2. 传统无氰镀银工艺

(1)硫代硫酸盐无氰镀银

硫代硫酸盐无氰镀银体系以硫代硫酸钠或硫代硫酸铵作为配位剂,以焦亚硫酸钾作为辅助配位剂。镀液中,硫代硫酸根与银离子结合成硫代硫酸合银的阴离子型配离子,与其他配离子相比,其不稳定常数与银氰根离子的不稳定常数差距最小(8 个数量级,见表 4.14),从理论上讲硫代硫酸盐是最有希望代替氰化物的配位剂,因此该工艺是所有无氰镀银体系中被研究最多的。其镀液组成和工艺条件如下:

硝酸银($AgNO_3$)	$40 \sim 50$ g $\cdot$ L^{-1}
焦亚硫酸钾($K_2S_2O_5$)	$40 \sim 50$ g $\cdot$ L^{-1}
硫代硫酸钠($Na_2S_2O_3$)	$200 \sim 250$ g $\cdot$ L^{-1}
pH	$5 \sim 6$
温度	室温
阴极电流密度	$0.3 \sim 0.8$ A $\cdot$ dm^{-2}

从实际使用效果看,硫代硫酸盐镀银液成分简单、配制方便,镀层细致光亮,呈银白色。但是镀液稳定程度还不够好,在阳光或 40 ℃下放置 1 d,就会由于水解产物 Ag_2S 的生成而变为黑色,需要避光及低温条件下使用并在连续生产中及时补充配位剂和稳定剂,所允许使用的阴极电流密度范围较窄,镀层内含有少量的硫。

(2)亚氨基二磺酸铵镀银(NS 镀银)

NS 镀银主要采用亚氨基二磺酸铵作为配位剂,硫酸铵作为辅助配位剂,主盐是硝酸银。其镀液组成及工艺条件如下:

硝酸银($AgNO_3$)	$30 \sim 40$ g $\cdot$ L^{-1}
亚氨基二磺酸铵($HS(SO_3NH_4)_2$)	$80 \sim 120$ g $\cdot$ L^{-1}
硫酸铵(($NH_4)_2SO_4$)	$100 \sim 140$ g $\cdot$ L^{-1}
柠檬酸铵(($NH_4)_3C_6H_5O_7$)	$1 \sim 5$ g $\cdot$ L^{-1}
pH	$8.5 \sim 9.0$
温度	室温
阴极电流密度	$0.2 \sim 0.4$ A $\cdot$ dm^{-2}

该镀液体系得到的镀层结晶细致光亮,可焊性、耐蚀性、抗硫性、结合力等皆良好,覆盖能力接近氰化物镀银液。缺点是镀液中的氨易挥发,pH 变化大,镀液不稳定,镀液对 Cu^{2+}很敏感,Fe 杂质的存在会使光亮区域缩小

(3)咪唑－磺基水杨酸镀银

咪唑－磺基水杨酸镀银液中,咪唑是银的配位剂。磺基水杨酸与咪唑银缔合形成的负离子易在阴极表面产生吸附,形成光亮细致的镀层,镀液性能接近氰化物镀银。其镀液组成及工艺条件如下:

硝酸银($AgNO_3$)	$20 \sim 30$ g $\cdot$ L^{-1}
咪唑($C_3H_4N_2$)	$130 \sim 150$ g $\cdot$ L^{-1}

磺基水杨酸（$HOC_6H_3COOHSO_3H \cdot 2H_2O$）　　130～150 g·$L^{-1}$

pH　　　　　　　　　　　　　　　　　7.5～8.5

温度　　　　　　　　　　　　　　　　室温

阴极电流密度　　　　　　　　　　　　0.1～0.3 A·dm^{-2}

咪唑－磺酸水杨酸与银在一定配比及 pH 范围内组成的镀液对温度、光热变化适应性好，镀液相对稳定，对 Cu^{2+} 不敏感。有研究表明，咪唑与银可形成长链状的配合物，咪唑银晶体中，银与银之间存在弱的作用力，形成了独特的缠绕结构，这可能也是镀液相对稳定的原因。该镀液的缺点是允许使用的电流密度太小，咪唑价格昂贵，生产成本太高，难以推广使用。

（4）丁二酰亚胺镀银

丁二酰亚胺镀银采用的配位剂是丁二酰亚胺及焦磷酸钾，镀液不含氨，pH 范围较宽，铜零件不需浸银可直接电镀，镀层光亮。存在的问题是丁二酰亚胺易水解，镀液不稳定，极限电流密度低，镀层经自来水清洗后发黄变色。其镀液组成及工艺条件如下：

硝酸银（$AgNO_3$）　　　　　　　　　　45～55 g·L^{-1}

丁二酰亚胺（$NHCOCH_2CH_2CO$）　　　90～110 g·L^{-1}

焦磷酸钾（$K_4P_2O_7$）　　　　　　　　90～110 g·L^{-1}

pH　　　　　　　　　　　　　　　　　8.5～10.0

温度　　　　　　　　　　　　　　　　室温

阴极电流密度　　　　　　　　　　　　0.2～0.7 A·dm^{-2}

随着电镀技术的进步，现在已经出现了更多的用于电镀的表面活性剂和添加剂中间体，使得在改善镀液性能和镀层性能方面有了更多的选择。

3. DMH 无氰镀银工艺

（1）DMH 的配位能力

5,5－二甲基乙内酰脲又称 5,5－二甲基海因，英文名称 5,5－dimethylhydantoin，英文缩写 DMH，化学名称 5,5－二甲基－2,4－咪唑啉二酮，分子式为 $C_5H_8N_2O_2$，其结构式如图 4.13 所示。

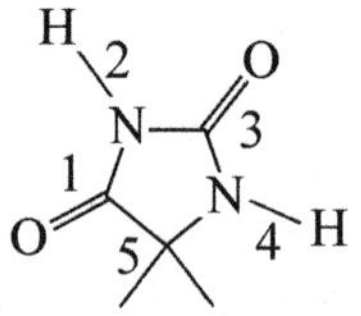

图 4.13　5,5－二甲基乙内酰脲的结构式

5,5－二甲基乙内酰脲结构上存在 2 个氮原子，分别处在 2 号位和 4 号位上。图 4.14 是高斯（Gaussian）计算的 DMH 的前线分子轨道（MO）电子云分布图，其中最高占据分子轨道（HOMO）与最低占据分子轨道（LUMO）分别代表其得失电子的能力，据此可以初步判断其与银离子成键的位点。两种颜色的电子云代表正负号不同波函数。从图 4.14（a）的 HOMO电子云可以看出，4 号位的 N 的电子云密度较高。但是，2 号位的 N 和 3 号位上的 O 存在共轭作用，使得 2 号位上的 N 具有更强的得电子能力，即容易失去 N 上的 H 原子，使 2 号 N 成为活性位点。

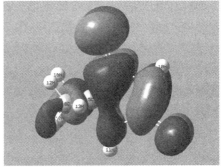

(a)HOMO   (b)LUMO

图 4.14 DMH 的前线分子轨道(MO)电子云分布图

图 4.15 是 DMH 的电荷分布图,可以看到 2 号位 N 上连接的 H 原子的正电荷数值最大,为 0.393,也表明了该 H 原子最活泼,N—H 容易断裂,使 2 号位 N 可以成为与银离子形成配位键的原子。4 号位的 N 也有一定的配位能力,但是由于 5 号位 C 上有 2 个甲基,具有较大的空间位阻,所以导致 4 号位 N 的配位能力较弱。

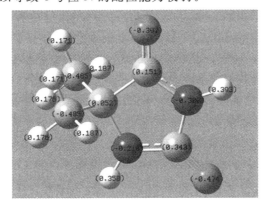

图 4.15 DMH 的电荷分布图

两个羰基中间的 2 号位 N 原子上的 N—H 键由于侧位上的两个亲电性的羰基的存在,使得 2 号位上的 N 原子具有亲核型,2 位 N 原子上的氢原子较活泼,易于电离,而 4 号位 N 原子上的氢较稳定,不易于电离,可以判断,DMH 是一种一元弱酸。

根据软硬酸碱理论(SHAB),银离子为软酸,DMH 为软碱,根据"硬亲硬""软亲软"的规律,DMH 与银能够形成"软亲软"的配合物。DMH 与银离子形成的配合物 $[Ag(C_5H_7N_2O_4)_2]^-$ 是阴离子型,其不稳定常数为 5.9×10^{-10}。从理论上来讲,DMH 与银的配合同时满足:$K_{不稳}$ 值小;"软亲软";银配合离子为阴配离子型三个原则,可见,DMH 是合适的电镀银体系配位剂。

(2)DMH 无氰光亮镀银工艺

哈尔滨工业大学化工学院安茂忠课题组经过十余年的理论和实验研究,确定了 DMH 无氰光亮镀银工艺,得到的镀银层光亮、表面光滑、在空气中不变色,晶粒小于 100 nm,电流效率接近 100%,目前已在工业上进行了应用,镀液组成和工艺条件为:

硝酸银质量浓度为 5~100 g·L^{-1},配位剂质量浓度为 50~450 g·L^{-1},碳酸钾质量浓度为 50~300 g·L^{-1},氢氧化钾质量浓度为 30~300 g·L^{-1},添加剂质量浓度为 0~50 mL·L^{-1},温

度为 35~75 ℃,pH 为 10~14,电流密度为 0.5~8 A·dm^{-2}。

所得光亮镀银层的微观形貌如图 4.16 所示。

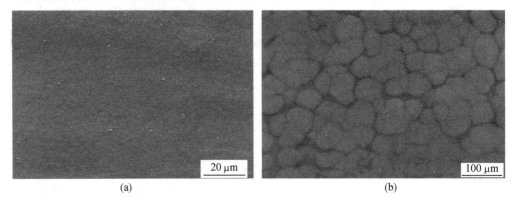

(a)　　　　　　　　　　　　　　　(b)

图 4.16　光亮镀银层的微观形貌

对于常规速度的电镀银工艺,硝酸银质量浓度低于 5 g·L^{-1} 时难以沉积表面良好的镀银层,浓度过高时对其他成分的要求较高,且造成电镀中随零件出槽的带出损失较大。配合剂浓度较低时配位作用不明显,镀液中游离银离子含量高,配位剂浓度过高,则镀液电阻急剧上升,槽压过大,难以获得镀银层。碳酸钾作为导电盐,用于提高镀液电导率,但是用量过高时对镀液中银离子迁移造成较大影响。氢氧化钾用于调节镀液的 pH,其用量对镀液阴极电流效率偏低和镀层外观都有影响。当镀液温度低于 35 ℃时,镀液导电性较低,槽压较大,所得镀层为枝晶状。随镀液温度升高,上限电流密度增大,温度过高,镀层易出现结瘤、枝晶、微观形貌粗糙、多孔的缺陷。阴极电流密度过低时,镀层表面泛黄,光泽度较低,阴极电流密度过高,则镀层易出现烧焦状况。

除了直流电沉积,DMH 无氰镀银液也可以采用脉冲电源进行电镀。由微观形貌(图4.17)和 X-射线衍射分析可知,脉冲电沉积能够进一步提高镀银层的结晶细致程度和Ag(111)晶面的择优取向程度,降低粗糙度。

DMH 无氰镀银液的稳定性测试表明(图 4.18),加入配位剂的镀液的电化学窗口为−1.5~1.0 V(图 4.18(a)),而未加配位剂的碱性镀液的电化学窗口为−1.0~0.9 V(图4.18(b))。说明在电镀过程中,配位剂可以保证镀液的电化学稳定性,镀液不会发生电化学分解,也不存在由于配位剂的稳定性问题而导致的镀液或镀层性能下降。该镀液的耐铜置换能力超过氰化物镀液。

DMH 无氰镀银液可以通过调节镀液的 pH,对配位离子进行解离,回收银离子。在镀液中分别加入 10% 的 KCl 溶液和 10% 的盐酸,观察产生的 AgCl 白色沉淀的情况。加入100 mL KCl 溶液,镀液的 pH 仍保持在 10~14 的范围内,镀液略有浑浊;加入 20 mL 盐酸后,镀液的 pH 降低到 7~8,镀液开始出现沉淀;当加入 40 mL 盐酸后,镀液中出现大量白色沉淀。上述实验结果说明,在 pH 较高的条件下镀银液中无游离态 Ag$^+$ 存在,Ag$^+$ 与配位剂配合稳定,保证了优异的电镀效果。降低镀液 pH,可以降低 Ag$^+$ 与配位剂的结合强度,进而将银离子变为游离态进行回收。

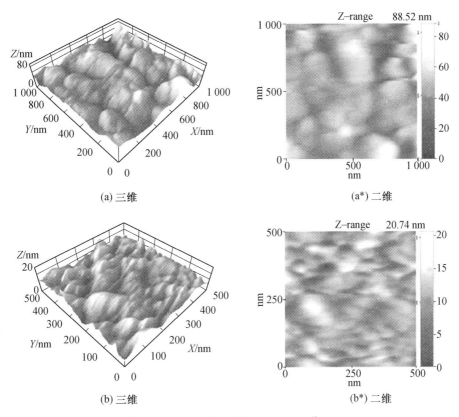

图 4.17　DMH 体系镀银层的 AFM 像

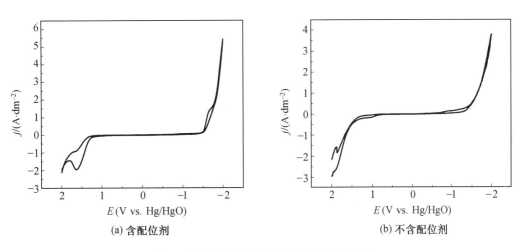

图 4.18　DMH 无氰镀银液的稳定性测试

第5章 电沉积泡沫金属

泡沫金属是指含有大量气孔的金属材料,其金属基体骨架构成连续相,气孔可以是连续相或分散相。气孔为连续相的泡沫金属俗称开孔泡沫金属,气孔为分散相的泡沫金属俗称闭孔泡沫金属。

泡沫金属的突出特点是:密度小,金属骨架的真实面积大,而且当泡沫金属承受压力时,由于气孔塌陷吸收能量,使得泡沫金属具有优异的冲击能量吸收特性。

泡沫金属的性质取决于金属基体、孔隙率和气孔结构,并受制备工艺的影响。泡沫金属的孔隙率是其所含的金属的体积与其表观体积的比。通常,泡沫金属的力学性能、导电性、导热性等随孔隙率的增加而降低。

5.1 电沉积泡沫金属工艺

电沉积泡沫金属采用的是模板法,用具有三维网状结构的开孔聚氨酯海绵作为模板,在海绵骨架表面电沉积金属,如图5.1所示。由于聚氨酯海绵不导电,电沉积金属之前需要对海绵进行导电化处理,而且,电沉积金属之后还要去除海绵模板,才能获得纯的泡沫金属。电沉积泡沫金属的孔径延续海绵行业的方法用PPI表示,PPI值是指1英寸长度经过的孔数。

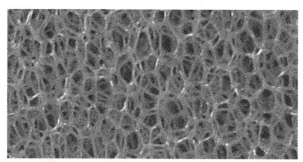

图5.1 开孔聚氨酯海绵模板的三维网状结构

电沉积泡沫金属的工艺流程:聚氨酯泡沫导电化处理→电沉积金属→热解去除聚氨酯泡沫→氨分解气氛中高温还原金属。

电沉积泡沫金属的面密度及其均匀性是其最重要的指标,用表观单位面积金属的质量表示$(g \cdot cm^{-2})$。

5.1.1 海绵的导电化处理

聚氨酯海绵是非导体,在电沉积镍以前必须进行导电化处理,使其具有导电性。常用的导电化处理方法有化学镀镍、涂导电胶和真空气相沉积。

（1）化学镀镍工艺过程

化学除油→化学粗化→敏化→活化→化学镀镍（或铜）。化学除油的目的是除去海绵骨架表面的油污,增加其亲水性;化学粗化能够改善基体的亲水性和润湿性,提高镀层的结合力;敏化、活化的目的是使聚氨酯海绵骨架表面产生催化活性;制备泡沫镍采用化学镀镍,制备泡沫铜采用化学镀铜。

化学镀导电化海绵的电导率高,电镀时起镀速度快,但成本高,废水处理困难,已逐渐被取代。

（2）涂导电胶工艺过程

此方法是将开孔的聚氨酯海绵在导电胶液中反复浸涂、挤干、烘干,使导电胶中的固体导电颗粒黏附到海绵骨架表面,从而获得导电层的方法。采用较多的是石墨基导电胶,其中石墨粒子含量为 10%（质量分数）左右,粒径一般为 $0.2\sim1.0\ \mu m$,含有少量黏结剂。

涂石墨导电胶工艺简单、易连续操作、无环境污染,而且成本低,但获得的导电层电阻大,电镀时起镀速度慢,均匀性差。

（3）真空气相沉积

海绵在专用设备中直接真空气相沉积获得金属导电层（镍、铜、钛等）,厚度为 $0.05\sim1.00\ \mu m$,最佳值为 $0.1\ \mu m$。

真空气相沉积获得的导电层电镀时起镀速度快,不污染环境,但海绵的厚度不能太厚,设备投资大。目前生产规模大的厂家普遍采用此技术。

5.1.2　电沉积泡沫金属工艺

采用电沉积方法制备泡沫金属时,经过导电化处理的聚氨酯海绵继续电沉积金属,达到所需的金属含量。电沉积方式可以采用片状电镀和连续带状电镀。采用片式电镀时,金属沉积从接触阴极夹具的四周向中间延伸,如图 5.2 所示,结果是四周沉积的金属多,而内部沉积的金属少,所制备的泡沫金属的面密度均匀性差。

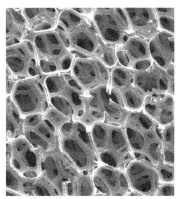

图 5.2　片式泡沫金属电沉积

连续带状电镀,在运行方向上泡沫金属经过相同的电镀路径,面密度均匀性好。连续带状电镀泡沫金属,有单级电镀和多级电镀两种方式,如图 5.3 和图 5.4 所示。单级电镀的运行路径少,所需设备简单,容易实现在线自动控制,但生产速度慢;多级电镀的设备复杂,生产速度快,控制难度大,主要是海绵在镀液中会膨胀。

表 5.3　泡沫金属单级电镀生产线(多条)

表 5.4　泡沫金属多级电镀生产线(一条)

电沉积方法制备的泡沫金属与其他方法相比具有以下特点:

①孔隙率高。电沉积泡沫金属的孔隙率一般在 95% 以上。

②三维网状结构。电沉积泡沫金属的金属相为三维网状结构,气相连续,此结构源自于开孔聚氨酯海绵模板。

③厚度薄。金属电沉积受三维网状结构中电场分布的影响,内部不容易沉积金属。因此,电沉积泡沫金属的厚度在几十毫米以下,而且与海绵的孔径有关,孔径越小厚度越薄。

④强度低。与熔融制备的闭孔泡沫金属相比,电沉积法制备泡沫金属强度低,不宜作为结构材料,而是用作各种功能材料。

目前,电沉积法制备的泡沫金属主要是泡沫镍,大量用于镍氢的碱性蓄电池。

5.1.3　电沉积泡沫金属的后处理

电沉积后达到金属含量要求的泡沫金属,不能直接用于电池生产中,因为此时的泡沫镍非常脆,容易折断,必须经过适当的后处理。泡沫金属后处理过程为:

(1)热解

在热解炉中将泡沫金属中的聚氨酯泡沫燃烧、去除,温度为 $500 \sim 700$ ℃,时间为 $5 \sim 10$ min。该过程是在空气气氛下进行的,经过热解的泡沫金属已被氧化,非常脆,必须直接进行下一步的还原处理。

（2）还原

在还原性气氛（氢气或氨分解气）保护下，对热解过的泡沫金属进行还原处理，熔合结晶颗粒间隙，从而消除应力，去除残余有机成分和某些有害杂质，根据泡沫金属不同，控制的温度在 850～1 050 ℃之间有所差异，时间为 20～50 min。连续带状泡沫金属的热解、还原在同一条网带连接的隧道式热处理炉中完成。目前国内外已有专业电炉厂生产连续泡沫金属专用的隧道式热解、还原炉。热解、还原后的泡沫镍微观形貌如图 5.5 所示，呈多孔结构，金属骨架凹陷是由于热解去除聚氨酯泡沫的中空结构在高温还原时造成的，金属骨架的大晶粒是由于高温还原时金属重结晶所致。

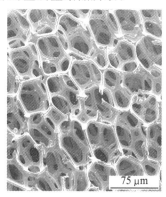

　　　　(a) 泡沫镍的多孔结构　　　　　　　　(b) 泡沫镍的金属骨架

图 5.5　泡沫镍微观形貌

5.2　连续电沉积泡沫金属电流密度控制

泡沫金属的质量受海绵、导电化、电沉积和后处理多种因素影响，其中金属电沉积的电流密度是需要控制的重点和难点。连续电沉积过程，纵向上（长度方向）泡沫金属经过相同的路径，因此纵向的面密度一致。横向面密度的均匀性主要受边缘效应影响，边缘效应可通过阴极屏蔽消除。也就是说，连续电沉积可以保证泡沫金属面密度均匀，但这不意味镀区内电流密度是均匀分布的。电流密度影响金属沉积的致密性，而且电流密度的均匀性与生产效率密切相关，涉及生产线的镀区、阳极和传动机构的设计。因此，需要从电化学的基本原理出发，寻找解决的途径和措施。

5.2.1　影响电沉积泡沫金属电流密度的电化学因素

1.泡沫金属连续电镀平行阳极存在的问题

泡沫金属电镀过程中是不良导电体，电阻率远远大于致密金属，导电海绵的表观电阻率约为 $10^{-2}\Omega \cdot cm$，是致密金属的数千倍，如金属镍的电阻率为 $9.5 \times 10^{-6}\Omega \cdot cm$，导电海绵的电阻率为 $1 \times 10^{-2}\sim 5 \times 10^{-2}\Omega \cdot cm$。即使电沉积过程中形成的泡沫金属，由于具有很高的孔隙率，其表观电阻率也高于致密金属数百倍。连续电沉积过程中，电流沿长度方向上传导，因泡沫金属电阻会产生较大的电压降。

由于泡沫金属电阻因素影响，用平行阳极电沉积泡沫金属时，如图 5.6 所示，极间距 D

为常数,泡沫金属产生的电势降导致液面以下金属电沉积的过电势不同,越往下越低。简单金属电沉积(镍、铁、钴等)为电化学步骤控制,电流密度与过电势呈指数关系,很小的过电势差异就会产生很大的电流密度差异,结果是液面处表观电流密度(表观单位面积的电流强度)远远大于溶液内部的表观电流密度,无法保证上下均在工艺规范之内,严重时下端没有金属电沉积。

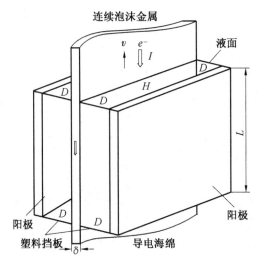

D—泡沫金属与阳极间距;L—阳极长度;H—多孔金属宽度;δ—多孔金属厚度;v—运行速度

图 5 6　带状多孔金属单级连续电沉积模型示意图(平行阳极)

上述不利因素造成泡沫金属连续电沉积的真实电流密度很难控制在金属电沉积的工艺规范之内,不良后果是:质量差、镀区短、速度慢、生产效率低。

需要说明的是,连续电沉积时由于泡沫金属电阻引起的电流密度不均匀,并不影响泡沫金属面密度的均匀性,因为在长度方向上泡沫金属都经过相同的路径,所以电沉积的泡沫金属在长度方向上面密度不会存在差异。这一点与片式电沉积时,泡沫金属电阻引起的电流密度不均匀,会导致面密度不均匀的结果不同。

2.影响泡沫金属厚度方向均匀性的因素

泡沫金属电沉积时,由于骨架的屏蔽作用,在厚度方向上,内部的真实电流密度小于表面的真实电流密度,会导致厚度方向上金属分布不均匀。

电沉积的泡沫金属厚度方向上的均匀性用厚度分布系数(DTR)表示,是指在泡沫金属的厚度方向上,表面镀层厚度与中间镀层厚度之比,理想值为 1.0,DTR 越大,表明内部金属量越少,厚度方向上的均匀性越差。电沉积的泡沫金属越薄,孔径越大,DTR 越接近1.0。相反,电沉积泡沫金属的孔径越小,厚度越厚,泡沫金属的中间部位越不容易沉积金属,严重时由于中间沉积的金属过少,烧结还原后会分为两层。

电沉积泡沫金属的 DTR 除受孔径、厚度制约,还受导电化方法影响较大,经过导电化处理的海绵的导电性越好,电沉积后的厚度均匀性越好,DTR 越小。对于不同导电化方法处理制备的泡沫金属 DTR 的大小顺序为:化学镀镍<真空溅射<涂导电胶。

5.2.2　泡沫金属连续单级电沉积模型

前面已经介绍因导电海绵和泡沫金属的电阻率高,连续电沉积过程中产生电压降,导致下端镀区过电势低,电流密度小,镀区内的电流密度分布不均匀,影响镀层质量和泡沫金属运行的速度。解决这一问题的思路是,通过调整不同位置的极间距,减小溶液电阻,实现泡沫金属在镀区内运行时极化过电势恒定,达到表观恒电流密度电沉积的目的,这个表观电流密度可以是由电镀工艺决定的最佳电流密度。

为了实现泡沫金属连续表观恒电流密度电沉积,需要通过建立模型,确定极间距的函数形式,指导异型阳极的制作,使设计的生产线电沉积泡沫金属时,表观电流密度无论在液面处还是在下端均为恒定值。泡沫金属连续单级电沉积只有一个镀区,建立的模型简单,先以此入手。

1. 连续单级电沉积表观电流密度分布公式

建立泡沫金属连续单级电沉积数学模型需要满足的条件为:

①泡沫金属连续电沉积过程中,运行速度和工艺参数处于稳态,泡沫金属电沉积的表观电流密度随时间的变化可以转换为镀区内的位置分布。

②为了消除边缘效应,设定阳极和镀液的宽度均与带状泡沫金属的宽度相同,如图 5.7 所示。导电化处理的带状海绵在镀液中做阴极由下往上垂直液面进入单级镀区,阴极电流方向与泡沫金属的运行方向相反。设阴极电流(电子流动)沿多孔金属流动方向为 x 轴方向,液面处 $x=0$。镀区两阳极相对带状泡沫金属对称放置,在 x 截面泡沫金属表面与两阳极间的距离均为 $D(x)$,泡沫金属表面的阴极表观电流密度只是坐标 x 的函数。两阳极长度均为 L,在多孔金属上的投影为 l。带状多孔金属的宽度为 H,厚度为 δ。

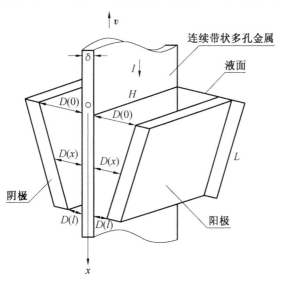

图 5.7　带状多孔金属单级连续电沉积模型示意图

③带状泡沫金属电沉积过程中沿 x 方向的表观电阻与泡沫金属单位体积所含的金属量和多孔金属的表观横截面积成反比,与电沉积致密金属的电阻率和长度成正比,即

$$dR(x) = \frac{K\rho_0}{SM(x)}dx \tag{5.1}$$

式中　　$R(x)$——泡沫金属在运行方向的表观电阻，Ω；

　　　　K——多孔金属的表观电阻率常数，$kg \cdot m^{-3}$，与泡沫金属的制备工艺及三维网状结构有关；

　　　　ρ_0——电沉积致密金属的电阻率，$\Omega \cdot m$；

　　　　$M(x)$——运行经过 x 截面的泡沫金属单位体积所含的金属质量，$kg \cdot m^{-3}$，与泡沫金属面密度的关系为：$A(x) = \delta M(x)$，其中 $A(x)$ 为单位面积带状多孔金属所含的金属质量，$kg \cdot m^{-2}$；

　　　　S——多孔金属的横截面积，m^2，$S = H\delta$。

④ 由于导电化处理的聚酯海绵所含的金属极少，可以忽略不计，仅由单级镀区电沉积的金属量决定泡沫金属的单位体积金属含量。泡沫金属电沉积的金属量遵守法拉第定律，且电流效率在电沉积过程中是常数。

满足上述条件，泡沫金属电沉积过程中流过 x 截面的阴极电流为

$$I(x) = 2H\int_x^l j(x)dx \tag{5.2}$$

式中　　$I(x)$——流过泡沫金属 x 截面的阴极电流，A；

　　　　$j(x)$——带状泡沫金属表面的表观电流密度，$A \cdot m^{-2}$。

由假设 ④ 可知，流过 x 截面的阴极电流在单位时间内电沉积的金属量与单位时间内运行经过 x 截面的泡沫金属所含的金属量相等，则

$$M(x) = \frac{g\eta I(x)}{Sv} \tag{5.3}$$

式中　　g——电沉积金属的电化当量，$kg \cdot C^{-1}$；

　　　　η——泡沫金属电沉积的电流效率；

　　　　v——泡沫金属匀速运行速度，$m \cdot s^{-1}$。

在电流传导过程中，泡沫金属的电阻决定其内部电势连续变化，在 x 截面沿 x 方向的电势降为

$$dU(x) = -I(x)dR(x) \tag{5.4}$$

式中　　$dU(x)$——泡沫金属沿 x 方向 dx 长度的电势降（V）。

将式（5.1）、（5.3）代入式（5.4）得

$$dU(x) = -\frac{Kv\rho_0}{g\eta}dx \tag{5.5}$$

边界条件为：$x = 0$ 处，阳极与多孔金属间的电势差为 $U(0)$，$U(0)$ 取决于直流电源的外加电压（V）。则方程（5.5）的解为

$$U(x) = U(0) - \frac{Kv\rho_0}{g\eta}x \tag{5.6}$$

式中　　$U(x)$——在 x 截面阳极与泡沫金属间的电势差（V），由于多孔金属的厚度与多孔金属距阳极的距离相比很小，$U(x)$ 近似为阳极与泡沫金属表面间的电势差，则 $U(x)$ 在阳极 → 溶液 → 泡沫金属表面路径上可表述为

$$U(x) = j(x)\rho_L D(x) + U_r(x) \tag{5.7}$$

式中　　$D(x)$——x 截面多孔金属表面与两阳极间的距离，m；

　　　　ρ_L——溶液的电阻率，$\Omega \cdot m$；

　　　　$U_r(x)$——阳极极化电势和阴极极化电势之和。

则 (5.6) 式化为

$$j(x) = \frac{U(0) - U_r(x)}{\rho_L D(x)} - \frac{K \upsilon \rho_0}{g \eta \rho_L D(x)} x \tag{5.8}$$

公式 (5.8) 即为带状多孔金属连续单级电沉积过程中表观电流密度的分布表达式，与相对液面的位置、溶液电阻、多孔金属的运行速度、阳极距离、外加电压和电极极化电势有关。

2. 连续单级恒定电流密度电沉积的条件

泡沫金属连续电沉积运行过程中，电流密度是影响多孔金属微观结构和性能的重要因素，如能控制连续电沉积运行过程中的表观电流密度不随时间变化（恒定在最佳值），制备的多孔金属性能最好。由于带状多孔金属连续匀速运动，因此在运行过程中恒定表观电流密度不随时间变化可以等效为相对 x 坐标不变，即 $j(x) \equiv j(0)$。在溶液成分、温度和对流均匀恒定状态下，由于设定了表观电流密度在镀区内的任何位置均为恒定值，无论是电化学极化或浓差极化，还是混合极化情况，极化过电势 U_r 在镀区内的任何位置均为恒定值，即阴极极化电势只是电流密度的函数，则 $U_r(x) \equiv U_r(0)$，由式 (5.7) 得 $U(0) = j(0)\rho_L D(0) + U_r(0)$，式 (5.8) 可做以下简化：

$$j(0) = \frac{U(0) - U_r(0)}{\rho_L D(x)} - \frac{K \upsilon \rho_0}{g \eta \rho_L D(x)} x$$

$$j(0) = \frac{j(0)\rho_L D(0) + U_r(0) - U_r(0)}{\rho_L D(x)} - \frac{K \upsilon \rho_0}{g \eta \rho_L D(x)} x$$

$$D(x) = D(0) - \frac{K \upsilon \rho_0}{g \eta \rho_L j(0)} x \tag{5.9}$$

式中，$j(0)$ 由外加于液面处的直流电压决定，在多孔金属连续电沉积过程中被确定为最佳表观电流密度（$A \cdot m^{-2}$），其值大小取决于聚酯海绵孔径大小、厚度和金属电沉积的工艺条件。根据 $j(x) \equiv j(0)$，当 $I(x) = I(0)$ 时，由式 (5.2)、(5.3) 可得

$$\upsilon = \frac{2g \eta j(0) l}{A} \tag{5.10}$$

式中　　A——$x = 0$ 处多孔金属的面密度，$A = \delta M(0)$，$kg \cdot m^{-2}$，即完成电沉积的多孔金属单位面积金属含量。

由式 (5.9)、(5.10) 可得

$$D(x) = D(0) - \frac{2K \rho_0 l}{A \rho_L} x \quad (0 \leqslant x \leqslant l) \tag{5.11}$$

公式 (5.11) 表明，带状多孔金属单级连续恒定电流密度电沉积的条件为，阳极与多孔金属间的距离相对 x 坐标线性变化，阳极与多孔金属的夹角需满足 $\tan \theta = \frac{2K \rho_0 l}{A \rho_L}$。当 $x = l$ 时，由式 (5.11) 可求出阳极在多孔金属上的投影长度为

$$l = \left\{ \frac{A \rho_L [D(0) - D(l)]}{2K \rho_0} \right\}^{\frac{1}{2}} \tag{5.12}$$

由式 (5.10)、(5.12) 可得，制备面密度为 A 的多孔金属的运行速度为

$$v = \frac{2g\eta j(0)}{A}\left\{\frac{A\rho_L[D(0)-D(l)]}{2K\rho_0}\right\}^{\frac{1}{2}} \tag{5.13}$$

上式给出了多孔金属恒定电流密度电沉积时,运行速度与最佳表观电流密度、溶液电阻、阳极位置及多孔金属的面密度之间的关系。由于空间位置决定 $D(l) \geqslant 0$,当 $D(l)=0$ 时,可求得在多孔金属上阳极投影的最大长度及对应的最大运行速度为

$$l_{\max} = \left[\frac{A\rho_L D(0)}{2K\rho_0}\right]^{\frac{1}{2}} \tag{5.14}$$

$$v_{\max} = j(0)g\eta\left[\frac{2\rho_L D(0)}{AK\rho_0}\right]^{\frac{1}{2}} \tag{5.15}$$

在已知多孔金属电沉积的最佳表观电流密度 $j(0)$ 情况下,由式(5.14)和式(5.15)可以设计计算多孔金属单级连续恒定电流密度电沉积设备的阳极长度、电源额定电流及传动机构。由式(5.2)、(5.3)和 $A(x)=\delta M(x)$ 可知,单级连续恒定电流密度电沉积过程中,多孔金属在镀区的面密度分布为

$$A(x) = A\left(1-\frac{x}{l}\right) \quad (0 \leqslant x \leqslant l) \tag{5.16}$$

式(5.16)表明,多孔金属单级连续恒定电流密度电沉积过程中,面密度在镀区内呈线性变化。

3. 连续单级电沉积模型应用

(1)电流效率和电阻率常数测量

用 110PPI 聚酯海绵浸涂石墨导电胶,实现导电化,烘干后测量纵向表观电阻率为 $0.48 \times 10^{-3}\ \Omega \cdot m$。在导电化的海绵基体上进行电沉积镍,电沉积工艺为:280 kg·m^{-3} 硫酸镍,35 kg·m^{-3} 氯化镍,40 kg·m^{-3} 硼酸,pH 为 4.1,T 为 55 ℃,做泡沫镍的 Hull 槽试验,确定电流密度为 6～7 A·m^{-2}(泡沫镍单面),阳极是装在钛篮中流动性好的镍球。

根据致密金属镍的电阻率 $\rho_0 = 9.5 \times 10^{-8}\ \Omega \cdot m$,$g = 3.041 \times 10^{-7}$ kg·C^{-1},实际电流效率测量结果见表 5.1,由 $\eta = \frac{HAv}{gI(0)}$ 得到溶液的平均电流效率为 $\eta = 95.1\%$;用未经烧结还原处理的泡沫镍测量表观电阻,试样宽度 $a=0.01$ m,测试长镀 $b=0.2$ m,长度方向为连续多孔镍的运行方向,同组三个试样在泡沫镍的 0.65 m 宽度内均匀取样,测量结果取平均值,结果见表 5.2,由 $K = \frac{AR}{\rho_0} \cdot \frac{a}{b}$ 得 $K = 3.19 \times 10^4$ kg·m^{-3}。

表 5.1　实际电流效率测量结果

样品号	1	2	3	4	5
$I(0)/A$	800	900	900	900	900
$A/(\mathrm{kg \cdot m^{-2}})$	0.385	0.422	0.453	0.505	0.549
$v/(10^{-4}\mathrm{m \cdot s^{-1}})$	9.3	9.5	8.8	7.9	7.3
$\eta/\%$	95.7	95.2	94.7	94.7	95.2

表 5.2　多孔镍表观电阻率常数测量结果

样品号	1	2	3	4	5
$A/(\text{kg} \cdot \text{m}^{-2})$	0.385	0.422	0.453	0.505	0.549
R/Ω	0.159	0.144	0.134	0.119	0.110
$K/(10^4\text{kg} \cdot \text{m}^{-3})$	3.22	3.20	3.19	3.16	3.18

（2）泡沫镍连续单极生产线设计及模型检验

用 DDS－11C 电导率仪和 DJS－10 电导池测量得到溶液的电阻率为 $\rho_L = 0.214\ \Omega \cdot \text{m}$。当 $D(0) = 0.1\ \text{m}$ 时，$A = 0.5\ \text{kg} \cdot \text{m}^{-2}$ 时，由式（5.14）计算出 $l_{\max} = 1.33\ \text{m}$，因此 $L = 1\ \text{m}$，满足 $L < l_{\max}$ 条件。根据 $L^2 = l^2 + [D(0) - D(l)]^2$ 和式（5.12）求得 $l = 0.998\ \text{m}$，$D(l) = 4.35 \times 10^{-2}\ \text{m}$，对应 $\tan \theta = 5.66 \times 10^{-2}$。

按计算结果设计并制造的泡沫镍电极连续电沉积生产线如图 5.8 所示，阳极长度 $L = 1\ \text{m}$，有效宽度 $H = 0.65\ \text{m}$，恒定电流 $I = 900\ \text{A}$，泡沫镍的运行速度 $v = 8.0 \times 10^{-4}\ \text{m} \cdot \text{s}^{-1}$。电沉积过程中取出对应阳极位置的带状多孔镍，在运行方向上间隔 0.1 m 取 0.01 m × 0.65 m 试样测量面密度，结果如图 5.9 所示。

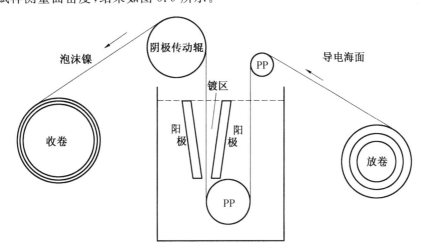

图 5.8　泡沫镍连续电沉积装置示意图（截面）

由图 5.9 可以看出，实际测量的泡沫镍面密度分布规律与式（5.16）的线性关系一致。表明泡沫镍电沉积过程中，镀区的表观电流密度均匀分布，连续运行过程中实现了多孔镍电沉积的表观电流密度不随时间、位置变化。

图 5.10 是采用平行阳极和倾斜阳极制备的泡沫镍的横向面密度均匀性对比，可以看出泡沫镍面密度的均匀性明显提高。

4. 连续单级电沉积生产效率与电能消耗

由公式（5.15）知生产线的最大运行速度 $v_{\max} = j(0)g\eta\left[\dfrac{2\rho_L D(0)}{AK\rho_0}\right]^{\frac{1}{2}}$ 可以看出，生产效率提高 1 倍，则 $v_{\max}$ 是原来的 2 倍，$D(0)$ 要扩大为原来的 4 倍，直流供电电压 $U = IR = I \cdot \rho_L \dfrac{D(0)}{Hl}$；在保持电沉积的泡沫金属不变前提下，$v_{\max}$ 是原来的 2 倍，电流强度要是原来

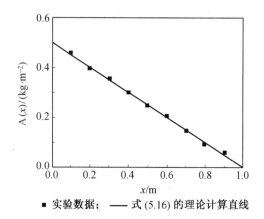

■ 实验数据；　—— 式(5.16)的理论计算直线

图 5.9　多孔镍恒定电流密度连续电沉积过程中的面密度分布

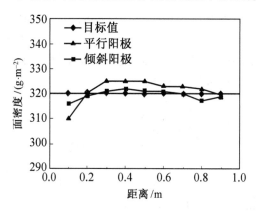

图 5.10　平行阳极和倾斜阳极制备的泡沫镍的横向面密度分布

的 2 倍,直流供电电压$(U=IR=I\cdot\rho_L\dfrac{D(0)}{Hl})$要是原来的 8 倍,则直流供电功率$(W=IU)$要为原来的 16 倍。结果是连续单级电沉积泡沫金属生产效率提高 1 倍,而单位面积泡沫金属的直流电能消耗是原来的 8 倍。

通过以上分析发现,连续单级电沉积泡沫金属的生产线,运行速度增加,会导致能耗大大增加。因此,为了提高生产效率,同时又不增加多孔金属的单位面积能耗,也就是不改变 $U(0)$,就必须采用多级连续电沉积方式。

5.2.3　泡沫镍连续多级电沉积模型

为了提高运行速度,降低单位面积的能耗,采用连续多级电沉积法制备带状泡沫金属材料时,同样需要控制泡沫金属的质量,控制金属电沉积的电流密度恒定。建立多孔金属连续多级电沉积模型的目的,是如何控制在各级电沉积时电流密度恒定。

1. 电沉积过程

带状多孔金属材料连续多级电沉积装置示意图如图 5.11 所示,多孔金属要经过 N 个镀区才能达到电沉积的金属量,其中 N 为奇数。设定 $n=1,3,5,\cdots,N$;$m=2,4,6,\cdots,N-1$,第 n 和 m 镀区阳极配置示意图,如图 5.12 所示,阳极相对多孔金属呈对称配置。第 n 级镀区的电子从多孔金属的出口处导入,与多孔金属的运行方向相反;第 m 级镀区的电子从多孔金属的入口处导入,与多孔金属的运行方向相同。

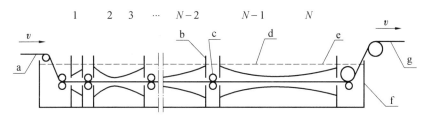

图 5.11　带状多孔金属材料连续多级电沉积装置示意图(截面)

a—带状导电多孔聚酯海绵;b—挡板;c—阴极导电辊;d—阳极;e—液面;f—镀槽;g—完成电沉积的多孔金属材料

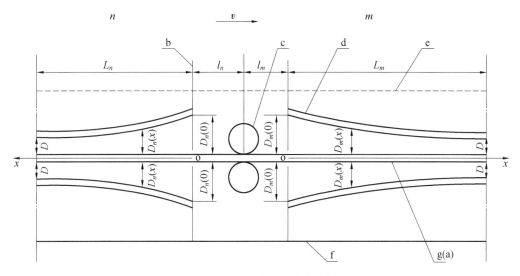

图 5.12　第 n 和 m 镀区阳极配置示意图(截面)

b—挡板;c—阴极导电辊;d—阳极;e—液面;f—镀槽;g—完成电沉积的多孔金属材料

2. 建立泡沫金属连续多级电沉积数学模型

依据验证过的泡沫金属单级连续电沉积的条件和原理,建立多孔金属连续多级电沉积模型,目的是获得满足电流密度恒定电沉积的条件,包括各级阳极长度、形状以及与运行速度的关系。

设各级阳极远端与带状多孔金属表面的距离均为 D,电子沿多孔金属流动方向为 x 轴,挡板处 $x=0$。第 n 级镀区的两个阳极在多孔金属上的投影均为 L_n,在 x 截面与多孔金属表面的距离均为 $D_n(x)$,流过 x 截面的电流为 $I_n(x)$,带状多孔金属与阴极导电辊切点处距挡板的距离为 l_n;第 m 级镀区的两个阳极在多孔金属上的投影均为 L_m,在 x 截面与多孔金属表面的距离均为 $D_m(x)$,流过 x 截面的电流为 $I_m(x)$,带状多孔金属与阴极导电辊切点处距挡板的距离为 l_m。

由于镀区内流过多孔金属 x 截面的电流等于 x 截面下方的多孔金属电极反应电流的总和,则在第 n 和第 m 镀区,多孔金属以最佳表观电流密度进行恒定电流密度连续电沉积过程中,流过多孔金属 x 横截面的阴极电流分别为

$$I_n(x)=2Hj(L_n-x) \quad n=1,3,5,\cdots,N \tag{5.17(a)}$$

$$I_m(x) = 2Hj(L_m - x) \quad m = 2, 4, 6, \cdots, N-1 \tag{5.17(b)}$$

式中　　$I(x)$——流过多孔金属 x 截面的阴极电流，A；

　　　　j——带状多孔金属连续电沉积的最佳表观电流密度，$A \cdot m^{-2}$。

由 5.2.2 中的假设 ④ 可知，流过 x 截面的阴极电流在单位时间内电沉积的金属量与单位时间内运行经过 x 截面的多孔金属所含的金属量有以下关系：

$$M_i = \frac{2g\eta j H L_i}{Sv} \quad i = 1, 2, 3, 4, \cdots, N \tag{5.18(a)}$$

$$M_n(x) = \frac{2g\eta j H}{Sv}(L_n - x) \quad n = 1, 3, 5, \cdots, N \tag{5.18(b)}$$

$$M_m(x) = \frac{2g\eta j H}{Sv} x \quad m = 2, 4, 6, \cdots, N-1 \tag{5.18(c)}$$

式中　　M_i——单位面积泡沫金属第 i 镀区电沉积的金属量，$kg \cdot m^{-3}$；

　　　　g——电沉积金属的电化当量，$kg \cdot C^{-1}$；

　　　　$M_n(x)$——在第 n 级镀区电沉积的多孔金属运行到 x 截面时，在第 n 级镀区单位体积增加的金属量，$kg \cdot m^{-3}$；

　　　　$M_m(x)$——在第 m 级镀区电沉积的多孔金属运行到 x 截面时，在第 m 级镀区单位体积增加的金属量，$kg \cdot m^{-3}$；

　　　　η——多孔金属电沉积的电流效率；

　　　　S——多孔金属的表观横截面积，m^2；

　　　　v——多孔金属匀速运行速度，$m \cdot s^{-1}$。

根据多孔金属电沉积过程中沿 x 方向的表观电阻与多孔金属单位体积所含的金属量和表观横截面积成反比，与电沉积致密金属的电阻率和长度成正比，和图 5.12 所示连续电沉积的路径，带状多孔金属连续电沉积过程中的表观电阻为

$$dR_n(x) = \frac{K\rho_0}{S\left[\sum_{i=1}^{n-1} M_i + M_n(x)\right]} dx \quad n = 1, 3, 5, \cdots, N \tag{5.19(a)}$$

$$dR_m(x) = \frac{K\rho_0}{S\left[\sum_{i=1}^{m-1} M_i + M_m(x)\right]} dx \quad m = 2, 4, 6, \cdots, N-1 \tag{5.19(b)}$$

式中　　$dR(x)$——x 截面处、沿 x 方向、dx 长度的多孔金属的表观电阻，Ω；

　　　　K——多孔金属的表观电阻率常数（$kg \cdot m^{-3}$），其值大小与多孔金属的制备工艺及三维网状结构有关；

　　　　ρ_0——电沉积致密金属的电阻率，$\Omega \cdot m$。

根据欧姆定律，在电流传导过程中，由于多孔金属电阻影响，在 x 截面处的电势降为

$$dU_n(x) = -I_n(x)dR_n(x) \quad n = 1, 3, 5, \cdots, N \tag{5.20(a)}$$

$$dU_m(x) = -I_m(x)dR_m(x) \quad m = 2, 4, 6, \cdots, N-1 \tag{5.20(b)}$$

式中　　$dU(x)$——多孔金属沿 x 方向，dx 长度的电势降，V。

由式（5.17(a)）～（5.20(b)）得

$$dU_n(x) = -\frac{K\rho_0 v(L_n - x)}{g\eta\left(\sum_{i=1}^{n} L_i - x\right)} dx \quad n = 1, 2, 3, 4, \cdots, N \tag{5.21(a)}$$

$$\mathrm{d}U_m(x) = -\frac{K\rho_0 \upsilon (L_m - x)}{g\eta \left(\sum\limits_{i=1}^{m-1} L_i + x\right)}\mathrm{d}x \quad m = 2,4,6,\cdots,N-1 \tag{5.21(b)}$$

设定边界条件:$x=0$ 时,$U_n(x)=U_n(0)$,$U_m(x)=U_m(0)$,则方程(5.21(a))、(5.21(b))的解分别为

$$U_n(x) = U_n(0) - \frac{K\rho_0 \upsilon}{g\eta}\left[x + \left(\sum\limits_{i=1}^{n-1} L_i\right)\ln\left(1 - \frac{x}{\sum\limits_{i=1}^{n} L_i}\right)\right] \quad n = 1,3,5,\cdots,N$$

$$\tag{5.22(a)}$$

$$U_m(x) = U_m(0) - \frac{K\rho_0 \upsilon}{g\eta}\left[-x + \left(\sum\limits_{i=1}^{m} L_i\right)\ln\left(1 + \frac{x}{\sum\limits_{i=1}^{m-1} L_i}\right)\right] \quad m = 2,4,6,\cdots,N-1$$

$$\tag{5.22(b)}$$

式中　　$U(x)$——x 截面处阳极与多孔金属间的电势差,V;

　　　　$U_n(0)$,$U_m(0)$——第 n 和第 m 镀区,挡板处阳极与多孔金属间的电势差(V),取决于直流电源的外加电压,以及带状多孔金属与阴极导电辊切点处距挡板的距离。

由于多孔金属的厚度与多孔金属在镀区内的长度及距阳极的距离相比很小,$U(x)$ 近似为阳极与多孔金属表面的电势差,在阳极 → 溶液 → 多孔金属表面路径上的电势降可表述为

$$U_n(x) = j\rho_{\mathrm{L}} D_n(x) + U_{nr}(x) \quad n = 1,3,5,\cdots,N \tag{5.23a}$$

$$U_m(x) = j\rho_{\mathrm{L}} D_m(x) + U_{mr}(x) \quad m = 2,4,6,\cdots,N-1 \tag{5.23b}$$

式中　　ρ_{L}——溶液的电阻率,$\Omega \cdot \mathrm{m}$;

　　　　$U_r(x)$——x 截面处阳极极化过电势和阴极极化过电势之和,恒定电流密度电沉积条件下为常数,则式(5.22(a))、(5.22(b)) 可化为

$$D_n(x) = D_n(0) - \frac{K\rho_0 \upsilon}{g\eta\rho_{\mathrm{L}} j}\left[x + \left(\sum\limits_{i=1}^{n-1} L_i\right)\ln\left(1 - \frac{x}{\sum\limits_{i=1}^{n} L_i}\right)\right] \quad n = 1,3,5,\cdots,N$$

$$\tag{5.24(a)}$$

$$D_m(x) = D_m(0) - \frac{K\rho_0 \upsilon}{g\eta\rho_{\mathrm{L}} j}\left[-x + \left(\sum\limits_{i=1}^{m} L_i\right)\ln\left(1 + \frac{x}{\sum\limits_{i=1}^{m-1} L_i}\right)\right] \quad m = 2,4,6,\cdots,N-1$$

$$\tag{5.24(b)}$$

多孔金属连续 N 级恒定电流密度电沉积时,由法拉第定律确定多孔金属的运动速度为

$$\upsilon = \frac{2g\eta j}{A}\sum\limits_{i=1}^{N} L_i \quad i = 1,2,3,4,\cdots,N \tag{5.25}$$

式中　　A——最终制备的带状多孔金属材料的面密度,$\mathrm{kg} \cdot \mathrm{m}^{-2}$。

则式(5.24(a)) 和(5.24(b)) 可化为

$$D_n(x) = D_n(0) - \frac{2K\rho_0}{A\rho_{\mathrm{L}}}\left(\sum\limits_{i=1}^{N} L_i\right)\left[x + \left(\sum\limits_{i=1}^{n-1} L_i\right)\ln\left(1 - \frac{x}{\sum\limits_{i=1}^{n} L_i}\right)\right] \tag{5.26(a)}$$

$$n = 1, 3, 5, \cdots, N$$

$$D_m(x) = D_m(0) - \frac{2K\rho_0}{A\rho_L} \left(\sum_{i=1}^{N} L_i \right) \left[-x + \left(\sum_{i=1}^{m} L_i \right) \ln \left(1 + \frac{x}{\sum\limits_{i=1}^{m-1} L_i} \right) \right] \quad (5.26(b))$$

$$m = 2, 4, 6, \cdots, N-1$$

当 $n=1$ 时,方程(5.26(a))化为

$$D_1(x) = D_1(0) - \frac{2K\rho_0}{A\rho_L} \left(\sum_{i=1}^{N} L_i \right) x \quad\quad\quad\quad (5.27)$$

带状多孔金属连续电沉积运行过程中,保证恒定电流密度的必要条件是:当 $U_n(0) = U_m(0)$ 时, $D_n(0) = D_m(0) = D(0)$。设定 $L_n = a_n L_1$, $a_1 = 1$,由于 $D_n(L_n) = D_m(L_m) = D$,则式(5.27)和式(5.26(a))、(5.26(b))可转化为

$$\frac{2K\rho_0 L_1{}^2}{A\rho_L [D(0) - D]} \left(\sum_{i=1}^{N} a_i \right) = 1 \quad\quad\quad\quad (5.28a)$$

方程(5.28(a)) ～ (5.28(c))的解为

$$L_1 = \left[\frac{A\rho_L [D(0) - D]}{2K\rho_0 \sum\limits_{i=1}^{N} a_i} \right]^{\frac{1}{2}} \quad\quad\quad\quad (5.29)$$

$$L_i = a_i L_1 \quad i = 1, 2, 3, 4, \cdots, N \quad\quad\quad\quad (5.30)$$

$$a_1 = 1 \quad\quad\quad\quad (5.31)$$

$$a_2 = e - 1 \quad\quad\quad\quad (5.32)$$

$$a_n = 1 + \left(\sum_{i=1}^{n-1} a_i \right) \ln \left(1 + \frac{a_n}{\sum\limits_{i=1}^{n-1} a_i} \right) \quad n = 3, 5, 7, \cdots, N \quad\quad (5.33)$$

$$a_m = -1 + \left(\sum_{i=1}^{m} a_i \right) \ln \left(1 + \frac{a_m}{\sum\limits_{i=1}^{m-1} a_i} \right) \quad m = 4, 6, 8, \cdots, N-1 \quad\quad (5.34)$$

在设计多孔金属恒定电流密度连续电沉积设备时,由式(5.29) ～ (5.34)确定阳极长度,其中 $1, 1.72, 3.04, 3.71, 5.04, \cdots \cdots a_N$ 是由欧姆定律、法拉第定律和多孔金属连续电沉积的运行路径决定的一组数列,对电沉积法制备多孔金属材料普遍适用。由式(5.27)和式(5.26(a))、(5.26(b))确定阳极形状。由式(5.25)确定多孔金属的运行速度。根据式(5.17(a))和(5.17(b)),电流的计算公式为

$$I_n = 2jHL_1 a_n \quad n = 1, 3, 5, \cdots, N \quad\quad\quad\quad (5.35(a))$$

$$I_m = 2jHL_1 a_m \quad m = 2, 4, 6, \cdots, N \quad\quad\quad\quad (5.35(b))$$

$$I = 2jHL_1 \sum_{1}^{N} a_i \quad i = 1, 2, 3, 4, \cdots, N \quad\quad\quad\quad (5.35(c))$$

式中　　I_n——第 n 级镀区导入的阴极电流,A;

　　　　I_m——第 m 级镀区导入的阴极电流,A;

　　　　I——N 个镀区导入的总电流,A。

根据欧姆定律,$x=0$ 处,多孔金属表面与阳极间的电势差为

$$U_n(0) = U - \frac{I_n K\rho_0 l_n}{S \sum\limits_{i}^{n} M_i} \quad n = 1, 3, 5, \cdots, N \quad\quad\quad\quad (5.36)$$

$$U_m(0) = U - \frac{I_m K \rho_0 l_m}{S \sum\limits_{i}^{m-1} M_i} \quad m = 2,4,6,\cdots,N-1 \tag{5.37}$$

式中　U—— 直流电源作用在阴极导电辊与阳极之间的直流电压，V。

在 $D_n(0) = D_m(0)$ 条件下，当多孔金属运行过程中，金属电沉积的表观电流密度恒定在最佳值时，需要满足 $U_n(0) = U_m(0)$，即

$$l_n = \frac{\sum\limits_{i}^{n} a_i}{a_n} \cdot l_1 \quad n = 1,3,5,\cdots,N \tag{5.38a}$$

$$l_m = \frac{\sum\limits_{i}^{m-1} a_i}{a_m} \cdot l_1 \quad m = 2,4,6,\cdots,N-1 \tag{5.38b}$$

在设计多孔金属连续电沉积设备时，由式(5.38(a))、(5.38(b))可以确定安装的挡板距离阴极导电辊的相对位置。

3. 泡沫金属连续多级电沉积设计

根据以上模型设计了泡沫镍连续 5 级电沉积设备。由测量得到的溶液电阻率 $\rho_L = 0.214\ \Omega \cdot m$，采用式(5.31)～(5.34)，计算出 $a_1 = 1, a_2 = 1.72, a_3 = 3.04, a_4 = 3.71, a_5 = 5.04$。设定 $l_1 = 0.1\ m, D(0) = 0.1\ m, D = 0.02\ m$，最终制备的多孔金属镍的面密度 $A = 0.5\ kg \cdot m^{-2}$ 时，由式(5.29)、(5.30)和式(3.38(a))、(3.38(b))计算出：$L_1 = 0.247\ m, L_2 = 0.424\ m, L_3 = 0.750\ m, L_4 = 0.915\ m, L_5 = 1.24\ m; l_2 = 0.058\ m, l_3 = 0.189\ m, l_4 = 0.155\ m, l_5 = 0.288\ m$。

根据以上计算结果设计多孔金属镍的电沉积设备，并按照式(5.24(a))、(5.24(b))设计各级阳极钛篮形状，利用数控加工设备制造钛篮。

5.3　影响泡沫金属 DTR 的电化学因素分析

泡沫金属电沉积过程中是多孔电极，如图 5.13(a) 所示，由于溶液电阻的影响，使电流密度在厚度方向分布不均匀，在其中间部位的极化过电势最低，电流密度最小。本节利用浸没式多孔电极的宏观均匀模型（固相连续、液相也连续），忽略泡沫金属的微观结构，把泡沫金属和镀液视为两种介质无限均匀重叠的体系，电极过程在两相中进行，各种参数都是连续函数，如图 5.13(b) 所示。忽略浓度极化（金属电沉积应避免浓度极化），并假设电极反应处于稳态，在此基础上建立泡沫金属多孔电极电沉积模型，分析过电势和电流密度在泡沫金属厚度方向上的分布。

电沉积泡沫金属的厚度为 $1 \sim 2\ mm$，可以认为多孔电极金属相厚度方向上为等势体。假设多孔电极内的溶液中，流过 x 截面（面积为 S）的电流为 $I_L(x)$；多孔电极内溶液与金属界面电化学反应的真实电流密度为 $j(x)$；单位体积多孔电极中参与金属／溶液界面电化学反应的面积为 S^*, S^* 与泡沫镍孔径有关。

溶液中，流过 x 截面的电流密度为

$$i_L(x) = \frac{I_L(x)}{S} \tag{5.39}$$

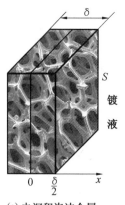 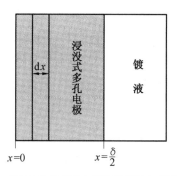

(a) 电沉积泡沫金属　　　　　　(b) 浸没式多孔电极的宏观均匀模型

图 5.13　泡沫镍电沉积钴的厚度分布

式中　$i_L(x)$——溶液中流过 x 截面的电流密度，$A \cdot m^{-2}$；

　　　$I_L(x)$——多孔电极内溶液中，对应 x 截面，流过 S 截面积的电流强度，A。

根据电量守恒，稳态下，体积为 $S dx$ 的多孔电极溶液中，电流的变化量应等于该体积的多孔电极中金属／溶液界面电化学反应产生（或消耗）的电流，即

$$-dI_L(x) = S^* j(x) S dx \tag{5.40}$$

式中　S^*——单位体积多孔电极中参与电化学反应的面积，$m^{-2} \cdot m^{-3}$；

　　　$j(x)$——多孔电极内溶液与金属界面电化学反应的真实电流密度，$A \cdot m^{-2}$。

由式（5.40）得

$$\frac{di_L(x)}{dx} = -S^* j(x) \tag{5.41}$$

根据欧姆定律：

$$I_L(x) = -\frac{S d\varphi_L}{\rho_L dx} \tag{5.42}$$

式中　φ_L——溶液中的电势，V；

　　　ρ_L——溶液的电阻率，$\Omega \cdot m$。

由式（5.39）、（5.42）可得

$$i_L(x) = -\frac{d\varphi_L}{\rho_L dx} \tag{5.43}$$

由于多孔金属电极在 x 截面的阴极极化过电势为

$$\eta_c(x) = \varphi_e^M - \varphi_c^M \tag{5.44}$$

式中　φ_c^M——多孔金属电极的电极电势，V；

　　　φ_e^M——多孔金属的平衡电极电势，V；

　　　$\eta_c(x)$——多孔金属电极在 x 截面的阴极极化过电势，V，$\eta_c > 0$。

由于 $\eta_c = \varphi^L - \varphi_c^M + const$，则

$$\frac{d\eta_c}{dx} = \frac{d(\varphi^L - \varphi_c^M)}{dx} \tag{5.45}$$

由于泡沫金属的电导率远远大于溶液的电导率，而且电沉积泡沫金属的厚度很薄，可视

为等势体，即 $\dfrac{\mathrm{d}\varphi^{\mathrm{M}}}{\mathrm{d}x}=0$，式(5.45) 化为

$$\frac{\mathrm{d}\eta_{\mathrm{c}}}{\mathrm{d}x}=\frac{\mathrm{d}\varphi^{\mathrm{L}}}{\mathrm{d}x} \tag{5.46}$$

合并式(5.43)、(5.46) 得

$$i_{\mathrm{L}}(x)=-\frac{1}{\rho_{\mathrm{L}}}\frac{\mathrm{d}\eta_{\mathrm{c}}}{\mathrm{d}x} \tag{5.47}$$

对式(5.47) 微分后代入式(5.41) 得：

$$\frac{\mathrm{d}^{2}\eta_{\mathrm{c}}}{\mathrm{d}x^{2}}=\rho_{\mathrm{L}}S^{*}j(x) \tag{5.48}$$

对于电子转移步骤交换电流密度很小的简单盐金属电沉积（镍、铁、钴等），电沉积过程为电化学步骤控制，而且正常的金属电沉积发生在 Tafel 极化区：

$$j(x)=j^{0}\exp\left(\frac{\beta nF\eta_{\mathrm{c}}}{RT}\right) \tag{5.49}$$

式中　　j^{0}——电化学极化的交换电流密度，$A\cdot m^{-2}$；

β——传递系数；

F——法拉第常数，$F=96\ 485\ C\cdot mol^{-1}$；

R——摩尔气体常数，$R=8.314\ J\cdot K^{-1}\cdot mol^{-1}$；

T——绝对温度，K。

将式(5.49) 代入式(5.48)，并令 $B=\dfrac{\beta nF}{RT}$，则式(5.48) 化为

$$\frac{\mathrm{d}^{2}\eta_{\mathrm{c}}}{\mathrm{d}x^{2}}=\rho_{\mathrm{L}}S^{*}j^{0}\mathrm{e}^{B\eta_{\mathrm{c}}} \tag{5.50}$$

根据 $\dfrac{\mathrm{d}^{2}\eta_{\mathrm{c}}}{\mathrm{d}x^{2}}=\dfrac{1}{2}\dfrac{\mathrm{d}}{\mathrm{d}\eta_{\mathrm{c}}}\left(\dfrac{\mathrm{d}\eta_{\mathrm{c}}}{\mathrm{d}x}\right)^{2}$ 和虚拟边界条件：$x\to\infty$ 时，$\eta_{\mathrm{c}}\to0$，$\dfrac{\mathrm{d}\eta_{\mathrm{c}}}{\mathrm{d}x}\to0$，由式(5.50) 得

$$\left(\frac{\mathrm{d}\eta_{\mathrm{c}}}{\mathrm{d}x}\right)^{2}=\frac{2\rho_{\mathrm{L}}S^{*}j^{0}}{B}(\mathrm{e}^{B\eta_{\mathrm{c}}}-1) \tag{5.51}$$

令 $A=\sqrt{\dfrac{2\rho_{\mathrm{L}}S^{*}j^{0}}{B}}$，并由 $\dfrac{\mathrm{d}\eta_{\mathrm{c}}}{\mathrm{d}x}=-\rho_{\mathrm{L}}i_{\mathrm{L}}(x)\leqslant0$，式(5.51) 化为

$$\frac{\mathrm{d}\eta_{\mathrm{c}}}{\mathrm{d}x}=-A(\mathrm{e}^{B\eta_{\mathrm{c}}}-1)^{\frac{1}{2}} \tag{5.52}$$

根据边界条件：$x=\dfrac{\delta}{2}$ 时（δ 为泡沫金属的厚度），$\eta_{\mathrm{c}}=\eta_{\mathrm{c}}^{0}$，进一步求解公式(5.52)，令 $u=(\mathrm{e}^{B\eta_{\mathrm{c}}}-1)^{\frac{1}{2}}$，则得到

$$-\frac{\mathrm{d}\eta_{\mathrm{c}}}{A\sqrt{\mathrm{e}^{\eta_{\mathrm{c}}}-1}}=\frac{2\mathrm{d}u}{AB(1+u^{2})}=\mathrm{d}x \tag{5.53}$$

通过积分以及初始条件的带入得到

$$\frac{2}{AB}(\arctan\sqrt{\mathrm{e}^{B\eta_{\mathrm{c}}^{0}}-1}-\arctan u)=(\frac{1}{2}\delta-x) \tag{5.54}$$

将式(5.54) 化为显式表示得到解为（规定过电势 $\eta_{\mathrm{c}}\geqslant0$）：

$$\eta_{\mathrm{c}}=\begin{cases}\dfrac{2}{B}\ln\left\{\cos\left[\arctan\sqrt{\mathrm{e}^{B\eta_{\mathrm{c}}^{0}}-1}-\dfrac{AB}{2}(\dfrac{1}{2}\delta-x)\right]\right\},AB\neq0\\[2mm]\eta_{\mathrm{c}}^{0},AB=0\end{cases} \tag{5.55}$$

式中　　$A=\sqrt{\dfrac{2\rho_{\mathrm{L}}S^{*}j^{0}}{B}}$, $B=\dfrac{\beta n F}{R T}$;

　　δ—— 泡沫金属的厚度。

由 A 和 B 的物理意义可知其乘积不等于零,因此公式(5.55)取 $AB\neq 0$ 作为电沉积泡沫金属随不同厚度处过电势的分布情况。图 5.14 为数值模拟得到的泡沫金属多孔电极内部过电势在电极厚度 x 方向的分布,可以看出,内部的过电势低于表面。

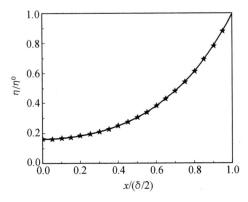

图 5.14　泡沫金属多孔电极内部过电势分布

根据 $j(x)=j^{0}\exp(\dfrac{\beta n F\eta_{\mathrm{c}}}{R T})$,电流密度在 x 方向的分布为

$$j(x)=j^{0}\left\{\cos\left[\arctan\sqrt{\mathrm{e}^{B\eta_{\mathrm{c}}^{0}}-1}-\frac{AB}{2}\left(\frac{1}{2}\delta-x\right)\right]\right\}^{2}\quad 0\leqslant x\leqslant\frac{1}{2}\delta \quad (5.56)$$

则

$$j_{x=0}=j^{0}\left[\cos\left(\arctan\sqrt{\mathrm{e}^{B\eta_{\mathrm{c}}^{0}}-1}-\frac{AB\delta}{4}\right)\right]^{2} \quad (5.57)$$

$$j_{x=\delta/2}=j^{0}\left[\cos\left(\arctan\sqrt{\mathrm{e}^{B\eta_{\mathrm{c}}^{0}}-1}\right)\right]^{2} \quad (5.58)$$

根据 DTR 的定义,是指泡沫金属的厚度方向上表面镀层厚度与中间镀层厚度之比,则

$$DTR=\frac{j_{x=\delta/2}}{j_{x=0}}=\frac{\left[\cos\left(\arctan\sqrt{\mathrm{e}^{B\eta_{\mathrm{c}}^{0}}-1}\right)\right]^{2}}{\left[\cos\left(\arctan\sqrt{\mathrm{e}^{B\eta_{\mathrm{c}}^{0}}-1}-\dfrac{AB\delta}{4}\right)\right]^{2}} \quad (5.59)$$

式(5.59)给出了电沉积多孔金属厚度分布系数与多孔金属厚度、极化过电势及多孔金属孔径(与 S^{*} 有关)的关系。

由式(5.59)可以看出,当金属电沉积的交换电流密度 $j^{0}\rightarrow0$, $A=\sqrt{\dfrac{2\rho_{\mathrm{L}}S^{*}j^{0}}{B}}\rightarrow0$ 时, $DTR\rightarrow1$;或泡沫金属厚度 $\delta\rightarrow0$ 时, $DTR\rightarrow1$ 。

5.4　电沉积泡沫金属的应用

电沉积法制备的泡沫金属气孔是连通的,而且气孔率高达 95% 以上,具有三维网状结构和高比表面积。根据这些特点,电沉积泡沫金属一般作为功能材料应用,利用它具有多孔、减振、阻尼、吸音、散热、吸收冲击能、电磁屏蔽等多种物理性能,应用于电池集流体、催化剂载体和制作流体过滤器和热交换器等,在航空航天、能源、材料、化工、冶金、仪器仪表等方面具有很好的应用前景。

5.4.1　电沉积泡沫金属在电池中的应用

电沉积方法制备的泡沫金属应用最多的是在各种蓄电池、超级电容器和燃料电池中作导电集流体。泡沫金属集流体提高电池性能的原理:

①泡沫金属具有三维网状结构,电极活性物质填充到其中,形成集流体与活性物质的相互穿插又各自独立的连续相,缩短了充放电过程中电子在活性物质与集流体之间的传输路径,降低固相欧姆电阻。

②泡沫金属具有高比表面积,与活性物质接触的导电面积大,降低界面接触电阻。

③泡沫金属的三维网状结构,能够起防止活性物质脱落作用。

其中,前两条提高活性物质的利用率和倍率性能,后一条延长电极寿命。因此,用泡沫金属做电极材料可制备高比能量、高比功率和长寿命的电池。

目前,电沉积法制备的泡沫金属以泡沫镍为主,主要用于碱性蓄电池。其他还有泡沫铜、泡沫铁、泡沫铅、泡沫锂等,在锂离子电池、铅酸电池、镍铁电池中的应用正在研究阶段。

1. 泡沫镍在碱性蓄电池中的应用

常见的碱性蓄电池有镍氢、镍镉、镍铁、锌镍电池,这类电池有两个共同特点,一是正极都是镍电极 $NiOOH/Ni(OH)_2$,二是电解液均为强碱溶液。泡沫镍在碱性蓄电池中作为镍电极的集流体,不但化学稳定性和电化学稳定性好,而且与 $NiOOH/Ni(OH)_2$ 具有很好的相容性。

泡沫镍是目前电沉积法制备的最多的泡沫金属,占 90% 以上,主要用于镍电极的集流体,替代传统的烧结式镍电极,降低了生产成本,简化了生产工艺,是碱性蓄电池发展的一项重大革新。轻质高孔率的泡沫镍与传统烧结基板材料相比,可使镍材消耗降低约一半,极板质量减少 12% 左右,并大大提高能量密度。在镍氢电池的发展历程中,泡沫镍替代冲孔镀镍钢带集流体,大大提高了拉浆式镍氢电池的性能,是镍氢电池发展的一个里程碑。图5.15是泡沫镍作为集流体涂膏式镍电极制作工艺流程。

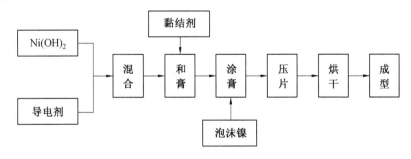

图 5.15　泡沫镍作为集流体涂膏式镍电极制作工艺流程

目前,高性能的镍氢电池都以泡沫镍作为集流体(图 5.16),主要用于丰田 PRIUS 油电混合电动汽车动力电池。

泡沫镍的孔径对镍电极的性能有很大影响,泡沫镍孔径越小,充放电过程中电子从集流体到活性物质的传输路径越短,而且集流体与活性物质的接触界面越大,有利于高倍率放电

容量和放电平台的提高。但孔径太小,会对活性物质
填充增加难度。

2. 泡沫铅在铅酸蓄电池中的应用

铅酸电池价格便宜,具有很大的市场需求,但铅
酸电池有比能量低的突出弱点,其原因是活性物质利
用率低。三维网状结构的泡沫铅用于铅酸电池的板
栅,可以增大与活性物质的接触面积,缩短固相导电
路径,提高活性物质的利用率和电池的比能量。

金属铅的熔点是 328 ℃,低于聚氨酯海绵的热解
温度(500 ℃以上),如用其做模板制备泡沫铅,热解去

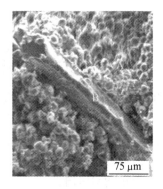

图 5.16　泡沫镍作为集流体的镍电极

除海绵时铅会融化,因此不能直接用聚氨酯海绵做模板电沉积制备泡沫铅。要想用海绵做
模板制备泡沫铅,首先是用海绵做模板制备泡沫碳,工艺过程如图 5.17 所示,然后再用泡沫
碳做模板电沉积铅。图 5.18 是泡沫碳和泡沫铅的 SEM 照片,负极板栅泡沫铅沉积的铅层
厚度为 20 μm 左右,正极板栅泡沫铅沉积的铅层厚度要达到 100 μm。需要说明的是,由于
铅膏比较硬,以泡沫碳为基体的泡沫铅强度较低,泡沫铅孔径不能太小,否则涂膏困难。

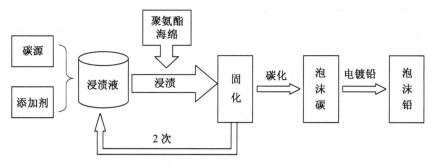

图 5.17　以泡沫碳为基体的泡沫铅制备工艺

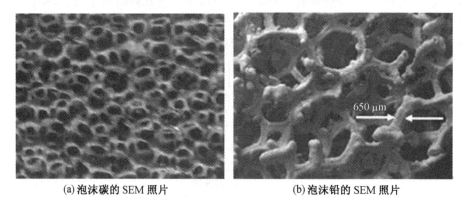

(a)泡沫碳的 SEM 照片　　　　　　　　　　(b)泡沫铅的 SEM 照片

图 5.18　泡沫碳和泡沫铅的 SEM 照片

有文献报道,用泡沫铅做板栅制备的铅酸电池可节铅 50%,比功率为 800~1 000 W/kg,
比能量为 70 Wh/kg,循环寿命是传统铅酸电池的两倍,低温性能好,电流分布均匀。图
5.19是用泡沫铅做板栅的 Firefly 3D 铅酸电池与传统铅酸电池工作时的热成像图,表明泡
沫铅板栅铅酸电池的电流分布比传统板栅铅酸电池均匀。

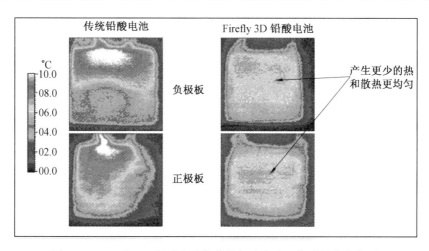

图 5.19　Firefly 3D 铅酸电池与传统铅酸电池工作时的热成像图

3. 泡沫锂在锂硫电池中的应用前景

金属锂具有 3 860 mAh/g 的理论比容量,而目前用的石墨负极只有 372 mAh/g。以金属锂做负极的锂硫电池的理论比能量高达 2 600 Wh/kg,比石墨负极锂离子电池的比能量高 10 倍。

金属锂作为二次锂电池的负极存在两个严重的缺点:一是充电过程使锂的电沉积产生"枝晶",容易穿透只有 20 μm 左右隔膜,形成短路,导致电池爆炸;二是放电过程中锂枝晶脱落或金属锂表面的 SEI 膜破损,产生"死锂",导致循环性能差。为了解决以上两个问题,用泡沫锂代替锂片,大大减小锂负极充放电的实际电流密度,可有效防止"枝晶"和"死锂"产生,是比较理想的金属锂负极,有望在锂硫电池中应用。

图 5.20 是泡沫锂的 SEM 照片,在锂离子电池电解液中具有较好的溶解/沉积可逆性。用于金属锂二次电池负极的泡沫锂可以用以聚氨酯海绵为模板制备的泡沫铜为基板,采用有机溶液电沉积或物理气相沉积方法制备。泡沫锂的孔径应高于 130 PPI,而厚度小于 0.5 mm,这是由于锂电池的有机电解液电导率低,约为 0.01 S/cm,如果电极太厚,远离对电极部位活性物质反应的液相欧姆压降过大,利用率低。采用 130 PPI 以上的高孔率泡沫锂的目的也是为了厚度虽然薄,但比表面积大。也可用 110 PPI 厚度 1.5 mm 的泡沫锂压薄至0.5 mm使用。

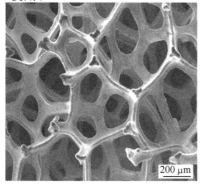
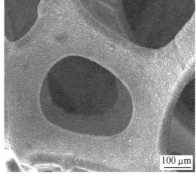

图 5.20　泡沫锂的 SEM 照片

4.泡沫铝在用于锂离子电池的正极集流体

泡沫铝可以替代铝箔作为锂离子电池的正极集流体,就像拉浆式镍氢电池中泡沫镍替代镀镍钢带。但是,锂离子电池用的是有机电解液,比镍氢电池的强碱性水溶液电导率低1个数量级。因此,考虑到液相欧姆电阻的影响,泡沫铝电极的厚度为0.5 mm左右较为合适。如果未来锂离子电池用有机电解液的电导率得到大幅度提高,那么用泡沫集流体制备厚电极,对提高锂离子电池的比能量和比功率,优势将充分发挥出来。

图5.21是2011年日本住友电工研发的泡沫铝,在锂电池中替代铝箔,单位面积承载的正极活性物质多,可提高锂离子电池的比能量和比功率。

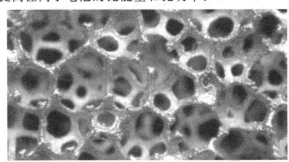

图5.21　泡沫铝的SEM照片

用于锂离子电池正极集流体的泡沫铝,可以用以聚氨酯海绵为模板制备的泡沫镍为基板,采用有机溶液电沉积或物理气相沉积方法制备。

5.4.2　电沉积泡沫金属在其他领域的应用

电沉积泡沫金属具有特有的结构和性能,可用于催化剂载体、多孔电极、电磁屏蔽、消声降噪,制造减振器、过滤器、换热器等器件。

1.催化剂载体

电沉积泡沫金属具有高比表面积和三维网状结构,以其为载体,在其骨架表面负载相应的催化剂后,作为流动床异相催化反应的催化剂,具有以下特点:

①气液流动性好。

②催化反应面积大。

③反应物向催化表面的传质路径短。

④有利于形成湍流,增强传质。

泡沫金属在韧性和热导率方面的优势,是催化载体材料的又一优势。如将催化剂浆料涂于薄的泡沫金属片表面,然后通过成型(如轧制)和高温处理,可以用于电厂废气氮氧化物等的处理和汽车尾气处理器等。

2.多孔电极

电沉积法制备的泡沫金属(镍、铜、钴、金、银等)可做电解或回收镍、铜、钴、金、银等的阴极,或电解回收这些金属的多孔电极,高的比表面积可以降低过电势,高孔隙率流动性好,能够降低浓度极化。因此,可以降低能耗,提高生产效率。

电沉积泡沫金属还可以作为有机合成、废水处理的电极,在有机化学反应工程中作为流通性和流经性好的电极,具有良好的电解质扩散、迁移和物质交换性能。泡沫镍适合于作有机化合物电氧化的多孔三维阳极,如苯甲基乙醇的多相电催化氧化,促进了乙醛的生成,泡沫镍电极能提高电解电流和乙醇转换率。

3. 电磁波屏蔽/吸收

各种电气、电子设备或者系统一方面对周围电磁干扰十分敏感,另一方面它们本身又会对周围环境发出电磁干扰。此外,电磁波对人类工作和生活环境的污染已成为严重的社会问题。同时,在某些国防、军事等保密场合工作或者设置的无线电设施、雷达、通信、电缆等电子、电气设施和设备,常常由于电磁波辐射的泄漏而导致国防或者军事信息泄密。解决这一问题的关键方法之一在于轻质高效电磁波屏蔽吸收材料的设计、制备与应用。轻质多孔的泡沫金属对电磁波的屏蔽、吸收,电磁波可在泡沫金属的网状结构内部经多次反射吸收效果好。

4. 过滤与分离

电沉积泡沫金属的三维网状结构具有优良的通透性,而且耐高温,因此可用于特殊场合的过滤与分离。泡沫金属的孔道对液体有阻碍作用,从而能从液体中过滤分离出固体或悬浮物,在化工、冶金、原子能工业和空气净化具有应用前景。

目前,在过滤与分离的功能上,泡沫金属已用在冶金工业湿法冶炼钽粉生产中,熔融金属钠采用泡沫镍过滤器;在化工行业,硝酸、96%硫酸、醋酸、硼酸、亚硝酸、草酸、碱、硫化氢、乙炔、氢氧化钠等用泡沫钛等进行过滤;在原子能工业中,用泡沫镍过滤器对 UF6 提炼及氧铀基硝酸盐脱硝中流化床尾气过滤,使放射性粉尘得以回收;经过泡沫镍过滤器净化的空气,已用于各种厌氧细菌的生长,它几乎取代了原用的活性炭加脱脂棉的空气过滤器。

5. 消声降噪

作为一种有效的吸音材料,多孔材料已广泛应用于噪声管理。虽然木质纤维板、微穿孔板等也具有较好的降噪功能,但其应用经常受到声波频率、水下环境限制。泡沫金属具有耐火、防潮、无毒、吸收高频声波等特性,在欧美已被用于大城市高架桥吸声底衬、高速公路隔声屏障、隧道壁墙、音乐厅墙壁和天花板、汽车、船舶及航空飞行器的吸声材料。如在燃气轮机排气系统等一些特殊的工作条件下,其排气消声装置要满足高效、长寿和轻型化的要求,一般常规的吸声构件和材料不能适用,而具有耐高温高速气流冲刷和抗腐蚀性能优越的轻质泡沫金属可满足其要求。

此外,常用的木质或化学纤维虽然具有很好的空气吸声效果,但其在水下时由于阻抗不匹配以及吸水而不具有实用性,泡沫金属在解决阻抗匹配以及耐水方面则具有很强的优势。

6. 换热

高孔率的泡沫铜、泡沫铝可以用作紧凑热交换器。在这种情况下,需要采用开孔结构,热量可从以强迫对流形式通过泡沫金属的气体或液体中散发或被加热,同时泡沫金属被冷却或被加热,可满足微电子设备等对紧凑型热交换器的苛刻要求。这类微电子设备往往有很高的能量耗散密度,例如计算机芯片或者能源电子设备。

7. 减振材料

泡沫金属材料可作为减振材料,泡沫金属的应力-应变曲线分为 3 个阶段:线弹性区、屈服平台区、致密化区,其抗冲击性能主要取决于线弹性区。线弹性区的面积越大,表示该材料的抗冲击性能越好,其减振性越好,轻质泡沫金属具有很高的减振能力。此外,在发生碰撞时,泡沫金属还能有效地吸收冲击能,材料的能量吸收能力主要取决于屈服平台区,泡沫金属高而宽的屈服平台区可获得较大的吸能能力。

8. 生物材料

泡沫金属具有的开放多孔状结构,允许新骨细胞组织在内生长及体液的传输,尤其是泡沫金属的强度及弹性模量可以通过对孔隙率的调整同自然骨相匹配。泡沫钛对人体无害且具有优良的力学性能和生物相容性,已被用作植入骨用生物材料。泡沫镁因具有生物降解及生物吸收特性也被列入植入骨用生物材料的行列。

第6章 微弧氧化技术

微弧氧化技术（Micro－Arc Oxidation，MAO），是在普通阳极氧化的基础上，将 Al，Mg，Ti，Zr，Ta，Nb 等金属或其合金（统称为阀金属）置于电解液中，施加高电压使该材料表面产生火花或微弧放电，形成金属氧化物陶瓷膜的一种表面改性技术。微弧氧化又称为等离子体电解氧化（Plasma Electrolytic Oxidation，PEO）、阳极火花沉积、火花放电阳极氧化或等离子体增强电化学表面微弧氧化技术。

微弧氧化的理论和工艺研究始于 20 世纪 70 年代，俄罗斯、美国和德国等国家的研究人员做了很多开创性的工作，我国从 20 世纪 90 年代初期开始对此项技术进行了大量研究。微弧氧化技术工艺简单，不需要真空或者低温条件，前处理工序少，操作简便，生产效率高，处理工件能力强，性能价格比高，适合于自动化生产。微弧氧化突破了传统阳极氧化电流、电压法拉利区的局限，把阳极电势由几十伏特提高到几百伏特，在阳极区产生微弧放电，使阳极金属表面局部温度升高，微区温度一般高于 1 000 ℃，从而使阳极氧化物熔覆在金属表面，形成陶瓷质的阳极氧化膜。这种在基体上原位生长的陶瓷膜结合牢固，致密均匀，可以明显改善材料的耐磨性、耐腐蚀性、耐热冲击性、耐压性、绝缘性、生物相容性等，实现了第二代工程材料（金属）和第三代工程材料（陶瓷）的完美结合。通过改变电解液组成及工艺条件，可以调整膜层的微观结构和特征，从而实现膜层的功能设计。微弧氧化膜层已经在装饰、防护和功能膜层领域得到了广泛的应用，例如，仪器仪表、土木工程所需的装饰膜层，船舶、化工设备等关键部件的耐蚀性防护膜，机械、管道、发动机等零件上的耐磨性膜层，电子工业、能源工业、精密仪器、医用材料等所需的电、光、催化、仿生等功能性膜层等。

6.1 微弧氧化技术的基本原理

微弧氧化过程与阳极氧化过程有着不可分割的关系，二者的主要区别在于微弧氧化具有较强烈的电击穿过程。自微弧氧化技术问世以来，科研人员已建立了多种定性和定量的理论模型来试图解释微弧氧化放电现象及微弧氧化陶瓷层的形成机理。

6.1.1 微弧氧化放电模型

微弧氧化过程非常复杂，在此过程中电化学氧化、化学氧化、等离子体氧化以及相变过程并存。根据放电现象，微弧氧化过程可分为普通阳极氧化、火花放电、微弧放电和弧光放电四个阶段。其中，火花放电、微弧放电和弧光放电均属于微区弧光放电现象，放电区域处于等离子体状态。

①普通阳极氧化阶段为电压达到临界击穿电压之前的几分钟。在该阶段，金属表面生成很薄的绝缘氧化膜。

②火花放电阶段是指电压达到临界击穿电压时，氧化膜被击穿，表面出现无数细小的白

色火花的阶段。此阶段,火花持续时间为 $1 \sim 2$ s,火花密度约为 10^5 个/cm^2。图 6.1 是微弧氧化陶瓷层与对应电压的关系模型,可以看到达到临界击穿电压时,电流迅速上升。

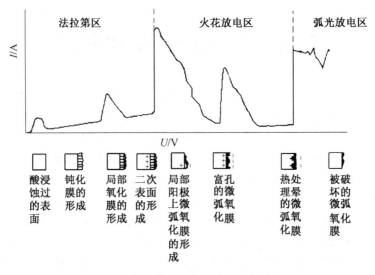

图 6.1　微弧氧化陶瓷层与对应电压的关系模型

　　③微弧放电阶段指金属表面出现一些移动的、较大的橘红色弧点,同时也存在大量细小白色火花的阶段。该阶段是由于外加电压和膜厚逐渐增加而产生的,这些较大的橘红色弧点对氧化膜的形成和增厚起积极作用。微弧直径一般在几微米至几十微米,温度为几千度甚至上万度,在金属表面停留时间约为几至几十毫秒。微弧区温度适中,既可以改变氧化膜的结构,又不至于破坏材料表面,是对材料进行表面改性的合适阶段。微弧在溶液中可以使周围的液体汽化,形成高温高压区,使金属表面的氧化膜在经历多次微弧氧化后发生相和结构的转变。随着氧化膜厚度增加,该区域的微弧会自动消失,但是在氧化膜的薄弱部分又会出现新的微弧。所以,在微弧放电的这个阶段,看到的是金属表面有许多跳动着的微弧点。根据气体放电理论,发生微区电弧放电有两个必要条件:一是阳极上有气体生成;二是气体承受强电场并使气体电离。

　　④弧光放电阶段是指金属表面跳动的橘红色弧点逐渐变得稀疏,出现少量更大的橘红色弧点,这些弧点不再移动,而是停在某一部位连续放电,并发出尖锐的爆鸣声,同时仍存在大量白色火花的阶段。该阶段的产生是因为随着氧化时间的延长,氧化膜达到一定厚度后,膜越来越难被击穿,外加电压大于 $700 \sim 800$ V。这种连续放电的橘红色弧点会在陶瓷层表面形成几十微米的大坑,对陶瓷层破坏较大,应通过改变试验条件尽量避免该阶段出现。

　　微弧氧化过程中,通电后金属表面首先会生成一层绝缘的阳极氧化膜。1932 年,Betz 等人首次观察到,当施加的电压超过某一临界值时,绝缘膜的薄弱部分被击穿,发生微区弧光放电现象。微弧氧化的电击穿过程涉及很多物理(如结晶、熔融、高温相变、电泳等)、化学(如高温化学、等离子体化学)、电化学过程,机理复杂,现今存在膜层击穿、电子隧道效应和杂质中心放电等几种模型。

1. 膜层击穿理论

膜层击穿理论经历了热作用机理、机械作用机理以及电子雪崩机理等从简单到复杂,从定性到定量的发展阶段。

①热作用机理认为,界面膜层存在一临界温度 T_m,当膜的局部温度 T 大于 T_m 时便产生电击穿现象。

②机械作用机理认为,电击穿能否发生主要取决于氧化膜与电解液界面的性质,杂质离子是次要影响因素。例如,镁在阳极氧化过程中,阻挡层形成并增厚,处于拉应力状态,当形成的阳极氧化膜层达到一定厚度,其拉应力太大,膜层发生局部断裂,表现为施加的电压(槽电压)突然下降,这时在氧化膜下面的金属又开始生长新的氧化膜。在断裂的位置上可能发生优先氧化或类似于火山爆发的过程,因为局部的电流密度极高,产生局部的热效应,常常形成等离子体放电。

③电子雪崩机理认为在火花放电的同时伴随着剧烈的析氧,而析氧反应的完成主要是通过电子雪崩这一途径来实现的。雪崩后产生的电子被注射到氧化膜与电解质的界面上引起膜的击穿,产生等离子体放电。1977 年,TranBaoVan 等人提出,放电现象总是在常规氧化膜的薄弱部分先出现,电子的雪崩总是在氧化膜最容易被击穿的区域先进行,而放电时产生的巨大的热应力则是产生电子雪崩的主要动力。电子雪崩模型如图 6.2 所示。

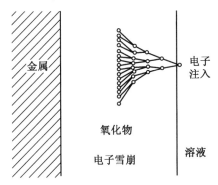

图 6.2　电子雪崩模型

还有人认为,偶发的电子放电导致电极表面已生成的薄而密的无定形氧化膜局部受热并小范围晶化,当膜层厚度达到某一临界值时,小范围的电子放电发展为大范围的持续的电子雪崩,阳极膜发生剧烈的破坏,从而出现火花放电现象。连续雪崩模型对动态效应进行了描述,但未建立定量的关系式。

2. 电子隧道效应

1977 年,Ikonpisov 以 schottky 电子隧道效应机理解释了电子被注入氧化膜的导电带中,进而产生火花放电的过程。隧道效应(quantum tunneling)是量子力学上的概念,指的是粒子能量小于阈值能量时,很多粒子冲向势垒,一部分粒子反弹,但还会有一些粒子能过去,好像有一个隧道存在,使部分粒子穿过。虽然在通常的情况下,因为隧穿概率极小,隧道效应并不影响经典的宏观效应,但在某些特定的条件下,宏观的隧道效应也会出现。

Ikonpisov 首次定义了膜的击穿电压的概念,指出击穿电位 V_B 主要取决于基体金属的性质、电解液的组成以及电解液的导电性,而电流密度、电极形状以及升压方式等其他因素对 V_B 的影响较小。在此基础上,建立了 V_B 与电解液电导率之间的关系和 V_B 与电解液温度之间的关系,即

$$V_B = a_B + b_B \lg \beta \tag{6.1}$$

式中　　V_B——击穿电位；

　　　　β——电解液电导率；

　　　　a_B,b_B——与基体有关的常数。

$$V_B = a_B + \beta_B/T \tag{6.2}$$

式中　　V_B——击穿电位；

　　　　T——电解液温度；

　　　　a_B,β_B——与电解液有关的常数。

Ikonpisov模型虽可推出许多定量关系，但只适用于能发生大量雪崩的场合，而且还没有考察动态的波动效应。

3. 杂质中心放电模型

1984年，Albella等人建立了杂质中心放电模型，如图6.3所示，认为进入氧化膜中的电解质为放电提供了高能电子。具体地说，就是电解质粒子进入氧化膜后，形成杂质放电中心，产生等离子体放电，使氧离子、电解质离子与基体金属强烈结合，同时放出大量的热，使形成的氧化膜在基体表面熔融、烧结，形成陶瓷结构的膜层。杂质中心放电模型克服了连续雪崩模型和电子隧道效应模型的缺点，将动态效应与定量关系进行了综合考虑，但只适用于有杂质离子掺入的情形，仍然具有很大的局限性。可见，微弧氧化的电击穿机理仍需进一步的研究和完善。

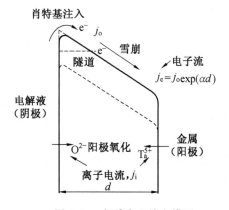

图6.3　杂质中心放电模型

Albella提出了击穿电压与电解质浓度的关系以及陶瓷层厚度与电压间的关系，即

$$V_B = E/a(\ln Z/a\eta - b\ln c) \tag{6.3}$$

式中　　V_B——击穿电压；

　　　　c——电解质浓度；

　　　　E——电场电压；

　　　　a,b——常数；

　　　　Z,η——系数，且$Z > 0, \eta < 1$。

$$D = d_i \exp[K(V - V_B)] \tag{6.4}$$

式中　　D——陶瓷层厚度；

V——最终成膜电压；

V_B——击穿电压；

d_i, K——常数。

6.1.2　微弧氧化陶瓷层的形成机理

微弧氧化同普通阳极氧化最大的区别在于微弧氧化过程中微电弧参加了反应，普通阳极氧化处于法拉第区，所得陶瓷层呈多孔状结构；微弧氧化处于火花放电区中电压较高的区域，微电弧提供了氧化膜烧结及原子热扩散所需的能量，形成高温等离子体，所得陶瓷层均匀，孔隙的相对面积较小。

微弧氧化过程非常复杂，包括电化学氧化、化学氧化、等离子体氧化以及相变，有学者将其细分为以下几个反应过程：

①空间电荷在氧化物基体中形成。

②在氧化物孔中产生气体放电。

③陶瓷层材料的局部融化。

④热扩散、胶体微粒的沉积。

⑤带负电的胶体微粒迁移进入放电通道。

⑥等离子体化学和热化学反应等。

Krysmann 从电化学的观点看，微弧氧化膜层表面气泡与电解液形成的电解质/气相界面在金属工件阳极表面起到了类阴极的效果，即电解质/气相界面可视为阴极，而气泡的另一端视为阳极，它们之间的高电场强度导致火花放电，同时氧化膜/电解质界面上产生的氧离子与类阴极的存在，使得阳极极化变得均匀，因而能在形状复杂的空心部件上形成陶瓷层。

简单地看，微弧氧化陶瓷层的生长过程可分为两个阶段：初期高阻抗膜的形成阶段以及微弧放电陶瓷膜生长增厚阶段。下面分别介绍铝合金、镁合金和钛合金的微弧氧化陶瓷层的生长过程和形成机理。

1. 铝合金微弧氧化陶瓷层的生长过程

西安理工大学蒋百灵课题组研究了不同处理时间对铝合金微弧氧化陶瓷层微观形貌影响。铝合金在微弧氧化初期，由于电压较低，金属表面的薄弱部位首先被氧化。随着微弧氧化时间增加至 2 min，电压升高，金属表面出现细小致密的火花，即处于火花放电阶段，试样表面分布着均匀的、有 $0.4 \sim 0.5\ \mu m$ 的细小微孔的阳极氧化膜。氧化时间延长至微弧放电阶段，氧化层出现熔融现象，微孔逐渐融合加大，孔径增至 $1 \sim 2\ \mu m$。微弧氧化 20 min 后，出现经熔融、凝固而成的陶瓷小颗粒，将部分微孔覆盖，导致微孔数量减少，孔径缩小。微弧氧化至 30 min 时，陶瓷层多处被重复击穿，熔融氧化物由微孔向四周喷射，在电解液的"液淬"作用下凝固堆积，形成"火山喷射状"的较为完整的硬质陶瓷层。

结合微弧氧化放电现象观察及陶瓷层表面形貌变化，可以将铝合金的微弧氧化过程分为以下两个阶段：

①表面氧化，形成高阻抗氧化膜。微弧氧化开始时，在电场作用下，电解液中氧原子比例高的分子发生氧双键极化，吸附于试样表面，通过普通氧化反应直接在试样表面形成局部的、不连续的和极薄的氧化膜。随着时间的延长，电压逐渐升高，表面有大量的气体生成，最

终生成一层连续的绝缘的高阻抗氧化膜,为铝合金表面产生微弧放电创造条件。在这个阶段,物质的传输主要是借助于隧道效应。

②微弧氧化,陶瓷层生长增厚。这是电化学氧化和等离子氧化共同作用的过程,该阶段物质的传输主要依赖于放电通道。

a.高压电场下,铝合金/电解液界面上产生铝离子。

$$Al - 3e^- \longrightarrow Al^{3+} \tag{6.5}$$

b.铝合金/电解液或氧化铝/电解液界面上的 OH^- 提供氧原子,在等离子体环境下产生活性氧离子。

$$O + 2e^- \longrightarrow O^{2-} \tag{6.6}$$

c.铝离子与活性氧离子直接结合,产生熔融态的氧化物,经溶液的急冷而形成氧化物陶瓷层。

$$2Al^{3+} + 3O^{2-} \longrightarrow Al_2O_3 \tag{6.7}$$

或者是,Al^{3+} 和 OH^- 结合生成 $[Al(OH)_4]^-$ 胶体,胶体在阳极热分解成 Al_2O_3。

$$[Al(OH)_4]^- \longrightarrow Al_2O_3 + H_2O \tag{6.8}$$

最初形成的 Al_2O_3 是非晶态的,但在高温下,可能由熔融的非晶态 Al_2O_3 生成熔融的 $\gamma - Al_2O_3$ 和 $\alpha - Al_2O_3$,再进一步生成固态的 $\gamma - Al_2O_3$ 和 $\alpha - Al_2O_3$。

微弧氧化陶瓷层的生长增厚过程是一个既向金属内部,又向金属外部生长的过程。薛文滨等人发现,铝合金陶瓷层的生长过程中,陶瓷层厚度不断增加,在微弧氧化初期,陶瓷层主要是向外生长,随着处理时间的延长,陶瓷层以向内生长为主。

2. 镁合金微弧氧化陶瓷层的生长过程

微弧氧化陶瓷层可以看作是由一系列离散的微弧放电导致生成的金属氧化物堆积而形成。瞬间完成的微弧放电所产生的光热辐射,及其引发的剧烈的金属氧化反应所释放的热量,致使放电区域形成短时局部高温,使生成的氧化物熔融,并经历骤热骤冷式的微区热循环,同时伴随局部区域内膜层物质和基体金属的重熔和快速凝固,形成具有非平衡组织结构的陶瓷层。

基于气体放电理论,兰州理工大学郝远课题组以镁合金的微弧氧化为研究对象,将一次单独的微弧放电划分为电解、放电、氧化和冷却 4 个依次发生的过程,解释了微弧氧化陶瓷层的形成细节。

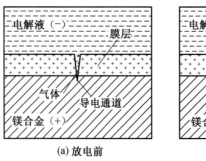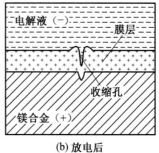

图 6.4　镁合金微弧氧化的微区电弧放电模型

①电解。电解质水溶液的电解反应,使作为阳极的镁合金表面导电通道内析出气体。

气体成分以氧气为主,可能包含氢气或其他阳极反应气体。金属表面经由导电通道与溶液导电,图 6.4(a)对通道仅作示意,未精确描述其结构和形状。

②放电。当析出的气体积累至填满导电通道后,将导电通道与电解液隔绝,从而承受电源电压。电场强度随电压升高而增强,气体的电离度随之上升,当其达到某临界值时,引发气体放电。由于存在强烈的负阻效应,气体的电离度进一步提高,随电离度升高依次经历辉光、电弧、等离子放电等过程。

③氧化。电弧放电导致局部高温,使通道内的金属镁剧烈氧化,氧化反应产生的热能使气体的电离能降低、电离度提高,这种自我强化作用使放电和氧化过程更加剧烈、瞬间完成,即所谓“雪崩”效应。最终形成熔融态金属氧化物,同时使先前生成的氧化膜局部熔化,即产生重熔效应。由于熔融物的体积大于原通道容积,故将发生类似火山喷发的现象,将氧化物和少量基体金属喷至表面。氧化和放电实际上是同时发生的。

④冷却。当气体被氧化反应完全消耗后,电弧放电和氧化反应突然终止。巨大的温差将使熔融态的金属氧化物急剧冷却、体积收缩,由于沿导电通道向下、往试样基体深入的方向通过镁合金传导散热,其导热系数大,具有强烈的冷却收缩作用,故而留下类似火山口的向下延伸的表面孔洞,如图 6.4(b)所示。

相对于铝合金,镁合金的微弧氧化电源制式更加丰富,下面根据不同的电源类型对陶瓷层的生长过程进行介绍。

(1)直流方式下的镁合金微弧氧化

采用直流方式,电压从 0 V 逐渐升高至 200 V,微弧氧化陶瓷膜的生长过程呈现为明显的两个阶段。

①阳极氧化阶段。电压在 160 V 以内,主要以水的电解和阳极氧化等电化学过程为主,在镁合金表面生成阳极氧化钝化膜,膜层成分以 MgO 为主,主要电化学反应如下。

阳极反应:

$$4OH^- - 4e^- \longrightarrow 2H_2O + O_2 \uparrow \tag{6.9}$$

$$Mg - 2e^- \longrightarrow Mg^{2+} \tag{6.10}$$

$$2Mg + 2OH^- - 2e^- \longrightarrow 2MgO + H_2 \uparrow \tag{6.11}$$

阴极反应:

$$2H_2O + 2e^- \longrightarrow 2OH^- + H_2 \uparrow \tag{6.12}$$

$$O_2 + 2H_2O + 4e^- \longrightarrow 4OH^- \tag{6.13}$$

②微弧氧化阶段。电压升至 160 V 附近,进入微弧氧化阶段,除发生阳极氧化反应外,由微弧放电产生的局部高温,导致镁和氧气发生局部燃烧反应:

$$2Mg + O_2 \longrightarrow 2MgO \tag{6.14}$$

这一点是微弧氧化与阳极氧化的重要区别,即微弧氧化膜层中的 MgO 主要由镁在氧气中燃烧产生。其中氧气源于水的电解,引燃所需的高温来自微小区域内的微弧放电火花。

直流恒压电源方式下,微弧氧化过程极不稳定,如要维持微弧放电需逐步升高电压,但升高电压很容易进入弧光放电阶段,使镁合金表面出现烧蚀,使表面处理工作失效。直流恒压电源的有效工作电压为 160~180 V。

(2)单极性脉冲方式下的镁合金微弧氧化

单极性脉冲方式下的镁合金微弧氧化陶瓷膜的生长过程与直流方式下的相似,随电压升高依次经历阳极氧化和微弧氧化阶段,但存在以下差异。

①阳极氧化阶段。同样电压下的电流有所减小。电压不变时,随时间延长,电流下降速度减小,表明阳极氧化的成膜速率有所降低。这是由于脉冲占空比的原因,使得单位时间内的电压有效值降低。

②微弧氧化阶段。产生微弧放电的电压没有明显变化,仍为 160 V 左右;但是进入弧光放电的电压有所提高。可见,单脉冲改善了微弧氧化过程的稳定性,降低了弧光放电倾向。当脉冲占空比小于 20% 时,弧光放电倾向明显减小,微弧氧化工作电压范围明显增加。

(3)双极性脉冲方式下的镁合金微弧氧化

所谓双极性脉冲方式,即为按一定组合、交替地输出正、负脉冲电压波形。该电源方式下的镁合金微弧氧化出现了显著变化。与单极性脉冲电源方式相比,主要表现为:

①阳极氧化阶段。同样电压下以及电压不变时,随时间延长,由于实际正脉冲电压的占空比大幅降低,致使正电压有效值降低,负载电流下降的速度减小,负载等效电阻增加的速度显著减小,即阳极氧化的成膜效率降低。

②微弧氧化阶段。产生微弧放电的电压随负脉冲电压的升高而降低,所降低的数值与负电压升高幅度几乎相等。微弧氧化阶段的过程稳定性大为改善,弧光电压大幅提高,弧光放电倾向显著降低。当负脉冲电压为 −40 V,脉冲频率为 300～1 000 Hz,弧光放电的电压均提高到 350 V 以上。

3. 钛合金微弧氧化陶瓷层的生长过程

钛合金阳极浸入电解液并通电后,初始电压较低,处于法拉第区,其表面立即形成一层极薄的绝缘膜。电压升高进入火花放电区后,微弧放电在钛合金表面形成大量的瞬间高温高压微区,温度可高达 2 000 ℃ 以上,压力达数百个大气压。在这些局部的微区内,超高压将瞬间完成绝缘膜击穿、氧化物烧结、电化学氧化和沉积、熔融体的凝固以及氧化物电绝缘性能恢复的循环,瞬间烧结作用使无定形氧化物变成晶态 TiO_2 陶瓷相。微弧消失后,熔融体受到电解液的冷却作用迅速凝固,形成凸凹不平的陶瓷膜微观形貌特征。陶瓷膜表面的微孔是微弧氧化过程中等离子放电通道,熔融态基体和氧化物沿该通道喷出,形成微孔周围的火山丘状形貌。随着电压的升高,微弧区温度升高,并且热析出增大,钛合金及其氧化物熔融体量增加,会导致熔融体迅速凝固后形成尺寸较大的微孔。

哈尔滨工业大学杨士勤课题组在 $Na_2SiO_3-(NaPO_3)_6-Na_2MoO_4$ 溶液中,使用恒定脉冲电流和恒定脉冲电压两种控制模式制备 Ti−6Al−4V 型号的钛合金的微弧氧化陶瓷层,将钛合金微弧氧化过程划分为三个阶段:第一阶段是合金表面迅速生成一层厚约为 10 μm 的陶瓷层;第二阶段是微弧放电区域不断扩展,陶瓷层厚度缓慢增长;第三阶段为放电区域扩展到整个表面,陶瓷层厚度随时间快速增长。

在恒定正向脉冲电流控制模式下,不同电流对应电压值随处理时间的变化曲线如图6.5所示。该模式下,微弧氧化开始初期的 100 s 之内,电压迅速上升到一个较高的水平,这个时间段内,电火花放电持续进行,钝化层被击穿,金属基体被电火花熔融,与阳极上析出的氧以及溶液中的胶体物质发生复杂的电化学热化学反应生成金属化合物,待到脉冲结束后,熔融的化合物与溶液接触,迅速冷却,形成陶瓷层并迅速增厚,由于电流设置为恒定模式,膜层电阻的迅速增加导致电压随之迅速增加。在微弧氧化时间超过 200 s 后,曲线出现了平台,电压保持相对稳定的数值。这个阶段是完整陶瓷膜的形成阶段,电火花放电在氧化膜相对比较薄弱的地方发生,而不是在氧化膜上全部面积上同时产生,电火花放电生成的熔融氧化物将薄弱处填补上之后,放电点转移到其他相对薄弱的地方,继续填补新的薄弱区域,所以陶瓷层的厚度没有显著增长,其电阻值也相对稳定。在微弧氧化的后期,陶瓷层厚度逐渐增加,电压逐渐增大。在磷酸盐体系、铝酸盐体系中的钛合金微弧氧化研究中也观察到了相似的电压与处理时间的对应关系。此外,所设置的恒定电流越大时,产生的热量也越大,生成熔融化合物的量也增多,需要的驱动力即电压也更大。

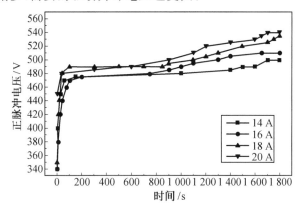

图 6.5　恒定正向脉冲电流时电压变化曲线

　　恒定电压控制模式处理时,脉冲电流的变化曲线如图 6.6 所示。微弧氧化处理开始后,电流迅速下降,这对应着陶瓷膜的生成阶段。大约到 100 s 时,电流值降到一个相对稳定的水平,这对应着完整陶瓷膜的形成阶段。300～500 s 后,电流开始出现线性下降,直到处理结束,这对应着陶瓷膜的增厚阶段。上述几个阶段与恒定正向脉冲电流控制模式类似。

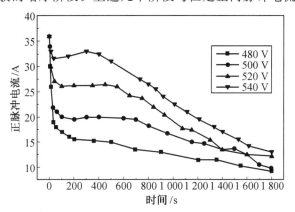

图 6.6　恒定电压控制模式电流变化曲线

　　对不同处理时间的陶瓷层表面形貌观察显示,随着时间的增加,表面放电微孔变得密集。电压、电流值大时,击穿氧化层的电能量大,在金属表面生成的电火花密度也就大,形成完整厚度的陶瓷层需要的时间也就越短,在曲线上呈现出平台较短;相反,当电流、电压值较小时,微弧氧化初期电火花放电点的密度较小,要形成一个完整的陶瓷层,需要的时间也就越长,在电参数曲线上呈现的平台越长。

6.1.3　微弧氧化膜的成分结构与性能

1. 铝合金微弧氧化膜的成分结构与性能

铝合金微弧氧化膜的相结构与高温烧结氧化铝（刚玉）相似，膜层中具有一定比例的结晶态 $\alpha-Al_2O_3$ 和 $\gamma-Al_2O_3$。一般将微弧氧化膜（以在含有氢氧化钠和硅酸钠溶液中得到的微弧氧化膜为例）从外到内分为三层。最外层称为表面层，结构疏松粗糙，含 $\gamma-Al_2O_3$ 和 Al_2SiO_5（硅酸铝，在含硅酸盐的溶液中生成的），厚度为 $30\sim100~\mu m$，一般工程应用时被磨去，使工作层暴露出来。工作层是微弧氧化膜的主体，孔隙率小，硬度极高，以 $\alpha-Al_2O_3$ 为主，也有 $\gamma-Al_2O_3$，其厚度视使用需求进行控制，一般为 $150\sim250~\mu m$。在工作层与基体之间的薄层是过渡层，厚度为 $3\sim5~\mu m$，由 $\alpha-Al_2O_3$、$\gamma-Al_2O_3$ 和 $KAlSi_3O_8$（正长石）组成。

通常，陶瓷膜外表面 γ 相多，膜从外到里 α 相逐渐增多。氧化层外表面同电解液直接接触冷却速率大，主要由 γ 相组成且基本不随氧化时间变化。膜内部冷却速率较慢，Al_2O_3 主要由 α 相构成，且形成了迷宫状的通道。

孙志华等人在硅酸盐体电解液中，对 2A12 型号的铝合金进行不同时间的交流脉冲微弧氧化 90 min，发现所得微弧氧化膜中的 Al、Si 和 O 含量出现了明显的分层现象（图 6.7）。从右向左看，即从基体向膜表面方向，在 $115\sim120~\mu m$ 范围内，可明显看到铝含量明显降低，而氧含量增加，这对应着微弧氧化膜的过渡层；在 $50\sim115~\mu m$ 范围内，铝和氧的含量基本保持不变，这对应着微弧氧化膜的工作层；在 $0\sim50~\mu m$ 范围内铝含量进一步降低，而硅含量增加，这对应着微弧氧化膜的表面层，来自溶液中的 SiO_3^{2-} 通过扩散及放电通道进入氧化膜，参与微弧氧化膜表面层的形成，在微弧氧化膜内发生物理化学反应而沉积。图 6.8 为铝合金微弧氧化与硬质阳极氧化膜层的性能比较。由图 6.8 分析可知，当微弧氧化时间为 30 min 时，在表面层中检测不到大量的硅元素存在，表面膜组成主要为 $\gamma-Al_2O_3$，微弧氧化时间为 45 min 时，微弧氧化膜中出现了 $\alpha-Al_2O_3$，随着氧化时间的进一步延长，$\alpha-Al_2O_3$ 含量提高，而 $\gamma-Al_2O_3$ 的含量逐渐减少。由于 $\gamma-Al_2O_3$ 相的形核自由能比 $\alpha-Al_2O_3$ 要低，微弧放电区氧化铝熔体凝固时，膜层内外冷却速率的差异导致 $\alpha-Al_2O_3$ 相和 $\gamma-Al_2O_3$ 相的相对含量随膜层厚度变化。

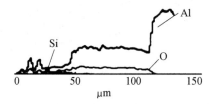

图 6.7　微弧氧化陶瓷层 Al,O,Si 等元素成分分布图

表 6.1 为铝合金微弧氧化与硬质阳极氧化膜层的性能比较。从表 6.1 可以看出，铝合金微弧氧化膜的性能比硬质阳极氧化膜的性能优良。

2. 镁合金微弧氧化膜的成分结构

镁合金微弧氧化膜具有三层结构，最外层为疏松层，占整个膜层厚度的 20% 左右，中间的致密层占整个膜层厚度的 60%～70%，过渡层是致密层与镁合金基体的结合处，为典型的冶金结合。

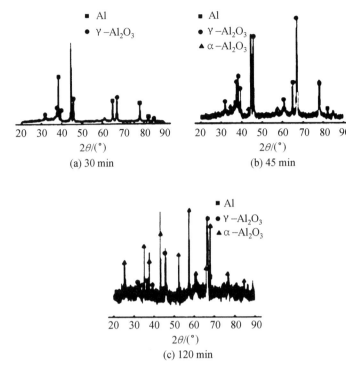

图 6.8　铝合金微弧氧化陶瓷层表面 XRD 图

当所使用的微弧氧化电解液不同时,膜层的成分有所差别。

表 6.1　铝合金微弧氧化与硬质阳极氧化膜层的性能比较

性　　能	微弧氧化膜层	硬质阳极氧化膜层
硬度/Hv	2 500	300~500
孔隙相对面积	0~40	>40
5%盐雾试验/h	>1 000	>300(K_2CrO_4)
最大厚度/μm	200~300	50~80
柔韧性	韧性好	膜层较脆
膜层的均匀性	内外表面均匀	产生"尖边"缺陷
操作温度	常温	低温
处理效率	10~30 min(50 μm)	1~2 h(50 μm)
处理工序	除油—微弧氧化	去油—碱腐蚀—硬质阳极氧化—化学封闭—蜡封保存
膜层微观结构	可以调整 $\alpha-Al_2O_3$,$\gamma-Al_2O_3$,$\alpha-AlO(OH)$相的相对含量	难以调整(非晶组织)
对材料的适应性	较宽,能在 Al,Ti,Mg,Zr,Ta,Nb 等金属及其合金表面生成陶瓷膜层	较窄

　　硅酸盐体系制备的氧化膜中均含有 MgO，$MgAl_2O_4$，$MgSiO_3$ 及少量的非晶相，膜的主要组成元素为 Mg，Si，Al 和 O。氧化膜为三层结构，内层是膜层与基体之间的过渡层，呈犬牙交错状；中间是致密层，含大量硬质高温结晶相，主要起提高耐蚀性的作用；最外层是疏松层，存在大量孔洞。

　　铝酸盐体系制备的氧化膜表面光滑，呈白色，由内层的致密层和外层的疏松多孔层两层结构组成。氧化膜主要由 MgO 和 $MgAl_2O_4$ 两相组成，其中 $MgAl_2O_4$ 相坚硬耐磨，可以提高基体的耐磨性能，而 MgO 较致密，与基体结合牢固，可以提高膜层与基体的结合强度。相对于硅酸盐体系，铝酸盐体系制备出的氧化膜耐磨性更好，膜层与基体的结合强度较高，膜层孔隙比较细小，但氧化膜的厚度较薄，耐蚀性和摩擦系数稍差。

　　磷酸盐体系制备的氧化膜表面孔洞较多，截面组织均匀致密，没有明显的分层结构，膜层与基体之间的过渡部分以犬牙交错方式结合。O、Mg 和 P 等是陶瓷层的主要组成元素，其中 P 可能以 $Mg_3(PO_4)_2$ 及氧化物形式存在，也有人认为以 $Mg_2P_2O_7$ 相存在，膜层中均含有少量 MgO 相，耐腐蚀性能较好。

　　氧化电压会影响氧化膜层中的 MgO 含量。以硅酸盐体系氧化为例，当氧化电压处于微弧放电区时，火花放电过程的产生高温，氧化膜层中生成了熔点高于 2 000 ℃ 的晶态 MgO，此外，氧化膜中含有在法拉第区氧化即可以生成的 $MgSiO_3$。氧化电压处于弧光放电区时，晶态 MgO 的含量增加，这可能是由于随着氧化膜的增厚，放电过程逐渐在膜层的底部进行，外界溶液只能通过扩散进入到氧化膜内部，冷却效率明显降低，同时，均匀细小的电火花逐渐转变为局部的剧烈放电，导致膜层内部温度过高，冷却效率降低和温度升高的双重作用使熔融的氧化物有充足的时间转变为晶态 MgO。对于镁合金氧化膜来说，晶态 MgO 含量越少，其耐蚀性越好。因此，在微弧放电区制备的镁合金微弧氧化膜具有更好的耐蚀性。

3. 钛合金微弧氧化膜的成分结构

　　钛合金微弧氧化膜的微观形貌呈粗糙的多孔状结构，微孔大小不一，孔径尺寸为 $1\sim 20~\mu m$。这些微孔无规律地分布在熔融凸起状陶瓷组织的中间位置或边缘，较大的孔中嵌有多个小孔，部分孔洞之间相互连通。孔径尺寸和孔的深度与电压有关。随电压的升高，微孔孔径尺寸增大，数量减少，大孔的周围或陶瓷组织中尺寸小于 $1~\mu m$ 的细小微孔增多。电压升高也会导致微孔深度的变化范围宽化，较深微孔所占的比例增加，最大微孔深度尺寸也明显增大，微孔深度的分布特征符合正态分布规律。

　　锐钛矿（anatase）型 TiO_2 和金红石（rutile）型 TiO_2 是钛合金微弧氧化膜的主要成分。金红石为稳定相，锐钛矿属亚稳定相，加热时可转化为更稳定的金红石相。电压较低时，微弧氧化时间短，溶液冷却作用较强，氧化层中以锐钛矿为主。随氧化电压升高，微弧氧化时间的延长，由于 TiO_2 的导热系数较低，微弧氧化过程中产生的热量不易扩散，氧化膜内部保持较高的温度，促使部分先生成的亚稳相锐钛矿 TiO_2 转变为稳定相金红石 TiO_2，氧化层中的金红石含量增加。

　　氧化膜层中除了 TiO_2，还会含有与微弧氧化电解液组成相关的晶相或非晶相组分。

　　硫酸体系中得到的钛合金微弧氧化膜层由锐钛矿型 TiO_2 和少量金红石型 TiO_2 组成，有大量微孔，膜层厚度均匀，结构致密。颜色随厚度增加从浅蓝—海蓝—灰色—浅褐色变化。厚度为 $3.5\sim 11.0~\mu m$ 时，膜层颜色保持为浅褐色。

　　铝酸盐体系中得到的钛合金微弧氧化膜层由 Al_2TiO_5、$\alpha-Al_2O_3$ 和金红石型 TiO_2 组成,其中 Al_2TiO_5 为主晶相,在膜层中呈梯度分布。氧化膜外层以 Al_2TiO_5 相为主,而内层中 TiO_2 相的相对含量增加,这主要是因为溶液中的 AlO_2^- 强烈地参与了放电通道内的反应,并且与基体 Ti 的氧化物相互反应,形成 Al_2TiO_5 相,由于铝元素是从溶液中进入氧化膜,所以容易在膜外层富积。

　　硅酸盐体系中得到的钛合金微弧氧化膜层由锐钛矿型 TiO_2 和少量金红石型 TiO_2 组成,少量 Si 以非晶态 SiO_2 形式存在,P 以相应的磷化物形式存在。膜层表面由若干个微小的,类似于"火山堆"状的物质相互结合而成。与铝酸盐体系相比,膜层的微孔较大,粗糙度较大,致密性较差,这是由于较大颗粒的非晶态 SiO_2 分布在膜层中所致。

　　乙酸钙体系中得到的钛合金微弧氧化膜层由锐钛矿型 TiO_2、少量金红石型 TiO_2 和羟基磷灰石组成。锐钛矿型 TiO_2 更有利于吸附 OH^- 和 PO_4^{3-},是钛合金种植体所需要的物相组成。Ca 和 P 元素进入微弧氧化层的机制主要为扩散和电泳,在微弧氧化膜中形成无定形态磷酸钙盐非晶态。微弧氧化过程中的放电通道为 Ca 和 P 元素进入氧化膜提供了快速扩散的路径。随着电压的升高,扩散和电泳的驱动力增大,氧化层中 Ca 和 P 元素的含量提高。基体和陶瓷膜结合紧密,陶瓷膜中存在少量的微孔,特别是靠近陶瓷膜表面的一侧孔洞较多。

6.2　微弧氧化处理设备

6.2.1　浸入式微弧氧化处理设备

　　浸入式微弧氧化处理设备如图 6.9 所示,主要由微弧氧化电源、调压控制系统、氧化槽、循环冷却系统等组成。电源及控制系统提供微弧氧化所需的高电压并进行电参数的控制。微弧氧化电源是保证微弧氧化工艺的关键环节之一,是设备的核心部分。铝合金等工件表面去油、清洗后作为阳极,不锈钢板作为阴极,置于氧化槽内的电解液中。由于在微弧氧化过程中工件表面的微弧放出大量的热量,使电解液升温,进而导致微弧氧化膜品质下降,因此需要安装溶液循环冷却系统,使电解液温度保持在 15～30 ℃为宜。

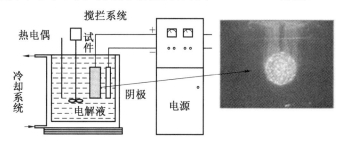

图 6.9　浸入式微弧氧化处理设备

　　影响微弧氧化过程和陶瓷层性能的因素有很多,如电参数、电解液成分和浓度、处理温度、加工时间和添加剂等。其中,电参数是重要的影响因素,因此微弧氧化电源已成为制约微弧氧化技术发展和应用的关键。

　　微弧氧化电源主要分为:直流电源、交流电源以及脉冲电源。根据微弧氧化处理所需要

的电学参数及工艺要求,微弧氧化电源要尽量满足以下条件:

①能提供高电压和大电流输出,并具有较高的电能转换效率。

②脉冲电源输出的电压值稳定,波形稳定,正向和反向的电压幅值脉宽、频率、幅值和占空比等可以单独可调。

③在脉冲正向和反向供电之间,必须预留一段死区时间不供电。

④整个系统必须抗干扰能力强,有良好的电路保护措施。

1. 直流电源

直流电源一般以桥式电路为基础,可分为恒压电源和恒流电源两种,是微弧氧化技术开发的初期阶段使用的加工电源。直流电源调节表面的放电特性不足,工艺控制的手段相对有限,处理时间短,生成氧化膜膜层较薄,其膜层厚度在几个微米到几十个微米之间,得到的陶瓷膜都是多孔的,陶瓷膜的粗糙度随电流密度和电解液浓度的提高而增加。它一般适用于简单形状的试件或制备薄的陶瓷膜,可以获得具有特殊性质的微弧氧化陶瓷膜。

2. 交流电源

使用交流电源进行微弧氧化处理时,工件在正半波时发生氧化生成氧化膜,而在负半波时氧化膜受化学和电化学侵蚀,能够避免加工工件表面过度极化。采用交流电源时,两极都可挂工件,故生产效率高,适合于轻工业五金氧化,但在铝型材的生产上很少使用。在氧化液中加入某些特殊添加剂后,使用交流电源得到的氧化膜的品质提高,其厚度和硬度可以接近直流氧化膜。使用交流电源还可防止单质硫及其化合物在膜中不断积累,膜的孔隙率高且分布均匀,着色膜色泽鲜艳,但是也存在封孔较困难的不足之处。

非对称交流电源是利用可控电容器来调节能量分配,通过调节电源中的正负向电容大小,正向和负向的电流能够独立地根据各自时间内的阻抗值进行自动调节。但是由于电源功率(其输出功率一般小于 10 kW)和总线电流频率方面的局限性,使此类电源的商业升级受到了限制。

3. 脉冲电源

脉冲电源最主要的优点是可以通过控制脉冲的发生时间,来控制等离子体放电的时间间隔,改变和调整脉冲电源的作用形式(如频率、幅值大小和占空比等),从而有效地控制膜层的厚度、组分及结构的变化。脉冲电源产生的脉冲电流具有特殊的针尖作用,可以使阳极的加工面积大幅度下降,工件的表面微孔互相重叠在一起,可生成粗糙度小、厚度均匀的膜层。脉冲电源又分为单向脉冲和双向不对称脉冲电源,在控制方式上稍作改善后,双向脉冲电源即可以输出单向脉冲。单相脉冲制备的微弧氧化膜层厚,表面粗糙且微孔较多,双相脉冲电源制备的微弧氧化膜层致密,与基体结合得牢固。双向不对称脉冲电源根据调压方式的不同可以分为两极分别独立调节的电源、两级斩波调压式电源和两级逆变形式的脉冲电源。微弧氧化脉冲电源制造简单,成本低廉,使用脉冲电源加工的膜层性能比使用直流电源的好,所以脉冲电源目前广泛地应用在微弧氧化表面处理技术的研究中。

脉冲电源的输出电压的波形有许多种,常见的有方波、三角波、锯齿波、阶梯波、正弦波等,如图 6.10 所示。

(1)两极独立调压式脉冲电源

该类电源的最大特点是变压器的次级有两个工作绕组,分别经过整流、滤波后供给负载

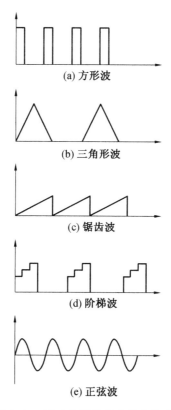

图 6.10 脉冲电源的几种输出波形

电路,经过 4 个绝缘栅双极型晶体管(IGBT)的斩波而产生正负向幅值不同的电压波形。如图 6.11 所示,为利用可控硅分别进行正负向电压调节,Q_1 与 Q_4 同时导通,Q_2 与 Q_3 同时导通,两组交替导通即可在负载上得到正负交替的脉冲波形。

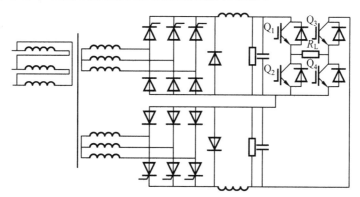

图 6.11 两极独立调压式脉冲电源的拓扑结构图

(2)两级斩波式脉冲电源

该类电源将经过整流和电容滤波后的直流电进行斩波,通过控制 Q_5 的高频通断就可以调节供给负载电压的等效电压。两级斩波式脉冲电源经过 Q_5 的第一级斩波后,在负载端进行第二级斩波,Q_1 与 Q_4 同时导通,Q_2 与 Q_3 同时导通,两组交替导通即可实现正负向脉冲的输出。两级斩波式脉冲电源的拓扑结构图如图 6.12 所示。

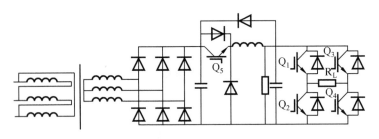

图 6.12　两级斩波式脉冲电源的拓扑结构图

(3)两级逆变式脉冲电源

该类电源运用了两次逆变技术,三相工频电压经全桥二极管整流、电容和电感滤波后变为直流波形,前级逆变器将此直流波形逆变成正负交替的方波交流波形,再经过高频变压器 T 后,再进行整流、滤波,最后是第二级逆变过程,在 R_L 上得到正负向脉冲的方法与上述两类电源相同。其拓扑结构图如图 6.13 所示。

双向不对称脉冲电源是目前国内运用最多的电源形式,比起其他方式它能获得较好的膜层质量。而且能通过对正、负脉冲幅度和宽度的优化调整,使微弧氧化层性能达到最佳,并能有效节约能源。

交流脉冲电源,因为需要利用脉冲的断电间歇(又称为死区时间)去极化、散热等,使试件发生微弧氧化部位的物理化学特性能够恢复到初始状态,以满足后续反应的继续进行。

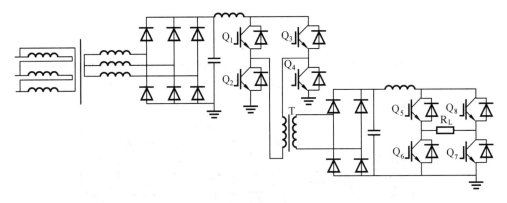

图 6.13　两级逆变式脉冲电源的拓扑结构图

上述各类电源中,特别是应用较为广泛的脉冲电源,它们的输出功率都在数十千瓦到数百千瓦,即均为大功率电源,也是为了与浸入式微弧氧化的处理方式相配套。随着浸入微弧氧化钢槽内工件体积或者表面积的增大,为了维持工件表面所需要的电流密度,需要电源输出更大的功率。

6.2.2　扫描式微弧氧化处理设备

工件在微弧氧化陶瓷膜制备过程中,可能有部分表面没有生长出陶瓷膜,或者工件表面的微弧氧化陶瓷膜在安装、运输和使用等实际应用中有可能脱落,这些表面都需要重新进行微弧氧化修补处理,即在小面积范围内进行二次陶瓷膜的生长,因此有必要使用扫描式微弧氧化处理设备解决上述问题。

　　扫描式微弧氧化设备中最重要的是电源有必要做成便携式电源,同时需要配套相应的用于处理局部金属表面的电极以及与金属表面实现一定放电间隙的接触装置等设备。扫描式微弧氧化装置示意图如图 6.14 所示,原来作为阴极的不锈钢槽改成一根截面积较小(与电源功率有关)的不锈钢管,工作液从钢管中喷出,电极放电表面与待修补金属表面控制一定的距离,阴阳两极与工作液形成小型的微弧放电区域,在这个区域中发生微弧氧化过程。

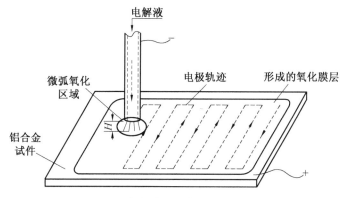

图 6.14　扫描式微弧氧化装置示意图

　　扫描微弧氧化处理不仅可以对工件实现选择性的表面处理,在数秒到数十秒内即可生产一层致密氧化膜,容易实现破损膜层的修补,而且在达到与常规处理方式相同效果的前提下,电力消耗仅为浸入式处理方式的十分之一,实现了高效、节能、环保的绿色电化学表面处理。

　　哈尔滨工业大学机电工程学院狄士春课题组利用小型的数控机床带动电极进行扫描,并提出了利用管状阴极结构进行扫描式微弧氧化的膜层制备方法,可以提高膜层生长的速度,并能降低微弧氧化对电源功率的要求,扩大微弧氧化处理面积。

　　哈尔滨工业大学材料科学与工程学院的张欣盟等人提出栅网阴极结构,并利用 $\Phi20$ mm 的不锈钢棒进行了约束阴极微弧氧化实验;田修波等人用屏蔽套将栅网阴极与工件隔离开一段的距离,栅网阴极在杆件和往复运动机构的带动下可以在工件表面运动。由于栅网方孔较小,且阴阳极都浸在溶液中,栅网阴极可以等效为一块一定面积的阴极。在阴极和阳极之间发生微弧氧化。但是此种装置也有一定局限性,即工件也必须浸在工作液中,这就对工件和不锈钢槽的尺寸提出了一定要求,使此种方法在应用上受到一定限制。

　　燕山大学的沈德久等人研制了一种与工件表面相对运动的摩擦式阴极结构(图 6.15),采用与金属刷镀阳极头一样的材料来制作阴极头,连接在手持的阴极杆上。为了保证阴极与阳极隔开一定距离,采用了尼龙网将阴极头包好,这样既保证了两极间距离,又使得阴阳极均能与溶液接触形成通路。工作溶液从一旁的注液管喷到两极之间的尼龙网上。阴极在工件表面做摩擦式运动,两极间发生微弧氧化,在工件表面制备氧化膜层。但是这种阴极结构和工作液喷液方式,会使溶液、工件和空气的交汇处反应较为剧烈,并且在加工过程中两极间产生的气泡不易排出,容易出现气体严重击穿的现象。

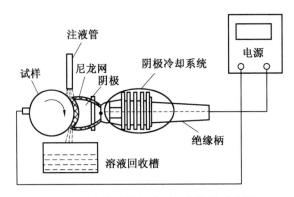

图 6.15　摩擦式阴极微弧氧化装置示意图

6.3　微弧氧化工艺

6.3.1　预处理工艺

在进行表面处理之前,金属基体要进行适当的表面预处理,包括表面机械法预处理、除油、浸蚀等。多数微弧氧化工艺只要求除油处理,目的是避免油污对电解液的污染。对于表面质量较好的工件可不进行预处理而直接进行微弧氧化处理。

1.表面机械法预处理

表面机械法预处理方法包括喷砂、喷丸、磨光、抛光、刷光、滚光等。喷砂和喷丸是分别利用高速砂流或高速丸流的冲击作用清理和粗化基体表面的过程。磨光是借助粘有磨料的特制磨光轮(或带)的旋转,以切削金属零件表面的过程。磨光可去掉零件表面的毛刺、锈蚀、划痕、焊瘤、焊缝、砂眼、氧化皮等各种宏观缺陷,以提高零件的平整度和微弧氧化质量。机械抛光法依靠高速旋转的抛光轮与基体表面摩擦产生的高温使金属表层产生塑性变形,变成平滑的表面,使细微不平的工件表面的粗糙度进一步降低。抛光轮通常用细软的棉布制成,使用时涂抛光膏。刷光是使用金属丝、动物毛、天然纤维或人造纤维制成的刷轮对零件表面进行加工的过程,可以干刷,也可以湿刷。其主要用途是清除零件表面的氧化皮、锈痕、机加工后的毛刺,在零件表面上产生有一定规律的、细密的丝纹或获得无光的缎面状外观。滚光是将成批零件与磨削介质一起在滚筒中做低速旋转,靠零件和磨料的相对运动进行光饰处理的过程。

2.除油

除油又称为脱脂。常用的除油方法有有机溶剂除油、化学除油、电化学除油及以上几种方法联合使用。在超声场中除油,由于超声波的空化作用,可以提高除油的速度。

有机溶剂除油是用石油溶剂、芳烃溶剂等溶解基材表面的油污。其特点是除油速度快,一般对金属无腐蚀,但溶剂大多易燃、有毒。

化学除油是利用热的碱性溶液对可皂化油脂的皂化作用以及表面活性剂对油脂在水中的增溶作用来进行除油。铝是两性金属,除油液的碱性不能太强,pH 控制在 10～11 为宜。

电化学除油分为阴极除油和阳极除油。在碱性电解液中,工件在直流电场作用下发生极化作用,使金属-溶液界面张力下降,溶液易润湿并渗入油膜下的金属表面,同时,析出大量的氢气或氧气猛烈地撞击和撕裂油膜。电极上析出的气体对溶液产生强烈的搅拌作用,加速油膜表面溶液的更新,油膜被分散成细小油珠脱离金属表面进入溶液中形成乳浊液。在相同的电流下,阴极除油由于析出气体量大,效果好,但易产生氢脆和杂质在阴极沉积。阳极除油没有上述缺点,但会引起金属表面氧化和溶解。

超声波的空化作用及其伴随的机械效应可以用于除油处理。液体中的微小气泡核在超声波作用下产生振动,当声压达到一定值时,气泡将迅速膨胀,然后突然闭合,在气泡闭合时产生冲击波,这种膨胀、闭合、振荡等一系列动力学过程称超声波空化作用。空化作用所产生的激烈振荡对工件表面的油污产生猛烈的冲击作用,有助于油污剥离工件表面,增强皂化和乳化作用,从而缩短除油时间,并能彻底清除细孔和盲孔中的油污。施加超声波除油时,化学除油液或电化学除油液的浓度和温度可以适当降低,可以减少除油液对金属的浸蚀。在阴极电化学除油时,超声波虽然能使金属表面活化增加渗氢的风险,但是超声波所产生的真空空穴有利于排除吸附氢,只要合理地设置超声波场的频率和强度,就可抑制金属渗氢,防止氢脆。一般形状复杂的小工件用高频低幅的超声波,而表面积较大的工件用低频(15~30 kHz)的超声波。超声波的振子放在除油液内或盛装除油液的容器外均可。由于高频超声波为直线传播,应不断改变工件在除油液中的位置,使工件的各个部位,特别是凹陷和孔隙处都能获得良好的除油效果。

3. 浸蚀

浸蚀处理可以除去基材表面的氧化皮和可能影响陶瓷层质量的某些合金成分。浸蚀方法有酸浸蚀、碱浸蚀和出光。

酸浸蚀液中主要含有某些无机酸,如硫酸、盐酸、硝酸、氢氟酸、磷酸等,作为浸蚀剂,在某些特殊情况下也会选用某些有机酸或者混合酸。有时在酸浸蚀液中还需要加入缓蚀剂。浸蚀程度分为一般浸蚀和弱浸蚀。一般浸蚀可除去金属零件表面上的氧化皮和锈蚀物。弱浸蚀可除去预处理中产生的薄氧化膜。浸蚀溶液的组成和浸蚀程度要根据金属的性质、零件表面的状况及表面处理的要求而定。

碱浸蚀能彻底除去铝材表面的氧化膜,并能除去铝材表面轻微的粗糙痕迹,如模具痕、擦伤、划伤等,使之形成平整均匀的活化表面,为以后获得色泽均匀的表面创造条件。碱浸蚀液一般以氢氧化钠为主要浸蚀剂。加入一些金属盐,可明显地提高浸蚀反应的速度。加入一些有机或无机添加剂,可防止择优浸蚀。

出光是除去碱浸蚀后残留在铝材表面的由各种金属间化合物颗粒形成的表面层,使铝材表面获得清洁光亮的钝化表面。铝材在碱浸蚀后,由于铝材中所含的金属间化合物通常几乎不参与碱性的浸蚀反应,也几乎不会溶解在碱浸蚀槽液中,而依然残留在铝材表面上,形成一层黑灰色的疏松的灰状物的表面层。有时它可以用湿布擦去,但通常要采用出光将其溶解除去。出光一般选用硝酸溶液。

4. 化学抛光

化学抛光是将金属置于化学抛光液中,使金属微观上凹凸不平的表面通过有规则溶解达到光亮平滑。在化学抛光过程中,金属表面微观凸起部位优先溶解,且溶解速率大于凹下部位的溶解速率,结果使钢铁零件表面粗糙度得以整平,从而获得平滑光亮的表面。

5. 电化学抛光

电化学抛光是一种阳极电化学浸蚀过程。在电化学抛光液中,金属表面微观凸起部位的阳极溶解速率大于微观凹下部位的溶解速率,使得金属表面的显微粗糙度逐渐降低,最后可获得镜面光亮的金属表面。

6.3.2　铝合金微弧氧化工艺

1. 铝合金微弧氧化电解液

铝合金的微弧氧化多采用弱碱性电解液,常用的电解液含有氢氧化钠、铝酸钠、硅酸钠、磷酸钠或偏磷酸钠等物质中的一种或几种,总质量浓度一般不超过 $10 \text{ g} \cdot \text{L}^{-1}$。电解液不仅起导电作用,而且某些组分还要参加电极反应。膜层组成及结构的变化会影响膜的性质。在金属或非金属的含氧酸体系电解液中所得膜层组分常含有对应的金属或非金属氧化物,如在铝酸盐体系中加入少量的硅酸钠,可以得到莫莱石($3Al_2O_3 \cdot 2SiO_2$)相;若加入钨酸钠,则所得膜层外观色泽呈黑灰色,同时在膜层中钨的氧化物以非晶态形式掺杂;在电解液中加入钒酸盐,可以在膜层中引入氧化钒而提高膜的耐蚀性。在电解液中加入某些金属盐,具有颜色的金属离子沉积在膜层中,使微弧氧化膜呈现出相应的颜色。在电解液中加入碳纳米管(CNT)、氧化钇稳定氧化锆(YSZ)或二氧化钛等第二相物质后,这些不溶性的微粒会堵塞氧化膜的微孔,可以提高微弧氧化膜层的热辐射性能等。电解液中加入甘油,不仅能使溶液更加稳定,同时也有助于形成致密均匀的涂层,提高膜层的耐蚀性。在电解液中添加氨或有机胺,可以抑制电弧,从而降低微弧氧化处理的能耗。微弧阳极氧化对电解液温度的要求并不十分苛刻,槽液温度在 60 ℃ 以下均可正常工作。常用的铝合金微弧氧化电解液组成见表6.2。

表 6.2　常用的铝合金微弧氧化电解液

电解液组成/($\text{g} \cdot \text{L}^{-1}$)	工艺1	工艺2	工艺3	工艺4	工艺5	工艺6	工艺7
氢氧化钠(NaOH) 或氢氧化钾(KOH)	1.5~2.5	2.5					15
硅酸钠(Na$_2$SiO$_3$)	7~11		10	10	3.7		30
偏铝酸钠(NaAlO$_2$)		3					
六偏磷酸钠((NaPO$_3$)$_6$)		3			30.6	35	
磷酸三钠(Na$_3$PO$_4 \cdot 12$H$_2$O)			25			10	25
硼砂(Na$_2$B$_4$O$_7 \cdot 10$H$_2$O)			7			10.5	
碳纳米管(CNT)				0.5			
二氧化钛(TiO$_2$)					1.6		
甘油							10

2. 铝合金微弧氧化工艺条件

(1)工作电压

工作电压主要取决于电解液的浓度、施加的电压类型及基体材料,一般不低于 100 V,

高时可达 1 000 V 以上。电解液浓度低,工作电压高,反之,工作电压低。施加的电压可以是直流、交流、脉冲或交直流叠加。直流法选用的工作电压相对低一些,而交流法采用较高的工作电压。铝合金的微弧氧化电压一般高于镁、钛等合金的微弧氧化时的电压。选择工作电压的基本原则是,既要保证工件表面长时间维持适合于氧化膜生长的微弧状态,又要防止电压过高而引发的破坏性电弧的出现。在实际操作中,一般不能由电压来控制膜的性质,而是用电流密度来控制。

（2）电流密度

由于从 $\gamma-Al_2O_3$ 转化为硬度最高的 $\alpha-Al_2O_3$ 时的转化温度高于 1 000 ℃,应采用较高电流密度,使火花点局部温度达到转化温度以上时,才有可能获得 $\alpha-Al_2O_3$ 含量较高的氧化层。实验结果表明,在小电流密度下所得膜层主要由 $\gamma-Al_2O_3$ 相组成,随着电流密度的上升,膜层中 $\alpha-Al_2O_3$ 含量增加,膜层硬度也随之提高。

（3）氧化时间

氧化时间对膜层厚度和 $\alpha-Al_2O_3$ 含量均有影响。随着电解时间的延长,氧化膜厚度会增加,但成膜速率在电解初期和后期是有区别的,初始阶段成膜速率大,后期明显变小。这可能由电解液温度变化所致,开始电解液温度较低,而电解后期液温上升,导致膜的化学溶解加速,因而成膜速率发生变化。在微弧氧化过程中,并不是直接获得 $\alpha-Al_2O_3$,而是先生成 $\gamma-Al_2O_3$,而后在微弧放电情况下转化为 $\alpha-Al_2O_3$。因此,随着电解时间的延长,膜层中 $\alpha-Al_2O_3$ 含量会有所增加。由不同氧化时间所得氧化膜的 XRD 衍射图中可以看出,氧化时间较短时,几乎看不到 $\alpha-Al_2O_3$ 的衍射峰,氧化 90 min 后,就出现较强的 $\alpha-Al_2O_3$ 衍射峰。

6.3.3　镁合金微弧氧化工艺

镁合金微弧氧化电解液以弱碱性居多,酸性电解液一般含氟,有毒性,膜层质量不高,使用较少。碱性电解液微弧氧化工艺见表 6.3。

1. 镁合金微弧氧化电解液

由于陶瓷层对微弧氧化处理液中的离子吸附有选择性,吸附性最强的是 SiO_3^{2-},所以硅酸盐电解液体系最多,此外,还有铝酸盐体系和磷酸盐体系。近年来,出现了硅酸盐－铝酸盐、硅酸盐－磷酸盐、磷酸盐－铝酸盐、硅酸盐－石墨、Al_2O_3 或 ZrO_2 微粒等复合电解液,以及无氟电解液等。电解液必须与所处理的基体材料匹配,一般地,可以在研究此金属钝化作用的极化试验数据的基础上获得适合该基体材料的电解液。

成相膜理论认为,微弧氧化的成相膜必须是电极反应形成的固体产物。而吸附膜理论则认为要使金属钝化,并不需要形成固态产物膜,而只要在金属表面或部分表面上形成氧或含氧粒子的吸附层即可,因此电解液能否提供足够的氧元素是反应正常进行的重要因素。如果电解液中存在某一种阴离子,它在电极表面的吸附强于氢氧根离子（提供氧源）等,就会大大减弱氢氧根离子等对金属阳极反应过程的氧化作用。在镁合金微弧氧化电解液中,硅酸钠、铝酸钠、磷酸钠或它们的组合是作为主成膜剂使用的,其作用是能使镁合金能在电解液中迅速发生钝化反应,生成一层绝缘膜,增加电极/溶液界面的电阻,使初期电压能够迅速上升,防止镁合金基体的过度阳极溶解。一般地,随主成膜剂浓度的增加,氧化膜更容易被击穿,反应速率提高,氧化膜厚度增大,但变化幅度不大。浓度过高时,有的主成膜剂,如铝酸钠,对氧化膜的溶解作用大于成膜速度,氧化膜的厚度有所下降,并且容易发生严重的尖端放电现象,所以要控制主成膜剂的浓度在一定范围内。硅酸钠单独使用时,不能成膜。

表 6.3　碱性电解液微弧氧化工艺

溶液组成/(g·L⁻¹)及工艺条件	工艺1	工艺2	工艺3	工艺4	工艺5	工艺6
硅酸钠(Na_2SiO_3)	6		15	15	6	20
铝酸钠($NaAlO_2$)		9		12	4	
钨酸钠($Na_2WO_4 \cdot 2H_2O$)			2			
氟化钠(NaF)	2	3				5
甘油($C_3H_8O_3$)	10 mL·L⁻¹	10 mL·L⁻¹	8 mL·L⁻¹	5 mL·L⁻¹		
氢氧化钾(KOH)	2				2	
氢氧化钠(NaOH)			3	2		
四硼酸钠($Na_2B_4O_7 \cdot 10H_2O$)				3～5		
纳米石墨						10
OP－10						0.5
羧甲基纤维素钠						0.5
温度/℃	<40	<40	20～60	<40	20	
电源	恒流	恒流	脉冲	脉冲	脉冲	脉冲
电流密度/(A·dm⁻²)	1～5	2	2～3	阴极 1.2 阳极 12	20	2.6
电压/V						
占空比/%			60	±30		10
脉冲频率/Hz			400	700		1 000
时间/min	5～15	10～30	15	15		40
搅拌			搅拌		搅拌	强搅拌

注:工艺6—在基础电解液中加入分散剂 OP－10 和羧甲基纤维素钠,再加入纳米石墨颗粒,然后超声分散2 h,形成稳定的悬浮液

在电解液中加入甘油、氟化钾、乙二胺四乙酸二钠、四硼酸钠等物质可以抑制试样表面尖端放电,提高电解液稳定性,同时还能提高膜的耐蚀性,这类物质是电解液的稳定剂。甘油的黏度较高,具有高的比热容,有利于吸收微弧氧化过程中产生的大量热,使得生成的氧化膜较均匀细致,但同时甘油的电导率也较低,大量存在时会影响溶液的电导率,降低成膜效率,导致膜层较薄。

氟化钠、氢氧化钾、氢氧化钠和铝酸钠等是成膜促进剂,有助于放电,提高溶液的电导率。加入少量的氟化钠时,在低电流密度下极易产生火花放电现象,有利于成膜。与 OH⁻相比,F⁻的存在有利于形成较厚的内阻挡层,从而提高膜层的耐蚀性。但成膜促进剂的含量较高时又会抑制放电或产生尖端放电,所以含量也不宜过高,应严格控制加入量。

　　钨酸钠、少量的氢氧化钾、蒙脱石、稀土、乙二胺四乙酸和表面活性剂等能够减少膜层的孔洞和裂纹的物质是电解液中的性能改善剂,可以相应地提高陶瓷层的致密性、耐蚀性能。例如,加入氢氧化钾有利于微弧氧化的发生,随着浓度增大,所需起火时间缩短、击穿电压降低。但是当浓度增大到一定程度时,会发生局部烧蚀现象,使得氧化膜表面氧化不均匀,表面被破坏,而且随着电解液碱性增强,形成的氧化膜的厚度减小。

　　含有 Cu^{2+},Ni^{2+},Cr^{3+} 等的添加剂能够调整镁合金微弧氧化膜的色彩。例如,在铝酸盐电解液中加入重铬酸钾生成的氧化膜呈绿色;在硅酸盐电解液中加入不同浓度的高锰酸钾,得到淡黄色、深黄色或咖啡色陶瓷膜;在硅酸盐电解液中加入偏钒酸钠,获得棕黑或深绿色氧化膜。

　　在氧化液中加入改性颗粒,可使膜层中增加新相成分,对膜层起到修饰、封孔的目的,提高氧化膜层的综合性能。例如,石墨是优良的固体润滑剂,纳米石墨通过机械形式分散于氧化层中,可使氧化层具有减摩作用,耐磨性增强,使 ZM5 合金的室温磨损机理由磨粒磨损和氧化磨损转变为疲劳磨损;含 ZrO_2 的膜层耐热冲击可达到 500 ℃,减小电流密度可进一步提高其耐热冲击性;加入 Al_2O_3 微粒后陶瓷膜孔洞减少,且疏松层变得紧实,耐蚀性有很大提高,但膜层的耐磨性效果不佳。

2. 镁合金微弧氧化工艺条件

(1)电压

不同的电解液有不同的工作电压范围,对陶瓷层形貌有较大影响。电压过低,陶瓷层生长速度过小、陶瓷层较薄、颜色浅、硬度也低。随着电压的增加,陶瓷层微孔及裂纹的尺寸越来越小,且膜层越来越厚。但是当电压过大时,膜层变得疏松且不再增厚,工件易出现烧蚀现象。

(2)电流密度

电流密度影响微弧氧化膜光洁度和膜层厚度等性能。在一定范围内,随着电流密度的增大,微弧氧化电压增长速率呈上升趋势,所需起火时间迅速缩短,微弧氧化越容易发生,氧化膜厚度明显增加,硬度也随之增加。但是当电流密度过大时,阴、阳极都有大量气泡析出,导致成膜效率下降,且大火花增多,火花均匀性下降,氧化膜外观质量明显降低,易出现烧损现象,膜层厚度出现极值。

(3)脉冲频率

使用脉冲电源可生成粗糙度好,厚度均匀的陶瓷层。频率对于膜层生长速率和性能产生一定影响。与低频条件相比,高频脉冲更容易获得非晶态比例高的陶瓷层组织,且陶瓷层的致密度明显提高。

(4)氧化时间

随着氧化时间的延长,氧化膜厚度显著增大,但增加速率有所降低。氧化时间过长,电解质消耗过多,同时反应进入微弧或弧光放电阶段使氧化膜局部被反复击穿,电流效率下降,导致成膜效率下降,氧化膜厚度增加缓慢。也有实验发现,随着氧化时间的延长,氧化膜粗糙度增加。

6.3.4　钛合金微弧氧化工艺

早期多采用酸性体系来制备的钛及钛合金的微弧氧化膜,目前,研究比较多的是碱性体系,包括铝酸盐、硅酸盐和磷酸盐体系。钛合金的微弧氧化工艺见表 6.4。

表 6.4　钛合金的微弧氧化工艺

溶液组成/(g·L^{-1})及工艺条件	工艺 1	工艺 2	工艺 3	工艺 4	工艺 5	工艺 6
硫酸(H_2SO_4)(98%)/(mL·L^{-1})	240					
铝酸钠($NaAlO_2$)		13				
硅酸钠(Na_2SiO_3)			15	16		适量
氢氧化钠($NaOH$)					3	
磷酸钠($Na_3PO_4·12H_2O$)			5			
六偏磷酸钠(($NaPO_3$)$_6$)		4		14		
柠檬酸钠($C_6H_5O_7Na_3·2H_2O$)				2		
氟化钠(NaF)		1				
植酸钠(Na_3Phy)					15	
乙酸钙(($CH_3COO)_2·H_2O$)						20
多聚磷酸钠($Na_5P_3O_{10}$)						9.3
添加剂	6					
温度/℃	0±5	<30	<30	<30	30~50	15~30
电源	直流脉冲	脉冲	恒流脉冲	脉冲	恒流脉冲	
电流密度/(A·dm^{-2})	1~10				5	
电压/V	80~250	380~420	500~650	380~420	最高 330	-160~+460
脉宽/s	0.1~1					
占空比/%		20	10	20	35	
脉冲频率/Hz	1.5	600	200~1000	600	2000	800
时间/min	10~50	15~25	25	15~25		20

注:工艺 1 中添加剂为有机酸或无机酸及其混合物;工艺 6 适合钛生物种植体表面微弧氧化

1. 钛合金微弧氧化电解液组成

酸性体系采用硫酸或磷酸及其盐溶液为电解液,所得的膜层主要为 TiO_2 的各种晶型。酸性体系的缺点是对环境的危害较大。目前,钛合金微弧氧化的电解液多采用含有一定金属或非金属氧化物的碱性盐溶液,它们在溶液中的存在形式最好是胶体状态,也可根据膜层性能的需要,向其中加入一些有机或无机盐类作为辅助添加剂。在碱性电解液中,阳极反应溶解进入到电解液中的金属离子和电解液中的其他金属离子很容易转变为带负电的胶团离子而进入到膜层当中,从而调整膜层的微观结构和组成,使膜层获得新的特性,这也是碱性体系逐渐取代酸性体系的原因。碱性电解液的 pH 也对氧化膜的形成和性能产生影响,控制在 8~13 较好,过大或过小都会导致氧化膜的溶解速度过快,不利于膜的生长。电解液中加入适当含量的 ZrO_2 等颗粒,可以减少膜层的裂纹和孔隙,提高膜层的抗氧化性和耐磨性,但是膜层的粗糙度会相应增大。

2. 钛合金微弧氧化工艺条件

(1)电压

电压对微弧氧化膜层的相结构、微观结构和力学性能等有重要影响。不同的基体材料和不同的电解液具有不同的临界击穿电压。微弧氧化的工作电压一般控制在大于临界击穿电压几十伏至上百伏,一般在 100~900 V 范围内变化。微弧氧化可采用两种电压控制法,一种是将电压分段控制,即先在一定的阳极电压下使基体表面形成一定厚度的绝缘氧化膜,然后将电压增加到一定值,再进行微弧氧化;另一种是瞬时加到所需电压进行微弧氧化。

电压的波形对膜层性能也有一定影响,可采用直流波、锯齿波或方波等形式。早期的钛合金微弧氧化采用直流模式,处理时间比较短,根据需要从几分钟到十几分钟不等,膜层比较薄,其厚度从几个微米到几十个微米。直流模式可以获得具有特殊性质的陶瓷膜,但有时还需要对膜层进行后处理。在交流和脉冲电源模式下进行处理的时间一般比较长,膜层厚度可达几十到上百微米,可用来改善钛及钛合金表面的力学性能。由于脉冲电流有"针尖"作用,使局部阳极面积大幅下降,表面微孔相互重叠在一起,可形成粗糙度小、厚度均匀的膜层,因此取代了直流电源获得了广泛的应用。氧化膜的生长速率主要由单脉冲的放电能量决定。电流密度和占空比固定时,脉冲频率增加导致单脉冲放电时间缩短,放电能量减小,成膜速率降低,氧化膜厚度减小。脉冲频率为 200~500 Hz 时,对氧化膜物相组成影响不大,当脉冲频率高于 500 Hz 时,随着频率增高,金红石相 TiO_2 含量逐渐增加,并成为主晶相。锐钛矿型 TiO_2 的介电常数比金红石型 TiO_2 的介电常数低,因此,增加膜层中金红石型 TiO_2 的含量可进一步增加膜层的绝缘性。

(2)电流密度

随着电流密度的增大,氧化膜厚度增大,氧化膜表层的终止脉冲电压升高,氧化膜中金红石相 TiO_2 的含量逐渐增加,但是,氧化膜与基体的结合力逐渐减小,氧化膜耐腐蚀能力稍有降低,因此,要选择合适的电流密度。

(3)温度

温度的允许范围较宽,在 10~90 ℃ 之间均可,一般控制在 20~60 ℃。温度较低时,由于反应过程中放出的热量很快散失,氧化膜生长的速度较快,烧结容易,致密性较好。温度过高,电解液蒸发使浓度发生较大变化,不利于控制工艺条件,并且氧化膜的溶解速度加快,生长速度减慢,容易出现烧蚀现象。尽管微弧氧化过程中产生的大量气体对电解液有一定的搅拌作用,但是为了保证电解液的温度和体系组分的均匀,一般都配备机械装置或压缩空气对电解液进行搅拌。

(4)氧化时间

氧化时间主要影响微弧氧化膜厚度,一般控制在 10~200 min。在电压一定的条件下,膜层厚度在一定的范围内随时间的延长而增加,但增加的速度逐渐减缓,最后不再增加。一般情况下,处理时间越长,膜的致密性越好,但其表面的粗糙度也增加。

第7章 电化学微加工技术

7.1 电化学微加工技术概述

7.1.1 微机电系统与微细加工技术

1. 微机电系统

随着微纳米科学技术的发展,以形状尺寸或操作尺度极小为特征的微机电系统成为一种新技术。微机电系统(Micro Electro Mechanical System,MEMS)是指具有很小外形轮廓尺度的微型机械电子系统,它可对声、光、热、磁、运动等自然信息进行感知、识别、采集,能够处理与发送信息或指令,还能够按照所获取的信息自主地或根据外部的指令采取行动。1959 年,著名物理学家 Richard P. Feynman 在加州理工学院发表了题为《There's Plenty of Room at the Bottom》的演讲,提出了系统微型化的概念。随后的 30 年间,各国学者在硅的各向异性腐蚀技术、薄膜沉积技术等方面开展了大量的研究。1988 年,美国研制成功了世界上第一台微米级静电马达,震惊了学术界,并带动了微机电系统的飞速发展。MEMS 器件体积小、质量轻、耗能低、惯性小、谐振频率高、响应时间短,多以硅为主要材料,适合于批量生产,具有很高的生产效率和较低的生产成本。目前已经成功应用的 MEMS 产品有防撞气囊加速度计、喷墨打印机打印头、计算机磁盘读写头、投影芯片、血压计、光开关、微泵、微阀、生物传感器、MEMS 微镜等。生物芯片、化学传感器、温度传感器以及纳米尺度的微机械部件等研究也相继得到了长足的发展和推进。2008 年,美国研制出 Sayaka 胶囊内窥镜。Sayaka 内窥镜的直径仅 9 mm,长为 2.3 cm,患者只要像吃胶囊那样把它吞咽下去,吞服后随着消化道蠕动 8 h,一边回旋,一边由内藏的 CCD 微型相机进行拍照,拍摄到的影像信号发射到体外接收器上,医生就可以看到清晰的图像。这项技术改变了消化道疾病诊疗的方式,它将完全没有普通内窥镜给病人带来的痛苦。概括起来,微机械具有以下几个基本特点:

①体积小,精度高,重量轻。其体积可小至亚微米以下,尺寸精度可高达纳米级,质量可轻至纳克。

②性能稳定,可靠性高。由于微机械器件的体积极小,有些几乎不受热膨胀、噪声和挠曲等因素的影响,具有较高的抗干扰性,可在较差的情况下稳定工作。

③耗能低,灵敏性和工作效率高。完成相同的工作,微机械所消耗的能量仅为传统机械的十几分之一或几十分之一,而运作速度却可达其 10 倍以上,如微型泵尺寸可以做到 5 mm×5 mm×0.7 mm,远小于小型泵,但其流速却可以达到小型泵的 1 000 倍。由于机电一体的微机械不存在信号延迟等问题,从而更适合高速工作。

④多功能和智能化。许多微机械集传感器、执行器及电子控制电路等为一体,特别是应

用智能材料和智能结构后,更利于实现微机械的多功能化和智能化。

⑤适于大批量生产,制造成本低廉。微机械能够采用与半导体制造工艺类似的生产方法,像超大规模集成电路芯片一样,一次制成大量完全相同的零部件,制造成本比传统机械加工显著降低。

微机械是人类认识和改造客观世界从宏观向微观发展的必然产物,并将随着对微观认识的不断深入而发展。可以预测,MEMS 技术将像微电子技术一样进入人们生活的各个领域。

2. 微细加工技术

微细加工技术的产生和发展一方面是加工技术自身发展的必然趋势,同时也是新兴的微机电系统发展对加工技术需求的促进。微细加工是 MEMS 及微小型零件制造的基础技术,是产品微型化的支撑技术。只有采用微细加工技术,才能使 MEMS 器件和微系统从设计构想转化为现实产品。

微细加工技术是指加工尺度在微米级范围的加工方式。在微机械研究领域中,它是微米级、亚微米级乃至纳米级微细加工的通称。广义地讲,微细加工技术包含了各种传统精密加工方法和与其原理截然不同的新方法,如微细切削加工、磨料加工、微细电火花加工、电解加工、化学加工、超声波加工、微波加工、等离子体加工、外延生长、激光加工、电子束加工、离子束加工、光刻加工、电铸加工等。由于微细加工技术是在半导体集成电路制造技术的基础上发展起来的,因此,狭义上微细加工技术一般主要是指半导体集成电路的微细制造技术,如化学气相沉积、热氧化、光刻、离子束溅射、真空蒸镀等。

从目前国际上微细加工技术的研究与发展情况看,主要形成了以美国为代表的硅基MEMS 技术,以德国为代表的 LIGA 技术和以日本为代表的传统加工方法的微细化等主要流派。他们的研究与应用情况基本代表了国际微细加工的水平和方向。

7.1.2　电化学微加工技术的发展及现状

电化学加工(Electro Chemical Machining,ECM)是特种加工的一个重要分支,目前已成为一种较为成熟的特种加工工艺。电化学加工是指通过电化学反应从工件上去除或在工件上镀覆金属材料的特种加工技术。与机械加工相比,电化学加工不受材料硬度、强度韧性的限制,具有高度仿真性。

电化学加工过程从理论上讲是一种在电场作用下的工件表面材料以"离子"方式去除工艺,这在加工机理上为超精密加工、微细加工甚至纳米级加工提供可行性依据。电解加工"离子"去除机理上的优势已在常规电解加工中有所表现,如表面无变质层、无残余应力、粗糙度小、无裂纹、不受加工材料硬度限制等;另外电解加工成本相对较低,加工生产率高,这些特点是其他微细加工方式所难以具备的。

电化学微加工技术同样是微细加工技术中重要的一种加工方式,主要包括微细电铸和微细电解加工。电铸和电解加工这两种工艺的共同点是材料的减少或增加过程都是以离子形式进行的,因此这种微去除(或微增材)方式使得电化学加工技术在微细制造领域有着很大的潜能。微细电铸在微细加工领域已获得了重要应用,德国将微细电铸与光刻技术集成,发明的 LIGA 技术已经成为微细电化学加工技术应用的典范。微细电铸除了作为 LIGA 技术中的重要组成部分外,它还能与其他工艺(主要是模具制造工艺)组合,制造出多种微型零件,如微型敏感器件、光盘和激光防伪商标模板、异型孔化纤喷丝板、光纤通信微套管等。在微细电解加工方面,近些年国内外科研机构的研究已取得重要进展。利用微细电解加工技术,日本制造出直径为数微米的高表面质量的轴;英国在高速转子上加工出数十微米线宽、数微米深的浅槽;荷兰菲利浦公司实现了薄板上微孔、窄缝的高效加工;美国 IBM 公司对电子工业中微小零件进行微细电化学蚀刻加工,与传统化学蚀刻相比,电化学法更容易控制和维护,对环境的影响也小。2000 年,德国马克斯·普朗克科学促进协会采用纳秒级超短脉冲电流技术,使得电化学溶解定域性得到突变性提高,从而实现了亚微米精度的三维复杂型腔(边长 40 μm,中间为 5 μm^2,10 μm 高的凸台)的微细加工。这一成果在《科学》杂志发表后,引起了世界制造科学研究者的高度重视,促进了电化学微细加工在此方向进行更加深入的研究探索进程。微细电化学加工技术极大地丰富了微细加工的内容,已经成为微三维实体制造的有效手段。

7.2　微细电解加工

7.2.1　电解加工的原理

1. 电解加工的基本原理

电解加工是利用金属在电解液中产生阳极溶解的原理来去除工件材料的制造技术。电解加工的工具(阴极)不发生溶解,可长期使用,能够在一个工序内完成复杂形状的加工。电解加工是电化学加工中的主要加工方法,在模具制造,特别是大型模具制造中应用广泛,现已成功应用于国防、航空航天、汽车、拖拉机等领域的工业生产。

在电解加工过程中,将加工工件作为阳极,接直流电源的正极,与加工工件形状相似的工具电极作为阴极,接直流电源的负极。工具和工件之间保持 0.1~1 mm 的间隙,间隙内有高速流动的电解液流过,当两极间加 6~24 V 的直流电压时,间隙内的电解液和两极间形成导电通道,工件发生阳极溶解,阳极溶解的产物被快速流动的电解液及时带走。随着阳极材料的不断蚀除,两极间隙将不断加大。为维持工件的快速溶解,工具电极将连续地向工件做进给运动,使两极间隙能维持一个最佳的距离。工件的相应表面就被加工出和阴极型面近似相同的反形状。电解加工原理示意图如图 7.1 所示。

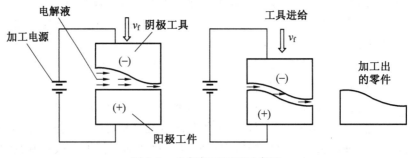

图 7.1　电解加工原理示意图

电解加工时,工件阳极与工具阴极的型面不一致,导致工具和工件的间隙距离不同,这将引起两极间间隙内的电流密度分布的不均匀,距离小的点电流密度大,该点阳极溶解速度;距离大的点,电流密度小,工件溶解速度慢。随着工具阴极相对工件不断进给,工件表面上的各点就以不同的溶解速度进行溶解,最终两极间各处的间隙趋于一致,从而把工具电极的尺寸和形状复制到阳极工件上,达到尺寸加工的目的。电解加工成型原理图如图 7.2 所示。

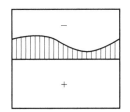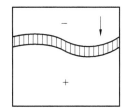

图 7.2　电解加工成型原理

由于影响电解加工间隙电场和流场稳定性的因素很多,如阴极的设计、制造和精度,工件形状和金相组织,碳化物的分布等难以控制,因此加工稳定性和加工精度难以控制。另外,在电解加工过程中还存在着杂散腐蚀。杂散腐蚀指的是除了加工区域正常电解溶解外,由于工件非加工侧面也有电场存在,也会产生阳极溶解,从而产生侧面腐蚀,影响电解加工的复制精度。电解加工中的杂散腐蚀、加工稳定性和加工精度较差的这些缺点,限制了其在微细加工领域中的发展。近年来,随着高频、窄脉冲电源等相关技术在电化学加工中的应用,使得电解加工在复制精度、重复精度、表面质量、加工效率、加工过程稳定性方面有了很大的提高。

2. 电解加工的特点

电解加工与一般金属切削工艺比较具有以下优点:

①以简单的直线进给运动加工复杂曲面和型腔,同时能进行三维加工,如型孔、型面,型腔等。

②可对任何强度、硬度、韧性的金属材料进行加工,与被加工材料的机械性质如硬度、韧性、强度无关。

③加工时,工件不与刀具(阳极)接触,工具和工件之间没有宏观直接作用力,不会产生毛刺、残余应力、机械变形和热变形等问题,加工后工件材料的力学性能不变。

电解加工问世以来,就受到制造业的广泛重视,被应用于难以进行机械加工的整体叶轮、叶片、炮管膛线等零件,还在锻模、齿轮和各种型孔以及去毛刺等方面取得广泛的应用。

3. 电解加工的电极反应

(1)电解加工的电解液

电解加工中电解液的作用是为导电介质传递电流,在电场作用下进行电化学反应,使阳极溶解顺利而可控,及时带走加工间隙中的电解产物和热量,起更新和冷却作用。因此,电解液对电解加工的各项工艺指标有十分重要的影响。

电解加工对电解液的基本要求是有足够的蚀除速度,即生产率高。这就要求电解液的溶解和电离度高,导电性好;金属阳离子的电极电势较负,不能在工具阴极上沉积,阴离子的电极电位较正,以免产生析氧等副反应,保证阳极反应只有工件阳极的溶解。此外,还要注意电解液性能稳定、操作安全、腐蚀性弱、绿色环保等要求。目前电解加工中常用的电解液主要有 NaCl,NaNO₃ 及 NaClO₃ 三种电解液。

①NaCl 电解液。NaCl 电解液中含有活性 Cl⁻,对阳极有较好的活化作用,工件表面不易生成钝化膜,没有或很少有析氧等副反应。因此,具有较大的蚀除速度、较高的电流效率和较好的加工表面粗糙度。NaCl 是强电解质,在水溶液中几乎完全电离,导电能力强,而且适用范围广,是一种应用最为广泛的电解液。其缺点主要是杂散腐蚀严重,复制精度较差,对设备的腐蚀性也较大。电解加工时,NaCl 的质量分数在 20% 以内,加工精度要求高时采用低质量分数(5%～10%)的 NaCl 溶液。

②NaNO₃ 电解液。NaNO₃ 电解液是一种钝化型电解液,钢在 NaNO₃ 溶液中的阳极极化曲线如图 7.3 所示。

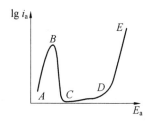

图 7.3　钢在 NaNO₃ 溶液中的阳极极化曲线

在图 7.3 中,在曲线 AB 段,随着阳极电势的增加,电流密度增大,是阳极的活化溶解阶段;当阳极电势超过 B 点后,阳极表面形成钝化膜,电流密度急剧减小,BC 段为过渡钝化阶段;阳极电势增加至 C 点时,电流密度很小,金属表面进入钝化状态,CD 段为稳定钝化阶段;当电势超过 D 点后,钝化膜被破坏,电流密度随电势的升高而迅速增大,阳极溶解速度又急剧增加,DE 段为超钝化阶段。在电解加工时,工件的加工区处在超钝化状态(DE 段),而非加工区由于其阳极电位较低,处于钝化状态(CD 段)受到钝化膜的保护,就可以减小杂散腐蚀,提高加工精度。图 7.4 是采用不同电解液进行电解加工时杂散腐蚀能力的比较。

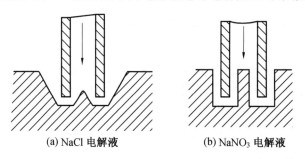

(a) NaCl 电解液　　　　　　　　　(b) NaNO₃ 电解液

图 7.4　不同电解液加工时杂散腐蚀能力的比较

从图 7.4 可以看出,当工具阴极侧面不绝缘时,如果使用 NaCl 做电解液进行电解加工时,由于侧壁的杂散腐蚀比较严重,而形成抛物线形,内芯也被腐蚀成一个小锥体;当采用钝化型 NaNO₃ 电解液时,虽然阴极表面没有绝缘,但当加工间隙达到一定程度后,工件侧壁处于钝化状态(CD 段),因此侧壁基本不溶解,所以孔的侧壁锥度很小,加工精度较好。

NaNO₃ 电解液的质量分数在 30% 以下时,加工精度比较高,对机床设备的腐蚀性小,使用安全,价格适中,目前其应用面最宽。其缺点是加工效率较低,加工时有氨气逸出,电解液部分消耗。

③NaClO₃ 电解液。NaClO₃ 电解液与 NaNO₃ 电解液类似,也是钝化型电解液,杂散腐

蚀小,加工精度高。$NaClO_3$ 的溶解度很高,导电能力强,生产率高,对机床、管道、泵等的腐蚀较小。$NaClO_3$ 电解液的缺点是价格较贵,氧化能力很强,在电解过程中不断消耗 ClO_3^-,产生 Cl^-,加大杂散腐蚀,因此,未能广泛应用。

(2)电极反应

电解加工碳钢等铁基合金时,通常采用质量分数为 $10\% \sim 18\%$ 的氯化钠做电解液,以此为例,介绍一下电解加工过程的电极反应。

①阳极反应。电解加工时,碳钢工件做阳极,因此,在外电源的作用下工件阳极失电子,成为铁离子而进入电解液。

$$Fe - 2e^- \longrightarrow Fe^{2+}, E^\ominus_{Fe^{2+}/Fe} = -0.440 \text{ V}$$

$$Fe - 3e^- \longrightarrow Fe^{3+}, E^\ominus_{Fe^{3+}/Fe} = -0.036 \text{ V}$$

同时溶液中还存在 OH^- 和 Cl^-,它们在电极表面放电而生成氧气和氯气。

$$4OH^- - 4e^- \longrightarrow O_2 \uparrow + 2H_2O, E^\ominus_{O_2/OH^-} = +0.401 \text{ V}$$

$$2Cl^- - 2e^- \longrightarrow Cl_2 \uparrow, E^\ominus_{Cl_2/OH^-} = +1.358 \text{ V}$$

对比这几个电极反应的标准电极电势,不难发现,Fe^{2+}/Fe 的电极电势最负,电极电位越负越容易失去电子而被氧化。因此,阳极发生的是铁的溶解,而不是析氧、析氯反应。阳极溶解进入到电解液中的铁离子将与 OH^- 结合,生成墨绿色的 $Fe(OH)_2$ 絮状沉淀,$Fe(OH)_2$ 还将被氧化成黄褐色 $Fe(OH)_3$ 沉淀。

$$Fe^{2+} + 2OH^- \longrightarrow Fe(OH)_2 \downarrow$$

$$4Fe(OH)_2 + 2H_2O + O_2 \longrightarrow 4Fe(OH)_3 \downarrow$$

这些沉淀物会被流动的电解液带走。

②阴极反应。电解液存在的 H^+ 和 Na^+ 向阴极移动,在阴极表面会发生如下反应:

$$2H^+ + 2e^- \longrightarrow H_2 \uparrow E^\ominus_{H^+/H_2} = 0 \text{ V}$$

$$Na^+ + e^- \longrightarrow Na \downarrow, E^\ominus_{Na^+/Na} = -2.713 \text{ V}$$

按照电极反应的基本原理,电极电位越正越容易得到电子而被还原,因此,在阴极上只会发生析出氢气反应,而不可能沉淀出钠。

从上述电极反应来看,电解加工时发生的是水的电解,$NaCl$ 并不参与电极反应,只起到导电的作用。理想情况下,工具阳极不断溶解,水不断被分解,电解液浓度稍有变化。

7.2.2 电解加工的基本规律

1. 电极间隙大小和蚀除速度的关系

电解加工时两个电极的相对位置是不断变化的,阳极不断溶解,阴极不断进给。电解加工开始时的间隙称为初始间隙,电解加工开始后,由于阴极的进给速度大于金属的溶解速度,加工间隙不断减小,引起阳极溶解速度增大。当阴极的进给速度与金属的溶解速度相等时,电极间距离不再变化,对应的间隙为平衡间隙。

根据法拉第电解定律,电极上溶解或析出物质的量与所通过的电荷量成正比,则阳极金属溶解的体积 V 可表示为

$$V = \eta \omega It \tag{7.1}$$

式中　　ω —— 体积电化当量;

　　I—— 电流；

　　t—— 通电时间；

　　η—— 电流效率。

　　设电极间隙即加工间隙为 Δ，电极面积为 A，电解液的电阻率为电导率的倒数，即 $\rho = 1/\sigma$，则电流为

$$R = \rho l / A \tag{7.2}$$

$$I = \frac{U_R}{R} = \frac{U_R \sigma A}{\Delta} \tag{7.3}$$

式中　　σ—— 电导率；

　　　　U_R—— 电解液的欧姆电压；

　　　　Δ—— 加工间隙。

所以，阳极金属溶解的体积 V 可表示为

$$V = \eta \omega \frac{U_R \sigma A t}{\Delta} \tag{7.4}$$

　　电解加工的蚀除速度通常用单位时间去除的金属体积来表示，因此，体积蚀除速度 v_a 表示为

$$v_a = \frac{V}{t} = \eta \omega \frac{U_R \sigma A}{\Delta} \tag{7.5}$$

当电解液、工件材料及工艺参数保持不变时：

$$\eta \omega U_R \sigma A = C \tag{7.6}$$

$$v_a = \frac{C}{\Delta} \tag{7.7}$$

从式(7.7)可以看出，加工间隙越小，电解加工的蚀除速度越快。

2. 电解加工的精度成型规律

　　电解加工中，加工间隙的大小影响着工件尺寸和成形精度，电解加工中所涉及的间隙包括端面平衡间隙、法向平衡间隙和侧面间隙。

　　(1) 端面平衡间隙

　　端面间隙是指垂直于进给方向的阴极端面和工件表面间的间隙。如图 7.5 所示，设电解加工开始的起始间隙为 Δ_0，阴极以 v_c 的恒定速度向工件进给，此时工件的蚀除速度 v_a 小于阴极的进给速度 v_c，加工间隙逐渐减小。工件的蚀除速度将按照式(7.7)的双曲线关系逐渐加快，随着电解加工的进行，当工件的蚀除速度和阴极的进给速度相等时，加工间隙不再变化，此时的端面间隙称为端面平衡间隙，用 Δ_b 表示，则 Δ_b 可表示为

$$\Delta_b = \frac{C}{v_c} \tag{7.8}$$

　　由上式可知，阴极进给速度 v_c 越大，端面平衡间隙 Δ_b 就越小，两者呈反比关系。实际上，阴极进给速度不能无限增加，因为当 v_c 过大时，端面平衡间隙 Δ_b 太小，将引起局部堵塞，造成短路。对于一般的电解加工，端面平衡间隙一般为 $0.2 \sim 0.8 \, \mathrm{mm}$。

　　(2) 法向平衡间隙

　　对于锻模等型腔模具而言，工具的端面的某一区域不一定与进给方向垂直，可能如图 7.6 所示成一倾斜角 θ，倾斜部分各点的法向进给速度 v_n 为

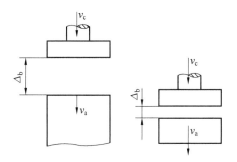

图 7.5　端面平衡间隙形成示意图

$$v_n = v_c \cos \theta \tag{7.9}$$

则法向平衡间隙为

$$\Delta_n = \Delta_b / \cos \theta \tag{7.10}$$

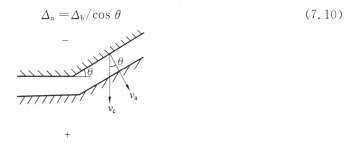

图 7.6　法向间隙示意图

由此可见,法向平衡间隙要比端面平衡间隙大。实际计算时,法向平衡间隙的计算范围控制在 $\theta \leqslant 45°$,当 $\theta > 45°$ 时,则应按照下述侧面间隙计算,并进行适当修正。

(3) 侧面间隙

电解加工型孔时,决定尺寸和精度的是侧面间隙 Δ_s。当阴极侧面绝缘和不绝缘时,侧面间隙将会有很大的不同。例如,采用 NaCl 为电解液,阴极侧面不绝缘,加工型孔时,工件型孔侧壁始终处在被电解状态,势必形成"喇叭口",如图 7.7(a) 所示。经计算这种情况的侧面间隙 Δ_s 为

$$\Delta_s = \Delta_b \sqrt{\frac{2h}{\Delta_b} + 1} \tag{7.11}$$

式(7.11) 说明,阴极工具不绝缘时,侧面间隙将随工具进给深度而变化,它们之间为抛物线函数关系,因此,工件侧面将形成抛物线状的喇叭口。

如果对阴极侧面进行绝缘处理,如图 7.7(b) 所示,在阴极端面只留一个宽度为 b 的工作圈,则在工作圈以上的工件侧面不会遭受电解腐蚀而成一个直口边,此时侧面间隙 Δ_s 与工具的进给量 h 无关,只取决于工作圈宽度 b,由此可得侧面间隙的计算公式为

$$\Delta_s = \Delta_b \sqrt{\frac{2b}{\Delta_b} + 1} \tag{7.12}$$

侧面间隙越小,说明工件受到的杂散腐蚀越少,工件的加工精度就越高。根据式(7.11) 和(7.12)可以看出,端面平衡间隙越小,侧面间隙也越小,因此,电解加工时,加工间隙越小,加工精度越高。

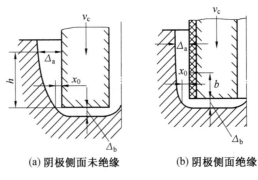

(a) 阴极侧面未绝缘　　　　　　(b) 阴极侧面绝缘

图 7.7　侧面间隙

7.2.3　提高电解加工精度的方法

1. 采用脉冲电流电解加工

脉冲电解加工的基本原理就是以周期间歇供电代替传统的连续供电使工件阳极在电解液中发生周期断续的电化学阳极溶解。电解加工时,阴极析出氢气气泡在电解液内的分布是不均匀的。在电解液入口处的阴极附近,几乎没有氢气气泡,而远离电解液入口处的阴极附近,电解液中所含氢气气泡较多,导致加工间隙内电解液的电导率不同,造成工件各处电化学阳极溶解速度不均匀,从而形成加工误差。采用脉冲电流电解加工就可以在两个脉冲间隔时间内,通过电解液的流动与冲刷,使间隙内电解液的电导率分布基本均匀。同时脉冲电流电解加工时阴极析出的氢气是断续的,呈脉冲状。它可以对电解液起到搅拌的作用,有利于电解产物的去除,提高电解加工精度。

为了充分发挥脉冲电流电解加工的优点,还有人采用脉冲电流加同步振动电解加工。其原理是在阴极上与脉冲电流同步,施加一个机械振动,即当两电极间隙最近时进行电解,当两电极距离增大时停止电解而进行冲液,从而改善了流场特性,使脉冲电流电解加工更完善。

2. 采用小间隙电解加工

电解加工的蚀除速度与加工间隙成反比关系。实际加工中由于零件表面存在着微观不平整,各处的加工间隙是不均匀的。零件表面微观突出部位由于加工间隙小,蚀除速度将大于低凹部位,从而提高整平效果。由此可见,加工间隙越小,越能提高加工精度。对侧面间隙的分析也可看出,加工间隙越小,由于杂散腐蚀引起的侧面间隙就越小,孔的成形精度也越高。可见,采用小间隙加工,对提高加工精度、提高生产率都是有利的。但加工间隙越小,对液流的阻力越大,电流密度大,间隙内电解液升温快、温度高,电解液的压力需很高。加工间隙过小容易引起短路。因此,小间隙电解加工的应用受到机床刚度、传动精度、电解液系统所能提供的压力、流速以及过滤情况的限制。

3. 改进电解液

采用 $NaNO_3$ 和 $NaClO_3$ 这类钝化性电解液能够有效抑制杂散腐蚀,加工精度较高,但这两种电解液的电流效率低,可以添加适量的 NaCl,在不影响加工精度的前提下提高电流效率。但对于杂散腐蚀比较严重的 NaCl 电解液,可以添加一些含氧酸盐,如 Na_2MoO_4,

$NaWO_4$ 等,使表面产生一定的钝化膜,提高加工精度。

采用低浓度电解液,也能够显著提高加工精度。例如,对于 $NaNO_3$ 电解液,过去常用的质量分数为 20%～30%。研究表明采用质量分数为 4% 的 $NaNO_3$ 电解液来加工压铸模,加工表面质量良好,间隙均匀,复制精度提高,棱角清晰,侧壁基本垂直,垂直面加工后的斜度小于 1°。采用低质量分数电解液的缺点是效率较低,加工速度不快。

4. 采用混气电解加工

混气电解加工是将一定压力的气体(主要是压缩空气或二氧化碳、氮气等)用混气装置使它与电解液混合在一起,使其成为包含无数气泡的气液混合物,然后送入加工区进行电解加工。电解液中混入气体后,加工间隙内电解液的电阻率增大,且电阻率随着压力变化而变化。在间隙小的地方压力高,气泡体积小,电阻率低,电解作用强;而在加工间隙大的地方压力低,气泡体积大,电阻率高,电解作用减弱。这样就使加工间隙趋于均匀,从而提高了复制的精度。另外,高速流动的气泡还起着搅拌作用,消除死水区,大大改善了加工间隙内流场的分布。

与一般的电解加工相比,混气加工的间隙小而均匀,因此阴极的设计及制造就比较简单,而且混气电解可以得到比较高的复制精度,所有大大减少了钳工的修磨工作量。混气电解的缺点是由于电阻率增大及电流密度减小,以加工速度低于一般的电解加工,生产率低。另一个缺点是需要增加一套附属供气设备,要有足够压力的气源、管道及良好的抽风设备等。

7.2.4　微细电解加工的技术要求

随着现代科学技术的发展,对产品的小型化和集成化要求越来越高,特别是在电子、通信、计算机、医疗、生物工程等领域更显突出。例如,进入人体内检查的医疗器械和管道自动检测装置等都需要微型齿轮、电机、传感器等构件。现代科技中对微型构件的需求极大地促进了微细电解加工技术的发展。

微细电解加工是基于电化学阳极溶解原理进行材料去除的加工技术,它以"离子"溶解方式去除材料的,而金属离子的尺寸非常小,一般为 0.1 nm。因此,理论上微细电解加工的尺寸是非常小的,加工精度也是非常高的,与其他微加工技术相比具有更强的微细加工能力。但电解加工中难以避免的杂散腐蚀以及电解加工间隙内电场、流场的多变性,给微细电解加工的精度带来一定的限制。因此,目前微细电解加工还只在一些特殊场合应用,如电化学刻蚀、电解抛光和细小孔的电解束流加工等。随着研究的不断深入,一旦在提高加工精度方面取得技术突破,微细电解加工将会有更大的发展和应用。

由于微细电解加工的尺寸很小,精度要求很高,因此它与普通电解加工相比技术上难度更大。从上节的介绍我们已经知道,减小加工间隙、采用钝化性电解液、脉冲电流等能够减轻杂散腐蚀,有效提高电解加工的精度。在微细电解加工中不仅要遵循上述原则,还要满足下面技术条件:

① 微细工具阴极制造。微细电解加工的工具阴极通常尺寸很小,微细工具阴极的精度直接影响微细电解加工的成形精度。采用普通机械加工及常用特种加工方法不能满足微细电解加工的要求,因而必须采用特殊的方式,如线电极电火花在线磨削、在线电解反拷制造阴极的方法,都可以在微细电解加工设备上在线制造微细阴极。在线制造微细阴极的好处是避免二次安装阴极带来的误差,能够进一步提高微细电解加工的精度。

②微小位移的检测与控制。要实现微细电解加工,必须保证精确的位置控制,这就需要实现微小位移的传动装置,同时还要有精密的检测措施和灵敏、可靠的控制方法。

③实现微小加工间隙的电解参数设置及其控制,以保证材料的去除量精确,达到微细电解加工精度的要求。

④采用高频窄脉冲电源,甚至是纳秒级脉冲电源进行电解加工,以提高电解加工的定域性,控制并尽量减小杂散腐蚀,提高加工精度。

7.2.5　微细电解加工的应用

近年来,国内外研究人员在提高电解加工的定域性能力、拟制杂散腐蚀方面取得了显著进展。突出的研究成果是 20 世纪 90 年代德国学者发明的纳秒级超短脉冲电源技术使得电解加工的定域性显著提高,实现了以纳米尺度去除金属材料,制造了几百纳米精度的微型机械。另外,日本利用微细电解加工技术制造出了直径为数微米、高质量表面的轴。英国在高速转子上加工出了数十微米线宽、数微米深的储油槽。荷兰某公司实现了薄板上微孔、缝的高效微细电解加工。随着科技的进步,微细电解加工的应用空间将会更加广阔。本节只介绍几种主要的微细电解加工技术。

1. 微细电化学刻蚀加工

微细电化学刻蚀加工分为有掩膜微细电化学刻蚀加工和无掩膜微细电化学刻蚀加工两大类。

（1）掩膜微细电化学刻蚀

与其他掩膜刻蚀的方法一样,掩膜微细电化学刻蚀也包括图形复印和薄膜腐蚀两大加工步骤。先用光刻胶在待加工材料上制成特定图案的遮蔽层,然后未被保护的材料在电解作用下逐渐腐蚀,直到所需要的深度。目前微细结构的也可以采用化学刻蚀,但由于化学刻蚀的等方向性,很难获得较直的加工侧壁和较大的深宽比,难以达到集成电路中对精细图形腐蚀的要求,且加工速度较慢。而掩膜微细电化学刻蚀可以通过控制电解液的流速、流场分布和电力线的分布来克服化学刻蚀的上述缺点,

获得较直的侧壁和较大的深宽比,并且电解刻蚀的加工效率高,可以通过对电量的控制获得较好的零件形状。图 7.8 是 IBM 公司利用掩膜微细电解刻蚀技术在 25 μm 厚的不锈钢上加工的直径为 55 μm 表面光滑的打印机上微细小阵列油墨喷嘴。另外,还可以采用单侧掩膜加工出圆锥体微三维结构,例如圆锥体连接器。

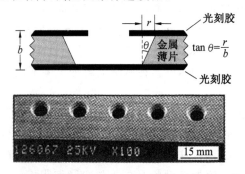

图 7.8　利用掩膜微细电解加工技术制备的打印机油墨喷嘴

（2）无掩膜微细电化学刻蚀

　　无掩膜微细电化学蚀刻加工则需要去除过程具有高度的选择性,常用微细电解液射流来实现这一目的。即通过精密微细喷嘴直接把中性盐电解液喷到被加工工件金属表面上,同时在工件和喷嘴之间施加电压,使工件上被电解液喷射的材料部分产生溶解去除而进行加工。由于喷出的电解液射流直径很小,因此具有良好的定域加工能力和较高的加工效率,并可以加工多种金属和合金,不会产生加工变质层和毛刺等。图 7.9 是 IBM 公司采用无掩膜微细电化学蚀刻技术加工出的 IBM 字样。加工时采用直径为 25 μm 的小喷嘴喷射浓度为 5 mol·L^{-1}NaNO$_3$溶液到 50 μm 厚的不锈钢金属薄片上,这仅是一个可以采用无掩膜微细电化学刻蚀技术加工复杂形状的一个示例。

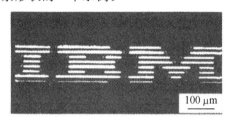

图 7.9　采用无掩膜微细电化学刻蚀技术加工的 IBM 字样

2. 纳秒级脉冲微细电解加工

　　2000 年,德国 Fritz－Haber 研究所的科研人员在电解加工系统中采用参比电极和辅助电极技术精确控制电极电势,并利用纳秒脉冲电源,使加工间隙缩小到几微米,实现了亚微米级精度的加工。纳秒脉冲电化学加工与以往的电化学加工在加工机理上有很大区别,它是根据电化学原理在金属/溶液界面上会发生氧化还原反应,使电极表面带电,溶液中带相反电荷的粒子密集在靠近电极的一侧,构成双电层。电极/溶液界面的双电层在外加电场作用下,表现出电容特征,电解加工的电解液又具有阻抗特性。因此,分析两极之间的加工间隙的电场特性,可将其等效为 RC 电路,如图 7.10 所示。

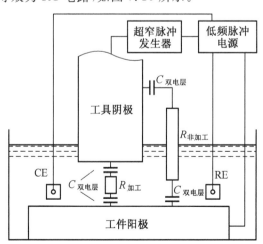

图 7.10　纳秒脉冲微细电化学加工原理图

　　在 RC 电路中,电容、放电过程由时间常数决定。当纳秒脉冲电源对电极/溶液界面的双电层进行充电,引起电极极化时,由于电流持续时间非常短,电极极化还未达到稳定状态就进入了脉冲间歇,电化学反应条件不断变化,这个过程属于暂态加工过程。在纳秒脉冲电源作用下,加工区的双电层充电时间常数很小,电容能够完全充电,使电极电势接近峰值。而非加工区时间常数大,电容还未完全充电就进入脉冲间歇的断电阶段,又开始放电,不能达到电压幅值。因此,加工区过电势高,电流密度大,工件被蚀除量多;非加工区过电势低,电流密度很小,蚀除量可以忽略不计。因此,纳秒脉冲微细电化学加工提高加工定域性和加工精度的原因是:使加工区和非加工区的极化过电势产生显著差别,从而影响工件材料在不同区域溶解,从而抑制电解加工的杂散蚀除。纳秒级脉冲电解加工为电化学加工在微细加工领域的应用提供了一个新的技术途径。

3. 微细电解射流加工

随着精密器械产品朝着高性能、高可靠性以及集成化的方向快速发展,在产品零件中出现了大量形状各异的微结构,如航空航天、精密器械产品中广泛存在着尺寸为 $100~\mu m \sim$ 1.5 mm 的微细孔、窄槽、细缝、微型凹坑、微细刻痕等微结构的加工。微细电解射流加工可实现这类微结构的高质量加工,具备较高的加工柔性。电解液喷射装置是电解射流加工系统中的关键部件之一,直接决定了整个加工系统的可靠性和适用性,从而影响加工的深径比、加工尺寸和形状精度。

微细电解射流加工工艺是在电液束小孔加工的基础上发展起来的。在电解射流加工过程中,被加工工件接正极,喷射装置接电源负极,在正、负极之间加上高压直流电场,电压高达 $300 \sim 1~200$ V。液压泵将净化了的电解液压入电解液喷射装置中,电解液在喷射装置腔体内被充分"阴极化"后,经过喷嘴形成具有稳定破碎长度的电解液射流束,射向工件的待加工部位,在喷射点上产生电化学阳极溶解,进行微小孔、窄槽、微凹坑的加工。其加工原理如图 7.11 所示。

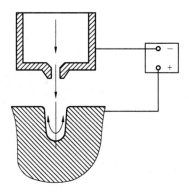

图 7.11　微细电解射流加工原理图

在加工过程中,喷射装置采用不进给或微量进给的方式(在 z 向进给轴带动下,喷射装置可做小于等于初始间隙的进给运动),喷嘴并不深入加工区域就能够加工出具有一定深宽比的微结构,还可借助工作台的平面运动实现微细型孔、窄槽、细缝、微型凹坑、微细刻痕等各种微结构的高质量加工,从而提高电解射流加工的柔性。这种微尺度电解射流加工具有被加工材料适应范围广、加工中无宏观切削力、加工表面质量好、具有三维微结构加工能力、工具阴极不损耗、可实现多样化加工工艺等独特的优点。

7.3　微细电铸加工

7.3.1　电铸加工的原理

1. 电铸加工的基本原理

电铸是利用金属的电沉积原理,在导电原模(或称为芯模、铸模)上电化学沉积金属、合金或复合材料,然后将沉积层与原模分离,从而得到复制的工件,也可以直接电铸成工件整体。

实际上,电铸和电镀的基本原理是一样的,主要区别是:

①电镀一般是对基体材料加以功能性防护或装饰美化,电镀层的厚度通常在几微米到几十微米之间;而电铸的目的则是获得与原模型面形状对应"相反"的金属制品,因此电铸层的厚度通常达到零点几毫米到几毫米,有时甚至厚达厘米数量级。

②电镀层要求与基体材料结合牢固、紧密而难以分离;电铸层一般最终需要与基体(原模)分离,独立作为零件使用。

电铸加工的原理如图 7.12 所示。

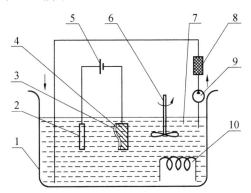

图 7.12　电铸加工的原理示意图

1—电铸槽;2—阳极;3—沉积层;4—原模;5—电源;6—
搅拌器;7—电铸液;8—过滤器;9—泵;10—加热器

电铸加工时以导电原模作为阴极,用待电铸金属材料作为阳极,含有待电铸金属离子的盐溶液作为电铸液,置于电铸槽内,阴极接至电源的负极,阳极接至电源正极,接通电源后发生电化学反应:电铸液中的金属离子移动到阴极原模上,获得电子还原成金属,沉积在导电原模的表面。阳极失去电子后成为金属离子,进入电铸液,从而使电铸液中的金属离子浓度基本保持不变。当原模上的金属沉积层逐渐增厚,达到预定厚度时,切断电源。将原模从电铸液中取出,再将沉积层与原模分离,就得到了与原模沉积作用面精确吻合但凹凸形状相反的电铸件制品。

电铸加工与其他加工方式相比,具有如下优点:

①具有超高精度的复制能力,能够准确、精密地复制复杂型面和细微纹路,这是其他加工工艺难以实现的。

②能够获得尺寸精度非常高、表面粗糙度 $R_a \leqslant 0.1\ \mu m$ 的复制品,由同一原模生产的电铸制品一致性好。

③借助石膏、蜡、环氧树脂等材料,可以方便、快捷地把复杂零件的内外表面复制变换成对应的"反型",便于实施电铸工艺,并大大拓展了电铸工艺的适用范围。

④容易得到由不同材料组成的多层、镶嵌、中空等异形结构的制品。

⑤能够在一定范围调节沉积金属的物理性质。可以通过改变电铸条件、电铸液组分的方法,来调节沉积金属的硬度、韧性和拉伸强度等;还可以采用多层电铸、合金电铸、复合电铸等特殊方法,使成形的工件具有其他工艺方法难以获得的理化性质。

⑥可以用电铸方法连接某些难以焊接的特殊材料。

目前,电铸工艺存在的主要不足之处是电铸速度低、成形时间长;此外,当参数控制不当时,某些金属电铸层的内应力有可能使制品在电铸过程中途或者在与原模分离时变形、破损,甚至根本无法脱模;对于尺寸各异的电铸对象,如何恰当处理电场,合理安排流场,从而得到厚度比较均匀的理想沉积层,需要具有较丰富实践经验和熟练技能的操作人员具体分析处理、操作,有一定难度。

电铸最早是由俄国雅柯比院士于 1837 年发明的,最初主要用于复制金属艺术品和印刷版,19 世纪末开始用于制造唱片压模。近年来,由于各相关技术领域的突破,电铸逐渐广泛地应用于工业领域,直至高科技产业,这主要是因为精密电铸技术能做到极微小的尺寸,并且获得极佳的复制精度。原则上,凡是能够电镀的金属都可以用以电铸,但是,综合制品性能、制造成本、工艺实施全面考虑,目前只有铜、镍、铁、金、镍－钴合金等少数几种金属具有电铸实用价值,其中工业应用又以铜、镍电铸为多。

2. 电铸的成形速度计算

电铸加工实质是利用金属电沉积来实现"复制"或直接成形工件的一种加工技术。因此,用以衡量电铸工艺指标之一的加工成形速度与金属沉积的质量密切相关。

(1)电铸金属质量的计算

当电流通过电铸槽时,导电原模上沉积金属的质量可以通过法拉第定律计算。沉积金属的质量按下面公式计算。

$$m = kIt \tag{7.13}$$

式中　　m—— 阴极上析出物质的质量,g;

　　　　k—— 析出物质的质量电化当量,g·A^{-1}·h^{-1};

　　　　I—— 电铸电流,A;

　　　　t—— 电铸时间,h。

电铸时,通过阴极的电量为

$$Q = It = i_c St \tag{7.13}$$

式中　　i_c—— 阴极电流密度(取平均值),A·dm^{-2};

　　　　S—— 阴极原模沉积面面积,dm^2。

当不考虑电流效率,假定通过阴极的电流全部用于金属沉积时,可以计算出电铸沉积的金属质量为

$$m = ki_c St \tag{7.14}$$

实际上,只有采用酸性硫酸铜电解液电铸铜时,电流效率接近 100%,对于其他电铸液来说,电流效率低于 100%,即电铸过程通过阴极的电流没有全部用于沉积金属,有部分电

量消耗在副反应中。电铸过程发生的主要副反应有阴极析氢、高价金属离子还原为低价离子、添加剂或杂质在阴极上还原等。其中析氢是主要发生的副反应,也是电铸沉积层产生气孔等瑕疵的主要原因。这些副反应的发生必然要消耗一部分电量,所以

考虑到阴极电流效率 η_c 时,电铸沉积金属的质量表示为

$$m = \eta_c k i_c S t \tag{7.15}$$

(2)电铸成形速度

不考虑阴极电流效率时,导电原模上沉积金属的质量为

$$m = S \delta_1 \rho \tag{7.16}$$

式中　δ_1—— 阴极金属沉积层的平均厚度,mm;

ρ—— 阴极沉积金属的密度,g・cm^{-3};

S—— 阴极原模沉积面面积,dm^2。

如果以单位时间内所获得的电铸层平均厚度表示电铸速度 v_{dz},则

$$v_{dz} = \frac{k}{10\rho} i_c \tag{7.17}$$

电铸速度 v_{dz} 的单位通常表达为 mm/h。当考虑阴极电流效率时,电铸速度表达式变化为

$$v_{dz} = \frac{k}{10\rho} i_c \eta_c \tag{7.18}$$

根据式(7.18)计算的电铸成形速度是依据阴极平均电流密度 i_c 计算的,所以,只有在电流分布比较均匀,电铸制品各处金属沉积厚度近似相等的情况下,按照式(7.18)计算的电铸成形速度比较准确。如唱片、光盘模具、商标印制以及牌匾、徽章等形状较为平坦、沉积厚度比较均匀的电铸对象,或者制品可以变换为二维方式沉积或回转方式均匀径向沉积等类型的工件,适用于采用该公式推算及预测加工过程。

如果电铸制品形状较为复杂,具有显著三维形状特征,电铸时导电原模表面的电力线分布是不均匀的,尖角、棱边等几何形状外凸处电力线分布更为密集,局部电流密度更大,导致电铸制品各处的厚度不均匀。严重时可能在原模某些部位无法持续正常沉积,或者因内应力不均而造成制品脱模时产生变形或破损。这时就不能按照式(7.18)计算电铸成形速度。

7.3.2　电铸加工的电场及流场设计

电铸的目的是获取符合预定形状、尺寸要求的合格制品,这就要求电铸制品各处金属沉积层的厚度均匀一致,并与原模型面严格对应。电铸时外加电场后,阴、阳极间电力线的分布首先取决于阴、阳极的几何形状及相互位置关系,其次受电铸液基本特性的影响。电场内各处电力线的疏密,决定了电流密度的差异,也导致了局部金属沉积速度的不同,最终反映出电铸制品各处金属沉积层的厚度不均匀性。电铸加工时电铸液是流动的,其作用除作为导电介质、提供金属离子外,还要及时排出阴极副反应析出的氢气等产物,并将由于电流通过所产生的焦耳热量带走。因此,电铸工艺实施的重要前提条件就是恰当安排电场,合理处理流场。

1. 电铸加工的电场设计

(1)电铸原模设计

在电铸原模设计时,应该尽量避免出现锐角、尖棱和深槽结构。因为,电沉积过程中,在

阴极原模的锐角和尖棱部位存在"边缘效应",电力线比较集中,电流密度高于其他部位,导致沉积速度最快,容易形成树枝状金属沉积物——结瘤,严重时甚至会造成沉积层烧焦;而在原模沉积作用面的低凹处则相反,受周边部位屏蔽电力线的影响,沉积速度最慢,使得低凹处沉积层往往非常薄,有时甚至几乎没有金属的沉积。而原模低凹处的沉积层恰恰对应的是电铸制品的角部、棱边等处凸部分,若金属沉积层过于薄弱,在制品与原模分离时,这部分就容易被损坏,如图 7.13(a)所示。

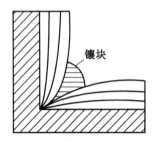 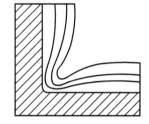

(a) 原模低凹处尖角,电铸层呈树枝状结晶　　　(b) 原模低凹处处理成圆弧后,电铸层均匀

图 7.13　原模低凹处电铸情况

　　为了预防这种情况的发生,一般电铸原模不设计成直角,更不能用锐角,在结构允许的前提下,原模低凹部位应该适当加工出过渡圆弧,如图 7.13(b)所示。最小圆弧半径至少等于工件壁厚。有时,也可以在低凹部位预先嵌入镶块,最终使镶块与沉积金属结合为一体。目前,另一种可以采纳技术措施是,用喷射电铸方式有选择地先对低凹部位"集中"沉积金属,将低凹处"填平"到一定程度之后,再以通常方式继续电铸,直至获得整个合格制品。当原模具有尖角或较突出的部位时,该部位应加工出最小半径大于 1 mm 的圆弧,以减小形成树枝状金属、结瘤导致沉积层不均匀的程度。上述原模设计的原则,都是力图使电场分布更加均匀,最终得到的沉积层厚度也比较均匀。

　　当电铸制品形状十分复杂,单单从原模设计的角度很难实现电场的均匀分布时,可采用部分不导电的屏蔽部件置于阴极原模某一恰当位置,或者在合适的位置增设辅助阴极(图 7.14)。前者的作用在于屏蔽部分电力线,尽量降低电流集中造成的局部过度沉积作用,甚至可以完全避免指定区域产生沉积效应;后者则改变原有电场,调节电力线分布差异,使得各处电流密度变得比较均匀。

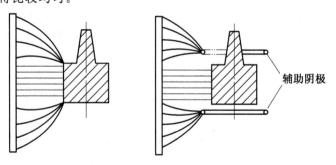

图 7.14　有无辅助阴极时的电力线分布情况

　　电铸对象的种类繁多,形状、尺寸千变万化,用调整电铸槽内阴、阳极的几何因素来调节和改善电场分布,效果并不显著,往往仅限于某些比较成熟的工艺。

（2）电场与电铸液特性的关系

除了几何因素对电场分布有影响外，电铸液的分散能力对电场分布起着更为重要的作用，影响电铸液分散能力的主要因素有极化率、电导率和电流效率。所谓分散能力，是指电镀液所具有的使镀件表面镀层厚度均匀分布的能力。电镀液的分散能力越好，则阴极表面的电流分布就越均匀，沉积的金属镀层的厚度也就越均匀；反之，则镀层厚度差别越大。因此，采用分散能力好的电铸液是一种使电场分布均匀的有效方法。

假如把阴极原模上与阳极距离最远处称为阴极远点，阴极原模上与阳极距离最近处称为阴极近点。接通电源后，近点处的电流密度与远点处的电流密度可以根据欧姆定律计算，结果如下式：

$$\frac{I_1}{I_2} = 1 + \frac{\Delta l}{l_1 + \frac{1}{\rho} \cdot \frac{\Delta \varphi}{\Delta j}} \tag{7.19}$$

式中　　I_1——近阴极上的电流强度；

　　　　I_2——阴极上的电流强度；

　　　　ρ——电解液的电导率；

　　　　$\Delta \varphi / \Delta j$——电解液的极化率；

　　　　Δl——远、近阴极的距离差；

　　　　l_1——近阴极与阳极间距离。

为了使阴极表面电流分布均匀，应使 I_1/I_2 趋近于 1，这时镀液的分散能力是最好的，根据公式（7.19），应使 $\dfrac{\Delta l}{l_1 + \dfrac{1}{\rho} \cdot \dfrac{\Delta \varphi}{\Delta j}} \rightarrow 0$。其中 Δl 和 l 为几何因素即 Δl 越小越好；电铸液的电导率 ρ 越小越好，也就是电解液的电阻率要小，电导率要大；镀液的导电性好，通常镀液中要加导电盐；$\Delta \varphi / \Delta j$ 即极化率要大。

由此可见，要得到分散能力好的电铸液，就要尽量提高电铸液的导电性和电化学反应时的阴极极化，可以对电流分布起到均匀化的作用。在生产中，通过加入导电盐、配位剂和添加剂的方法调整电铸液，提高其分散能力，以满足工艺满足。

原模上金属沉积量的多少，不仅仅和电流分布有关，还必须同时考虑电流效率，而电流效率又和电流密度关系密不可分。在常用的电铸液里，电流效率随电流密度变化的规律可以分为三类，如图 7.15 所示。

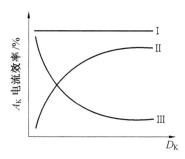

图 7.15　电解液的电流效率与电流密度的关系曲线

D_K—阴极电流密度；A_K—阴极电流效率

图 7.15 中曲线 I 表示,在采用的电流密度范围内,电铸液的电流效率基本不变,可视为常数,如酸性硫酸铜电铸铜溶液,电流效率为 100%,沉积金属只取决于局部电流密度的大小;曲线 II 表示,电铸液的电流效率随电流密度的增大而增大,金属的沉积变得更加不均匀,使电铸液的分散能力变得更差,应该尽量避免选用具有此类性质的电铸液;曲线 III 表示,电铸液的电流效率随电流密度的增大而减小,电流效率对镀层的分布起了调节作用,使金属沉积层的分布变得更加均匀,如焦磷酸盐电铸铜溶液。因此,对于电铸加工来说,尽量选取曲线 I 和曲线 III 这两类电铸液。

生产中,为改善电铸液分散能力可以采取以下措施:

①加入电导率高的强电解质,如在 $CuSO_4$ 溶液内添加 H_2SO_4,用于铜电铸。

②加入添加剂,如在电铸镍溶液中添加无机金属盐或某些有机化合物。

③添加络合物,如焦磷酸盐配位剂、柠檬酸盐配位剂等。

综上所述,讨论沉积金属在原模沉积作用面的分布时,除了研究电铸槽的几何形状、阴极和阳极的形状和尺寸、阴极和阳极在电铸槽内的排布形式等几何因素之外,还需要考虑影响电铸液分散能力的电导率、极化度以及电流效率这三个电化学要素。几何要素和电化学要素都会影响电铸槽内的电场分布,从而影响电铸层厚度的均匀性。

2. 电铸加工的流场设计

根据图 7.15 的分析,尽管选取如曲线 III 所示的电铸液对镀层的均匀性起到调节作用。然而,在实际生产中为了加快沉积速度、提高生产率,不断提高电流密度的话,电流效率会随之下降,这时,阴极析氢副反应加剧,对电铸层的质量将会产生较大影响。阴极析氢对镀层造成的危害主要体现在以下几个方面:

①造成"氢脆"。氢原子很容易渗入沉积层,使金属晶格发生扭曲,产生很大的内应力,使沉积层的力学性能下降,在脱模时容易发生损坏。沉积层应力的控制是电铸工艺难点之一。

②形成针孔和麻点。氢气泡滞留在镀层里就形成了针孔和麻点,不仅破坏了电铸制品的表面质量,还会降低制品的强度和精度。

③出现局部沉积层烧焦现象。在原模的棱角或突出部位由于电力线分布较密,因此电流密度较其他部位高,这些部位的析氢比较严重,由于析氢使阴极附近 pH 升高,将形成碱式盐或氢氧化物,这些物质在阴极吸附而夹杂在镀层中,形成海绵状镀层,俗称烧焦,这同样影响电铸制品的质量。

为了追求较高生产率,可以采用一些措施,如提高电铸液浓度,强烈搅拌,以增加阴极原模沉积作用面溶液切向流速,缩小阴极、阳极间距离等来解决这些问题。其中,合理安排电铸流场,提高阴极原模沉积作用面局部流速,成为关键措施之一。

电铸工艺的理想流场是能够向阴极原模沉积作用面提供连续、稳定的电铸液,电铸液在阴极原模沉积作用面全部区域均具有一定相对流速,不存在死水、涡流。增加阴极原模沉积作用面切向流速的常用具体方法如下:

①应用机械装置或者压缩空气强烈搅拌电铸液。

②阴极原模做直线往复移动或转动(还可以周期变换旋转方向及转速大小)。

③阴极原模做一定频率的振动(机械方式或电磁激励),或者将超声振动源置于电铸槽内。

④采取喷射方式输送铸液,直接冲刷阴极原模沉积作用面。

⑤将阴极、阳极放置在专门的工装内,迫使电铸液在阴、阳极间隙内高速流动,并保持为紊流状态,能显著提高电铸液对阴极原模沉积作用面的冲刷作用。此时,既可以达到比较高的电流密度,析出的氢气泡也容易由电铸液带走,很难在阴极原模沉积作用面滞留,这对于提高电铸层质量和沉积速度都有较好的效果。

7.3.3　提高电铸速度和质量的措施

电铸加工的一个缺点是生产效率较低,很大程度上限制了它在工程中的应用。因此,提高电铸生产率,即提高电铸的沉积速度是一个重要的研究课题。目前,已开发出多种高速电铸工艺。

电铸过程与电镀过程是一样的,由以下四个步骤组成:

①液相传质:溶液中的金属离子(水合离子或配离子)从溶液内部向电极表面迁移。

②前置转化:迁移到电极表面附近的金属离子发生化学转化反应,如金属水化程度降低和重排,金属配离子配位数降低。

③电荷传递:金属离子在电极表面接受电子(放电)形成吸附原子。

④电结晶:新生的吸附态金属原子沿电极表面扩散到适当位置(生长点)进入金属晶格生长,或与其他新生原子集聚而形成晶核并长大,从而形成晶体。

在金属电沉积时,物质迁移过程往往是最慢的步骤,它决定了电镀的速度,也就是如果能够提高金属电沉积时的物质迁移速度,就能够提高电镀速度。因此,提高电铸速度的措施主要是强制阴极表面的镀液流动和在电解液中移动阴极。

1. 强制阴极原模沉积作用面上的电铸液快速流动

该方法是使电铸液在阴极原模沉积作用面快速流动,从而达到加快金属离子迁移、补充,提高电铸速度的目的。

(1)平行液流法

所谓平行液流动法就是使电铸液在阴、阳极之间做高速流动,液流方向平行于原模沉积作用面,能产生很大的切向流速。为了保证足够的极间流速,阴、阳极间的距离应比常用值设置要窄小些,一般设置为 $1\sim5$ mm。在这样的间隙条件下,比较容易实现电铸流速大于 $2\sim3$ m·s^{-1},使电极间电铸液处于紊流状态。平行液流法流场的示意图如图 7.16 所示。

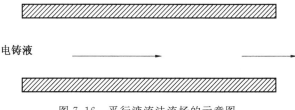

电铸液

图 7.16　平行液流法流场的示意图

平行液流法可在较低的槽电压下增大离子电迁移速度,提高电铸效率,减少电压损耗,节约电能。从 20 世纪 80 年代起,美国、日本开始采用此项技术在带钢上电铸锌,与普通电铸相比,生产率提高了 $3\sim4$ 倍。

(2)喷射液流法

喷射液流法指电铸液通过喷嘴连续喷流到阴极原模的表面进行电镀的方法。经喷嘴喷射出的电铸液射向阴极原模后,经接收集存于集液槽中,再经泵循环输送至喷嘴,期间可增设连续过滤装置。还可以调节供液泵出口压力来控制电铸液流量,保证喷射的电铸液在沉积区具有相当高的局部流速,如图 7.17 所示。

图 7.17　喷射液流法电铸示意图

采用喷射液流法电铸时,电解液将高浓度的金属离子高速喷向阴极表面,能够迅速补充阴极表面金属离子数量,同时,电解液的冲击不仅对电铸层进行了机械活化,还极大地减小了扩散层的厚度,有效降低了浓差极化,因而可以大大提高极限电流密度。喷射液流法适用于局部区域电铸或小型工件制造,在某些场合,还要求喷嘴与工件以一定方式、速度相对移动,以实现对沉积区域的选择。为了充分发挥喷射电铸的优点,喷射流截面必须很小,而沉积电流是通过电铸液传递的,造成此处的欧姆损耗相对较大,因此需要采用比常规电铸更高的槽电压。

2. 阴极原模高速运动

(1)阴极原模旋转法

通过实现阴极原模的高速旋转,可以提高原模与电铸液交界面的相对运动速度,降低扩散层厚度,从而提高允许的极限电流密度,加快金属沉积速度。一般来讲,阴极原模转速越高,金属离子迁移速度就越快。这种阴极原模旋转运动方式常用于某些回转体工件的电铸。

(2)阴极原模振动法

阴极原模振动法,是通过一定的机械装置,让阴极原模在电铸液中产生振动。其振幅范围为数毫米至数十毫米,振动频率范围为数赫兹至数百赫兹,振动方向应尽可能垂直于工件主沉积表面。对于形状比较复杂的电铸对象,这是一种适用面较广、具有较好应用前景的方法。阴极原模振动法可以采用超声波振动辅助、机械振动和电磁振动等来实现。

3. 摩擦阴极原模沉积作用面法

在电铸过程中,使用固体绝缘颗粒连续或间歇摩擦阴极原模沉积作用面,也能减小或消除扩散层,迅速补充金属离子,从而提高沉积速度。这种方法还能增强阴极原模活化,改善整平作用,消除结瘤及树枝状沉积层的生成。最常用的摩擦阴极原模沉积作用是美国 Norton 公司发明的 NET 法,主要分为如下两种。

(1)NET-I法

NET-I法是在玻璃纤维或尼龙等制成的"无纺布"上镶嵌粒度为 $1\sim5\ \mu m$ 大小的碳化硅磨料,由于无纺布是多孔隙的,很容易充分浸透电铸液。用这种镶有硬粒子的"布"在阴极原模沉积作用面摩擦,电铸液透过微孔到达阴极原模沉积作用面,构成电化学反应回路。这种方法可广泛适用于平板、线材、棒料、筒状等类型工件的电铸,最高沉积速度可达 $75~\mu m \cdot min^{-1}$。其原理如图 7.18 所示。

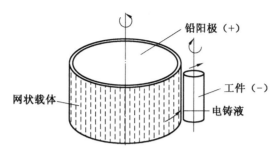

图 7.18 NET−1 法原理示意图

(2)NET−Ⅱ法

NET−Ⅱ法是将如玻璃、氧化铝、陶瓷等制成绝缘的微小粒子,放入电铸槽中,再加入一定量的电铸液,通过阴极原模自身旋转或沉积槽的振动,使绝缘粒子不断撞击、摩擦阴极原模沉积作用面,从而实现消除(或减薄)扩散层,达到高速电铸的目的。其原理如图 7.19 所示。

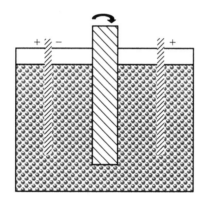

图 7.19 NET−Ⅱ法原理示意图

这种方法得到的沉积层组织很均匀,虽然沉积速度低于 NET−Ⅰ法,但是深镀能力相当理想,对制造有特殊要求的工件颇有意义。

7.3.4 微电铸加工的技术要求

近年来,随着 MEMS 技术和 LIGA/准 LIGA 技术的快速发展,微电铸加工作为其中的一个重要环节受到了研究人员的广泛关注和重视。微电铸加工是在传统电镀工艺基础上发展起来的一种精密加工技术,广泛应用于微/纳结构的制造。各种精密复杂、微小细致或制作成本很高的难以用传统方法获得的结构都可用微电铸技术制作。

1. 微电铸技术的特点

与传统的电铸技术相比,微电铸技术的特点主要体现在以下几个方面:

①微电铸加工的零件尺寸较小,甚至具有微纳结构。虽然电铸面处于同一个平面上,但

通常已经被不导电的光刻胶分割成不同形状的微小区域,这些微小区域或相互连通,或相互隔绝。由于微纳结构形状和尺寸上的差异性,导致电流分布存在着严重的不均匀现象,使最终的电铸层厚度不均匀,这种情况很难采用仿形性阳极加以弥补。

②微电铸通常在具有高深宽比的微结构内进行,使得参与电沉积反应的金属离子的传输受到阻碍。由于高深宽比微结构对溶液流动的屏蔽作用,以及掩膜微结构形式多样性,将会导致不同电沉积区域稳定扩散层厚度的显著差异,从而影响整体结构的一致性。

③微电铸工件所要填充的孔洞都是开口很小的微细盲孔,这样的微细盲孔很难被普通的电解液浸润,因此,需要在电铸液中适当添加表面活性剂,以减小电解液的表面张力,提高电解液的浸润能力。但表面活性剂的加入又会导致电铸过程中析出的氢气很难排出,因此,在电铸工艺设计中必须辅以机械震动或超声搅拌等措施使盲孔内的气体尽快排出。

由此可见,微电铸不但兼有掩膜电镀和传统电铸两个方面的特征,而且还有许多需要解决的独特技术问题,需要开展深入系统的工艺技术研究。

2. 微电铸液的要求及微电铸工艺

(1)微电铸液的要求

由于微电铸层较厚,同时对铸层的物理、机械性能有一定的要求,因而对微电铸溶液也有一些特殊的要求。

①为了缩短微电铸时间,微电铸加工时一般采用较高的电流密度,所以要求微电铸液要能够适应高速微电铸工艺的要求,如较高的金属离子浓度及电导率等。

②在微电铸过程中,沉积层通常具有内应力,过大的内应力会使沉积层在铸模上发生变形、造成零件报废。因此,要选用内应力较小的电铸液。

③由于微电铸层较厚,电铸液中的杂质对铸层的影响比较严重,所以必须采用纯度高的微电铸液,并定期进行过滤处理。

④微电铸层的高度均匀性是检验铸层质量的一项重要指标,所以要选用分散能力和深度能力好的微电铸液。

目前,常用的微电铸金属是镍。镍的电铸液有两类,一类是硫酸盐瓦特型电解液,另一类是氨基磺酸盐电解液。研究表明,在瓦特型电解液中得到的沉积层具有高内应力,而在氨基磺酸盐电解液中获得的沉积层的内应力较小。并且氨基磺酸盐在水中的溶解性较高,可配制成高浓度的电解液,能够在较高的电流密度下进行电铸,因而获得高的电铸速度。氨基磺酸盐电铸液除氨基磺酸镍外,其他成分主要是氯化镍、硼酸、润湿剂。氯化镍有利于镍阳极溶解,提高电铸液电导率,改善电铸液分散能力。硼酸是 pH 缓冲剂,能够稳定电铸液的pH。润湿剂能够减小电铸液的表面张力,降低气泡附着在阴极表面的倾向。由此可见,氨基磺酸盐电铸镍液完全符合基本微电铸液的要求,应用最为广泛。

(2)微电铸工艺

①电流波形。在微电铸工艺中,电流波形是决定铸层质量的一个关键因素。电源的波形对沉积层的结晶组织、合金成分以及电铸液的分散能力和覆盖能力、添加剂的消耗等都有影响。目前,在微电铸工艺中一般采用周期换向电流或脉冲电流。周期换向电流就是周期性地改变直流电的方向;脉冲电流就是单向电流周期性地被中断。脉冲波形有方波、正弦波、三角波和锯齿波等,对于单金属电铸以方波脉冲效果最好。方波脉冲电流的波形如图7.20 所示。

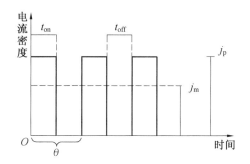

图 7.20　方波脉冲电流的波形

占空比(ν)即导通时间与周期之比,常用百分数表示,即

$$\nu = \frac{t_{on}}{\theta} \times 100\% = \frac{t_{on}}{t_{on}+t_{off}} \times 100\% \tag{7.20}$$

式中　t_{on}——脉冲导通时间;

　　　t_{off}——脉冲关断时间;

　　　j_p——脉冲电流密度;

　　　θ——脉冲周期,$\theta = t_{on}+t_{off}$;

　　　f——脉冲频率,$f = \dfrac{1}{\theta}$。

脉冲峰值电流密度为

$$j_p = \frac{j_m}{\nu}$$

式中　j_m——平均电流密度。

采用方波脉冲电流电铸时,在电源接通时的峰值电流密度很高,j_p越大,过电势越大,有利于晶核的形成,使得晶核形成的速度大于晶粒生长的速度,产生细致的铸层;在脉冲关断周期内,在阴极附近被消耗的金属离子,通过扩散传质,恢复到或接近初始浓度,消除了浓差极化,同时还可能发生重结晶和吸附等现象,有利于减少缺陷,提高铸层的纯度。

②阴极电流密度。对于任何微电铸工艺都存在着一个获得良好微电铸层的电流密度范围,其中获得良好铸层的最小电流密度称为电流密度下限,最大电流密度称为电流密度上限。较低的电流密度能够避免因高深宽比微结构所造成的传质较慢的问题,但电流密度过低,阴极极化作用小,镀层的晶粒较粗,并且镀速较慢,造成工作效率低,一般避免采用过低的阴极电流密度。但阴极电流密度也不能超过上限,因为电流密度过高时,阴极附近放电金属离子贫乏,一般在阴极的棱角和凸出处放电,出现结瘤或树枝状结晶,甚至形成海绵状疏松铸层。因此,要以深宽比最大的深孔或细缝为参考选择电流密度,深宽比越大,允许的电流密度越小。

③电铸液温度。当其他条件不变时,升高电解液的温度,通常会加快金属离子的扩散速度,降低浓差极化,因此可以增加电流密度的上限值,同时改善电解液的分散能力,虽然对阴极极化有一定抑制,但通常倾向于采用较高的电解液温度。温度的限制因素主要取决于镀液的稳定性和高深宽比掩膜微结构的稳定性。对于氨基磺酸盐电铸镍溶液一般温度不能超过 60 ℃。

④搅拌。搅拌能够加速溶液的对流,降低浓差极化,提高允许的阴极电流密度上限值。

通常采用搅拌可以在较高的电流密度下得到细致的电铸层。但一般的搅拌对深孔和细缝的对流传质作用不大,适度偏强的搅拌可以促进阴极析出气体的脱离,改善工件的均匀性。单一方向的流动搅拌容易造成结构严重不对称。超声搅拌的效果比较明显,但长时间的超声会使掩膜脱落。目前,一些微电铸设备采用旋转电极产生强对流的搅拌方式,能够提高搅拌的效果。

⑤添加辅助电极。由于电场分布不均匀,微电铸模各部位的电流密度不同,造成沉积速度不同,因此电铸很难获得均匀一致的沉积层。在铸模边缘部位,电场较集中,金属沉积速度快,铸层较厚。对于单个微电铸结构而言,当胶膜深宽比较小时,电铸层横截面呈现出中间低边缘高的马鞍形形貌,如图7.21(a)所示;当胶膜深宽比较大时,电铸层横截面又呈现出中间高边缘低的帽形形貌,如图7.21(b)所示。

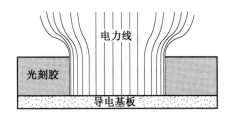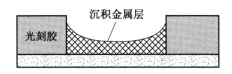

图 7.21　低深宽比时的电力线分布及电铸层的马鞍形貌

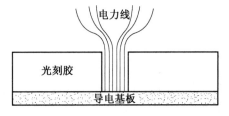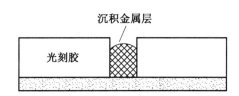

图 7.22　高深宽比时的电力线分布及电铸层的帽形形貌

为了提高电铸层的均匀性,微电铸时通常采用添加辅助电极(阴极或阳极)的方法来改变电场分布,从而提高沉积层金属分布的均匀性。

7.3.5　LIGA 技术和准 LIGA 技术

随着 MEMS 技术的快速发展,微电铸技术作为一种全新的微细加工技术,已经广泛应用到各个领域。微电铸技术与光刻技术、微注射成型技术等相结合形成 LIGA 技术和准 LIGA 技术。

1. LIGA 技术

LIGA 是德文制版术(Lithographie)、电铸成形(Galvanofor ming)和注塑(Abfovmung)三个词的缩写。LIGA 技术是 20 世纪 80 年代初德国的卡尔斯鲁厄原子能研究所发明的一种三维微细制造技术,它在制造高深宽比金属微结构和塑料微结构器件方面具有独特的优势。LIGA 技术问世后,发展非常迅速,德国、美国和日本都开展了该技术领域的研究工作。采用 LIGA 技术已制造出微齿轮、微电机、微红外滤波器、微传感器、微型涡轮、微型医疗器械及多种微纳米原件及系统,其应用前景非常广泛。

（1）LIGA 技术的工艺过程

LIGA 技术包括 X 射线深层光刻、电铸成形和塑铸成形等工艺过程。其主要工艺流程如图 7.23 所示。其中电铸工艺是 LIGA 技术不可或缺的重要环节，是一种掩膜电化学微加工。

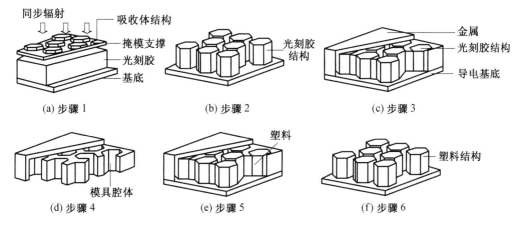

图 7.23　LIGA 技术的主要工艺步骤

①深层同步辐射 X 射线光刻。图 7.23 中的步骤 1 和 2 分别是光刻环节的曝光和刻蚀。首先将光刻胶涂覆在导电性金属基底上，采用同步辐射 X 射线作为光刻光源，通过掩膜辐照光刻胶，将掩膜上的图形转移到数十到数百微米厚的光刻胶上，经显影形成光刻胶微结构。曝光光源对于微结构的深宽比非常重要，若要获得高深宽比微结构，必须要有高穿透能力。同步辐射 X 射线作为光刻光源具有波长短、分辨率高、穿透能力强等优点，并且这种光源的平行度极好，刻出的图形侧壁光滑陡峭，可以有很高的横向分辨率和很大的深宽比。但同步辐射 X 射线的造价极其昂贵，制作高精度的 X 射线掩膜十分费时、费事，并且要求掩膜的基底抗辐射能力强、稳定性好、掩膜体厚，目前的 LIGA 工艺还无法与半导体加工的其他工艺很好匹配。

②微电铸成形。图 7.23 中的步骤 3 和 4 是电铸环节中的金属电化学沉积及金属微结构分离，用光刻胶微结构与金属基板的组合体作为铸模进行电铸，将光刻胶微结构中所有间隙部位沉积上金属。金属沉积层与光刻胶微结构脱模分离后即得到金属微结构件，这个金属微结构件可以是最终的产品，也可以作为下一步微注塑成形的模板，进行批量生产。

LIGA 技术中的微电铸工艺与常规电铸工艺不同。同步辐射 X 射线光刻的图形具有很大的深宽比，对这样高深宽比的深孔、深槽进行微电铸，金属离子的补充、沉积层的均匀性、致密性都要采取特殊措施加以保证。由于表面张力，电铸液很难进入深孔、深窄槽，不容易形成溶液的对流条件，离子补充比较困难，影响沉积速度和沉积质量。解决措施主要有：在电铸液中添加表面抗张剂，减小溶液表面张力；采用脉冲电流，提高深镀能力；采用超声波扰动溶液，增加金属离子的对流速度。

LIGA 技术中微电铸金属一般是镍、铜、金、铁镍合金等，最常用的是镍。镍的电铸工艺已很成熟，过程易控制。镍的性能稳定，具有较高的硬度、抗拉强度和很好的耐腐蚀性能，非常适合微模具的制作。一般采用氨基磺酸镍电铸液，该种铸液沉积速度快，可获得高硬度、低内应力电沉积镍。除了镍之外，金也常用于微电铸。另外，有些传感器和执行器需要用电磁力作为驱动力,故具有磁性的铁镍合金的微电铸对 LIGA 技术也很重要。微电铸合金材料成为 LIGA 技术的一个重要发展方向,合金材料的许多优良性能将拓宽微电铸的应用范围。

③注塑成形。图 7.23 中的步骤 5 和 6 是树脂材料注塑填充和成形零件脱模。将塑性材料注入电铸制成的金属微结构二级模板的模腔,形成微结构塑性件,从金属模中提出。也可用形成的塑性件作为模板再进行电铸,利用 LIGA 技术进行三维微结构件的批量生产。

(2)LIGA 技术的特点

LIGA 技术是一种利用同步辐射 X 射线制造三维微器件的先进制造技术,与传统微细加工方法相比,用 LIGA 技术具有如下特点:

①可制造具有较大深宽比的微结构。

②可以采用多种材料制备,如金属、陶瓷、聚合物、玻璃等。

③可制作任意复杂图形结构,精度高。

④可重复复制,符合工业上大批量生产要求。

图 7.24 是采用 LIGA 技术制作的电磁电机微齿轮。

200 μm

图 7.24　采用 LIGA 技术制作的电磁电机微齿轮

2. 准 LIGA 技术

LIGA 技术虽然具有突出的优点,但由于同步辐射 X 射线光源价格昂贵,并且制作掩膜工艺步骤比较复杂,其应用受到较大的限制。为此,人们开展了一系列准 LIGA 技术,即用深层刻蚀工艺取代昂贵的同步辐射 X 射线深层光刻,然后进行后续的微电铸和注塑过程。准 LIGA 技术不需要昂贵的同步辐射 X 射线源和特制的 LIGA 掩膜板,对设备的要求较低,而且与集成电路工艺的兼容性比 LIGA 技术要好得多。尽管目前准 LIGA 技术所能获得的深宽比等指标与 LIGA 技术相比还有差距,但基本能够满足微机械制作的要求,因此,近年来准 LIGA 技术得到了快速发展和广泛应用。准 LIGA 技术主要有紫外光 LIGA(UV−LIGA)、深等离子体刻蚀、激光 LIGA(Laser−LIGA)等。

(1)UV−LIGA

UV−LIGA 工艺除了所使用的光刻光源和掩膜外,与 LIGA 技术基本相同。该技术使用紫外光源对光刻胶曝光,所用的掩膜板是简单的掩膜板。UV−LIGA 工艺流程如图 7.25 所示。

首先在基体上沉淀电铸用的种子金属层,再在其上涂光刻胶,然后用紫外光光源进行光

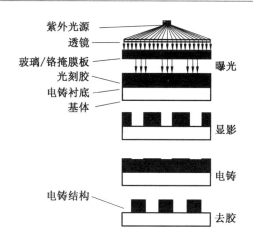

图 7.25　UV－LIGA 工艺流程

刻形成铸模,再电铸上金属,去胶后形成金属微结构。在 UV－LIGA 工艺中应用较多的是 SU－8 光刻胶,它具有高的热稳定性、化学稳定性和良好的力学性能,在近紫外光范围内光吸收度低,整个光刻胶层可获得均匀一致的曝光量。因此,将 SU－8 胶用于 UV－LIGA 中,可以形成图形结构复杂、深宽比大、侧壁陡峭的微结构。其不足之处是存在张应力,以及烘烤量大时在工艺的后段难以除去。利用 UV－LIGA 技术可以制备镍、铜、金、银、铁及铁镍合金等金属结构,厚度可达 150 μm,也可与牺牲层腐蚀技术结合,释放金属结构,制成微齿轮、微电机等可动器件。

（2）深等离子体刻蚀

深等离子体刻蚀一般选用 Si 作为刻蚀微结构的加工对象,采用感应耦合等离子体(Inductively Cupled Plasma,ICP)对 Si 进行刻蚀。ICP 具有更大的各向异性刻蚀速率比和更高的刻蚀速率,且系统结构简单。由于硅材料本身较脆,需要将加工了的硅微结构作为模具,对塑料进行模压加工,再利用塑料微结构进行微电铸后,才能用得到的金属模具进行微结构器件的批量生产。也可以直接在硅片上进行微电铸,获得金属微复制模具。

采用等离子体可以直接刻蚀聚合体材料来获得高深宽比微结构。所不同的是硅刻蚀用的刻蚀剂是 SF_6,而聚合体的刻蚀采用的是氧。无论是 LIGA 技术还是 UV－LIGA 技术,其光刻手段都限制了所用聚合体材料,而深等离子体刻蚀方法可以用于聚合体材料的微加工。将直接氧离子刻蚀与各向同性 C_4F_8 聚合物淀积相结合,比模铸技术可以实现更大密度器件的封装以及将器件与底层电子集成。利用此方法已经制作出生物微机电系统(Bio－MEMS)和互补金属氧化物半导体微机电系统(CMOS－MEMS)。

（3）Laser－LIGA

在 Laser－LIGA 技术中采用脉冲 UV 辐射刻蚀光刻胶,三维结构或者是在光刻胶表面使用扫描光束或者透射掩膜来形成。受激准分子激光器用的是气态卤化物,脉冲间隙为 10～15 ns,能够产生每平方厘米数百焦耳的光束。通常所用的两个激光波长是 248 nm(氟化氪)和 193 nm(氟化氩)。每个激光脉冲可以腐蚀 0.1～0.2 μm,无须重调镜头焦距系统,就可以剥离几百微米的深度。这种方法的优点是:

①它不像 UV 光刻那样在深度上受限制,因为曝光后的材料在下一个脉冲到来之前都被除去。

②利用改变扫描速度和光束形状或者用在一个发射系统中的变速传动掩膜方法,可以在光刻胶中形成复杂的三维结构。

③大范围的聚合体材料可以剥离,增加了多级加工技术和与其他微工程技术集成的可能性。

LIGA 技术是目前加工高深宽比微结构最好的一种方法。与 LIGA 技术相比,准 LIGA 技术虽然操作简单、成本较低,但其准确度不高。紫外光厚胶光刻可达到毫米量级,深宽比不超过 20;等离子体刻蚀深宽比较大,但是一般深度不超过 300 μm;Laser－L1GA 技术加工的准确度受聚焦光斑的影响。因此,准 LIGA 技术只适用于对垂直度和深度要求不太高的微结构的加工。尽管如此,在大深宽比的微结构加工中,低成本的准 LIGA 技术应用越来越多。

第8章 电化学方法制备功能材料薄膜

8.1 功能材料概述

从人类一出现就开始了材料的使用,材料是人类赖以生存和发展的物质基础,是人类认识自然和改造自然的工具。材料的发展标志着人类社会的进步和文明程度的提高。材料一般分为结构材料(Structural Materials)和功能材料(Functional Materials)两大类。结构材料是指具有较好的力学性能(如强度、韧性及高温性能等),能承受外加载荷而保持其形状和结构稳定的材料。功能材料是指具有一种或几种特定功能的材料,它具有优良的物理、化学和生物功能,在物件中起着"功能"的作用。功能材料就是指在电、磁、声、光、热等方面具有特殊性质,或在其作用下表现出特殊功能的材料。

实际上,功能材料的发展与结构材料一样悠久,它是在工业技术和人类历史的发展过程中不断发展起来的。从20世纪50年代开始,现代科学技术的飞速发展,不仅极大地刺激了功能材料的发展,同时对功能材料也提出了更高的要求,人们开始有意识地开发具有各种"特殊功能"的功能材料。目前,功能材料种类非常繁多,应用领域也非常广泛,关于功能材料的分类,还没有一个公认的分类方法。主要是根据材料的物质性或功能性、应用性进行分类。根据材料的物质性可以将功能材料分为金属功能材料、无机非金属功能材料、有机功能材料和复合功能材料;根据材料的物理化学功能可以将功能材料分为电学功能材料、磁学功能材料、光学功能材料、声学功能材料、力学功能材料、热学功能材料、化学功能材料、生物医学功能材料和核功能材料;根据材料的应用性可以将功能材料分为信息材料、电子材料、电工材料、电讯材料、计算机材料、传感材料、仪器仪表材料、能源材料、航空航天材料、生物医用材料等。

功能材料大多以薄膜的形态出现。相对于块体材料而言,薄膜的厚度很薄,很容易产生尺寸效应,薄膜的表面积与体积之比很大。因而表面效应很显著,其表面能、表面态、表面散射、表面干涉对薄膜的性能影响很大,使用薄膜材料不仅保护资源而且可以降低成本;薄膜材料中包含有大量的表面晶粒间界和缺陷态,其对电子输运的性能也有较大影响;使用薄膜材料更容易实现各种元器件的微型化和集成化。功能薄膜材料的制备方法主要分为物理方法和化学方法,物理方法主要有射频磁溅射、电子束溅射、电子束蒸发、分子束外延和激光沉淀等;化学方法主要有化学气相沉积、溶胶—凝胶技术、均相沉淀、电沉积法等。其中电沉积方法的优点是:

①可在常温下生产。

②可容易进行大面积试样的镀覆。

③通过控制电位(或电流)、溶液组成可容易控制薄膜的组成,通过控制电沉积时的电量可控制膜厚。

④不需高真空、不使用危险气体等,因此操作更容易、更安全。

⑤适合于各种基体材料。

本章主要讲述电沉积法制备金属化合物功能薄膜材料。

8.2 电沉积方法制备磁性材料薄膜

8.2.1 磁性材料概述

1. 物质的磁性

（1）定义及分类

广义地说,一切显示磁效应的物质都称为磁性材料。磁性物质在外磁场作用下都会被磁化,物质磁性的强弱可由磁化强度 M 来表示,磁化强度 M 与外磁场强度 H 的关系如下:

$$M = \chi H \tag{8.1}$$

式中　χ——物质的磁化率。

根据磁化率 χ 的大小,可将磁性物质分为顺磁性物质、抗磁性物质和铁磁性物质。

①顺磁性物质:一般电子未填满壳层的原子或离子具有一定的固有磁矩,但它们之间的作用很弱,在无外加磁场时,由于热运动的扰乱作用,这些恒定的原子磁矩没有特定的取向,表现出总磁矩为零。只有在强大外磁场的作用下,才各自趋于外磁场方向,宏观上表现出方向和外磁场相同的磁化强度。顺磁性物质的磁化率为正值,但数值很小。金属与其他固体不同,其中有导电电子,包括 VIII 族以前的所有金属元素都是顺磁性体。

②抗磁性物质:电子壳层完全填满的惰性气体是典型的抗磁体,由于电子磁矩相互抵消,所以本身无固有磁矩。但是在外磁场作用下,核外电子轨道运动,会发生变化产生小的附加磁矩,而且与外磁场方向相反。磁化率为负值,数值很小,在外加磁场作用下,产生很小的附加磁矩,且方向与外磁场方向相反,其他与惰性气体电子结构相同小的、而且是小于零的磁化率的离子同样也表现出抗磁性。

③铁磁性物质:具有极高的磁化率,磁化易于达到饱和,当外加磁场去掉后,材料仍会剩余一些磁场,或者说材料"记忆"了它们被磁化的过程。抗磁性和顺磁性的物质,磁效应非常微弱,因而认为它们是"非磁性"的。铁磁性物质:材料被磁化后,将得到很强的磁场,这就是电磁铁的物理原理。这种现象称为剩磁,所谓永磁体就是被磁化后,剩磁很大。这样才能够记录信息,所以磁记录技术中的磁性材料均是铁磁材料,常见的是 Fe,Co,Ni 及其合金。通常使用的磁性材料属于强磁性物质。

（2）磁记录材料的磁化特性

磁记录材料的磁化特性通常采用直流磁场下的磁滞回线来表征。铁磁性物质从原始磁中性状态被磁化到饱和后,若将磁化场由最大值逐渐减小,M 随 H 的变化曲线并不与原来的磁化曲线重合,而是沿另一路径变化。当外加磁场降到零时,材料并没有完全退磁,此时剩下的磁化强度称为剩余磁化强度 M_r。为了把材料完全退磁,需要施加一个与原来磁化方向相反的磁场时才能实现,将当 M 为零时的磁场强度称为矫顽力 H_c。继续在反方向上增加磁场时,磁化强度 M 出现负值,并逐步增大至最大值,达到反方向的饱和磁化。重复上述变化顺序最后又到原来的饱和状态,获得一个闭合的回线,称为磁滞回线,如图 8.1 所示。

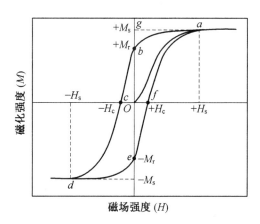

图 8.1　铁磁性物质的磁滞回线

剩磁状态反映了铁磁性物质具有记忆特性,矫顽力的大小反映了记忆能力的可靠性和稳定性。例如在数字式磁记录技术中,可以利用正负两个剩磁状态来代表二进制数码中的"0"和"1"。在模拟式磁记录技术中,信号的大小可以由不同的剩磁大小来表征。所以磁介质的剩磁和矫顽力是讨论和分析磁记录材料的重要参数之一。在磁滞回线上还有一个重要的参数是矩形比(R),矩形比是指剩余磁化强度与饱和磁化强度的比值,显然,R 的最大值为 1。

(3)磁记录介质材料的磁特性要求

①适当高的矫顽力 H_c。适当高的矫顽力能够保证有效地存储信息,减少自退磁效应,防止信息丢失,一般用作磁记录介质的材料要求矫顽力 H_c 为 $80 \sim 800$ A·m^{-1}。矫顽力表示材料磁化难易程度。矫顽力的大小要适当,因为矫顽力太小会导致存储的信息易受杂散场影响而丢失,矫顽力太大又会使反向磁化所需的磁场太大。

②高的饱和磁化强度 M_s。M_s 越大,输出信号就越大,为了获得高的输出信号,提高磁能积,提高各向异性导致的矫顽力。

③高的矩形比。较高的矩形比能够提高记录信息的密度和分辨力,提高信号的记录效率。对用于磁记录的磁性材料,矩形比 R 的值越大,产生的信号就越大,因此矩形比越接近 1 越好。

④温度稳定性好。保证在较宽温度范围内稳定存储,铁磁物质的磁化强度随温度升高而下降,达到某一温度时,自发磁化消失,转变为顺磁性,该临界温度为居里温度。

2. 磁记录的方式

(1)两种磁记录方式

磁记录是利用磁性材料的磁性(如剩磁)将各种信息进行记录的技术。根据磁记录介质的磁化方向,将磁记录模式分为纵向磁记录和垂直磁记录两种方式。

①纵向磁记录:介质的磁化方向与磁盘平面以及磁头的运动方向平行。对纵向磁记录方式,当磁盘上的磁性颗粒变的太微小以至于产生相互干扰时,就会出现超顺磁效应,使磁性颗粒失去保持磁性指向的能力。结果会出现"翻转位"破坏数据,因而纵向磁记录薄膜存在着记录密度的极限值。目前,使用纵向磁记录材料所获得的最高记录密度为 100 Gb·in^{-2}。

②垂直磁记录:介质的磁化方向与磁盘垂直。对垂直磁记录薄膜,记录密度越大,退磁

场越小,越有利于高密度记录,因而能够实现超高密度存储。

(2)磁记录材料的分类

根据磁记录方式不同,可以将磁记录材料分为纵向磁记录材料和垂直磁记录材料两类。对于纵向磁记录材料来说,由于高密度记录对介质的自退磁效应的升高,使得纵向磁记录材料进一步提高记录密度相当困难,理论上纵向磁记录材料的极限记录密度是 120 Gb·in^{-2},而目前商用磁盘已经达到了 110 Gb·in^{-2},非常接近理论密度。对于垂直磁记录材料来说,由于克服了自退磁效应,因此可以实现高密度存储。

(3)垂直磁记录技术

1975 年,日本东北大学校长岩崎俊一教授提出垂直记录技术,经历了近 30 年的发展未能获得商业应用,但它一直被认为是一项具有发展潜力的高密度记录技术。2006 年,日本希捷公司正式宣布了业内第一款采用垂直磁记录技术制作的 2.5 英寸移动型硬盘 Momentus 5400.3,其最高容量达 160 GB,是第一款打破 150 Gb 大关的笔记本硬盘。

要进行垂直磁记录,磁记录材料必须具有垂直磁各向异性,即在垂直于表面的方向上是易磁化的,在平行于表面的方向则是难磁化的。只有这样的材料,才能在磁头的垂直磁场作用下进行垂直磁化。磁各向异性包括磁晶各向异性和形状磁各向异性。磁晶各向异性是磁性单晶体所固有的性质,它反映出结晶磁体的磁化与结晶轴有关的特性,在同一个单晶体内,由于磁晶各向异性的存在,在某些方向容易磁化,容易磁化的方向称为易磁化方向,对应的晶轴为易磁化轴。在磁性金属铁、钴、镍中,钴具有最大的单轴磁晶各向异性,钴的晶体结构是六方密堆结构(hcp),六方晶体的易磁化轴是晶体的六重对称轴 c 轴[0001],垂直该方向的[$1\bar{1}00$]为难磁化方向。钴的易磁化轴只有一个,因此又称为单轴晶体。只要使钴的易磁化轴垂直于基底平面,就能够成为垂直磁记录材料,为了使钴晶粒的易磁化轴垂直于膜面,并适当降低其 M_s 和 H_c 值,往往要加入另外的金属,如 Cr,Mo,V 或稀土等金属。形状磁各向异性反映的是沿磁体不同方向磁化与磁体几何形状有关的特性,对于纳米线而言,易磁化轴沿着纳米线的方向,这是纳米线几何形状导致的形状磁各向异性。由于纳米线通常具有较大的长径比,因此沿纳米线方向具有很强的形状磁各向异性。因此,如果将磁记录材料制备成纳米线阵列膜,这样的阵列膜就可以作为垂直磁记录材料。

8.2.2 电沉积磁头材料 FeNi 合金

磁头是信息输入、输出的换能器,磁头铁芯用的是软磁材料。磁头材料具有矫顽力低、磁导率高、饱和磁化强度高、剩余磁化强度小等特点。坡莫合金是含铁 10%～65%(质量分数)的 FeNi 合金,是一种重要的软磁材料,因其高磁导率、低矫顽力和极小的磁致伸缩性能而被广泛应用于磁记录头、变压器和电磁屏蔽材料领域。1970 年就已研制出将电沉积 FeNi 合金镀层应用于记录磁头的工艺,并于 1979 年将电沉积 FeNi 合金的电镀液体系用于商业化生产。

金属在电沉积时具有不同的电化学动力学特征,表现在电极反应速度与交换电流大小的不同。交换电流越小,电极反应速度越慢,金属还原时表现出的电化学极化和过电势越大,具有这种特征的金属从其简单盐溶液中就能够沉积出结晶细致的镀层;反之,交换电流大的金属,从其简单盐溶液中只能沉积出粗晶镀层。对于铁族金属,铁、钴、镍的交换电流都很小,在电沉积时电化学极化比较大,因此可以从它们的简单盐溶液中,即硫酸盐或氯化物中电沉积,得到致密的镀层。另外,铁族金属的沉积电势较接近,如钴的标准电极电势是 $-0.277\ V$,镍的标准电极电势是 $-0.25\ V$,二价铁的标准电极电势是 $-0.441\ V$,因此,在简单盐溶液中容易实现铁族合金的共沉积。

对 Fe,Co,Ni 所构成的磁性合金的电沉积,人们研究得较多。早在 20 世纪 80 年代,Srimathi 等人对 Fe,Co,Ni 所构成的磁性合金的电沉积进行了大量的研究,并详细总结了 FeNi 合金电沉积镀液的类型和镀液配方;系统而详细地讨论了电镀条件,包括镀液类型、镀液温度、镀液中金属离子比、电流密度(包括叠加交流)、各种添加剂、搅拌与否等对镀层组成、镀层磁性及电流效率等的影响。表 8.1 是电沉积 FeNi 合金的镀液组件及工艺条件。

表 8.1　电沉积 FeNi 合金的镀液组成及工艺条件

镀液组成 /(g·L^{-1})		电流密度 /(A·dm^{-2})	pH	温度 /℃	镀层中 Fe 的质量分数/%
硫酸亚铁	13				
硫酸镍	140	2	4~5	60	27
硼酸	30				
硫酸亚铁	20				
硫酸镍	108	2	4~5	60	57
氯化铵	30				
硫酸亚铁	90				
氯化镍	300	40	3	70	58
柠檬酸	15				
硫酸亚铁	300				
硫酸镍	90	5.4	2.3	55	94
硼酸	30				
氯化铁	27				
氯化镍	71	2.1	8.3	60	55
焦磷酸钾	385				
硫酸亚铁	20				
硫酸镍	86.5	2~5	1.1~4	45	20
硼酸	30				
氨磺酸	15				
氯化铁	27				
硫酸镍	56	2~5	10	20	—
柠檬酸铵	33				
焦磷酸钾	332				
硫酸亚铁	27				
硫酸镍	56				
葡萄糖酸钠	40	低	酸性	40	10~35
糖精	2.5				
丙烯基磺酸	6				

续表 8.1

镀液组成 /(g·L⁻¹)		电流密度 /(A·dm⁻²)	pH	温度 /℃	镀层中 Fe 的 质量分数/%
硫酸亚铁	278	6～20	3	20～25	0～60
硫酸镍	196				
氟硼酸钾	123				
氨基磷磺酸亚铁	2.7	1	3	50	—
氨基磺酸镍	85				
酒石酸钾钠	15～20				
糖精	1				
硫酸亚铁	7	低	2.2	20～60	25
硫酸镍	340				
硼酸	5				
柠檬酸	5				
糖精	1				
氨基磺酸亚铁	0～450	7	2.5	60	5～20
氨基磷酸镍	0～450				
硼酸	30				
氯化钠	20				
糖精	2				
硫酸亚铁	2.8～8.4	70	3.5～6.5	30～60	25～45
硫酸镍	56～224				
酒石酸	370				
硼酸	55				
氯化铁	2.7	2	8	60	—
硫酸镍	71.3				
水杨酸钠	16				
焦磷酸钾	269				
硫酸亚铁	14	0.2～5	2.5	20	10～50
硫酸镍	280				
硼酸	30				
酒石酸钾钠	2.5				
糖精	1				
硫酸亚铁	15	4	4～5	50	20
硫酸镍	212				
硼酸	25				
氯化亚铁	100～120	2～10	4～5	25	10～80
氯化镍	213				
硼酸	25				

续表 8.1

镀液组成 /(g·L^{-1})		电流密度 /(A·dm^{-2})	pH	温度 /℃	镀层中 Fe 的 质量分数/%
硫酸亚铁	10				
硫酸镍	75				
氯化镍	75	1～3	3～5	30～60	25～30
硼酸	30				
柠檬酸	30				
碱基水杨酸铁	40				
碱基水杨酸镍	190	2～5	2.8～3.2	30～60	3～16
硼酸	30				

目前的研究结果表明,FeNi 合金镀层的磁性能,如矫顽力、剩磁感应强度、最大磁感应强度以及磁滞回线的矩形比等,主要受以下因素的影响:

①镀层的化学组成和相的构成方式。

②镀层的内应力。

③相的晶体结构。

④晶粒大小和晶体结构的择优取向。

镀层中 Ni 含量在 80%～82%(质量分数)时,镀层的矫顽力(H_c)最小,剩余磁化强度(M_r)与饱和磁化强度(M_s)的比值最大。组成对合金的磁各向异性也有影响,铁含量高达 90%(质量分数)的镀层具有磁各向异性,而镍含量为 95%(质量分数)的镀层也具有磁性各向异性。在电镀过程中施加外磁场,可以在镀层中产生磁性结构和磁各向异性,并增加镀层的矩形比。施加的外磁场可以平行或垂直于阴极表面,为了增加 FeNi 合金镀层的矩形比,电镀时可以施加一个适当的平行于阴极表面外磁场。

8.2.3　电沉积垂直磁记录材料

电镀和化学镀技术可以很方便地制备垂直磁记录材料,因此,在制备垂直磁记录材料领域得到了广泛的应用。金属钴具有很高的单轴磁晶各向异性,只要使易磁化轴垂直于基底平面就可以成为垂直磁记录材料。但纯钴的饱和磁化强度太大,作用于磁性薄膜法线方向上的退磁场强度大于磁晶各向异性磁场强度,难以使磁化矢量垂直于膜面。因此,在不改变金属钴六方密堆结构的情况下,加入少量其他金属,以降低饱和磁化强度,减小退磁场,这样的钴系合金才可能成为垂直磁化膜。因此,目前垂直磁记录材料主要以钴基合金为主。常见的垂直磁记录薄膜材料主要有 Co—Cr 合金系列垂直磁化膜、Co—P 基合金垂直磁化膜和 Co 基稀土合金垂直磁化膜。其中 Co—Cr 合金系列垂直磁化膜主要采用溅射法制备,本节主要介绍 Co—P 基合金和 Co 基稀土合金的电沉积及化学镀制备方法。

1. 电沉积 Co—P 基合金垂直磁化膜

电沉积 Co—P 基合金的垂直磁化膜主要包括 Co—Mn—P,Co—Ni—Mn—P 和 Co—Ni—Re—P。

(1)电沉积 Co—Mn—P 垂直磁化膜

电沉积 Co—Mn—P 合金时,以次亚磷酸钠作为镀层中磷的来源。磷一般很难从水溶液中单独电沉积出来,但它很容易与镍、铁、钴等金属共沉积。早在 1990 年,Horkans 等人采用电沉积的方法制备了具有垂直各向异性的 Co—Mn—P 及 Co—Ni—Mn—P 等合金,将合金用作垂直记录介质。电沉积 Co—Mn—P 合金的镀液组成及工艺条件如下:

$CoCl_2$	$0.2\ mol \cdot L^{-1}$
$MnSO_4$	$0.02\ mol \cdot L^{-1}$
NaH_2PO_2	$0.05\ mol \cdot L^{-1}$
$NaCl$	$0.4\ mol \cdot L^{-1}$
H_3BO_3	$0.4\ mol \cdot L^{-1}$
十二烷基硫酸钠	$0.2\ g \cdot L^{-1}$
pH	3.5
J_k	$0.5\ mA \cdot cm^{-2}$

研究表明,电镀条件对 Co—Mn—P 合金的组成影响不大,镀层中 Mn 的含量低于 1%(质量分数),Mn 以非金属状态混入镀层。镀层中 P 的含量小于 3%(质量分数)。基体材料、主盐浓度、pH 以及镀层厚度对合金的磁性能均有影响。一般认为,镀层中由于 Mn 的混入对镀层的垂直各向异性起到促进作用,而 P 的混入提高了镀层的矫顽力。

(2)电沉积 Co—Ni—Mn—P 垂直磁化膜

电沉积 Co—Mn—P 合金镀液中的 $CoCl_2$ 部分由 $NiCl_2$ 取代,并保持总的金属离子浓度为 $0.2\ mol \cdot L^{-1}$。电沉积得到的 Co—Ni—Mn—P 镀层中,钴和镍之比为 87.2∶12.8,镍的加入使镀层的应力增大。为了避免立方晶系的钴出现,镀层中镍的含量控制在 20%(质量分数)以下。Co—Mn—P 镀层与 Co—Ni—Mn—P 镀层的磁性能比较见表 8.2。

表 8.2　Co—Mn—P 和 Co—Ni—Mn—P 镀层的磁性能比较

磁性质	Co—Mn—P	Co—Ni—Mn—P
$M_s/(10^{-4} A \cdot cm^{-1})$	5.42	4.52
$M_r(10^{-5} A \cdot cm^{-1})$	6.71	8.54
$H_c/(A \cdot cm^{-1})$	1 206	1 611
SR(矩形比)	0.12	0.19

(3)电沉积 Co—Ni—Re—P 垂直磁化膜

电沉积 Co—Ni—Re—P 垂直磁化膜的镀液组成及工艺条件见表 8.3。

表 8.3　电沉积 Co—Ni—Re—P 垂直磁化膜的镀液组成及工艺条件

组成	质量浓度/$(g \cdot L^{-1})$
$CoSO_4 \cdot 7H_2O$	16
$NiSO_4 \cdot 7H_2O$	20
$NaH_2PO_2 \cdot H_2O$	20
$KReO_4$	5
$(NH_4)_2SO_4$	60
镀液 pH	7.0
温度/℃	70
电流密度/$(A \cdot dm^{-2})$	4

研究结果表明,当镀液中 $KReO_4$ 质量浓度小于 5 g·L^{-1} 时,镀层中 Co 与 Ni 的摩尔比大于 2.65,且镀层有(002)择优取向,镀层有较高的矫顽力(大于 1 360 A·cm^{-1})和较大的矩形比(约为 0.23);当镀液中 $KReO_4$ 质量浓度大于 7 g·L^{-1} 时,镀层中 Co 与 Ni 的摩尔比小于 2.65,且镀层不具有(002)择优取向,镀层矫顽力相对较小(约为 240 A·cm^{-1})和较小的矩形比(约为 0.07),并且镀层的 M_s 和 M_r 都急剧降低,因此,不宜做磁记录材料。另外,Co—Ni—Re—P 镀层的居里点在 485 ℃以上,表明镀层具有良好的热稳定性,这对镀层的实际应用具有十分重要的意义。

2. 电沉积 SmCo 合金垂直磁化膜

钴基稀土合金永磁材料既具备了 Co 原子良好的单轴各向异性,易于形成垂直磁化膜,又具有稀土元素优良的磁光特性,因而被广泛关注。其中 SmCo 合金薄膜由于具有较高的磁能积、较大的磁各向异性和较高的居里温度等优良的磁性能而成为当前磁记录材料研究的重点。SmCo 合金薄膜主要采用真空蒸镀和磁控溅射等物理方法制备,这些方法存在成本高、效率低、沉积层组成不易控制等缺点。电沉积法最大的优点是可以通过控制电解液组成及工艺条件来调节合金沉积膜的组成,非常适合制备不同成分的合金材料。但是 Sm 属于稀土金属,稀土金属的标准电极电位较负,一般小于 -2.0 V,使得其很难单独从水溶液中进行电沉积。但稀土金属与铁族金属能够在水溶液中发生诱导共沉积,即当电解液中同时含有铁族金属离子(Co^{2+},Ni^{2+},Fe^{2+})和稀土金属离子时,稀土金属能够与铁族金属从水溶液共沉积出来。目前,关于 SmCo 合金的电沉积主要采用水溶液体系、高温熔盐体系、低温熔盐体系及离子液体体系。

(1)水溶液体系

水溶液中电沉积 SmCo 合金时,主盐一般采用氯化物、硫酸盐或氨基磺酸盐,再加入氨基磺酸铵做导电盐,甘氨酸做配位剂,pH 为 6 左右,既可以采用直流电沉积,也可以采用脉冲电沉积。

中南大学郭光华课题组在以甘氨酸为配位剂的水溶液中,采用电沉积的方法制备了高 Sm 含量的 Sm—Co 合金薄膜,并研究了 Sm—Co 合金薄膜的磁性能。电解液组成为氨基磺酸钐 0.3 mol·L^{-1}、硫酸钴 0.1 mol·L^{-1}、甘氨酸 0.3 mol·L^{-1}、硼酸 0.5 mol·L^{-1}。在依次溅射有 Ti 和 Cu 层的单晶 Si 片上恒电势电沉积,高纯 Pt 片为对电极,饱和甘汞电极(SCE)为参比电极。在该体系中甘氨酸对于 Sm—Co 合金的共沉积起了至关重要的作用。图 8.2 是电解液中含有甘氨酸和不含有甘氨酸的循环伏安曲线。

由图 8.2 可以看出,对于不含甘氨酸的电解液,电极电势为 -1.25 V 附近出现了一个还原峰。而对于含有甘氨酸的电解液,电极电势在 -1.25 V 和 -1.8 V 附近出现两个还原峰。电极电势分别在 -1.25 V 和 -1.8 V 下进行电沉积,EDS 分析证明电极电势在 -1.25 V 时制备的沉积膜中只含有 Co 及微量的氧元素;而电极电势在 -1.8 V 时制备的沉积膜中不仅含有 Co 和氧元素,同时还含有含量较高的 Sm 元素。由此可见,图 8.2 中电极电势为 -1.25 V 处的还原峰对应于 Co^{2+} 的还原,电极电势为 -1.8 V 处的还原峰对应于 Sm^{3+} 的诱导还原峰。在回扫过程中,在 -0.18 V 附近出现的峰对应于 Co 和 Sm—Co 合金的氧化。有研究表明,当甘氨酸的浓度 0.3 mol·L^{-1} 时,溶液中很可能形成了稳定的异核甘氨酸配合物 $[Co^{II}Sm^{III}(Gly)_2(HGly^\pm)]^{3+}$(结构式如图 8.3 所示),有利于在相对低电势下实现 Sm,Co 的共沉积。

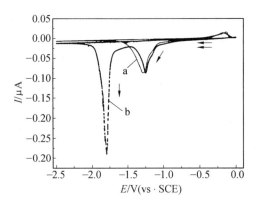

图 8.2　电解液中含有甘氨酸和不含有甘氨酸的循环伏安曲线

a—含有甘氨酸；b—不含有甘氨酸

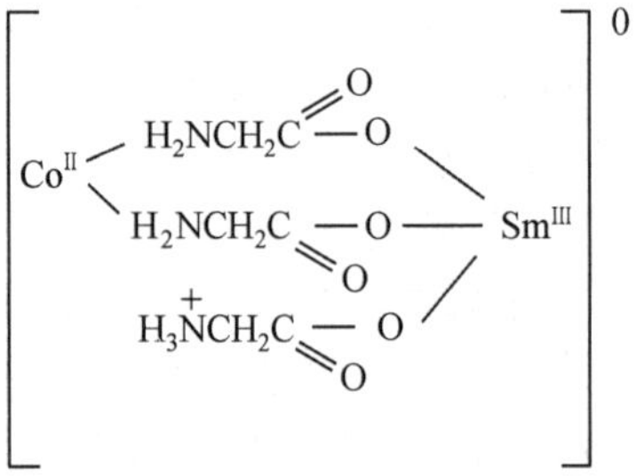

图 8.3　异核甘氨酸配合物 $[Co^{II}Sm^{III}(Gly)_2(HGly^{\pm})]^{3+}$ 的结构式

在该体系条件下，随着沉积电势的负移，合金膜中 Sm 含量增加，当电极电势为 -1.85 V 时，镀层中 Sm 含量达到最大值 62.2%（质量分数）；电极电势继续负移时，镀层中 Sm 含量下降，与循环伏安曲线给出的信息一致。当电极电势小于 -1.8 V 时，在工作电极表面主要进行的是 Co^{2+} 的还原，诱导共沉积效应不明显，因此镀层中 Sm 的含量较低；当电极电势到达 -1.85 V 附近时，诱导共沉积作用明显增强，镀层中 Sm 含量明显增加，但是当电极电势为 -2.0 V 时，工作电极表面 Co^{2+} 的还原反应太激烈，以至于不能有效地诱导 Sm^{3+} 的共沉积，导致镀层中 Sm 含量降低。当溶液中 Sm^{3+} 与 Co^{2+} 摩尔比为 1∶1 时，电极表面 Sm^{3+} 的诱导还原较弱，共沉积效率较低，导致合金膜中 Sm 含量较低；当 Sm^{3+} 与 Co^{2+} 摩尔比为 3∶1 时，诱导还原作用增强，合金膜中的 Sm 含量增加。但是，当 Sm^{3+} 与 Co^{2+} 摩尔比值过大时，阴极反应过于激烈，导致合金膜表面变得粗糙，甚至脱落。退火处理对电沉积制备的 Sm—Co 合金的结构和磁性能有较大的影响。Sm—Co 合金膜在 600 ℃、Ar 气环境中热退火处理 2 h，XRD 测试表明，Sm—Co 合金膜由非晶态转变为多晶态，并且出现了 Sm_2Co_{17} 的永磁相。对退火前后的合金膜进行磁滞回线测试，结果如图 8.4 所示。从图 8.4 中可以看出，退火前 Sm—Co 合金膜垂直于膜面和平行于膜面的矫顽力分别为 120 Oe 和 86 Oe，经过热处理后，合金膜的矫顽力明显增加，分别达到了 475 Oe 和 414 Oe。

Zangari 等人采用短脉冲的方法电沉积制备了 SmCo 合金纳米颗粒。电镀液组成为：0.12 mol·L^{-1} 氨基磺酸钴，0.9 mol·L^{-1} 氯化钐，0.36 mol·L^{-1} 甘氨酸，1 mol·L^{-1} 氨基磺酸铵，pH 为 4.65。以单晶硅为阴极，铂网为阳极，电流密度为 0.1～1.5 A·cm^{-2}，采用 5～100 ms 短脉冲进行电沉积 SmCo 合金纳米颗粒。最高能够得到 Sm 含量为 50%（原子

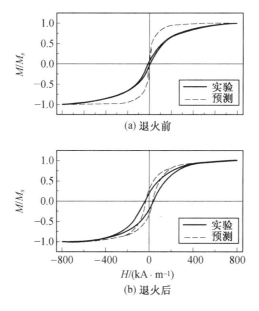

(a) 退火前

(b) 退火后

图 8.4　Sm-Co 合金薄膜退火前后磁滞回线

分数)的 SmCo 合金,氧含量小于 3%(原子分数)。不同脉冲时间电沉积的 SmCo 合金的微观形貌如图 8.5 所示。

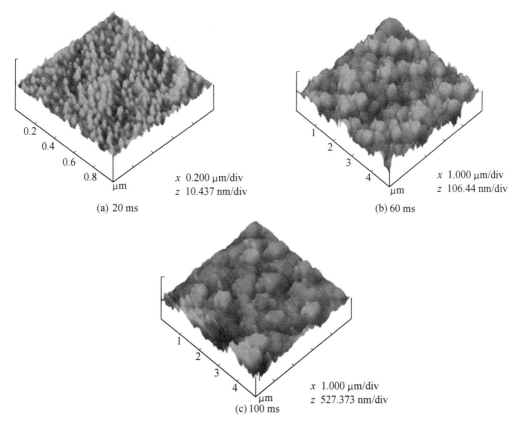

(a) 20 ms

(b) 60 ms

(c) 100 ms

图 8.5　脉冲电流为 0.2 A·cm⁻²,不同脉冲时间电沉积的 SmCo 合金的 AFM 图像

　　从图 8.5 中可以看出,短脉冲时,在硅基体上形成了半球形纳米颗粒,随着脉冲时间的延长,纳米颗粒逐渐长大最终形成薄膜。当 SmCo 合金中 Sm 的含量为 20%(质量分数)时,纳米颗粒的直径大约为 80 nm,薄膜的矫顽力最大,大约为 5.3 kOe。与郭光华的研究比较,当 SmCo 合金形成纳米颗粒时,薄膜的矫顽力增加了 10 倍。

　　在水溶液中进行 SmCo 合金的电沉积时,由于电解液中存在着溶解氧和氢氧根离子,在镀层中会出现金属氧化物或金属氢氧化物,这些物质都会在一定程度上影响镀层的磁性能。另外,水溶液中制备的 SmCo 合金薄膜表面存在孔洞、裂纹等缺陷。为了避免上述问题,学者们开展了非水体系 SmCo 合金的电沉积。

　　(2)高温熔盐体系

　　熔盐是盐的熔融态液体,通常离子晶体在高温下熔化后形成了高温熔盐,常见的高温熔盐是由碱金属或碱土金属的卤化物、硝酸盐以及磷酸盐等组成。熔融盐具有黏度低、导电性好、电化学窗口宽、离子迁移和扩散速度高、溶解能力强等特点,可以作为电沉积的稀土及稀土合金的溶剂。电沉积 SmCo 合金常用的高温熔盐体系主要有 NaCl—KCl、LiCl—KCl 等。

　　日本学者 Takahisa Iida 等人在 LiCl 与 KCl 摩尔百分比为 58.5∶41.5 的高温熔盐中研究了 SmCo 合金的共沉积。在该熔盐体系中溶入 0.5%(摩尔分数)的 $SmCl_3$ 和 0.1%(摩尔分数)的 $CoCl_2$,以铜片为工作电极,玻碳电极为对电极,Ag/AgCl 为参比电极,温度在723 K 条件下进行了循环伏安测试,结果如图 8.6 所示。

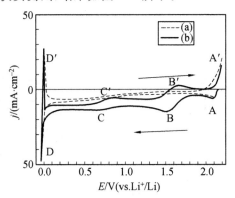

图 8.6　LiCl—KCl—$SmCl_3$(0.5mol%)—$CoCl_2$(0.1mol%)熔盐在铜电极上的循环伏安曲线
(a)LiCl—KCl—$CoCl_2$(摩尔分数为 0.1%);(b)LiCl—KCl—$SmCl_3$(摩尔分数为 0.5%)—$CoCl_2$(摩尔分数为 0.1%)

　　从图 8.6 中可以看出,电极电势在大约为 2.0 V 出现的 A 峰对应的是 Co(II)的还原,在大约 1.6 V 出现的 B 峰对应的是 Sm(III)还原为 Sm(II),在大约 0.8 V 出现的 C 峰对应的是 SmCo 合金的共沉积,D 峰对应的是金属 Li 的沉积。通过 XRD 测试分析了在不同电势下沉积得到的 SmCo 合金的相结构,结果见表 8.4。

　　从表 8.4 中数据可以看出,当沉积电位为 1.00~1.50 V 时,能够电沉积制备出具有永磁特性的 Sm_2Co_{17}。

　　采用高温熔盐进行电沉积存在着能耗高、对设备的腐蚀性强、易发生歧化反应等问题。为了克服高温熔盐的这些问题,人们开发研究了低温熔盐体系 SmCo 合金的共沉积。

表 8.4　在 LiCl—KCl—SmCl₃(摩尔分数为 0.5%)—CoCl₂(摩尔分数为 0.1%)熔盐中沉积电位与合金相的关系

电极电势/V(vs. Li⁺/Li)	SmCo 合金组成
0.2	$SmCo_3$
0.7	$SmCo_3$
0.9	$SmCo_3$
1.00	Sm_2Co_{17}
1.20	Sm_2Co_{17}
1.40	Sm_2Co_{17}
1.50	Sm_2Co_{17}
1.80	α—Co

（3）低温熔盐体系

低温熔盐通常是在 NaBr—KBr 等高温熔盐中加入尿素和甲酰胺以降低熔盐温度。尿素的熔点为 132.7 ℃,但尿素能够与许多含氢键化合物如酸、胺和醇及某些碱金属卤化物形成熔点在 30~140 ℃之间的低共熔物。尿素—NaBr—KBr 共熔物的熔点为 50 ℃左右。在尿素—NaBr—KBr 共熔物中再加入甲酰胺,可以使该共熔物的熔点降低至室温。

深圳大学龚晓钟等人在尿素—NaBr—KBr—甲酰胺体系中电沉积制备了不同 Sm 含量 SmCo 合金薄膜。电解液中 SmCl₃ 与 CoCl₂ 的摩尔比为 1:5,电流密度为 30 A·dm⁻²,室温条件下在 Si 片上电沉积得到银灰色、平整均匀的 SmCo 合金薄膜。通过调控电沉积时间（10~60 min）可以得到 Sm 含量在 73%~94%（质量分数）的 SmCo 合金。在室温下测试了 SmCo 合金沉积膜的磁滞回线,如图 8.7 所示。

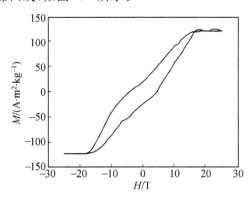

图 8.7　Sm—Co 合金沉积膜的磁滞回线

从图 8.7 中可以看出,Sm—Co 合金在磁场强度为 17 T 时达到近似饱和,饱和磁矩为 122 A·m²·kg⁻¹,矫顽力为 4.2 T,最大磁能积约为 160 kJ·m⁻³,可作为高密度磁记录介质材料。

（4）离子液体

离子液体是近年来发展起来的一种新型的非水溶剂,它是指在室温及相近温度下完全由有机阳离子和无机阴离子或有机阴离子组成的有机液体物质,也称为室温熔融盐。与典型的有机溶剂的区别是在离子液体里没有电中性的分子。组成离子液体的有机阳离子有 N,N' 二烷基咪唑离子、烷基季铵离子、N 一烷基吡咯离子等。目前，最常用的有烷基咪唑离子和烷基吡啶离子，而阴离子常为 Cl^-，BF_4^-，PF_6^-，$CF_3SO_3^-$，$[N(CF_3SO_2)_2]^-$。通过改变各种有机阳离子和无机阴离子之间的组合，可以合成得到种类繁多的离子液体，根据需要，可以通过调节离子液体的组成，烷基链长及阴、阳离子种类等来获得不同物理性质的离子液体。离子液体中巨大的阳离子与较小的阴离子具有高度不对称性，由于空间阻碍，使阴、阳离子在微观上难以密堆积，因而阻碍其结晶，使得这种离子化合物的熔点下降，在较低温度下能够以液体的形式存在。

与传统溶剂相比，离子液体具有以下独特的优点：

①较低的蒸汽压。离子液体具有很宽的液态范围（可达 300 ℃ 左右），较难挥发扩散到大气中造成环境污染。因此，以离子液体作为反应溶剂，可在较大的温度范围内进行反应研究。

②良好的溶解性。对许多有机物、有机金属化合物、无机化合物甚至高分子材料有较好的溶解性能。

③良好的导电性和较宽的电化学窗口。大部分离子液体的电化学稳定电势窗口能够达到 4 V 以上。

④较好的热稳定性和化学稳定性。大多数离子液体的最高工作温度为 300～400 ℃，有些离子液体在 400 ℃ 以上仍可保持稳定。因此，离子液体可回收重复使用，有利于环保，减少污染，是有机物、无机化合物、高分子材料的良好溶剂。

由于离子液体具有上述明显的优点，离子液体正日益受到人们的重视，且其应用范围也越来越广。目前，已在离子液体中成功地电沉积了元素周期表中的大部分元素。如在离子液体中电沉积了 Al，Na，Li，Cs，Ti，Ga，In，Ge，Ag，Au，Fe，Co 等单金属和 Al-Ti，Al-Cr，Al-Co，Al-Mn，Zn-Mg，Zn-Co，Pd-Ag，In-Sb 等合金。

哈尔滨工业大学安茂忠课题组开展了在离子液体 1-丁基-3-甲基咪唑四氟硼酸盐 [BMIM]BF_4 中 Sm-Co 合金的共沉积。电沉积 Sm-Co 合金较佳的电解液组成和工艺条件：[Sm^{3+}] 与 [Co^{2+}] 浓度比 0.5：1.0～2.0：1.0，$LiClO_4$ 质量浓度为 60 g·L^{-1}，丁炔二醇质量浓度为 1.0～2.5 g·L^{-1}，电解液温度为 40～80 ℃，电流密度为 0.6～0.8 A·dm^{-2}。通过调整工艺参数，可控制 Sm-Co 合金镀层中 Sm 的质量分数为 0～55％。在较优的工艺参数下，恒电流电沉积可以得到银灰色、金属光泽和均匀性较好的 Sm-Co 合金镀层。镀层的 XRD 分析表明，所得到的 Sm-Co 合金镀层主要含 Sm 和 Co，当钐含量较低时，镀层以晶体结构形式存在；当钐含量较高时，镀层主要以非晶态形式存在。Sm-Co 合金镀层主要包括 Sm_2Co_7、$SmCo_5$ 和 Sm_2Co_{17} 相晶体结构。循环伏安和阴极极化测试表明，在离子液体 [BMIM]BF_4 中 Co^{2+} 诱导 Sm^{3+} 发生了诱导共沉积；当沉积电势为 -0.92～-1.51 V（vs. Pt）时有利于钴的沉积；当沉积电势低于 -1.51 V（vs. Pt）时，主要是 Sm-Co 合金的共沉积。对恒电流电沉积制备的 Sm-Co 合金薄膜的磁性能进行研究。Sm-Co 合金薄膜的平行膜面和垂直膜面的磁滞回线如图 8.8 所示。

从图 8.8 可以看出，外加磁场的方向与金属钴磁性薄膜的膜面平行和垂直时，得到的磁滞回线的形状差异较小，说明 Sm-Co 合金薄膜的磁各向异性降低。平行与垂直于膜面方向的 Sm-Co 合金薄膜的矫顽力和矩形比见表 8.5。

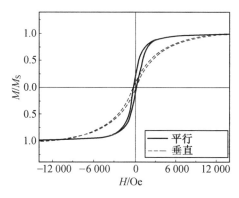

图 8.8　Sm－Co 合金磁性薄膜的磁滞回线

表 8.5　Sm－Co 合金薄膜的磁性能数据

磁性薄膜	平行于膜面		垂直于膜面	
	矩形比(M_r/M_s)	矫顽力/Oe	矩形比(M_r/M_s)	矫顽力/Oe
Sm－Co	0.206	234.1	0.067	276.1

从表 8.5 数据可以看出，Sm－Co 合金薄膜在平行方向上的矩形比大于在垂直方向的值，且磁各向异性明显，说明沉积物并不是钐、钴的机械混合，而是形成了非晶合金。Sm－Co永磁材料具有较高的矫顽力，有利于存储的信息长时间不受杂散场影响而丢失。

3. 以多孔阳极氧化铝为模板电沉积垂直磁记录介质

多孔阳极氧化铝（Porous Anodic Alumina，PAA）膜具有独特的纳米级柱状孔阵列结构，以其为模板，采用电沉积方法能够制备磁性金属纳米线阵列。这样的磁性纳米线阵列具有很强的形状磁各向异性，即沿纳米线方向是易磁化方向。近年来，以多孔阳极氧化铝为模板制备垂直磁记录介质薄膜的研究引起广泛的关注。

以高纯铝做阳极，在适当的酸性电解液中进行阳极氧化，就形成了多孔阳极氧化铝膜。在制备多孔阳极氧化铝模板时，一般要求铝的纯度在 99.99％（质量分数）以上，以保证纳米孔的有序性。常用的电解液为草酸、硫酸、磷酸。多孔阳极氧化铝膜具有独特的结构，紧靠着金属铝表面是一层薄而致密的阻挡层，在其上则形成较厚而疏松的多孔层。阻挡层的厚度与阳极氧化电压有关，一般为几个到几十个纳米，多孔层的厚度取决于氧化时间，一般可以达到几十微米。多孔层的膜胞为六角形紧密堆积排列，每个膜胞中心都有一个直径为 10～200 nm 的微孔。这些孔大小均匀，且与基体表面垂直，它们彼此之间是平行的。通过选择适当的阳极氧化参数，可以得到纳米孔排列高度有序的多孔阳极氧化铝膜，其结构如图 8.9 所示。

（1）以多孔氧化铝为模板电沉积制备纳米线的方法

以多孔氧化铝为模板电沉积制备纳米线的方法分为直流电沉积和交流电沉积两种。

①直流电沉积。直流电沉积就是通常所说的电镀。对于直流电沉积而言，需要将多孔氧化膜的阻挡层去除。通常的方法是溶去铝基体，然后采用磷酸将阻挡层去除，在模板的一面通过真空溅射或化学气相沉积等技术沉积一层导电性能良好的金属（如 Ag，Cu，Au）作为阴极进行直流电沉积。以多孔氧化铝为模板直流电沉积制备纳米线的流程如图 8.10 所示。

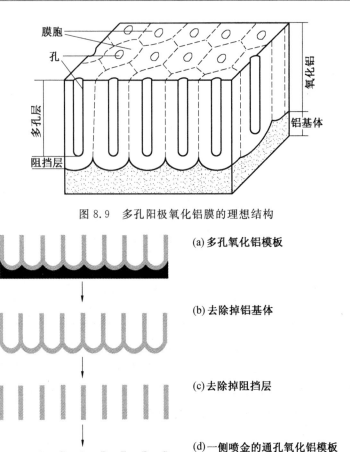

图 8.9　多孔阳极氧化铝膜的理想结构

(a) 多孔氧化铝模板

(b) 去除掉铝基体

(c) 去除掉阻挡层

(d) 一侧喷金的通孔氧化铝模板

图 8.10　以多孔氧化铝为模板直流电沉积制备纳米线的流程

这种方法可以通过控制电沉积时间来控制金属的沉积量,从而控制纳米线的长度,最长达到几十微米,具有较大的长径比。但是采用直流电沉积操作很复杂,并且阳极氧化铝膜比较脆,大面积制备纳米线阵列时容易发生破裂。

②交流电沉积。交流电沉积利用的是阻挡层的整流作用。在氧化铝阻挡层中存在单离子氧空位,阻挡层类似于 p 型半导体,在 Al/Al_2O_3 界面形成肖特基势垒,因而具有整流特性。当交流电沉积金属时,交流电的正半周和负半周在回路中形成的电流不相等,从而实现了纳米孔中金属的电沉积。但是在纳米孔中沉积的金属与氧化铝之间又形成了新的界面,新界面同样具有整流特性。一定时间后,两个界面的整流特性相互抵消,即交流电正半周和负半周在回路中形成的电流相同,金属不再发生电沉积。因此,以多孔氧化铝为模板,利用交流电沉积制备的纳米线较短。为了使交流电沉积更容易进行,应使阻挡层尽量薄,有效的方法是在阳极氧化结束前进行阶梯降压处理。阶梯降压的目的是减薄阻挡层,理论基础是阻挡层的厚度与电压成正比,当电压降低时,阻挡层在电场助溶下溶解而变薄,甚至形成细小的孔洞。显然,交流电沉积操作简单,但是金属的沉积量不大,纳米线长度一般较短,长径比比较小。

（2）以多孔氧化铝（PAA）为模板制备磁性纳米线薄膜

①Fe 纳米线阵列膜的制备。兰州大学李虎林课题组采用交流电沉积的方法，在 PAA 模板中制备了 Fe 纳米线阵列膜。PAA 模板的制备方法为高纯（99.99％以上）铝箔依次在三氯乙烯溶液和 NaOH 溶液中清洗，在氯酸中进行电抛光处理，然后在 $1.2\ mol \cdot L^{-1}$ 的硫酸中进行阳极氧化，阳极氧化电压为 15 V。多孔氧化铝模板的 TEM 照片如图 8.11 所示。

从图 8.11 可以看出，模板平均孔径约为 15 nm，孔隙率约为 1.0×10^{11} 个 $\cdot$ cm^{-2}。将 PAA 模板置于 $120\ g \cdot L^{-1}$ 的 $FeSO_4 \cdot 7H_2O$ 电解液中，pH 为 2.7～3.0，工作电压为 16 V（有效值），工作频率为 200 Hz 条件下进行交流电沉积，沉积时间依所需纳米线的长度要求而定。用 10％（质量分数）NaOH 溶液将多孔氧化铝膜层溶掉，对 Fe 纳米线进行透射电镜观察（图 8.12）。可以看出它们的表观形状和模板的柱形微孔一样，平均直径约为 15 nm，平均长度约为 4.5 μm，长径比约为 300。

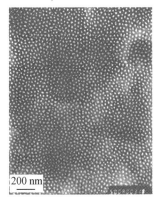

图 8.11　多孔氧化铝模板的 TEM 图

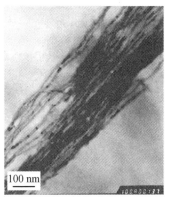

图 8.12　Fe 纳米线的 TEM 图

由振动样品磁强计测得样品在室温下的磁滞回线，如图 8.13 所示。结果显示这种阵列结构具有高度的垂直磁各向异性。当磁化方向垂直膜面时，得到很好的矩形磁滞回线，其矩形比（M_r/M_s）为 0.98，矫顽力 H_c 为 $1.76 \times 10^5\ A \cdot m^{-1}$，饱和磁化强度接近其块材值 0.17 T。这些性质显示出电沉积在 PAA 模板中的 Fe 纳米阵列非常适用于垂直磁记录。

②镍纳米线阵列膜的制备。台湾大学 Liu 等人采用两步阳极氧化法制备多孔氧化铝模板，高纯铝箔在 $0.3\ mol \cdot L^{-1}$ 草酸溶液中 30 V 电压下阳极氧化 30 min，然后在 5％

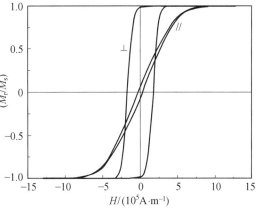

图 8.13　Fe 纳米线阵列膜的磁滞回线

（质量分数）NaOH 溶液中去除氧化铝，在同样条件下进行二次氧化 12 h，得到的多孔氧化铝模板的形貌如图 8.14 所示。

从图 8.14 中可以看出，氧化铝膜的平均孔径为 30 nm。以其为模板，在 $200\ g \cdot L^{-1}$ $NiCl_2 \cdot$ H_2O，$120\ g \cdot L^{-1}$ $NiSO_4 \cdot 7H_2O$，$50\ g \cdot L^{-1}$ H_3BO_3 电解液中进行直流电沉积，沉积电势为 1 V（vs. SCE），得到的镍纳米线的 TEM 照片如图 8.15 所示。从图 8.15 中可以看出，纳米

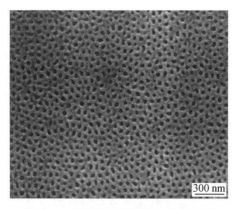

图 8.14　多孔氧化铝模板的 SEM 照片

线直径与模板一致,也是 30 nm。

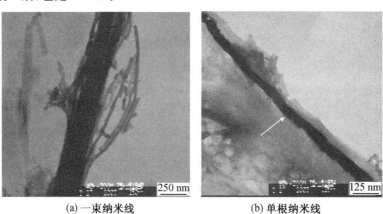

(a) 一束纳米线　　　　　　　　　　(b) 单根纳米线

图 8.15　镍纳米线的 TEM 照片

　　镍纳米线阵列膜的磁滞回线如图 8.16 所示。垂直于膜面的矩形比为 0.16,明显大于平行于膜面的矩形比(0.05),显示出镍纳米线阵列结构具有垂直磁各向异性。

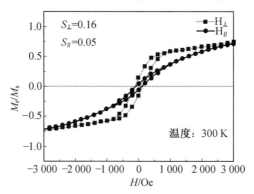

图 8.16　磁化方向垂直于膜面和平行于膜面的镍纳米线阵列膜的磁滞回线

　　目前,以多孔氧化铝为模板,在水溶液中成功地制备了 Fe,Co,Ni,$Co_{90}Fe_{10}$,$Fe_{1-x}Ni_x$,$Co_{1-x}Cr_x$ 等磁性纳米线阵列膜,在水溶液中电沉积金属时,很难避免氢气的产生,在纳米孔中生成的氢气泡很难排出,会影响纳米线的均匀性,从而影响到纳米材料的性能。前面讲到的离子液体电解液中几乎没有 H⁺,电沉积时没有气体产生,非常适合作为在多孔氧化铝膜孔内电沉积金属时的溶剂。

（3）钴纳米线阵列膜的制备

哈尔滨工业大学安茂忠教授课题组比较早地开展了离子液体电解液中电沉积磁性纳米线阵列膜的研究。以等摩尔比的硫酸与草酸为电解液,采用两步氧化法在 26 V 电压下制备了多孔氧化铝膜,其电镜照片如图 8.17 所示。从图 8.17 可以看出,氧化铝膜的纳米孔孔径为 50 nm,排列整齐有序。

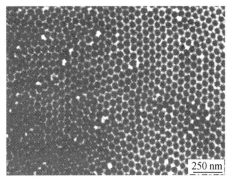

图 8.17　硫酸与草酸配比为 1∶1 时在 26 V 电压下制备的 PAA 膜的 FE−SEM 照片

以 PAA 为模板,在离子液体氯化 1−甲基−3−乙基咪唑（EMIC）为溶剂配制电解液,电解液组成为 EMIC∶CoCl₂∶乙二醇（EG）（摩尔比）＝ 2∶1∶10～2∶1∶18,1,4−丁炔二醇质量浓度为 0.3～0.7 g·L⁻¹,电流密度为 40～80 A·m⁻²、温度为 70～90 ℃,直流电沉钴纳米线。为了对比,同时在水溶液中进行了钴纳米线的制备,电解液组成为 $CoSO_4 \cdot 7H_2O$ 质量浓度为 120 g·L⁻¹,H_3BO_3 质量浓度为 45 g·L⁻¹,pH 为 2～3。在离子液体和水溶液中得到的钴纳米线的 TEM 图,如图 8.18 所示。

(a) 水溶液电沉积

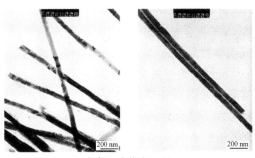

(c) 离子液体电沉积

图 8.18　钴纳米线的 TEM 照片

由图 8.18 可见,水溶液中直流电沉积制备的纳米线表面粗糙、不光滑、有空洞。而在离子液体中制备的钴纳米线粗细比较均匀,表面比较光滑,纳米线的形貌明显好于在水溶液中制备的纳米线,这充分体现了以离子液体为电解液在纳米孔中制备纳米材料的优势。两种钴纳米线阵列膜的磁滞回线如图 8.19 所示。

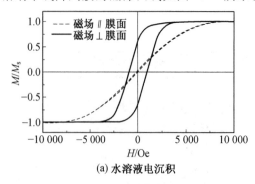

(a) 水溶液电沉积

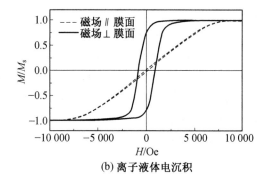

(b) 离子液体电沉积

图 8.19　两种钴纳米线阵列膜的磁滞回线

钴纳米线阵列膜的磁性能数据见表 8.6。

表 8.6　两种钴纳米线阵列膜的磁性能数据

制备方法	矩形比(M_r/M_s)	矫顽力/Oe
水溶液中直流电沉积	0.61	946
离子液体中直流电沉积	0.74	899

从图 8.19 可以看出,外加磁场的方向分别与磁性薄膜的膜面平行和垂直时,得到的磁滞回线的形状有很大的差异。当外磁场与膜面平行时,即与钴纳米线垂直,样品的矫顽力和剩余磁化强度都很小,证明与纳米线垂直的方向为难磁化方向;当外磁场与膜面垂直时,即与钴纳米线平行,样品的矫顽力很大,远大于钴块体的矫顽力(几个 Oe),并且具有较高的矩形比,证明与纳米线平行的方向为易磁化方向。测试结果表明,组装在多孔氧化铝中的钴纳米线阵列膜具有明显的垂直磁各向异性,可以作为垂直磁记录介质薄膜。从表 8.6 中数据可以看出,离子液体中制备的钴纳米线磁性能明显优于水溶液中制备的纳米线。

8.2.4　化学镀一般磁性镀层

1. 化学镀 Co－P 合金

自 1946 年发明化学镀 Co－P 合金以来,研究人员发现化学镀 Co－P 合金薄层适合作为磁记录介质,并研究了沉积参数对其磁性能的影响。在磁性薄盘的加工制作过程中,化学镀 Co－P 合金一般沉积在经机械抛光过的非磁性基底上。

化学镀 Co－P 合金镀液通常以次亚磷酸钠为还原剂,钴盐一般采用 $CoSO_4$ 或 $CoCl_2$。化学镀 Co－P 合金比化学镀 Ni－P 合金的工艺苛刻,只能在碱性条件下沉积,并且只能在较窄的 pH 范围内沉积,合适的配合剂种类较少,只有柠檬酸、酒石酸盐和焦磷酸盐等少量几种。Co－P 合金外观较 Ni－P 合金差。化学镀 Co－P 合金镀液组成及沉积条件见表 8.7。

化学镀 Co－P 合金的饱和磁化强度(M_s)为 1.0～1.3 T,与镀层含磷量关系较大,含磷量越高,M_s 越小;剩余磁化强度(M_r)因镀液体系及沉积条件而异,为 0.2～1.0T,M_r 提高,对制作高性能记录介质很重要;矫顽磁力(H_c)因镀层厚度而异,若镀层厚度达 1 μm 以上,H_c 可保持在 80～96 kA·m^{-1},厚度对 H_c 的影响,可归结为 Co 晶粒大小的影响。

表 8.7　化学镀 Co－P 合金镀液组成及沉积条件

组成	质量浓度/(g·L^{-1})	工艺条件	
$CoSO_4 \cdot 7H_2O$	35	pH	7.3～9.3
$NaH_2PO_2 \cdot H_2O$	5～25	温度	67～87 ℃
$Na_3C_6H_5O_7 \cdot 2H_2O$	35	沉积时间	3～5 min
$(NH_4)_2SO_4$	66		

2. 化学镀 Co－B 合金

化学镀 Co－B 合金镀层具有良好的软磁特性。化学镀 Co－B 合金的镀液组成及沉积条件见表 8.8。

表 8.8　化学镀 Co－B 合金的镀液组成及沉积条件

化学组成	浓度/(mol·L^{-3})	沉积条件
$CoCl_2 \cdot 6H_2O$	0.126～0.031 5	温度:室温
$NaBH_4$	0.003 1～0.014 2	用氨水调节
$Na_3C_6H_5O_7 \cdot 2H_2O$	0.012 6	pH＝10.2～11.3

未经任何处理的厚度为 300 nm 的化学镀 Co－B 镀层,其饱和磁化强度(M_s)为 300～500 A·cm^{-1},剩余磁化强度(M_r)趋于零,矫顽力低于 40 A·cm^{-1};对 Co－B 镀层热处理后可析出 Co_2B,Co－B 合金镀层的矫顽力和剩余磁化强度随 Co_2B 的析出而大大增加;热处理不改变镀层的饱和磁化强度(M_s)。

8.2.5　化学镀垂直磁记录材料

1. 化学镀 Co－Ni－P 垂直磁记录介质

化学镀 Co－Ni－P 的镀液组成及工艺条件见表 8.9。

表 8.9　化学镀 Co－Ni－P 的镀液组成及工艺条件

组　　成	浓度/(mol·L^{-1})
$NaH_2PO_2 \cdot H_2O$	0.20
$(NH_4)_2SO_4$	0.5
$CH_2(COONa)_2 \cdot 2H_2O$	0.75
$C_2H_2(OH)_2(COONa)_2 \cdot 2H_2O$	0.20
$C_2H_3(OH)(COONa)_2 \cdot 0.5H_2O$	0.375
$CoSO_4 \cdot 7H_2O$	0.06
$NiSO_4 \cdot 6H_2O$	0.168
镀液温度	80 ℃
pH(用氨水调)	9.5

通过调整镀液参数,可以得到 $Co_{39}Ni_{55}P_6$ 合金镀层,镀层主要是由垂直取向的 hcp 结构组成,它的矫顽力最高,达到 1 200 A·cm^{-1}。含 Ni 量进一步增加,不仅导致矫顽力降低,而且矩形比和 M_s 值也大大降低。

2. 化学镀 Co－Ni－Mn－P 垂直磁记录介质

化学镀具有磁垂直磁各向异性的 Co－Ni－Mn－P 的镀液组成及沉积条件见表 8.10。

表 8.10　化学镀 Co－Ni－Mn－P 的镀液组成及沉积条件

组成	浓度/(mol·L^{-1})	
	镀液 A	镀液 B
$NaH_2PO_2·H_2O$	0.20	0.20
$(NH_4)_2SO_4$	0.50	0.50
$CH_2(COONa)_2·2H_2O$	0.50	0.50
$C_2H_3OH(COONa)_2$	0.05	0.05
$CoSO_4·7H_2O$	0.025	0.035
$NiSO_4·6H_2O$	0.01	0.01
$MnSO_4·4\sim5H_2O$	0.04	0.04
镀液温度/℃	85	85
pH(用 NaOH 或氨水)	9.6	9.6

Mn 的加入可以提高矫顽力,更容易获得垂直磁各向异性。当 $MnSO_4$ 浓度为 0.04 mol·L^{-1}时,镀层的垂直取向程度最大。

3. 化学镀 Co－Ni－Re－P 和 Co－Ni－Re－Mn－P 垂直磁记录介质

化学镀 Co－Ni－Re－P 和 Co－Ni－Re－Mn－P 垂直磁记录镀层的镀液组成及工艺条件见表 8.11。

表 8.11　化学镀 Co－Ni－Re－P 和 Co－Ni－Re－Mn－P 的镀液组成及工艺条件

组成	浓度/(mol·L^{-1})	
	Co－Ni－Re－P	Co－Ni－Re－Mn－P
$NaH_2PO_2·H_2O$	0.20	0.30
$(NH_4)_2SO_4$	0.50	0.50
$CH_2(COONa)_2·H_2O$	0.75	0.30
$C_2H_2(OH)_2(COONa)_2·H_2O$	0.20	0.20
$CH(OH)(COOH)_2$	0.03	—
$CH_2(OH)(CHOH)_4COONa$	0.30	—
$C_2H_4(COONa)_2·6H_2O$	—	0.30
$CoSO_4·7H_2O$	0.06	0.06
$NiSO_4·6H_2O$	0.08	0.12
$MnSO_4·4\sim6H_2O$	—	0.05
NH_4ReO_4	0.003	0.005
镀液温度/℃	80	80
pH(用氨水)	9.2	9.2

化学镀 Co－Ni－Re－P 和 Co－Ni－Re－Mn－P 的镀层组成见表 8.12,其镀层的磁性能见表 8.13。

表 8.12　化学镀 Co－Ni－Re－P 和 Co－Ni－Re－Mn－P 的镀层组成

组成 ╲ %	Co－Ni－Re－P	Co－Ni－Re－Mn－P
Co	40.1	23.6
Ni	44.2	58.5
Re	6.0	5.3
Mn	—	0.2
P	9.7	12.4

表 8.13　化学镀 Co－Ni－Re－P 和 Co－Ni－Re－Mn－P 镀层的磁性能

磁性能	Co－Ni－Re－P	Co－Ni－Re－Mn－P
饱和磁化强度 M_s/(A·cm^{-1})	3 600	2 200
磁场各向异性 H_k/(kA·cm^{-1})	3.7	3.5
垂直各向异性能 K_u/(10^4 J·m^{-3})	0.6	0.4
垂直方向矫顽力 H_c(垂)/(A·cm^{-1})	800	712
纵向矫顽力 H_c(平)/(A·cm^{-1})	488	392

在 Co－Ni－Re－P 和 Co－Ni－Re－Mn－P 镀层中,铼的加入可以降低 M_s,从而降低去磁化场。两种镀层中 Ni 含量均大于 Co 的含量,得到的 Co－Ni－Mn－Re－P 合金是理想的垂直磁记录薄膜。但是多元合金镀液成分过于复杂,镀液稳定性差,维护管理困难。

综上所述,电镀、化学镀技术已广泛用于制备具有各种特性的磁记录介质薄膜,在电子工业中发挥了巨大作用。但是,为满足更高密度的磁记录的需要,必须保证有一个稳定可靠的镀液体系,因此镀液的维护管理必须严格要求,进一步研究沉积条件与镀层磁性能的关系、对镀层微观结构进行精确的分析也是不可缺少的。

8.3　电镀和化学镀磁光记录介质薄膜

8.3.1　磁光记录的基本原理

磁光记录是近年来发展起来的高新技术,是存储技术的飞跃性发展。磁光记录是一种先进的信息存储技术,它结合了磁存储技术和光存储技术的优点,既有光存储技术记录容量大、记录密度高和非接触式读写的特点,又具有磁存储技术的可擦写和稳定性好的特点。

1. 磁光科尔效应

1845 年,Faraday 首先发现了磁光效应,他发现当外加磁场加在玻璃样品上时,透射光的偏振面将发生旋转,也就是介质的磁化状态会影响透射光的偏振状态。随后他在外加磁场的金属表面上做光反射的实验,但由于表面不够平整,因而实验结果不能使人信服。1877年,Kerr 在观察偏振化光从抛光过的电磁铁磁极反射出来时,发现了磁光克尔效应(magneto－optic Kerr effect)。当一束单色线偏振光照射在磁光介质薄膜表面时,反射光线的偏振面与入射光的偏振面相比有一转角,这个转角称为磁光克尔角(θ_k),这种效应称为磁光克尔效应,如图 8.20 所示。磁光克尔角(θ_k)的转动方向取决于介质薄膜的磁化方向,转动的角度取决于介质薄膜本身的特性。

在磁光克尔效应中,当磁介质的磁化方向垂直于反射磁介质表面时,产生的偏振面旋转最大,因此,在光磁记录中的磁介质一般选用具有垂直磁性各向异性的薄膜。如果磁介质的磁化方向向上时,偏振光旋转角度为 θ_k,向下时则为 $-\theta_k$。

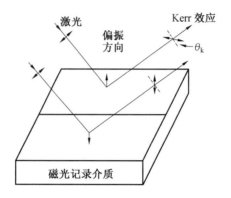

图 8.20　磁光克尔效应示意图

2. 磁光记录过程

磁光记录利用磁光克尔效应对记录信号进行读出。

(1)写入

磁光介质由对温度极为敏感的磁性材料制成。当激光束将磁光介质上的记录点加热到居里点温度以上时,外加磁场作用改变记录点的磁化方向,记录点被反向磁化。当激光消失时,记录点处恢复到室温,外磁场撤除后,磁化状态保持不变,记录点处记录了"1"信息。未照射处的光点保持原磁化状态,记录了"0"信息。

(2)读出

对于已经写入了信息的磁光介质,需利用磁光克尔效应读出所写的信息。当激光照射记录点时,由于记录点的磁化方向不同,会引起反射光的偏振面发生左旋或右旋,经光检测器将光信号变换成电信号,输出"1"或"0"信息。

(3)擦除

在激光照射的同时,外加一个与写入方向相反的磁场,使磁光介质反向磁化,恢复成全部向上磁化的状态,原存信息全部被擦除。磁光盘的擦除次数可达 100 万次以上,但存取速度不高。

3. 磁光存储材料的磁特性要求

磁光存储材料的磁特性要求如下:

①较高的垂直磁各向异性。

②较高的矫顽力 H_c。

③较低的居里温度。

④较强的磁光克尔效应。

⑤较高的化学稳定性和热稳定性。

磁光记录材料主要有铁石榴石单晶膜、锰铜铋多晶膜、Co-P 基合金膜、稀土-过渡金属非晶膜、铂锰锑、钴铁氧体、钡铁氧体薄膜等。能够采用化学镀和电镀方法制备的磁光记录薄膜主要是 Co−P 基合金膜、稀土−过渡金属,如 TbFeCo,GdTbFe,NdFeCo 等。

8.3.2　化学镀 Co−Ni−W−Re−P 磁光薄膜

我们已经知道,磁光介质薄膜必须具有垂直磁各向异性,钴具有最大的磁晶各向异性。在 Co−P 镀层中共沉积 W,Re,Mn,Zn 等元素后,可使 Co 的 c 轴,也就是易磁化轴垂直于基体,尽管 Mn,Zn 的共沉积量很小,但这种效应却非常明显。这样就使镀层具有了良好的垂直磁各向异性。因此,开发了化学镀 Co−Ni−W−Re−P 磁光镀层。

以市售玻璃为基底,先在基底上用化学镀的方法镀一层厚度约为 $0.03~\mu m$ 的 Ni−W−P 镀层,再化学镀 Co−Ni−W−Re−P 磁光材料。化学镀 Co−Ni−W−Re−P 的镀液组成及工艺条件见表 8.14。

表 8.14　化学镀 Co−Ni−W−Re−P 的镀液组成及工艺条件

组　　成	浓度/$(mol \cdot m^{-3})$
$CoSO_4 + NiSO_4$	100
Na_2WO_4	$0\sim150$
NH_4ReO_2	$0\sim8$
NaH_2PO_2	200
$NaC_4H_4O_6$	500
$(NH_4)_2SO_4$	500
$C_7H_4NNaO_3S$	$3/(kg \cdot m^{-3})$
pH	9.0(用氨水)
温度	80 ℃

化学镀 Co−Ni−W−Re−P 的镀液成分过于复杂,镀液稳定性差,维护管理困难。

8.3.3　电镀磁光记录介质薄膜

哈尔滨工业大学安茂忠教授开展了离子液体中电沉积磁光记录薄膜 Tb−Fe−Co 合金的研究。以离子液体 1−丁基−3−甲基咪唑四氟硼酸盐($BMIBF_4$)为溶剂进行电解液的配制。恒电势电沉积 Tb−Fe−Co 的镀液组成及工艺条件见表 8.15。

表 8.15　离子液体恒电势电沉积 Tb−Fe−Co 的镀液组成及工艺条件

组成	浓度/$(mol \cdot L^{-1})$
$Fe(BF_4)_2$	1.0
$Co(BF_4)_2$	0.5
$Tb(BF_4)_3$	1.0
沉积电势	$-1.2\sim-1.6~V$
温度	50 ℃
搅拌速度	600 rpm

在该镀液组成和沉积电势下,可以得到银白色、外观均匀且有金属光泽的 Tb−Fe−Co 合金镀层,但是镀层中 Tb 含量较低,合金中 Tb 的最高含量为 20%(质量分数)。

为了进一步提高镀层中 Tb 的含量,采用脉冲电沉积的方式进行三元合金的电沉积。

在相同镀液组成情况下,脉冲电沉积可以得到外观质量较好且 Tb 含量较高的 Tb－Fe－Co 合金镀层。电沉积 Tb－Fe－Co 合金的脉冲参数为:脉冲平均电压为 7.0 V,脉冲频率为 4.5 kHz,脉冲占空比为 20%。合金镀层中 Tb 的含量达到 50%。

　　循环伏安测试表明,金属 Tb 不能单独从离子液体电解液中沉积出来,Tb－Fe－Co 合金的沉积类型为诱导共沉积。

　　总的来说,化学镀方法制备的磁光材料为四元或五元合金,合金镀液成分过于复杂,镀液稳定性差,维护管理困难,电沉积磁光材料也存在一定的困难。因此,采用电镀和化学镀方法制备磁光材料距实际应用还有一段距离。

8.4　电化学方法制备电致变色氧化物薄膜

8.4.1　电致变色材料概述

1. 电致变色现象

　　1969 年,Deb 发现 WO$_3$ 在室温下具有电致变色效应。他用真空蒸发的方法在玻璃表面生长了一层透明 WO$_3$ 薄膜,并在 WO$_3$ 薄膜上沉积两条相互平行的金电极,实验装置如图 8.21 所示。通过金电极给 WO$_3$ 薄膜施加电压,薄膜从阴极附近开始变蓝,蓝色锋面逐渐向阳极推进直至阳极附近为止,这个过程约需 2.5 h,改变电压极性,着色薄膜从阳极附近开始褪色,变成透明状态,这个过程可以反复进行。但由于该器件对水分吸收的依赖性以及当时对电致变色现象的认识有限,Deb 的器件未得到实质性的发展。随着电致变色材料的不断发现,电致变色技术得以快速的发展。

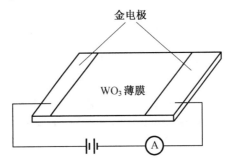

图 8.21　Deb 的 WO$_3$ 电致变色装置

　　电致变色(Electro Chromism,EC)现象是指材料的光学属性(反射率、透过率、吸收率等)在外电场或电流作用下发生稳定、可逆的色彩变化,直观地表现为材料的颜色和透明度发生可逆变化。用电致变色材料做成的器件称为电致变色器件。

　　与光致变色和热致变色不同的是,电致变色可以由人的意愿来任意调节控制,符合未来智能材料的发展趋势,可广泛应用于建筑物调光窗、汽车后视镜与挡风玻璃、各种平板显示器件以及太阳能电池等领域。

2. 电致变色材料的分类

　　电致变色材料分为无机电致变色材料和有机电致变色材料。无机电致变色材料主要是过渡金属氧化物；有机电致变色材料通常是聚合物以及聚合物多相体系。

目前研究比较多的无机电致变色材料主要有 WO_3，MoO_3，MnO_3，V_2O_5，TiO_2，NiO_x 等。这类电致变色材料的特点是性能优越且稳定。根据变色特性不同，无机电致变色材料又可分为阴极电致变色材料和阳极电致变色材料。阴极电致变色材料是指通过获得电子而变色的材料，即在高价氧化态时褪色，低价还原态下着色，如 WO_3，MnO_3，V_2O_5，TiO_2 等。阳极电致变色材料是通过失去电子而实现变色的，在低价还原态下褪色，高价氧化态时着色，如 NiO_x，CoO_x，IrO_2，Rh_2O_3 等。表 8.16 列出了几种常见的无机电致变色材料及它们的变色状态。

表 8.16　几种常见的无机电致变色材料及它们的变色状态

	过渡金属氧化物	氧化态	还原态
阴极电致 变色材料	WO_3	透明	深蓝色
	MoO_3	透明	深蓝色
	Nb_2O_5	透明	淡蓝色
	TiO_2	透明	淡蓝色
	V_2O_5	黄色	蓝色
阳极电致 变色材料	NiO_x	黑褐色	透明
	Ir_2O_3	蓝黑色	透明
	Rh_2O_3	深绿色	黄色
	CoO_x	蓝色	红色

有机电致变色材料主要有烷基联吡啶、紫罗精、稀土酞花菁、邻菲罗琳亚铁、聚苯胺等。这类材料的特点是色彩丰富、制备成本低、变色速度快、容易进行分子设计，但存在着化学稳定性差、与衬底材料黏结力小等缺点。

3. 电致变色材料的特点

电致变色材料要求具有良好的离子和电子导电性，以及较高的对比度、变色效率和循环周期等电致变色性能。电致变色材料的特点如下：

①变色度具有可调整性。电致变色材料在变色过程中，电压的高低或电流的大小直接决定了注入和抽取的电荷量，所以连续调节外界电压或电流可以连续地控制电致变色材料的致色程度。

②通过改变加载电压的极性可以方便实现材料的着色和褪色，即变色具有可逆性。

③开路记忆功能。对已经着色的材料，如果切断电荷的流通路径，薄膜不发生氧化还原反应时，仍可以保持着色状态，即有记忆功能。

4. 电致变色原理

电致变色材料的变色原理主要取决于材料的化学组成、能带结构和氧化还原特性等。但关于电致变色材料的变色机理，一直存在争论。人们提出了多种模型，如色心模型、双注入模型、极化模型、自由载流子模型等，都存在问题和缺陷，没有彻底弄清楚各种变色材料的变色机理。

无机电致变色材料的变色机理可以解释为在电场作用下，发生了离子与电子的共注入与共抽出，使材料中元素的价态或化学组分发生可逆变化，从而使材料的透射与反射特性发生改变。

有机电致变色材料的变色机理比较复杂,一般都涉及电子的得失,即发生了氧化－还原反应和颜色不同的产物。

5. 电致变色器件

电致变色材料是目前最有应用前景的智能材料之一,利用电致变色材料已研制出多种电致变色器件,主要有信息显示器件、智能窗、无眩反光镜、高分辨率光电摄像器材、光电化学能转换和储存器、电子束金属版印刷技术等高新技术产品。电致变色器件是通过外加电压来控制透射率的变化,并具有可逆性和记忆效应,可调节控制不同频率电磁辐射的入射量,达到滤光、明暗控制与节能的目的。

电致变色智能窗的结构包括玻璃基片、透明导电层、电致变色层、电解质层以及对电极层等,如图 8.22 所示。

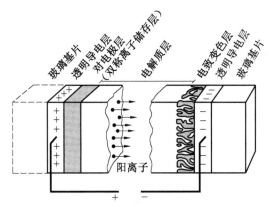

图 8.22　电致变色智能窗的结构

电致变色器件的工作原理为在外加电压的作用下,通过透明导电层提供的电子和储存在离子储存层的离子,经电解质层以快离子方式传输共同注入另一边的电致变色层,并使其发生氧化还原的电化学反应而着色。当施加反向电压时,则产生与上述相反的过程,即电子和离子从着色的电致变色层内抽出而使其褪色。

8.4.2　电化学方法制备 WO₃薄膜

WO₃薄膜是最早发现且应用最广泛的电致变色材料,对它施加负电压其颜色会从无色转变成蓝色,施加正电压其颜色又会从蓝色转变为无色。WO₃薄膜具有透射率变化大、可逆性好、价格低、寿命长和无毒等优点,而成为人们研究的热点。WO₃的制备方法主要有阳极氧化法和电沉积法。WO₃薄膜可以采用蒸发法、磁控溅射法、溶胶凝胶法、电化学方法等制备,制备方法不同,得到的薄膜形貌、结构、化学配比也有差别,导致薄膜的电致变色性能有所差异。本节主要介绍电化学方法制备 WO₃薄膜,电化学制备方法分阳极氧化法和电沉积法。

1. 阳极氧化法制备 WO₃薄膜

阳极氧化法是制备多孔薄膜的常用方法,广泛应用于氧化铝、氧化钛、氧化镁和氧化钨等多孔材料薄膜的制备。阳极氧化法的基本原理是以金属为阳极,以铂等惰性金属为阴极,在适当的电解液中进行通电处理,在外加电场的作用下在金属阳极的表面形成具有一定形貌和结构的金属氧化物。阳极氧化法具有快速、简单、成本较低等特点,特别适合制备多孔性薄膜,其缺点是不易制备大面积的薄膜材料。

采用阳极氧化法制备 WO_3 薄膜时,可以采用纯度为 99.9% 的金属钨做阳极,但由于电致变色薄膜需要有一层透明导电层,所以以金属片做阳极不适用于组装电致变色器件。因此,为了便于电致变色器件的组装,一般采用磁控溅射方法,在 ITO 玻璃表面沉积一定厚度的高纯度金属钨,然后利用阳极氧化法形成多孔 WO_3 薄膜。具体方法为以表面镀有金属钨的 ITO 玻璃为阳极,铂片为阴极,在 0.2%(质量分数)的 NaF 溶液中进行阳极氧化,电压从开路电位以 1 V·s^{-1} 的速度升至 60 V,并保持一定的时间。阳极氧化处理后的样品用去离子水冲洗,在真空烘箱中干燥后,在空气气氛中 400 ℃ 热处理 4 h 得到透明的 WO_3 薄膜。阳极氧化时的电极反应如下:

阴极反应:

$$2H^+ + 2e^- \longrightarrow H_2 \uparrow$$

阳极反应:

$$2H_2O - 4e^- \longrightarrow O_2 + 4H^+$$

$$W + 3O_2 \longrightarrow 2WO_3$$

采用阳极氧化法制备的 WO_3 薄膜的微观形貌如图 8.23 所示。

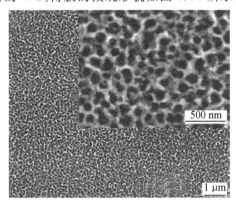

图 8.23 阳极氧化时间为 40 min 时制备的 WO_3 薄膜的 SEM 照片

从图 8.23 可以看出,采用阳极氧化法制备的 WO_3 薄膜具有很好的多孔结构,且孔隙率较高。

对阳极氧化法制备的 WO_3 薄膜进行 XRD 分析表明,阳极氧化形成的氧化钨呈非晶态结构,经热处理后,非晶态的氧化钨薄膜转变为正交晶体结构,并显示了很高的透明度。将 WO_3 多孔薄膜置于 0.1 mol·L^{-1} 的硫酸溶液中进行循环伏安测试,结果表明电压从 1.0 V 扫描至 -0.5 V 时,WO_3 多孔薄膜从透明(褪色态)变成深蓝色(着色态)。

$$\underset{\text{透明}}{WO_3} + xH^+ + xe^- \Longleftrightarrow \underset{\text{深蓝色}}{H_xWO_3}$$

2. 电沉积法制备 WO_3 薄膜

通过电化学沉积法制备的 WO_3 薄膜有极高响应速度和很大的着色效率,但是制备出的薄膜与玻璃基板的黏附力弱,质量差,寿命短,易失效,在空气中自然干燥后即失去电致变色性能,因此应用较少。

电沉积法制备 WO_3 薄膜一般在过氧化钨酸溶液中进行。将双氧水以一定比例溶解钨粉,过滤得澄清液并加入铂片以分解过量的双氧水,直到无气泡冒出为止,得到的电解液主要成分是由钨粉溶于双氧水而生成的多聚钨酸的双氧水配合物。以铂片为阳极,以导电玻璃片为阴极,采用方波脉冲电源,通断比为 1∶1,即 $t_{on} = t_{off} = 4$ ms,电流密度为 0.5 mA·cm^{-2},电沉积时间为 60 min。得到的样品在 $100 \sim 420$ ℃下进行热处理,可得到晶态和非晶态的 WO_3 薄膜。电极反应如下:

阴极:
$$H_2O_2 + 2H^+ + 2e^- \longrightarrow 2H_2O$$

阳极:
$$H_2O_2 - 2e^- \longrightarrow 2H^+ + O_2$$

总反应:
$$2H_2O_2 \longrightarrow 2H_2O + O_2$$

随着反应的进行,电解液中的双氧水不断被分解,导致多聚钨酸的双氧水配合物不断被分解成游离钨酸,钨酸因其很小的溶解度而沉积在阴极基片上,所得薄膜在退火处理后失去水得到 WO_3 薄膜,同时增加了薄膜的附着力。

为了提高 WO_3 薄膜的性能,人们还研究了在 WO_3 薄膜中掺杂其他金属离子或过渡金属氧化物(如 MoO_3 或 TiO_2 等),与导电高分子聚合物复合及制备具有特殊纳米结构和表面形貌的 WO_3 薄膜。尽管如此,WO_3 仍然存在薄膜响应速度慢、使用寿命短、可靠性差,而且没有短路存储特性的问题,大大限制了其应用。

8.4.3　电化学方法制备 MoO_3 薄膜

MoO_3 薄膜与 WO_3 薄膜几乎是同时发现的,其变色机理与 WO_3 相同,都属于阴极变色材料。MoO_3 薄膜多采用蒸镀的方法制备,采用电解沉积的方法也能够进行 MoO_3 薄膜的制备。

方法一:纯的钼酸锂或钼酸铵用蒸馏水配成浓度为 0.5 mol·L^{-1} 的溶液,用硫酸调 pH 为 1,以 Pt 为阳极,以导电性玻璃为阴极,采用磁搅拌的方式室温下进行恒电流电解,电流密度为 $30 \sim 200$ μA·cm^{-2}。不论采用钼酸锂或钼酸铵都能得到漂亮蓝色的薄膜,其结构及颜色与电解液的 pH 有关。

方法二:称取纯度为 99% 的金属钼粉末 0.25 g,加入浓度为 7%(质量分数)的双氧水溶液 50 mL,溶解成黄色溶液,用铂黑分解掉溶液中多余的 H_2O_2 后作为电解液。同样以 Pt 为阳极,以导电性玻璃为阴极,采用磁搅拌的方式室温下进行恒电流电解,电流密度为 1 mA·cm^{-2}。

采用上述两种方法制备的 MoO_3 蓝色薄膜在非水电解液 0.1 mol·L^{-1} 的 $LiClO_3$/碳酸丙烯酯中加上正电压,薄膜由蓝色变为无色,再加上负电压,薄膜又由无色变为蓝色。不断地变换电场的极性,薄膜即在无色、蓝色之间重复地发生变化。同时,该薄膜再加上正电压使其变为无色后进行紫外光照射,薄膜也可以由无色变为蓝色,经光照变为蓝色的薄膜加上正电压后又可变为无色。利用紫外光照射和叠加正电压的方法同样可以使薄膜的颜色在无色、蓝色之间发生可逆的变化,由此可见,电化学方法制备的 MoO_3 薄膜具有良好的电致变色特性和光致变色特性。

采用电解沉积的 MoO_3 薄膜的电致变色反应按以下方式进行:

$$\mathrm{WO_3 + xA^+ + xe^- \longrightarrow A_xWO_3}$$
无色 　　　　　　　　蓝色
$(A = H, Li, Na\cdots)$

电致变色是通过电化学过程实现的,电子和阳离子同时注入氧化物薄膜,从而发生氧化还原反应,生成钨青铜($\mathrm{A_xWO_3}$)而发生变色,施加正电压反应将向逆方向进行,发生消色反应。

8.4.4　电化学方法制备 $\mathrm{IrO_2}$ 薄膜

20 世纪 70 年代,美国贝尔实验室开发了一种新型的无机电致变色材料——$\mathrm{IrO_2}$。与 $\mathrm{WO_3}$ 和 $\mathrm{MoO_3}$ 薄膜不同,$\mathrm{IrO_2}$ 薄膜属于阳极电致变色材料。与其他无机材料相比,$\mathrm{IrO_2}$ 不但吸收光谱宽、对比度好、响应速度快、稳定性好,而且选用适当的电解质可具有短路存储的特性。正因为这些独特的优点,$\mathrm{IrO_2}$ 成为目前最有前途的电致变色材料之一。

1. $\mathrm{IrO_2}$ 简介

$\mathrm{IrO_2}$ 为黑色固体,是最稳定的铱的氧化物,不溶于水。铱氧化物的制备,通常是将金属铱在氧气或空气中加热到 700 ℃生成 $\mathrm{IrO_2}$,该氧化物在 1 100 ℃分解,$\mathrm{IrO_2}$ 单晶是金红石结构。$\mathrm{IrO_2}$ 薄膜具有如下特点:

①具有电化学催化活性。

②在较宽的 pH 和浓度范围内,具有良好的化学稳定性,可用作 pH 敏感材料。

③具有可变色特性,从透明至蓝色可逆变化,可用作显示材料或调光材料。

氧化钨与氧化铱的电致变色特性的比较见表 8.17。

表 8.17　氧化钨和氧化铱的电致变色特性的比较

	氧化铱	氧化钨
电极响应时间 ($\Delta\mathrm{OD}$ 0.5,633 nm)	20 ms	0.3 s($\mathrm{H^+}$) 0.3~3 s($\mathrm{Li^+}$,$\mathrm{Na^+}$)
样品器件响应时间 (22 ℃)	40~250 ms	0.3 s($\mathrm{H^+}$) 0.3~3 s($\mathrm{Li^+}$,$\mathrm{Na^+}$)
限制器件响应速度的因素	透明导电层的方块电阻和电解质电阻	消色时,$\mathrm{Li^+}$,$\mathrm{Na^+}$,$\mathrm{H^+}$ 在 EC 膜中的扩散;着色时,$\mathrm{H^+}$ 在界面上的扩散
光学效率	30 $\mathrm{cm^2 \cdot C^{-1}}$	115 $\mathrm{cm^2 \cdot C^{-1}}$(633 nm) 75 $\mathrm{cm^2 \cdot C^{-1}}$(550 nm)
着色状态	黑色或蓝色	蓝色
完成一个着色和消色循环的功能	17~20 $\mathrm{mJ \cdot cm^{-2}}$	8 $\mathrm{mJ \cdot cm^{-2}}$($\mathrm{H^+}$) 15 $\mathrm{mJ \cdot cm^{-2}}$($\mathrm{Li^+}$,液体电解质) 50 $\mathrm{mJ \cdot cm^{-2}}$($\mathrm{Na^+}$,固体电解质)
开关寿命(22 ℃)	2×10^7 次	10^7 次($\mathrm{H^+}$)
器件成本	差不多	

注:$\Delta\mathrm{OD}$:光密度变化量;$\Delta\mathrm{OD} = \lg T_b/T_c$,$T_b$ 为褪色状态的透过率,T_c 为着色状态下的透过率;6.33 nm 指的是测量透过率时采用的波长。

2. 阳极氧化法制备 IrO₂ 薄膜

采用电位扫描方法在金属铱的表面上形成氧化膜。典型的制备 IrO₂ 薄膜的方法是：在 $0.5\ mol \cdot L^{-1}$ 的 H_2SO_4 溶液中，以 Pt 为对电极，以饱和甘汞电极(SCE)或 Ag/AgCl 电极为参比电极，金属 Ir 为研究电极，在 $-0.25 \sim +1.25\ V$（相对于 SCE）的电位范围内，以 $100\ mV \cdot s^{-1}$ 的速度进行连续循环扫描，则铱电极表面上就会生长一层氧化铱膜。氧化铱膜的厚度随着循环次数的增加而增加，一般可达到 200 nm。研究电极也可采用在透明导电性玻璃(ITO)上真空蒸镀或溅射金属铱的电极，这样便于电致变色器件的组装。氧化铱薄膜的生长过程为电位扫描开始后，首先生成 IrO_2，电位超过 1 V 时，氧化物的外层被水和，而内层得到保护，电位扫描起到了保护内层氧化物的作用。多次循环扫描后，水和氧化物薄膜便形成。

阳极氧化物薄膜的显/消色机理为：显色时，氧化物中的 H^+ 扩散到溶液中，或者是溶液中的 OH^- 进入氧化膜。一般认为，pH<4 时，以 H^+ 扩散为主；pH>4 时，以 OH^- 扩散为主。其化学反应式为

$$IrO_x(OH)_{3-x} + xH^+ + xe = Ir(OH)_3$$
$$Ir(OH)_{3+x} - xOH^- + xe = Ir(OH)_3$$

$$\qquad\qquad 显色 \qquad\qquad\qquad\qquad 消色$$

XPS 分析表明，O_{1s} 在消色电位下为氢氧化物，显色电势下为氧化物，证明了上述机理。

3. 周期换向电沉积法制备 IrO₂ 薄膜

电沉积溶液采用 $2\ g \cdot L^{-1}\ Ir_2(SO_4)_3$，工作电极为溅射了金属铱的导电玻璃，对电极为石墨，镀液温度控制在 35 ℃，电位范围在 $+1\ 350\ mV$（相对于 SCE）$\sim -200\ mV$ 间周期变换，$t_{on} = 6\ s$。膜层厚度由电解时间控制，成膜速度大致为 $20\ nm \cdot min^{-1}$。电沉积可得到蓝色的氧化物，该氧化物为非晶态薄膜。SEM 表明，膜层是由 10 nm 大小的粒子联结形成的多孔层。这种氧化膜与阳极氧化和溅射法所得氧化膜相比，膜中含水量较大，显/消色循环寿命长，氧化物薄膜稳定。

4. 碱液电解法制备 IrO₂ 薄膜

将 Na_2IrCl_6 溶解在 $0.01\ mol \cdot L^{-1}$ KOH 水溶液中，加热至 $80 \sim 90$ ℃，用 $1\ mol \cdot L^{-1}$ KOH 调 pH 至 9.5，冷却至室温。以此为电解液，对电极采用石墨，参比电极为 SCE，研究电极为 ITO，以 $100\ mV \cdot s^{-1}$ 的扫描速度在 $0 \sim 1\ 000\ mV$ 范围内循环扫描，即可得到铱氧化物薄膜。碱液电解法所得氧化物薄膜的表面比周期换向电沉积所得氧化物薄膜更加凹凸不平，这是由于氧化铱的胶体微粒电泳电沉积所致。随循环周期增加，膜层的蓝色加深。

碱液电解所得氧化物薄膜，需经过 250 ℃ 左右热处理后，其显/消色循环寿命才可延长。这是因为未热处理时，薄膜上附着大量的水。碱液电解法制得的氧化物薄膜的光密度，在 $400 \sim 1\ 400\ nm$ 的波长范围内有明显的差别，因此可用作显示与调光材料。

采用电化学方法制备氧化铱薄膜，影响因素比较复杂。薄膜的性能受电压、电流、温度、pH、电极表面状态等因素的影响，因此，很难制备高性能的氧化铱薄膜。

总之，电致变色材料是可以由人的意愿来任意调节的智能材料，其应用越来越广泛，电化学方法与物理方法相比具有操作简单、成本低等优点，如何制备大面积的电致变色薄膜并保证一定的性能和生产效率以及降低制造成本是待解决问题。

8.5　电沉积高临界温度超导薄膜

8.5.1　高临界温度超导薄膜概述

1.高温超导材料简介

（1）超导现象的发现及超导材料的发展

1911 年,荷兰物理学家昂纳斯在研究水银低温电阻时意外地发现了超导电现象,他将水银冷却到 -268.98 ℃时,汞的电阻突然变为零,后来他发现许多金属和合金都具有与汞相类似的低温下失去电阻的特性。能够发生超导现象的物质称为超导体。将产生超导态时的温度称为临界温度或转变温度,用 T_c 表示。

早期发现的超导体的临界转变温度极低,如相继发现的超导体钨的转变温度为 0.012 K、锌为 0.75 K、铝为 1.196 K,铅为 7.193 K 等,极大地限制了超导材料的应用。因此,探索高温超导体成为人们的目标。1973 年,发现了超导转变温度 T_c 为 23.2 K 的铌锗合金(Nb_3Ge),临界转变温度有了一定的提高。从 1911 年到 1986 年的 75 年间,超导材料的 T_c 从 Hg 的 4.2 K 提高到 Nb_3Ge 的 23.2 K,总共才提高了 19 K。1986 年,瑞士物理学家柏诺兹(Bednorz)和缪勒(Müller)发现 La$-$Ba$-$Cu$-$O 化合物的超导转变温度约为 36 K,这一发现为高温超导体的研究取得了重大的突破,是超导研究历史上的里程碑。自此,掀起了以研究金属氧化物陶瓷材料为对象,以寻找高临界温度超导体为目标的"超导热"。

自从高温氧化物超导体被发现以来,在材料、机制以及应用三个方面的研究及开发工作都进展很快。使用高温超导材料而制备的微波器件将是最有希望得到较大规模应用的。一些新的超导材料不断被发现,从而不断推动高温超导材料的应用领域。

（2）超导体的特性

超导体的第一个特性是零电阻效应,即在临界温度下,电阻消失。超导体的第二个特性是迈斯纳效应,即完全抗磁性。

1933 年,荷兰的迈斯纳和奥森菲尔德共同发现了超导体另一个极为重要的性质——超导体内部磁场为零,对磁场完全排斥,即完全抗磁性。将超导体放在容器中,永磁体放在超导体上。注入冷却剂后,超导体被冷却到超导态,它出现了抗磁性,与永磁体之间的排斥力使永磁体悬浮在超导体上。当冷却剂蒸发完后,永磁体又落回到超导体上。

（3）超导材料的分类

根据临界温度的高低,一般将超导材料分为低温超导材料和高温超导材料两大类。

低温超导材料是指 1985 年以前发现的超导材料,其临界温度在液氦温区(4.2 K)。其中一类是合金,如 NbTi,NbZr,NbZrTi,NbTiTa 合金等,特点是机械性能好,容易生产,价格便宜,性能稳定,是使用最广泛的超导材料。另一类是金属化合物,如 Nb_3Sn,NbN,V_3Ga,$RhZr_2$ 等,特点是超导性能好,但机械性能差(硬而脆),较难生产,价格也贵。在所有元素中约有近 50 种元素具有超导电性,其中 Nb 的临界温度最高为 9.26 K,但具有实用价值的超导材料都属于合金或化合物。

高温超导材料指 1986 年以后发现的工作在液氮温区(77 K)的超导材料由铜氧化合物组成的高温铜氧化物超导体、MgB_2 等。

（4）高温超导体的基本结构特征

尽管已知的高温超导体形形色色，但从结构化学的角度来看，绝大多数高温铜氧化物超导体的结构具有很多明显的共性。如具有层状钙钛矿型结构，分别由 CuO_6 八面体、CuO_5 正四方锥、CuO_4 平面四边形组成的铜氧平面；结构中或多或少地存在氧缺位和阳离子缺位；组分可以通过部分替代在很宽的范围内发生变化；氧的含量和分布对高温铜氧化物超导体的结构和超导电性都具有重要的影响。

从高温超导体结构的公共特征来看，都具有层状的类钙钛矿型结构组元，整体结构分别由导电层和载流子库层组成，导电层是指分别由 $Cu-O_6$ 八面体、$Cu-O_5$ 正四方锥和 $Cu-O_4$ 平面四边形构成的铜氧层，这种结构组元是高温氧化物超导体所共有的，也是对超导电性至关重要的结构特征，它决定了氧化物超导体在结构上和物理特性上的二维特点。超导主要发生在导电层（铜氧层）上。其他层状结构组元构成了高温超导体的载流子库层，它的作用是调节铜氧层的载流子浓度或提供超导电性所必需的耦合机制。导电层（CuO_2 面或 CuO_2 面群）中的载流子数由体系的整个化学性质以及导电层和载流子库层之间的电荷转移来确定，而电荷转移量依赖于体系的晶体结构、金属原子的有效氧化态，以及电荷转移和载流子库层的金属原子的氧化还原之间的竞争来实现。

（5）高温超导氧化物的制备方法

最初的氧化物超导体都是用固相法或化学法制得粉末，然后用机械压块和烧结等通常的粉末冶金工艺获得块材，制备方法比较简单。为适应各种应用的要求，高温超导材料主要有膜材（薄膜、厚膜）、块材、线材和带材等类型。薄膜的制备方法主要有磁控溅射、脉冲激光沉积、金属有机物化学气相沉积、分子束外延法、离子束辅助沉积、电沉积等；厚膜的制备方法主要有丝网印刷技术、等离子喷镀法等；块材的制备方法主要有干压法、冲击波法、锻压法、熔融织构生长法等；线材、带材的制备方法主要有金属包层复合带法、金属芯复合丝法、裸丝或裸带法等。本书主要介绍电沉积法制备高温超导氧化物薄膜材料。

8.5.2　电沉积高温超导薄膜

1. 电解液体系

高温超导氧化物中往往含有 Ba，Ca，Sr，Y，Tl 等标准电极电势较负的元素，由于水的电化学窗口的限制，很难在水溶液体系中进行电沉积。因此，在电沉积制备超导氧化物薄膜时，一般采用非水溶剂体系。

非水溶剂包括质子溶剂、非质子溶剂、熔融盐。质子溶剂是指任何可以给出 H^+ 的溶剂，既可作为 Lewis 酸，又可作为 Lewis 碱，能够电离，具有质子自递作用，即质子从一个溶剂分子转移到另一溶剂分子，形成一个溶剂化质子和一个去质子的阴离子。如除水以外的甲醇、甲酸、液氨、乙二胺等都属于质子溶剂。非质子溶剂是指分子中无转移性质子的溶剂。非质子溶剂分三类，第一类是非极性质子惰性溶剂，它们不电离也不具有溶剂化作用，如四氯化碳、环己烷等，这类溶剂适用于要求溶剂化作用特别小的场合；第二类通常是指高极性而又没有明显电离的溶剂，如二甲基甲酰胺（C_3H_7NO，DMF）、二甲亚砜（CH_3SOCH_3，DMSO），这类溶剂虽无明显电离，但由于它们的极性大而具有良好的配位能力，能够与阳离子强烈地配位；第三类是高极性并能电离的溶剂，如 BrF_3，$OPCl_3$，这类溶剂的反应性很大，能与空气中痕量的水分和其他杂质起反应，稳定性较差。熔融盐是指熔融的无机化合物。

熔融盐分三类,第一类是高温熔盐,所使用温度在 250 ℃ 以上的熔盐体系,无机化合物在高温时熔化解离为离子,正、负离子靠库仑力互相作用,如 LiCl—KCl,NaCl—KCl,NaF—KF—LiF,LiNO₃—KNO₃ 等熔盐体系;第二类是低温熔盐,是在高温熔盐中加入尿素和甲酰胺以降低熔盐温度,使用温度范围约 100 ℃ 熔盐,如尿素—NaCl、尿素—NaBr—KBr、尿素—乙酰胺—NaBr、尿素—NaBr—KBr—甲酰胺等低共熔体系;第三类是室温熔盐,即离子液体。

通常对电镀溶剂的要求是电化学窗口宽、溶液中金属离子浓度高、溶液的导电性能好、操作温度低、电流效率高、成本和毒性低等。因此,在前述三类非水溶剂中,第二类非质子溶剂和熔融盐均可作为非水电镀的溶剂使用,较常用的是非质子溶剂中的第二类。

2. 电沉积 Y—Ba—Cu—O 系超导氧化物薄膜

1987 年,美国休斯敦大学的朱经武研究小组和中国科学院物理研究所的赵忠贤研究小组几乎同时独立地制备了 Y—Ba—Cu—O 超导体,将超导转变温度提高到 90 K,成为第一个进入液氮温区的超导体。

在 Y—Ba—Cu—O 系超导氧化物中,Y^{3+}/Y 的标准电极电势是 -2.372 V,Ba^{2+}/Ba 的标准电极电势是 -2.912 V,Cu^{2+}/Cu 的标准电极电势是 0.342 V,由此可见,只有 Cu 比较容易从水溶液中电沉积出来,而 Y 和 Ba 都很难从水溶液中进行电沉积,因此,要在非水溶剂中进行电沉积。

以二甲亚砜(DMSO)为溶剂,采用三电极体系进行 Y—Ba—Cu 三元合金的恒电势电沉积。参比电极为 Ag/AgNO₃,对电极为铂网,工作电极分别采用 Ni、表面沉积了 100 nm 厚度 MgO 和 ZrO₂ 单晶的 Ag。镀液组成为 0.04 mol $\cdot$ L^{-1} 的 Y(NO₃)₃ $\cdot$ 6H₂O,0.072 mol $\cdot$ L^{-1} 的 Ba(NO₃)₂,0.088 mol $\cdot$ L^{-1} 的 Cu(NO₃)₂,电极电势分别为 -2.5 V 和 -4.0 V(Ag/AgNO₃)。电子探针 X 射线微区分析(EPMA)表明,不同基体上,不同沉积电势下所得膜层的组成有所差别,在 MgO/Ag 上沉积电势为 -2.5 V 和 -4.0 V(Ag/AgNO₃)时,Y∶Ba∶Cu∶Ag∶S 的摩尔比分别是 1∶2.6∶5∶0.1∶0.5 和 1∶2.6∶3∶0.1∶0.3,沉积电势越负越不利于 Cu 的沉积;在 ZrO₂/Ag 上沉积电势为 -4.0 V(Ag/AgNO₃)时,Y∶Ba∶Cu∶Ag∶S 的摩尔比是 1∶2.1∶2.7∶0.1∶0.4;在 Ni 上沉积电势为 -4.0 V(Ag/AgNO₃)时,Y∶Ba∶Cu 的摩尔比是 1∶2.7∶3.3。镀层中检测到的少量 S,是溶剂 DMSO 还原所致。电沉积得到的合金镀层需经热处理,使金属氧化,形成金属氧化物。热处理条件是在氧气气氛中,温度为 1 050 ℃,热处理 1 h 左右。在 ZrO₂/Ag 上电沉积的 Y—Ba—Cu—O 超导氧化物薄膜的 XRD 如图 8.24 所示。

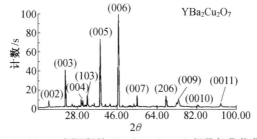

图 8.24　在 ZrO₂/Ag 上电沉积的 Y—Ba—Cu—O 超导氧化物薄膜的 XRD 图

XRD 分析,电沉积得到的氧化物膜层由 YBa₂Cu₃O₇ 斜方晶体和杂质 BaCuO₂,Y₂Cu₂O₅ 组成,未检测到 Ag 和 S 的组成,这可能是由于 Ag,S 分散在 YBa₂Cu₃O₇ 的晶界所致。

Y—Ba—Cu—O超导氧化物薄膜的超导性能因基体而异,见表8.18。

表 8.18　不同基体上电沉积的 Y—Ba—Cu—O 超导氧化物薄膜的特性

基体材料	$T_{c,zero}/K$	$J_c/(A \cdot cm^{-2})$
Ni	74	500(4 K),190(35 K)
MgO/Ag	80	3 960(4 K),2 571(35 K)
ZrO$_2$/Ag	91	4 000(4 K),360(77 K)

从表 8.18 可以看出,在 ZrO$_2$/Ag 上电沉积的 Y—Ba—Cu—O 超导氧化物薄膜的超导特性较优。

理论上超导电性较好 Y—Ba—Cu 的 Y∶Ba∶Cu 的摩尔比是 1∶2∶3,但由于 Cu 比较容易沉积,因此,镀层中 Cu 的含量往往偏高。为了调整镀层中各个金属的含量,可以在镀液中加入 CN$^-$,使其与 Cu^{2+} 发生配位作用,增大极化,不仅能够使 Y,Ba,Cu 的沉积电位更接近,而且还能调整镀层中各个金属的比例。溶剂仍然采用二甲亚砜(DMSO),镀液组成为 0.01 mol·L^{-1} 的 Y(NO$_3$)$_3$·5H$_2$O,0.016 mol·L^{-1} 的 Ba(NO$_3$)$_2$,0.155 mol·L^{-1} 的 Cu(NO$_3$)$_2$·3H$_2$O 以及 0.62 mol·L^{-1} 的 KCN,镀液中的铜离子将与氰根发生配位。在 Ag 基体上进行恒电势沉积,沉积电势为 -2.25 V(vs Ag/AgCl)。得到的沉积层组成为 Y∶Ba∶Cu 的摩尔比为 1∶2∶3。在氧气氛中对三元合金进行热处理,温度为 900 ℃,时间为 2 h,经 XRD 测试证明,薄膜组成为 YBa$_2$Cu$_3$O$_{7-\delta}$,其中含有少量的 Y$_2$BaCuO$_5$ 与 CuO 杂质。电子显微镜观察,沉积层的粒子尺寸约为 10 μm。该方法获得的 Y—Ba—Cu—O 超导薄膜的临界温度 T_c 为 92 K,临界电流密度 J_c 为 460 A·dm^{-2}(77 K),其超导特性好于镀液中不含有 KCN 制备的超导薄膜。

3. 电沉积 Bi—Sr—Ca—Cu—O 系超导氧化物薄膜

由于 Bi 系超导体具有 T_c 高、可塑性好、易加工成材等特点,因此,Bi 系超导体氧化物薄膜在实用化研究中占有重要的地位。

Bi—Sr—Ca—Cu—O 系超导氧化物薄膜的电沉积溶剂采用二甲亚砜(DMSO),电镀液组成为 0.006 mol·L^{-1} Bi(NO$_3$)$_3$,0.006 mol·L^{-1} Sr(NO$_3$)$_2$,0.005 mol·L^{-1} Ca(NO$_3$)$_2$,0.007 mol·L^{-1} Cu(NO$_3$)$_2$,在 Ar 气氛中,以 Ag 丝为参比电极,Pt 为对电极,在 Ag 基体上进行电沉积,沉积电位控制在 -3.25 V(vs. Ag),电流密度为 15 A·m^{-2},电沉积 30 min。EDS 测试表明,镀层中 Bi∶Sr∶Ca∶Cu 的摩尔比为 2.0∶1.8∶1.2∶2.0。镀层在氧气气氛中,温度为 750 ℃,热处理 15 min,得到相应的氧化物,经 XRD 测试表明其结构为 Bi$_2$Sr$_2$CaCu$_2$O$_{8+\delta}$,该超导氧化物薄膜的临界温度为 87 K。

这种体系的氧化物,也可以从水溶液中电沉积,但所得沉积物中有氢氧化物夹杂,使超导性能下降。采用脉冲电流进行沉积,可改善液相传质过程,改善镀层组成,提高超导性能。此外,脉冲电沉积还可以减少孔隙,使膜层平滑。

4. 电沉积 Tl$_2$Ba$_2$Ca$_2$Cu$_3$O$_{10}$ 超导氧化物薄膜

与 Y—Ba—Cu—O 系超导氧化物相比,Tl—Ba—Ca—Cu—O 系超导氧化物具有较高的临界温度 T_c,对水分的敏感性更低,热处理时间短等优点,因此,Tl—Ba—Ca—Cu—O 系超导氧化物有望在电子领域得到应用。单相 Tl$_2$Ba$_2$Ca$_2$Cu$_3$O$_{10}$ 薄膜可以采用电沉积的方法制备。

　　电沉积 Tl－Ba－Ca－Cu 四元合金的溶剂采用二甲亚砜（DMSO），电镀液组成为 33 mmol·L^{-1} $TlNO_3$，60 mmol·L^{-1} $Ba(NO_3)_2$，40 mmol·L^{-1} $Ca(NO_3)_2$，66 mmol·L^{-1} $Cu(NO_3)_2$。电沉积采用三电极体系，涂有 30 nm 厚度铝膜的玻璃做工作电极，饱和甘汞电极（SCE）为参比电极，石墨片做对电极。为了明确各个金属的沉积电位，测试了该体系的循环伏安曲线，如图 8.25 所示。

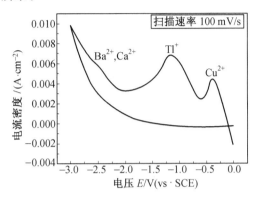

图 8.25　Tl－Ba－Ca－Cu 四元合金的循环伏安曲线

　　从图 8.25 可以看出，循环伏安曲线上出现了四个还原峰，分别对应四种金属的沉积，其还原电势如下：

$$Cu^{2+} + 2e^- \longrightarrow Cu，-0.39\ V$$
$$Tl^+ + e^- \longrightarrow Tl，-1.15\ V$$
$$Ba^{2+} + 2e^- \longrightarrow Ba，-2.50\ V$$
$$Ca^{2+} + 2e^- \longrightarrow Ca，-2.50\ V$$

　　如果电极电势负于－2.5 V 就能够得到四种金属的合金。实验结果表明，当电极电势为－3 V（vs. SCE）时，能够实现 Tl－Ba－Ca－Cu 四元合金的共沉积。四元合金在氧气气氛中，700 ℃热处理 2 h，得到相应的氧化物，XRD 分析表明，该氧化物的为 $Tl_2Ba_2Ca_2Cu_3O_{10}$，传输性能测试表明，其临界温度 T_c 为 125 K，临界电流密度 J_c 为 $0.31 \times 10^6\ A·cm^{-2}$。由此可见，$Tl_2Ba_2Ca_2Cu_3O_{10}$ 氧化物薄膜具有很好的超导特性。

5. 电沉积 Tl－Pb－Sr－Ca－Cu－O 系超导氧化物薄膜

　　Tl－Pb－Sr－Ca－Cu－O 系超导氧化物薄膜具有更高临界温度，但由于 Sr 和 Ca 易于钝化，所以这 5 种金属电沉积比较困难。借助超声波的作用，采用脉冲电沉积的方法可以有效解决这个问题。电沉积 Tl－Pb－Sr－Ca－Cu 五元合金的溶剂仍然采用二甲亚砜（DMSO），电镀液组成为 3.2 mmol·L^{-1} $TlNO_3$，1.8 mmol·L^{-1} $Pb(NO_3)_2$，24.6 mmol·L^{-1} $Sr(NO_3)_2$，53.4 mmol·L^{-1} $Ca(NO_3)_2$，5.8 mmol·L^{-1} $Cu(NO_3)_2$，采用三电极体系，工作电极为 Ag，参比电极为 Pt，辅助电极为 Ag 丝。为避免 H_2O 和 O_2 的污染，实验在干燥箱中进行。脉冲电压范围在电压为－1.0 V（相对于 Ag 电极）时沉积出导电性良好的 Cu 层，沉积时间 10 s，在电压为－4.0 V（相对于 Ag 电极）时 5 种金属共沉积，沉积时间 10 s，如此下去，进行 Cu/合金层交叠沉积，从而使电沉积顺利进行，得到 Cu/合金层交叠沉积层，整个电沉积过程在超声波作用下进行。

EDS 分析表明,由于超声波的作用使电极表面洁净,从而使结合力差的金属 Sr 和 Ca 的沉积量下降,镀层中 Tl—Pb—Sr—Ca—Cu 五元合金的摩尔比为 0.5∶0.5∶2.0∶2.0∶3.0。SEM 分析表明,超声波作用下得到的膜层结晶得到改善,相分布均匀,膜层密度增大,孔隙率减少,从而提高薄膜的超导性能。

电沉积的 Tl—Pb—Sr—Ca—Cu 五元合金在氧气气氛中,800～900 ℃热处理时间1 h,得到相应的超导氧化物薄膜,其临界温度为 130 K。

6. 电沉积 MgB$_2$ 超导薄膜

2001 年,日本青山学院的秋光纯教授宣布,他的研究小组发现金属化合物 MgB$_2$ 具有超导电性。其超导转变温度达 39 K,是当时金属超导体中超导临界转变温度最高的。秋光纯教授研究组将纯度为 99.9％的镁粉和纯度为 99％的非晶硼粉按照 Mg 与 B 摩尔比为1∶2 的比例研磨并压成片,然后将该片在 973 K 和 196 MPa 的氩气压力条件下烧结 10 h。XRD 分析证实得到了单相 MgB$_2$,属六方晶系的晶体结构。

MgB$_2$ 是一种金属间化合物,只有两种元素组合,体系简单,接近于合金,与复杂的氧化物高温超导体不同,MgB$_2$ 是标准的各向同性的第一类超导体。MgB$_2$ 的超导原理与金属相似,是由声子的量子化振动把电子连成对,以声子波的形式通过材料形成超导,因此属于 BCS 理论范畴。MgB$_2$ 的超导电性源于 B 原子的声子谱,且超导电流密度较高,晶界相对超导电流是“透明的”,即超导电流不受晶界连通性的限制,特别适用于强电输送及制作高品质的微波器件。和传统超导体比,MgB$_2$ 易于加工,电导率高,成本较低,因此,有着广阔的应用前景。

MgB$_2$ 薄膜的制备方法主要有混合物理化学气相沉积法、脉冲激光沉积法、磁控溅射法、分子束外延法、电子束蒸发法、电沉积法等。目前 MgB$_2$ 薄膜的制备大多集中在物理法,关于电沉积方法制备 MgB$_2$ 薄膜的研究还较少。

由于 Mg^{2+}/Mg 标准电极电势为 −2.372 V,因此很难在水溶液中实现镁的电沉积,通常采用非水溶剂。一种方法是以二甲基亚砜作为溶剂,将 50 mL 的 0.1 mol·L^{-1} 的乙酸镁非水溶液倒入电解槽中,将银片作为工作电极,饱和甘汞电极作为参比电极,电极电势为 −1.5 V 进行电沉积,银片表面生成白色的镁单质层,将电解液换成 50 mL 0.1 mol·L^{-1} 的硼酸非水溶液,以镀有镁的银片做工作电极,电极电势为 −2.0 V,其他条件不变进行电沉积,在电极表面生成 B。然后将样品封入石英管中,并且在管中通入氩气,以防止样品被氧化,将封有样品的石英管置于管式炉中煅烧,煅烧温度为 300 ℃,煅烧时间为 90 min。将制备的薄膜进行 EDX 成分分析。结果表明,两次电沉积后的样品经过退火煅烧后生成了 MgB$_2$。采用这种方法制备的 MgB$_2$ 薄膜不是很均匀致密,厚度较薄,还需要进一步摸索工艺,尤其是电解液的组分调节,沉积电压的进一步优化。

另一种电沉积法制备 MgB$_2$ 薄膜的方法是采用高温熔融盐,采用 MgCl$_2$,Mg(BO$_2$)$_2$,NaCl,KCl 混合,且其摩尔比为 10∶2∶5∶5,温度在 600 ℃左右,沉积电势为 4 V,在铜衬底上制备 MgB$_2$ 超导膜。对在 595 ℃,598 ℃,601 ℃,604 ℃下,电沉积 60 min 得到的样品进行了 X 射线衍射(XRD)分析,结果如图 8.26 所示。

从图 8.26 可以看出,在这 4 个温度下制备的样品中都出现了相对强度较好的 MgB$_2$ 相,且都有 MgB$_4$、MgB$_{12}$ 高硼化物存在。另外样品中均出现了 KCl 杂相,这是由于残留在

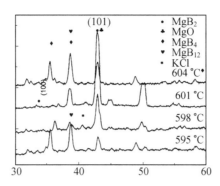

图 8.26　在不同温度下电沉积的样品的 XRD 图谱

样品表面的反应剩余物所引起的。其中在 601 ℃时制备的样品的主峰相对强度较大且杂相少。因此,在铜片上电沉积 MgB_2 薄膜的最佳温度为 601 ℃。扫描电镜测试表明,膜层与基体的结合不是非常紧密,膜致密性不太理想,为多孔结构。

总之,电沉积超导薄膜工艺的控制比较困难,为达到大型化、连续性稳定生产,尚需解决的问题较多。

8.6　电沉积金属化合物半导体薄膜

8.6.1　半导体材料概述

1. 半导体的定义

物质按其导电的难易程度可以分为三大类:导体、半导体和绝缘体。半导体材料的电阻率介于导体和绝缘体之间,一般为 $10^{-4} \sim 10^{10}\ \Omega \cdot cm^{-1}$,但是单从电阻率的数值上来区分是不充分的,如在仪器仪表中使用的一些电阻材料的电阻率数值也在这个范围之内,可是它们并不是半导体材料。半导体的电阻率还具有以下一些特性:加入微量的杂质、光照、外加电场、磁场、压力以及外界环境(温度、湿度、气氛)改变或轻微改变晶格缺陷的密度都可能使电阻率改变若干数量级。正因为半导体材料有这些特点,它才可以用来制作晶体管、集成电路、微波器件、发光器件以及光敏、磁敏、热敏、压敏、气敏、湿敏等各种功能器件,成为时代的宠儿。因此人们通常把电阻率在 $10^{-4} \sim 10^{10}\ \Omega \cdot cm^{-1}$,并对外界因素,如电场、磁场、光温度、压力及周围环境气氛非常敏感的材料称为半导体材料。

2. 半导体材料的分类

半导体材料的种类繁多,分类也比较复杂。通常将半导体材料分为元素半导体、化合物半导体、固溶体半导体、非晶态半导体及有机半导体等。

元素周期表中的元素半导体共有 12 种,但是其中具备实用价值的元素半导体材料只有硅、锗和硒。硒的应用最早,硅和锗是当前最重要的半导体材料。化合物半导体包括二元化合物半导体、三元化合物半导体及四元化合物半导体。二元化合物半导体主要有 Ⅲ－Ⅴ 族化合物半导体、Ⅱ－Ⅵ 族化合物半导体、Ⅳ－Ⅵ 族化合物半导体、Ⅱ－Ⅳ 族化合物半导体、铅化物及氧化物半导体等。三元化合物半导体主要有 $AlGaAs$,$GaAsP$,$AgSbTe_2$,$CdCr_2Se$,$MgCr_2S_4$ 等,可制作发光、温差、磁性器件。为了提高半导体材料的性能,人们还研制了四元化合物半导体,如 Cu_2FeSnS_4,$CuInGaSe$ 等。固溶体半导体是指元素半导体或化合物半导体相互溶解而成的半导体材料,它的一个重要特性是禁带宽度(E_g)随固溶度的成分变化,因此可以利用固溶体得到有多种性质的半导体材料,如 $Ge-Si$ 固溶体、$GaAs-GaP$ 固溶体等。有些非晶态材料在一定值的外界条件(如电场、光、温度等)时,能够呈现出半导体电性能,称为非晶态半导体材料,也称为玻璃态半导体,例如 $\alpha-Si:H$,$\alpha-GaAs$ 等。有一些有机物也具有半导体性质,称为有机半导体,如萘、聚乙炔、聚苯硫醚等。有机半导体在固态电子器件应用较多。

3. 电沉积半导体材料的发展史

1865 年,首次采用电沉积的方法在 $600\sim900$ ℃的 K_2Si_6/KF 熔盐中制备了第一个半导体材料 Si,在现代光伏工业中,这种方法仍用于原料 Si 的制备。在早期人们大多采用高温熔盐路线制备 Si,Ge,GaAs,InP 等半导体材料。到了 20 世纪 80 年代中期,由于缺乏对半导体材料导电性能的认识,电沉积半导体材料的研究有所减少。直到 20 世纪 80 年代后期,基于 Ⅵ 族元素的半导体,主要是硫化物,由于能够在水或非水溶剂中制备,电沉积半导体材料的研究逐渐活跃。1996 年,出现了以 ZnO 为主导的氧化物的电沉积,使半导体材料得到了迅速的发展,人们发现电沉积法非常适合于制备半导体氧化物,如 CuO,PbO 等。

采用电沉积方法制备的半导体薄膜,具有优良的性能,可用于实际应用。目前,太阳能电池中的薄膜材料主要是碲化镉,电沉积得到的碲化镉薄膜可与真空法或气相法制备的碲化镉薄膜相媲美,用于大规模的工业制造。另外,采用电沉积的方法生产的联二硒化铟铜也在太阳能电池工业中得到了应用。

8.6.2 电沉积 CdS 半导体薄膜

1. 电沉积 CdS 薄膜的原理

CdS 半导体主要是作为太阳能电池材料使用,禁带宽度为 2.53 eV,是光的直接传输型半导体材料。CdS 薄膜的电沉积可在水溶液中进行,也可在有机溶剂中进行。由于水溶液中电沉积 CdS 需要的反应装置简单,而且实验可以在较低温度下进行,所以以水体系沉积 CdS 的研究居多。电沉积 CdS 薄膜的原理与金属的电沉积有所不同,电沉积 CdS 分为阳极电沉积和阴极电沉积。

(1)阳极电沉积

以金属 Cd 为阳极,通电后 Cd 阳极溶解形成 Cd^{2+},Cd^{2+} 与电解液中的 S^{2-} 作用,在 Cd 电极上形成 CdS 薄膜。当膜层厚度增加时,膜中 Cd^{2+} 和 S^{2-} 的迁移受到阻碍,因此,薄膜的半导体性能较差。

(2)阴极电沉积

阴极电沉积 CdS 时,阴极一般采用 Ti,Pt,ITO 等导电材料,沉积过程中,S 在阴极附近还原形成 S^{2-},S^{2-} 与溶液中的 Cd^{2+} 作用,在电极表面形成 CdS 薄膜。阴极沉积方式相对于阳极沉积方式来说,膜层厚度容易控制,因此,应用更加广泛。阴极沉积时,S 来自硫代硫酸钠分解而生成的胶态 S。阴极反应形成 CdS 的历程如下:

$$S_2O_3^{2-} \longrightarrow S + SO_3^{2-}$$

$$S \longrightarrow S_{ads}$$

$$S_{ads} + 2e^- \longrightarrow S^{2-}$$
$$Cd^{2+} + S^{2-} \longrightarrow CdS$$

阴极沉积 CdS 薄膜存在的问题是薄膜中有剩余的金属 Cd 夹杂,在薄膜的内、外层,膜的组成有所差别。解决办法是严格控制镀液中的 Cd^{2+} 和 $Na_2S_2O_3$ 的含量,为减少或消除镀层中的 Cd,也可采用脉冲电沉积方式,在电位处于负脉冲时,金属 Cd 发生溶解形成 Cd^{2+}。

2. 电沉积 CdS 薄膜的方法

水溶液体系中电沉积 CdS 薄膜的典型镀液组成及沉积方式见表 8.19。

表 8.19　水溶液体系电沉积 CdS 薄膜的典型镀液组成及沉积方式

溶液组成	沉积方式	基体
0.5 mol·L^{-1} Na_2S,pH=9	阳极恒电流	Cd
0.1 mol·L^{-1} Na_2S,1 mol·L^{-1} $NaHCO_3$	阳极恒电流	Cd
0.25 mol·L^{-1} $CdCl_2$,0.005 mol·L^{-1} $Na_2S_2O_3$,0.2 mol·L^{-1} EDTA,pH=9	阴极恒电势	Ti
0.1 mol·L^{-1} $CdSO_4$,0.1 mol·L^{-1} $Na_2S_2O_3$,pH=2.8	阴极恒电势	Pt
0.01 mol·L^{-1} $CdSO_4$,0.35 mol·L^{-1} $Na_2S_2O_3$,0.75 mol·L^{-1} NaCl,0.17 mol·L^{-1} $(NH_4)_2SO_4$	脉冲恒电势	ITO
0.2 mol·L^{-1} $CdCl_2$,0.01 mol·L^{-1} $Na_2S_2O_3$,pH=2	脉冲恒电势	ITO
0.1 mol·L^{-1} $CdCl_2$,0.01~0.05 mol·L^{-1} $Na_2S_2O_3$,pH<2	阴极恒电流	ITO

3. 电沉积 CdS 薄膜的实例

将等物质的量之比的氯化镉与硫代乙酰胺混合均匀后配成水溶液,小心地将表面活性剂氯仿溶液滴加到电解液表面,随着氯仿的挥发表面活性剂在电解液表面铺展开。阳极铂丝深入电解液中,阴极银丝的尖端刚好处于表面活性剂与电解液的界面上。采用直流稳压电源进行恒压电化学沉积 3 min,将得到的薄膜转移到洁净的基底上,在空气中干燥一段时间后,依次用丙酮、二次蒸馏水清洗,干燥备用。电沉积 CdS 薄膜的实验装置如图 8.27 所示。

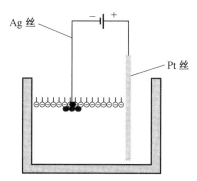

图 8.27　电沉积 CdS 薄膜的实验装置图

在制备硫化镉薄膜的过程中,表面活性剂既要起到作为硫化镉沉积模板的作用,又要起到消泡剂、抑泡剂的作用。电极反应如下所示:

$$H^+ + CH_3CSNH_2 + 2e^- \longrightarrow H_2S + CH_3CNH_2$$

$$H^+ + 2e^- \longrightarrow H_2 \uparrow$$

$$CH_3CSNH_2 + OH^- + H_2O \longrightarrow CH_3COO^- + NH_4^+ + S^{2-} + H^+$$

$$Cd^{2+} + e^- \longrightarrow Cd^+$$

$$Cd^+ + e^- \longrightarrow Cd$$

$$2Cd^+ + S^{2-} \longrightarrow CdS + Cd$$

制备的硫化镉薄膜经 AFM 测试表明,CdS 纳米膜中存在许多堆垛层错构成的面缺陷,而半导体材料的许多性质,如光学性质、电学性质、磁学性质、力学性质等都和材料的缺陷结构有着密切的关系。紫外—可见吸收光谱测试发现,透过谱在 $450 \sim 600$ nm 范围内,透过率接近 80%,几乎呈一条水平线。太阳光谱能量分布集中的频率范围正好处于这一稳定区,CdS 纳米膜适合于做太阳光谱的响应器件。

8.6.3 电沉积 CdSe 半导体薄膜

1. 电沉积 CdSe 半导体薄膜的原理

CdSe 半导体材料的带隙为 1.74 eV,为直接传输型光材料。与 CdS 相比,CdSe 薄膜与太阳光谱的匹配更好。因此 CdSe 是更好的太阳能电池的电极材料,适合更高效率的电池。

CdSe 半导体薄膜的电沉积方法与 CdS 基本一致,也可分为阳极电沉积方式和阴极电沉积方式,以阴极电沉积为主。CdSe 薄膜可从含有 Cd 盐与 SeO_2(溶于水变成 H_2SeO_3)的酸性溶液中由如下反应得到:

$$H_2SeO_3 + 6H^+ + 6e^- \longrightarrow H_2Se + 3H_2O$$

$$Cd^{2+} + H_2Se \longrightarrow CdSe + 2H^+$$

第一步反应生成的 H_2Se 易发生歧化反应而生成 Se,其结果是导致薄膜中含有杂质 Se。解决办法是在电解液中加入亚硫酸,利用下述反应来抑制杂质 Se 的产生。

$$Se + SO_3^{2-} \longrightarrow SeSO_3^{2-}$$

$$SeSO_3^{2-} + 2e^- \longrightarrow Se^{2-} + SO_3^{2-}$$

$$Cd^{2+} + Se^{2-} \longrightarrow CdSe$$

为消除杂质 Se 和提高成膜速度,也可加入 KSeCN 作为 Se 的来源。此外,镀后热处理也可以除去薄膜中 Se 的夹杂。

2. 电沉积 CdSe 半导体薄膜的实例

在钛片上采用阴极沉积方式进行 CdSe 半导体薄膜的制备,电解液组成为 0.1 mol·L^{-1} $CdSO_4$,4 mmol·L^{-1} H_2SeO_3,0.2 mol·L^{-1} H_2SO_4,电极电势为 -0.69 V(vs. SCE)。电沉积制备的 CdSe 薄膜经不同温度退火处理后,其光电转换效率随退火温度的升高而提高,半导体薄膜中掺杂浓度略有减少,电子扩散长度明显增大,薄膜中的 CdSe 微晶呈六方纤锌矿晶体结构,且含有少量六方晶型的 Se,同时,退火温度升高使其晶粒尺寸增大,Se 的含量减少。在 440 ℃下退火 20 min,对 CdSe 薄膜进行激光点扫描微区光电流测试,结果表明,退火处理前光响应很弱且表面各部位的光电流值参差不齐;经 440 ℃退火后光电流明显增大,且表面各部位的光响应趋于均一。

8.6.4　电沉积 CdTe 半导体薄膜

1. 电沉积 CdTe 半导体薄膜的原理

CdTe 半导体材料的带隙为 1.5 eV,可与太阳光谱最优化匹配,光通过带隙的传输是直接的,因而具有很高的光吸收系数。CdTe 薄膜是理想的光电转换太阳能电池材料,可用在核检测、光折射器件、非线性光学、光发射量子阱等方面。

电沉积 CdTe 的反应与电沉积 CdS、CdSe 有所不同,沉积开始时,先在基体上形成金属 Te,之后 Cd^{2+} 在金属 Te 上发生欠电势沉积而形成 CdTe。其电极反应为

$$TeO_2 + H^+ \longrightarrow HTeO_2^+$$
$$HTeO_2^+ + 3H^+ + 4e \longrightarrow Te_{ads} + 3H_2O$$
$$Cd^{2+} + Te_{ads} + 2e \longrightarrow CdTe$$

欠电势沉积(Under Potential Deposition,UPD)指当电极电位还显著正于沉积金属的标准平衡电势时,金属离子在基体上沉积出单原子层的现象。一般认为之所以形成欠电势沉积单层,是由于沉积金属原子与基底金属原子之间的相互作用大于沉积金属原子之间的相互作用,由于单层原子与基底之间具有很强的相互作用力从而导致了欠电势区单原子沉积层的形成。研究表明,只有当电子逸出功较小的金属在电子逸出功较大的金属上沉积时,才有可能发生欠电势沉积。例如,由于 Cu 的电子逸出功比 Au 的电子逸出功小,所以 Cu 能够在 Au 电极表面形成欠电势沉积单层,而 Au 在 Cu 电极上沉积过程中,则不会发生欠电势沉积。

2. 电沉积 CdTe 半导体薄膜的方法

水溶液中电沉积 CdTe 薄膜的典型镀液组成及沉积方式见表 8.20。

由表 8.20 可以看出,在各种配方中,TeO_2 的含量仅在 $mmol \cdot L^{-1}$ 级,而 Cd^{2+} 盐含量较高。沉积方式均为阴极恒电势沉积,沉积条件没有太大差别,这说明 CdTe 薄膜的沉积重现性较好。

表 8.20　水溶液中电沉积 CdTe 薄膜的典型镀液组成及沉积方式

溶液组成	沉积方式	基体
1.2 mol・L^{-1} $CdSO_4$,TeO_2(饱和),pH=2.5～3.4	阴极恒电势	Ni
0.27 mol・L^{-1} $CdSO_4$,0.01 mol・L^{-1} TeO_2,1.5 mol・L^{-1} H_2SO_4	阴极恒电势	Ti
1 mol・L^{-1} $CdSO_4$,1.5 mmol・L^{-1} TeO_2,pH=1.4	阴极恒电势	Ti
1.2 mol・L^{-1} $CdSO_4$,0.16 mmol・L^{-1} TeO_2,pH=2.2	阴极恒电势	Ti
0.3 mol・L^{-1} $CdCl_2$,1 mmol・L^{-1} KTeCN,1 mol・L^{-1} KCl,0.3 mol・L^{-1} EDTA	阴极恒电势	Ti

3. 电沉积 CdTe 半导体薄膜的实例

采用阴极恒电势沉积方式制备 CdTe 薄膜。电解液组成为:0.2 mol・L^{-1} TeO_2,0.1 mol・L^{-1} $CdSO_4$,0.2 mol・L^{-1} HCl,0.2 mol・L^{-1} Na_2SO_4,pH 为 2.0。采用三电极体系,研究电极为 ITO 透明导电玻璃,辅助电极为 Pt 片,参比电极为饱和甘汞电极(SCE)。该体系的电势扫描曲线显示,电极电势在 -0.40 V 附近出现峰值,对应于亚碲酸 $HTeO_2^+$

的还原,当电极电位低于-0.735 V后,电流急剧增加,对应于 Cd 的形成。扫描电镜观察样品粒径在 150~50 nm,甚至更小,在 400 ℃氮气氛中对样品进行退火处理 30 min,粒径无明显变化。XRD 测试表明室温下沉积膜结晶取向度不好,较高温度下沉积的样品富 Te,且 Te 为多晶相,同时 CdTe 以(111)方向优先生长,室温沉积样品退火后,CdTe 的(220)择优取向明显,沿(111)方向有较弱的取向峰。成分分析表明,在其他条件相同情况下,电压越负,越有利于 Cd 的沉积。

8.6.5　电沉积金属氧化物半导体薄膜

金属氧化物由于具有可变的阳离子价态以及可调节的氧空穴浓度,而成为重要的半导体材料。大多数氧化物半导体的带隙值从很小到几个电子伏不等,这些氧化物在光学、光电子学、传感器、光催化、激光和晶体管、染料敏化太阳能电池等领域有着重要的应用。

1. 电沉积 ZnO 半导体薄膜

在众多金属氧化物半导体中,ZnO 是目前研究最深入、应用最广泛的半导体之一。氧化锌是一种重要的宽禁带半导体材料,常温下禁带宽度为 3.37 eV,具有优异的压电和光电特性,如高的激子束缚能、良好的机电耦合性、较低的电子诱生缺陷等。在光电转换、传感器、场发射器件、激光器等方面有重要应用前景。

电沉积 ZnO 薄膜通常是在含有 NO_3^- 或溶解氧或双氧水的电解液中制备,阴极电极反应如下:

$$NO_3^- + H_2O + 2e^- \longrightarrow NO_2^- + 2OH^-$$
$$O_2 + 2H_2O + 4e^- \longrightarrow 4OH^-$$
$$H_2O_2 + 2e^- \longrightarrow 2OH^-$$

在阴极电沉积时,电解液中的 NO_3^- 或溶解氧或双氧水均得到电子生成 OH^-,此时阴极附近的 pH 升高,导致在电极附近的溶液中生成$[Zn(OH)_4]^{2-}$,$[Zn(OH)_4]^{2-}$ 是 ZnO 晶体的生长基元,随着电化学反应的进行,ZnO 开始在工作电极表面成核、生长。

$$Zn^{2+} + 4OH^- \longrightarrow [Zn(OH)_4]^{2-} \longrightarrow ZnO + H_2O + 2OH^-$$

三种制备氧化锌方法的总反应分别为

$$Zn^{2+} + NO_3^- + 2e^- \longrightarrow ZnO + NO_2^-$$
$$2Zn^{2+} + O_2 + 4e^- \longrightarrow 2ZnO$$
$$Zn^{2+} + H_2O_2 + 2e^- \longrightarrow ZnO + H_2O$$

在电化学过程中通过调节电流密度、电极电位、温度、溶液组成、pH、反应时间等参数易于实现调控晶体的取向、形貌、手性特征、结晶状况、组成等,并且电化学方法能够进一步调控半导体材料的禁带宽度、掺杂等光电性质,为构造光电器件奠定了基础。近年来,研究者利用电化学方法合成了形貌丰富、结构新颖的多种金属氧化物,如在当硝酸锌溶液中没有任何添加剂时,电沉积得到六方颗粒状的 ZnO 晶体;当在溶液中添加 KCl 时,电沉积产物为 ZnO 纳米片;当溶液中加入乙二胺分子(EDA),电沉积得到 ZnO 纳米锥;当同时加入 KCl 和乙二胺时,电沉积产物为 ZnO 纳米棒,微观形貌如图 8.28 所示。

2. 电化学方法制备 Cu₂O 半导体薄膜

Cu_2O 是一种 p 型半导体材料,禁带宽约为 1.9 eV,具有特殊的光学和磁学性质,在太

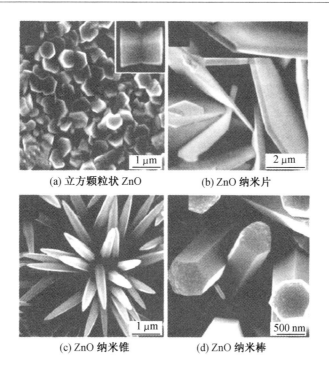

(a) 立方颗粒状 ZnO　　　(b) ZnO 纳米片

(c) ZnO 纳米锥　　　(d) ZnO 纳米棒

图 8.28　电沉积方法制备的不同形貌的 ZnO 晶体电镜照片

阳能转换、催化和气体传感等领域有潜在的应用。

氧化亚铜的电化学制备方法包括阳极氧化法和电沉积法。

(1)阳极氧化法

如前所述,阳极氧化是制备金属氧化物常用的方法。以铜为阳极,多孔钛板作为阴极,电解液组成为 $250 \ g \cdot L^{-1} NaCl, 0.1 \sim 1.0 \ g \cdot L^{-1} NaOH$,温度为 80 ℃,在电流密度为 $500 \sim 1\,500 \ A \cdot m^{-2}$ 条件下进行阳极氧化。电极反应方程式如下:

阳极:$Cu + nCl^- \Longrightarrow CuCl_n^{1-n}(n = 2, 3)$

阴极:$2H_2O + 2e^- \longrightarrow H_2 + 2OH^-$

总反应:$2Cu + H_2O \longrightarrow H_2 + Cu_2O$

其中水解反应生成的 Cu_2O 很难附着在阳极表面,而是剥落下来沉淀到电解池的底部,通过收集阳极泥并离心、干燥得到 Cu_2O 粉体材料。改变阳极氧化中的工艺参数,能够制备具有各种形貌的 Cu_2O 粉体材料。如果要得到 Cu_2O 薄膜材料,一般是在非水溶液中进行,这样可以有效抑制水解反应的进行,使得产物不至于剥落。

(2)电沉积法

在中性和碱性溶液中,简单铜盐必然会生成大量 $Cu(OH)_2$ 沉淀,因此,电沉积 Cu_2O 时,一般采用弱酸性的电解液。电沉积过程中的阴极反应:

$$Cu^{2+} + 2e^- \longrightarrow Cu$$

$$2Cu^{2+} + H_2O + 2e^- \longrightarrow Cu_2O + 2H^+$$

$$Cu_2O + 2H^+ + 2e^- \longrightarrow 2Cu + H_2O$$

后两个反应都与溶液的 pH 有关,pH 越小,第三个反应越容易发生,即金属铜越容易生成,同时 Cu_2O 越难发生,可见为了生成 Cu_2O 应选择较高的 pH。

　　电沉积制备 Cu_2O 薄膜时,通过改变电解液组成及工艺参数可以获得具有不同形貌的 Cu_2O 晶体。如在硫酸铜和乳酸的体系中,借助添加无机盐或改变溶剂的方法,电沉积得到了多种形貌的 Cu_2O 晶体。Cu_2O 晶体的不同微观形貌如图 8.29 所示。

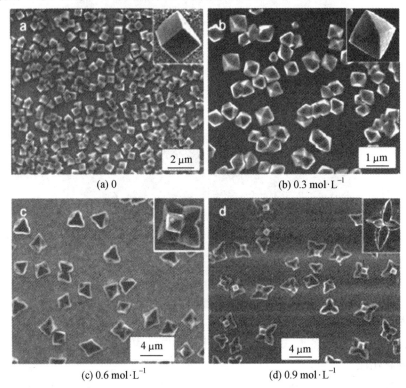

(a) 0　　　　　　　　　　　　　(b) 0.3 mol·L^{-1}

(c) 0.6 mol·L^{-1}　　　　　　　　　(d) 0.9 mol·L^{-1}

图 8.29　在不同 Cl$^-$ 浓度电解液中电沉积的 Cu_2O 晶体扫描电镜照片

　　从图 8.29 可以看出,当电解液不含有 Cl$^-$ 时,电沉积得到 Cu_2O 立方体;当溶液中加入 0.3 mol·L^{-1} Cl$^-$ 时,电沉积产物为 Cu_2O 八面体;当 Cl$^-$ 浓度进一步增加至 0.6 mol·L^{-1} 时,电沉积得到凹面八面体产物,即八面体的(111)方向生长受到了限制;当 Cl$^-$ 浓度达到 0.9 mol·L^{-1} 时,电沉积产物为六枝状。

　　总之,电沉积得到的半导体薄膜的晶体结构为多晶结构或非晶态,其性能尚达不到所要求的指标。电沉积薄膜性能差的主要原因包括:

　　①基体表面上晶核的生成及长大速度不能控制。

　　②使用基体的晶体结构不规则(一般为多晶结构)。

　　③基体与沉积层的晶格常数不一致。

　　为解决上述问题,以得到高性能的半导体薄膜,近年来提出了在单结晶基体上定向成长的沉积方式——电化学原子层外延成长法(ECALE),以沉积 CdTe 为例说明。ECALE 的基本方法:采用单晶基体,由泵周期地向镀槽注入 Cd^{2+} 溶液和 Te^{4+} 溶液,控制电势在相应的沉积电势范围内,从而使 Cd 与 Te 交替沉积,每次沉积层的厚度仅为几个原子层厚度。这样就可以得到与基体结构匹配、定向成长的沉积层,关于电化学原子层外延成长法有待于进一步的深入研究。

8.7　电沉积梯度功能材料薄膜

8.7.1　梯度功能材料概述

1. 梯度功能材料概念的提出

一般复合材料中分散相是均匀分布的,整体材料的性能是同一的,但是在有些情况下,人们常常希望同一个材料的两侧具有不同的性质或功能,又希望不同性能的两侧结合得完美,从而不至于在苛刻的使用条件下因性能不匹配而发生破坏。例如当航天飞机往返大气层时,发动机燃烧室内温度通常要超过 2 000 ℃,对燃烧室壁会产生强烈的热冲击,一般采用液氢对燃烧室进行冷却,燃烧室外温度为－200 ℃左右。这样,燃烧室壁内外温差超过 2 000 ℃,显然一般材料满足不了这一要求。人们想到将金属和陶瓷联合起来使用,用陶瓷去对付高温,用金属来对付低温,用传统的技术将金属和陶瓷结合起来时,由于二者界面的热膨胀系数相差较大,在金属和陶瓷界面处会产生极大的热应力,导致材料出现剥落或龟裂。针对这种情况,1984 年,日本科学家平井敏雄首先提出了梯度功能材料的新设想和新概念,并展开研究。梯度功能材料设计的基本思想:根据具体要求,选择使用两种具有不同性能的材料,连续地改变两种材料的组成和结构,使其内部界面消失,从而得到功能相应于组成和结构的变化而渐变的非均质材料,以减小和克服结合部位的性能不匹配因素,如对上述的燃烧室壁,在陶瓷和金属之间通过连续地控制内部组成和微细结构的变化,使两种材料之间不出现界面,从而使整体材料具有耐热应力强度和机械强度也较好的新功能。

2. 梯度功能材料的定义

所谓梯度功能材料,严格意义上讲,应该称为"梯度功能复合材料"(Functionally Gradient Materials,FGM),又称倾斜功能材料,是指材料的成分沿厚度方向呈连续梯度变化,性能随着成分变化而渐变的非均质复合材料。梯度功能材料的示意图如图 8.30 所示。

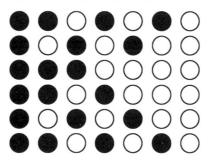

图 8.30　功能梯度材料的示意图

功能梯度材料与均一材料、复合材料的内部成分与性能之间的关系及区别如图 8.31 所示。

从图 8.31 可以看出,均一材料(如合金材料)内部组分分布均匀,不存在界面,其性能也是均匀的。复合材料存在界面,界面处的应力和界面效应不等。当材料在高温工作状态下,由于界面处热膨胀系数不同而产生热应力,界面处容易开裂。而梯度功能材料消除了传统

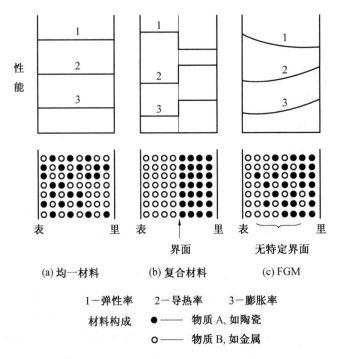

1—弹性率　　　2—导热率　　　3—膨胀率

材料构成　● —— 物质 A, 如陶瓷

　　　　　　○ —— 物质 B, 如金属

图 8.31　均一材料、复合材料及功能梯度材料内部结构与性能的关系

的金属陶瓷涂层复合材料之间的界面,从而使材料的力学、热学和化学性能等如图 8.31(c)所示那样从材料的一侧向另一侧连续变化,达到缓和热应力和耐热绝热的目的。

3. 梯度功能材料的分类

按材料的组合方式划分,梯度功能材料可以分为金属/陶瓷、金属/非金属、陶瓷/陶瓷、陶瓷/非金属、非金属/塑料等。按组成变化情况划分,梯度功能材料可以分为梯度功能整体型,即组成从一侧到另一侧呈梯度渐变的结构材料;梯度功能涂覆型,即在基体材料上形成组成渐变的涂层;梯度功能连接型,即黏结两个基体间的接缝组成呈梯度变化。

4. 梯度功能材料的制备方法

(1)高温环境制备

以原料的蒸汽、烧结或熔融态等高温状态,采取一定的工艺方法来制取功能梯度材料,如气相沉积法、自蔓延烧结法、等离子喷涂法、离心铸造法、激光融覆法、熔渗法、扩散键合电火花烧结等。高温环境制备方法存在一定的局限性,气相沉积法要求真空条件,而固相法多采用高温操作,生产工艺过程复杂,同时材料孔隙率较大,不利于制备大规模的薄膜型 FGM材料。

(2)低温环境制备

低温环境制备包括电镀、电泳、电铸、化学镀法、多层复合镀。作为一种低温液相制备技术,电镀法由于具有设备简单、操作方便、成本低等优点而更适合于制备功能梯度镀层。

通过控制镀液成分、镀液流速、电流密度、温度等工艺条件来获得梯度合金镀层,目前,已制备了 Zn—Fe,Zn—Ni,Ni—Co,Zn—Ni—Fe,Fe—B,Sn—Pb 等多种梯度合金镀层。制备梯度合金镀层的目的是改善镀层结合力,增强其使用性能。

8.7.2　电沉积功能梯度镀层

1. 电沉积 Ni－P 功能梯度镀层

Ni－P 合金镀层经一定温度热处理后硬度接近或超过硬铬镀层,同时具有较低的摩擦系数和较高耐磨性,已经被应用于多种耐磨场合。然而电沉积方法制备的 Ni－P 合金均一镀层存在镀层内应力大、结合强度低、热处理后脆性大、耐磨性差以及功能单一等缺点。利用 FGM 的设计思路,采用电沉积技术,通过沉积合金镀层内部合理的成分和结构梯度化设计,能够制备 Ni－P 功能梯度合金镀层,与 Ni－P 均一镀层相比,其磨损性能得到提高。

电沉积 Ni－P 合金的镀液组成及工艺参数如下:

$NiSO_4 \cdot 6H_2O$	$240 \ g \cdot L^{-1}$
$NiCl_2 \cdot 6H_2O$	$30 \ g \cdot L^{-1}$
H_3BO_3	$30 \ g \cdot L^{-1}$
H_3PO_3	$20 \ g \cdot L^{-1}$
pH	$1.3 \sim 1.6$
温度	$65 \sim 70 \ ℃$

阳极反应:

$$2Cl^- \longrightarrow Cl_2 + 2e^-$$
$$2H_2O \longrightarrow O_2 + 4H^+ + 4e^-$$
$$H_3PO_3 + H_2O \longrightarrow H_3PO_4 + 2H^+ + 2e^-$$

阴极直接反应:

$$Ni^{2+} + 2e^- \longrightarrow Ni$$
$$2H^+ + 2e^- \longrightarrow H_2$$

阴极非直接反应:

$$6H^+ + 6e^- \longrightarrow 6H$$
$$H_3PO_3 + 6H \longrightarrow PH_3 + 3H_2O$$
$$2PH_3 + 3Ni^{2+} \longrightarrow 3Ni + 2P + 6H^+$$

总反应式:

$$3Ni^{2+} + 2H_3PO_3 + 6H^+ + 12e^- \longrightarrow 3Ni + 2P + 6H_2O$$

Ni－P 功能梯度镀层的制备通过逐渐增加电流密度实现,具体参数见表 8.21。

表 8.21　电沉积 Ni－P 功能梯度镀层的控制参数

电流密度 $D_k/(A \cdot dm^{-2})$	电镀时间 t/min
5	15
10	6
15	5
20	4
25	3
30	2

在上述工艺参数下,可以沉积出总层数为 6 层的 Ni－P 功能梯度镀层,梯度合金镀层厚度均匀,表面光滑平整,与底材结合良好。对电沉积的 Ni－P 合金及热处理后的合金镀层中 P 含量进行了测试,结果如图 8.32 所示。

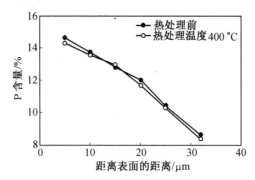

图 8.32　热处理前后 Ni－P 镀层中 P 含量的分布

从图 8.32 可以看出,从界面到镀层的表面,磷含量逐渐降低,镀层中磷含量呈显著的梯度变化。合金镀层经热处理后,磷出现了一定程度的扩散,但仍然未改变 Ni－P 合金镀层中磷的梯度分布。由此可以证明,通过工艺参数控制,使 Ni－P 合金中 P 的含量呈梯度变化。对 Ni－P 合金来说,镀层中 P 含量较高时镀层呈非晶结构,P 含量较低时镀层呈微晶或纳米晶结构。对 Ni－P 梯度镀层的 XRD 分析表明,镀层内侧由于 P 的含量较高,衍射峰为平滑的馒头峰,镀层呈完全的非晶态结构,随着镀层厚度的增加,镀层中 P 的含量逐渐减少,衍射峰开始变得尖峰,说明梯度镀层由非晶态结构逐步向纳米晶递变。因此,电沉积的 Ni－P 功能梯度镀层不仅实现了成分的梯度变化,而且还实现了结构的梯度变化。

对 Ni－P 合金梯度镀层的耐磨性测试表明,Ni－P 梯度镀层的耐磨性较均质单层的 Ni－P合金镀层提高 1～2 倍,通过合金镀层内部多层梯度化的设计,有效地提高了镀层的抗磨性能。

2. 电沉积梯度 Ni－Co 合金镀层

电沉积梯度 Ni－Co 合金的电镀液采用改进的瓦特镀液,镀液组成及工艺参数如下:

$NiSO_4 \cdot 6H_2O$	$200 \text{ g} \cdot L^{-1}$
NaCl	$20 \text{ g} \cdot L^{-1}$
H_3BO_3	$30 \text{ g} \cdot L^{-1}$
$CoCl_2 \cdot 6H_2O$	$0\sim80 \text{ g} \cdot L^{-1}$
十二烷基硫酸钠	$0.1 \text{ g} \cdot L^{-1}$
pH	4
电流密度	$3 \text{ A} \cdot dm^{-2}$
温度	45 ℃

梯度 Ni－Co 合金镀层的制备是通过改变镀液中硫酸钴的浓度实现的。在该体系下,能够得到结晶细致均匀,比较平滑,且与基体结合良好的镀层。对 Ni－Co 合金镀层的成分分析如图 8.33 所示。

从图 8.33 可以看出,合金镀层的内侧金属 Ni 的含量较高,随着镀层厚度的增加,Ni 的

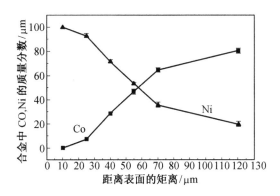

图 8.33　Ni－Co 合金镀层中 Ni 和 Co 的含量

含量逐渐减少,Co 的含量逐渐增加,合金镀层成分呈梯度分布。可见,简单地控制镀液中钴盐的含量就能实现镀层中 Co 和 Ni 含量的梯度变化。

　　对 Ni－Co 合金镀层的 XRD 测试表明,靠近底材(厚度小于 90 μm)的区域,即钴含量小于 50%(质量分数)的富镍区,合金镀层形成了 Ni－Co 固溶体,呈单相的面心立方晶体(fcc)结构,在靠近表面的富钴区,镀层由面心立方和密排六方(hcp)两种结构的固溶体组成。可以认为,随着合金镀层厚度的增加,镀层的相结构从完全的面心立方结构逐步过渡到一定的密排六方结构,这与梯度合金镀层沿厚度方向钴含量的梯度上升吻合。对 Ni－Co 合金梯度镀层的内应力测试表明,梯度化的工艺可以有效控制合金镀层的内应力。对 Ni－Co 合金梯度镀层的摩擦性能测试表明,梯度 Ni－Co 合金镀层的磨损率为富镍合金镀层的20%~25%。

　　由此可见,采用电沉积法制备的梯度 Ni－Co 合金镀层具有较好的成分梯度和相应的结构梯度。梯度化的设计可以有效降低合金镀层的内应力,解决了合金镀层内应力过高的难题,为梯度镀层的实际使用提供了保障,同时有望为梯度合金镀层应用于电铸生产提供重要的途径。

8.7.3　复合电沉积功能梯度镀层

1. 复合镀的定义

　　在电镀或化学镀溶液中加入不溶性的固体微粒并使其与基质金属在阴极上共沉积形成具有优异性能的新型镀层称为复合镀层,亦称为分散镀层。获得复合镀层的工艺称为复合镀,也称为分散镀或弥散镀。由基质金属和第二相颗粒构成的复合镀层兼有基质金属和复合微粒的双重优点,在机械、耐腐蚀、电催化和光活性等方面性能优异。

　　复合电沉积法具有控制简单、易于操作、投资少、可处理复杂工件等优点,是制备梯度功能材料的重要方法之一。复合电沉积很容易得到梯度材料,通过控制电流密度、搅拌速度、粒子含量、阴阳极间的距离等工艺参数调整粒子的复合量,从而形成颗粒含量随镀层厚度连续变化的梯度复合镀层。目前,已制备了 Ni－SiC,Ni－ZrO$_2$,Ni－Al$_2$O$_3$ 及 Ni－P/Ni－P－SiC/Ni－P－ZrO$_2$,Ni－P/Ni－W－SiC/Ni－W－P－SiC 等多层复合梯度镀层。制备复合梯度镀层的目的是提高镀层的硬度、耐磨性、耐蚀性及耐高温等性能。

2. 复合电沉积 Ni/ZrO$_2$ 梯度镀层

　　掺杂 ZrO$_2$ 陶瓷粉末的 Ni 基复合镀层具有优良的耐高温和抗氧化性能,目前已被用于燃气轮机的内壁和喷气式飞机的发动机的多种零部件等上。但是在机械应力和热震动条件下,镀层经常剥落,从而导致材料损坏。而 Ni/ZrO_2 梯度功能材料,能够使镀层既耐高温、防热,又具有承载能力。

采用瓦特镀镍溶液,控制镀液 pH 为 3.5,温度为 50 ℃,恒电流施镀。采用逐步提高镀液中 ZrO_2 微粒(平均粒径为 0.5 μm)的含量并控制相应的电沉积工艺条件,制备 Ni/ZrO_2 梯度镀层,工艺参数见表 8.22。

表 8.22　制备 Ni/ZrO_2 梯度镀层的工艺参数

ZrO_2 的含量/$(g \cdot L^{-1})$	电流密度/$(A \cdot dm^{-2})$	转速/$(r \cdot min^{-1})$
0	5	0
1	2	1 200
10	2	1 200
100	2	1 200
200	2	1 500

对制备的 Ni/ZrO_2 镀层中 ZrO_2 含量进行了分析,结果如图 8.34 所示。

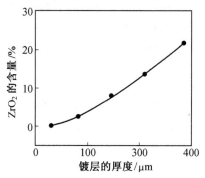

图 8.34　Ni/ZrO_2 镀层中 ZrO_2 含量分布

从图 8.34 可以看出,在 Ni/ZrO_2 镀层中,沿镀层生长方向 ZrO_2 的含量逐渐增多,呈梯度分布。对 Ni/ZrO_2 梯度镀层的高温氧化性能测试表明,在 800 ℃时,梯度镀层增重量为同条件下纯 Ni 镀层氧化增量的 1/6,可见,Ni/ZrO_2 梯度镀层与纯镍镀层相比具有优良的耐高温氧化性能。对梯度镀层的热应变特性测试表明,从梯度镀层表层至镀层与基体铜界面之间,试件的热应变变化不大,比较平稳。因此,在高温环境下,材料界面不易发生开裂、损坏。

3. 复合电沉积 Ni/Al_2O_3 功能梯度材料

复合电沉积 Ni/Al_2O_3 功能梯度材料的镀液仍然采用传统的瓦特镀液,具体镀液组成及工艺参数如下:

$NiSO_4 \cdot 6H_2O$	300 $g \cdot L^{-1}$
$NiCl_2 \cdot 6H_2O$	35 $g \cdot L^{-1}$
H_3BO_3	40 $g \cdot L^{-1}$
Al_2O_3 颗粒粒径	0.5 μm
Al_2O_3 悬浮量	80 $g \cdot L^{-1}$

糖精	$0.8 \sim 1.2$ g·L^{-1}
十二烷基硫酸钠	$0.05 \sim 0.15$ g·L^{-1}
pH	$3.6 \sim 4.0$
电流密度	10 A·dm^{-2}
镀液温度	50 ± 2 ℃
搅拌速度	350 r·min^{-1}

目前,复合电沉积制备梯度材料基本都是采用改变镀液中悬浮颗粒的含量、阴极电流密度、搅拌速度等参数来实现。根据电沉积的基本原理,改变阴、阳两极的相对位置,可以使阴极电沉积过程发生相应的变化,相当于改变了电镀过程的工艺参数,最终使镀层中复合粒子的含量也发生变化。对这种变化进行合理控制,就会得到梯度镀层。因此,复合电沉积的另外一个方法是对阴极进行设计。具体方法是将阴极设计成组合结构,以尼龙正八棱柱体为支撑件,在其 8 个棱面上固定 8 个紫铜箔作为阴极。电极相对位置及搅拌情况示意图如图 8.35 所示。

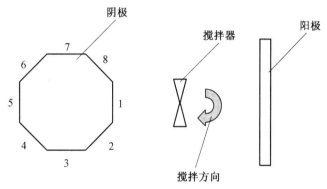

图 8.35　电极相对位置及搅拌情况示意图

阳极材料为电解镍板,阴极为紫铜箔,形状为正八棱柱,搅拌器置于两极的中间,做顺时针方向搅拌镀液。当接通电源开始电镀时,阴极旋转顺序 5→6→7→8。5、6 面电镀20 min;7、8 面电镀 10 min。由于阴极各个面与阳极的实际距离不同,因此,阴极的电流分布不同,8 号面由于距离阳极最近,电流密度最大,Al$_2$O$_3$ 颗粒受到的电场力也最大,单位时间内在 8 号面复合沉积的 Al$_2$O$_3$ 颗粒最多;5 号面距离阳极最远,电流密度也最小,复合沉积的 Al$_2$O$_3$ 颗粒最少。其余的 6 个面上,复合沉积的 Al$_2$O$_3$ 颗粒多少介于 1 号和 5 号之间,这样最终得到 Al$_2$O$_3$ 颗粒呈梯度分布的 Ni/Al$_2$O$_3$ 功能梯度镀层。复合电沉积时阴极的旋转示意图如图 8.36 所示。

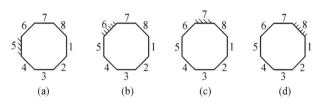

图 8.36　复合电沉积时阴极的旋转方向示意图

复合电沉积得到的 Ni/Al$_2$O$_3$ 梯度复合镀层的微观形貌如图 8.37 所示。

从图 8.37 可以看出,Al$_2$O$_3$ 颗粒从基体到镀层表面逐渐增多,呈现良好的梯度分布。

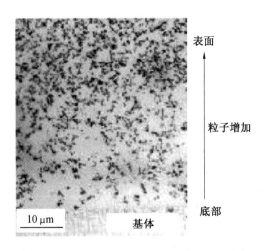

图 8.37 Ni/Al$_2$O$_3$梯度复合镀层的微观形貌

与普通的均一复合镀层相比,这种梯度复合镀层硬度明显提高。

8.7.4 化学镀制备功能梯度镀层

化学镀的特点是工艺简便、镀层均匀、孔隙率小、外观良好,而且能在塑料、陶瓷等多种非金属基体上进行沉积,镀层具有优异的耐蚀性、耐磨性或某些特殊的物理化学性能,因此,化学镀应用非常广泛。目前,均一的化学镀层存在内应力大、热处理后脆性大以及功能单一等缺点,利用功能梯度材料的设计思路,采用化学镀技术来实现镀层内部合理的成分和结构梯度化,可以提高化学镀层的性能。

采用化学镀技术制备功能梯度合金镀层主要是通过改变镀液的成分、pH、温度及其他工艺条件来实现合金镀层的成分呈梯度变化,达到改善镀层结合力,增强其使用性能的目的。应用化学镀技术制备的梯度镀层也称为结构梯度镀层。结构递变是指基质金属的结构发生递变,即由晶体结构向非晶态递变,例如化学镀 Ni-P 梯度合金镀层由于磷含量呈梯度变化实现了镀层的结构递变,即晶态→晶态+非晶→非晶态。

1. 化学镀 Ni-P 合金梯度镀层

为了制备 Ni-P 合金梯度镀层,一种方法是通过改变镀液中次亚磷酸钠的含量,从而改变镀层中磷的含量。如按照表 8.23 配制三种化学镀镀液。

表 8.23 三种次亚磷酸钠不同含量的化学镀 Ni-P 合金镀液

成分	低磷	中磷	高磷
NiSO$_4$ · 6H$_2$O/(g · L^{-1})	10~22	18~20	20~22
NaH$_2$PO$_4$ · H$_2$O/(g · L^{-1})	16~18	23~25	30~35
CH$_3$CHOHCOOH/(mL · L^{-1})	10~15	20~25	8~10
CH$_3$CH$_2$COOH/(mL · L^{-1})	6	8	6
CH$_3$COONa/(g · L^{-1})	10	—	12
柠檬酸/(g · L^{-1})	—	6	22
稳定剂 KD$_3$/(mg · L^{-1})	1	1	1

在温度为 80~90 ℃、pH 为 4.6~4.8 范围内,分别在这三种均质镀液中按高磷、中磷、低磷顺序施镀 1 h,这样就制备出了镀层中磷的含量由高到低的梯度镀层。成分测试结果表明,靠近基体的最内层是高磷镀层,中间层是中磷镀层,最外层是低磷镀层,其磷含量(质量分数)分别为 10.02%、8.80%、4.27%,呈明显的梯度变化。XRD 测试结果证实,梯度镀层的结构由内到外表现为非晶态→非晶态+晶态(微晶)→晶态。经 400 ℃热处理后梯度镀层的耐磨性比均一的 Ni-P 镀层提高了 1~2 倍。均质 Ni-P 镀层主要表现为磨粒磨损、黏着磨损和接触疲劳磨损现象严重。而 Ni-P 梯度镀层的梯度结构可起到界面阻碍的作用,有效抑制裂纹的深层扩展,减少大块涂层的剥落,降低镀层的磨损程度,具有很好的耐磨性。

化学镀 Ni-P 合金梯度镀层的另一种方法是通过改变镀液中配位剂的种类而改变镀层中磷的含量。不同的配位剂与 Ni^{2+} 配位后的稳定常数不同,稳定常数越大,镀液中游离 Ni^{2+} 浓度越小,催化表面上吸附的 Ni^{2+} 也少,可供次亚磷酸根还原的活性点就多,镀层中含磷量也就高。不同配位剂制备的 Ni-P 镀层中 P 含量见表 8.24。

表 8.24　配位剂种类和浓度对 Ni-P 镀层中 P 含量的影响

	配位剂	磷的质量分数/%
冰醋酸体系	冰醋酸 15 mL·L^{-1},乳酸 12 mL·L^{-1},丙酸 6 mL·L^{-1}	3.86
	冰醋酸 12 mL·L^{-1},乳酸 15 mL·L^{-1},丙酸 8 mL·L^{-1}	5.07
乳酸体系	乳酸 24 mL·L^{-1},丙酸 8 mL·L^{-1},柠檬酸 6 g·L^{-1}	8.15
	乳酸 28 mL·L^{-1},丙酸 4 mL·L^{-1},柠檬酸 3 g·L^{-1}	7.64
柠檬酸体系	柠檬酸 22 g·L^{-1},乳酸 10 mL·L^{-1},丙酸 6 mL·L^{-1}	11.09
	柠檬酸 18 g·L^{-1},乳酸 16 mL·L^{-1},丙酸 8 mL·L^{-1}	9.87

由表 8.24 可以看出,冰醋酸体系制备的 Ni-P 镀层中 P 含量较低,乳酸体系制备的 Ni-P镀层中 P 含量居中,柠檬酸体系制备的 Ni-P 镀层中 P 含量最高。

在梯度镀层制备时,分别配制上述三种镀液,将试样分别放入三种镀液中施镀 1~2 h,根据不同的施镀顺序,可以制备高磷-中磷-低磷(L-M-H)Ni-P 梯度镀层,以及低磷-中磷-高磷(H-M-L)Ni-P 梯度镀层。可以通过控制在每种镀液中的施镀时间来获得不同厚度的梯度镀层。

2. 化学复合镀梯度镀层

在化学镀镀液中加入不溶性微粒可以实现化学复合镀层的制备。化学复合镀梯度镀层的方法主要是控制镀液中不溶性微粒的浓度,从而使镀层中不溶性微粒呈梯度分布。如在硫酸镍 30 g·L^{-1}、乳酸 20 mL·L^{-1}、丙酸 2 mL·L^{-1}、乙酸钠 25 g·L^{-1}、次亚磷酸钠 25 g·L^{-1}、硫脲 3 mg·L^{-1} 的镀液中,分别加入 2 g·L^{-1},4 g·L^{-1},8 g·L^{-1} 的 10 μm SiC 颗粒,将处理好的试样分别放入三种镀液中施镀,镀液温度为 85 ℃,施镀时间为 1.5 h。按这种方法即可制备由基体至镀层表面 SiC 呈递增分布的 Ni-P/SiC 梯度镀层。Ni-P/SiC 梯度镀层的结合力、硬度及耐蚀性等性能均优于均一的镀层。

总之,经过十几年的研究及发展,梯度功能材料研究不断深入,已由最早的用于航天航空领域的高温热应力缓和型陶瓷/金属梯度功能材料,发展应用到其他领域如核能电子、光学、化学、电磁学、生物医学等领域。从发展优势上看,功能梯度材料的设计、合成和性能评价已经成为当前材料科学发展的前沿课题之一。电沉积法作为一种新型功能梯度材料的制备方法,具有控制简单、成本低等优点,已经引起研究者们的极大关注。如何改进现有的FGM电沉积工艺,扩大电沉积FGM的应用领域,并逐步向工业实用化方向发展具有深远的意义。

8.8 电沉积储氢材料

8.8.1 储氢材料概述

随着世界环境污染的严重以及国际能源局势的紧张,不可再生能源的开采利用已经不能满足未来世界的可持续性发展,所以必须要使用新型环保可再生能源替代传统的石油、天然气等不可再生能源。氢能源属于一种高效清洁环保的能源,它具有热值高、资源丰富、无毒、不产生二次污染等优点,因此,氢能是人类未来的理想能源。在全世界范围内对氢能源的开发、研究都十分活跃。氢能的储存是氢能应用的前提,储氢合金是氢能源利用中的一个关键技术。

1. 储氢材料

储氢材料是指能够储存和释放氢的材料,实际上它必须是能在适当的温度、压力下大量可逆地吸收、释放氢的材料。因此,被人们形象地称为"吸氢海绵"。

储氢的方式分为物理储氢和化学储氢。物理储氢是指储氢物质和氢分子间只有纯粹的物理作用或物理吸附,如活性炭吸附、深冷液化储氢等;化学储氢是指储氢物质和氢分子间发生化学反应,生成具有吸收和释放氢的特性的新化合物,如储氢材料等。

储氢材料分为以下四类:

①金属(或合金)储氢材料。氢与金属(或合金)能够生成间隙型化合物,这类储氢材料也称为储氢合金。

②非金属储氢材料,如碳纳米管、石墨纳米纤维、高比表面积的活性炭、玻璃微球等。

③有机液体储氢材料。某些有机液体,在合适的催化剂作用下,在较低压力和相对高的温度下,可做氢载体,达到储存和输送氢的目的。如苯和甲苯等,其储氢可达7%(质量分数)左右。

④其他储氢材料。一些无机化合物和铁磁性材料如 $KHNO_3$,$NaHCO_3$ 等,其储氢量约为2%(质量分数);有些磁性材料在磁场作用下可大量储氢。

2. 储氢合金的定义

储氢合金是指某些过渡金属、合金、金属间化合物,由于具有特殊的晶格结构,在一定的条件下,氢原子比较容易进入金属晶格的四面体或八面体间隙中,形成金属氢化物。当金属氢化物受热时,又可释放出氢气。储氢合金具有可逆吸放氢、储氢密度大、轻便又安全等优点。

3. 储氢合金的吸氢过程

(1)氢的分解和吸附

氢分子在合金的表面经催化分解成活性氢原子,该活性原子被储氢合金表面吸附和吸收,该过程的速度取决于储氢合金表面的催化活性。

(2)氢的扩散

氢被吸附越过固气界面后在储氢合金材料中的扩散过程,主要取决于氢在合金和表面氢化物中的扩散系数、储氢合金的颗粒尺寸和合金颗粒表面氧化膜的厚度及致密性等。

(3)固溶体转变为氢化物

当储氢合金表面氢浓度升高到一定值时,固溶体开始转变为氢化物并不断吸氢,该过程的速度主要是受氢化物的形核与生长速度制约。

4. 储氢合金的分类

储氢合金分为稀土系列、镁镍系列、钛系列三大类。

(1)稀土系列

$LaNi_5$ 是稀土系储氢合金的典型代表,1969 年由荷兰菲利浦实验室首先研发成功。其储氢量为 1.4%(质量分数)。因此,国内外学者对该合金进行了大量研究,发展了稀土系多元合金,如 $R_{0.2}La_{0.8}Ni_5$(R=Zr,Y,Gd,Nd,Th 等),$LaNi_{5-x}M_x$(M=Al,Mn,Cr,Fe,Cu,Ag,Pd)等。

(2)镁镍系列

美国 Brookhaven 国家实验室最早研究了镁的吸氢。镁的含氢量为 7.65%,但由于 MgH_2 稳定性强,释放氢非常困难。若在 Mg 中添加 Ni,可以在一定程度上解决这个问题。

镁和镍可以形成两种金属间化合物 Mg_2Ni、$MgNi_2$,而 $MgNi_2$ 不与氢发生反应,只有 Mg_2Ni 能够与氢反应生成 Mg_2NiH_4,但 Mg_2Ni 的储氢量不足镁的 1/2。在 Mg_2Ni 中,用 Ca 和 Al 取代部分 Mg,形成 $Mg_{2-x}M_xNi$(M=Ca,Al,x=0.01~1.0),其氢化物离解速度比 Mg_2Ni 增大 40%以上,容易活化处理,具有良好的储氢性能,性质稳定。利用过渡元素置换 Mg_2Ni 中的部分 Ni,即可形成 $Mg_2Ni_{1-x}M_x$ 三元合金(M=V,Cr,Mn,Fe,Zn 等,x=0.01~0.5),提高了吸收/释放氢的速度,具有实用价值。一般认为过渡元素具有良好的催化镁氢反应作用,可明显降低氢化反应的活化能。

(3)钛系列

TiFe 是钛铁系储氢合金的典型代表,由美国 Brookhaven 国家实验室研制成功。TiFe 具有优良的储氢特性,吸氢量约为 1.75%,价格低于其他储氢材料,因而具有很大的实用价值。其缺点是活化困难,滞后较大、抗毒性弱,反复吸释氢后性能下降。为了改善 TiFe 合金的储氢特性,研究开发了以过渡元素置换部分铁的 $TiFe_{1-x}M_x$(M=Cr,Mn,Mo,Co,Ni,V,Nb,Cu 等)三元系合金,过渡金属元素的加入,改善了钛铁系储氢合金的活化性能。钛锰系二元合金中,以 $TiMn_{1.5}$ 储氢性能最佳。该合金可在室温下活化,储氢量达 1.86%,以 TiMn 为基础开发的多元合金中,$Ti_{0.9}Zr_{0.1}Mn_{1.4}V_{0.2}Cr_{0.4}$ 储氢性能最好,室温时最大储氢量为 2.1%。

4. 储氢合金的应用

(1)镍氢电池。

镍氢电池是 20 世纪 90 年代发展起来的一种新型绿色电池,具有高能量、长寿命、无污染等特点。镍氢电池的诞生归功于储氢合金的发现,有些储氢合金可以在强碱性电解质溶液中,反复充放电并长期稳定存在,从而成为一种新型负极材料,在此基础上发明了镍氢电池。镍氢电池与镍镉电池相比没有环境污染的问题,与锂离子电池相比具有更大的放电电流,更好的稳定性、安全性以及电压匹配性。

(2)热泵和制冷器。

利用氢气反应的热效应可以实现储热和供热的作用,也可以利用氢气放出时的吸热效应做成制冷器。

(3)氢气汽车。

通过储氢合金所储存的氢气为燃料替代汽油驱动汽车。这种车没有 CO_2 的排出,是一种真正无公害的汽车。目前在国外已开始投产使用,我国也正在加紧研制。

8.8.2 电沉积镁镍储氢合金

镁离子的还原电位较负,镁的标准电极电势为 -2.34 V,镍的标准电极电势为 -0.25 V,镁、镍的标准电极电势相差较大,难以进行共沉积。

1. 水溶液中电沉积镁镍储氢合金

由于水溶液中镁离子的还原电位较负,镁难以从水溶液中沉积出来,同时镁与镍的沉积电位相差 2 V 以上,镁与镍共沉积比较困难。因此必须选用适宜的添加剂和配位剂,控制实验条件才能实现水溶液中镁镍储氢合金的电沉积。水溶液中电沉积镁镍储氢合金镀液的组成及工艺条件如下:

$NiSO_4 \cdot 7H_2O$	33 g·L^{-1}
$NiCl_2 \cdot 7H_2O$	33 g·L^{-1}
$MgSO_4 \cdot 7H_2O$	99 g·L^{-1}
$MgCl_2 \cdot 6H_2O$	165 g·L^{-1}
H_3BO_3	9.9~39.6 g·L^{-1}
二苯胺磺酸钠	0~16.5 g·L^{-1}
1,4-丁炔二醇	6.6 g·L^{-1}
琼脂	1.65 g·L^{-1}
聚乙烯醇	3.3 g·L^{-1}
添加剂 1	6.6 g·L^{-1}
配位剂 1	33.3 g·L^{-1}
配位剂 2	9.9 g·L^{-1}
θ	50 ℃
pH	2.0
J_k	80 mA·cm^{-2}

配方中添加剂 1 为一种电镀表面活性剂,配位剂 1 为无机盐,配位剂 2 为一种有机羧酸类化合物。二苯胺磺酸钠的作用是与镍离子和镁离子形成配位离子,使氢气析出电势负移,阻碍氢气的析出,降低合金的电沉积速率。1,4-丁炔二醇对镀层起整平和光亮作用,琼脂、聚乙烯醇作为有机添加剂加入镀液中,主要是利用有机物的特性吸附来阻化或加速金属离

子的阴极还原反应,影响镀层的质量,从而影响合金膜的储氢性能。镀液中加入两种配位剂的作用是使电解液稳定,形成金属配离子,使电位较正金属的平衡电势负移,与另一种离子的析出电势接近而实现共沉积,同时还能提高氢的过电势,有利于镁离子的析出。在上述最佳工艺条件下制备的镁镍合金镀层呈黑色,表面细致光滑。对该镀层的 XRD 分析表明,电沉积的镁镍合金由微晶态 Ni 相、Cu 相、Mg 相和非晶态 Mg_2Ni 相组成,其电化学储氢性能主要是非晶态 Mg_2Ni 和微晶态 Mg 相的性能表现,所得合金膜的最大电化学储氢比容量可达 75.5 $mAh \cdot g^{-1}$。

水溶液中电沉积的镁镍储氢合金缺点是镀层中氧含量高、夹杂物多、电流效率低、镁含量偏低。

2. 低温熔盐中电沉积镁镍储氢合金

水溶液中电沉积镁镍合金比较困难,镀液组成非常复杂。有机溶剂具有电化学窗口宽的优点,更适合沉积电极电势较负的金属。有文献报到了在 N,N-二甲基甲酰胺中,加入柠檬酸和氯化铵为配位剂,采用恒电势的方式实现了镁镍合金的电沉积,其电镀液组成及工艺条件为:

$MgCl_2 \cdot 6H_2O$	66.6 $g \cdot L^{-1}$
$NiCl_2 \cdot 7H_2O$	50 $g \cdot L^{-1}$
柠檬酸	10 $g \cdot L^{-1}$
氯化铵	10 $g \cdot L^{-1}$
H_3BO_3	6 $g \cdot L^{-1}$
温度	室温
阴极	铜箔

对该体系进行了循环伏安测试,结果如图 8.38 所示。

从图 8.38 中可以看出,循环伏安曲线上有两个还原峰,第一个还原峰在 -0.1 V 附近,对应的是 Ni(II) 的还原;第二个还原峰在 -2.3 V (vs. SCE) 附近,对应的是 Mg(II) 的还原。而当镀液中只含有镍离子时,Ni(II) 的还原电势为 -0.6 V (vs. SCE),镀液中只含有镁离子时,Mg(II) 的还原电势为 -2.5 V (vs. SCE),说明在该体系中 Mg(II) 和 Ni(II) 共存时的沉积电势与对应的单金属的沉积电势相比发生了正

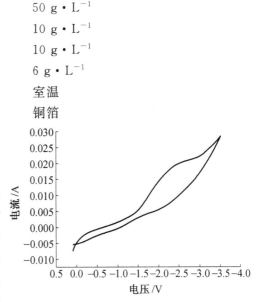

图 8.38　N,N-二甲基甲酰胺体系中在 Cu 阴极上镁镍的循环伏安曲线

移,更容易沉积。因此,当电极电势为 -2.3 V (vs. SCE) 时,能够得到黑色、细致光滑的镁镍合金镀层。XRD 分析表明,合金镀层中含有微晶态 Ni、微晶态 Mg 相,可能还有部分非晶态 Mg-Ni 相。合金的电化学储氢性能主要是非晶态 Mg-Ni 相和微晶态 Mg 相的性能表现。

以电沉积得到的镁镍合金作为负极材料,组装镍氢电池,进行电池充放电性能测试,镁镍合金膜的放电容量最高为 172.4 $mAh \cdot g^{-1}$。

无论是水溶液体系还是有机溶剂体系,电沉积得到的镁镍储氢合金的放电容量都较低。

原因是电沉积的镁镍储氢合金的吸、放氢的动力学性能较差,充放氢速率慢,镁的化学性质活泼,在碱液中易受氧化腐蚀,最终导致其合金电极容量迅速衰退。解决办法是对镁镍储氢合金的表面进行改性。表面改性的目的是:

①在合金电极表面形成保护膜,防止合金粉化和氧化。

②作为微电流的集流体,促进合金表面的电化学反应,并改善电极的导电、导热性。

③改善电性能,提高放电电压,改善大电流的放电特性等。镁镍储氢合金表面改性的方法主要有化学镀及电镀钯、化学镀铜、化学镀镍等。

8.8.3 电沉积镧镍储氢合金

1969 年,荷兰菲利浦实验室首次研发成功 $LaNi_5$ 储氢合金,使储氢合金取得了突破性进展,掀开了氢能源开发和利用新的篇章。储氢合金之所以受到国内外的广泛重视,主要是因为 $LaNi_5$ 储氢合金在镍氢电池中的应用获得了巨大的成功。目前已经工业化的镍氢电池负极材料主要 $LaNi_5$ 合金,这类合金的显著特点是它具有优良的吸放氢特性和耐久性。它的缺点也非常明显,即储氢量较小(理论上 1.4%(质量分数)),目前达到了 $300\sim320$ mAh·g^{-1} 的性能,已接近其理论容量(348 mAh·g^{-1})。电沉积制备镧镍储氢合金的电解液体系主要有水溶液和熔盐。

1. 水溶液中电沉积镧镍储氢合金

镧镍合金中,镧为稀土元素,其标准电极电势为 -2.52 V,比镁的标准电极电势还负。在水溶液中电沉积时,受水的电化学窗口的限制,镧的电沉积存在较大的困难。必须通过选择合适的配体、共沉积金属的工艺条件才能实现镧镍合金的电沉积。水溶液体系中电沉积镧镍合金的镀液组成及工艺条件见表 8.25。

表 8.25 水溶液体系中电沉积镧镍合金的镀液组成及工艺条件

浓度/(g·L^{-1})		工艺条件	
$NiCl_2·6H_2O$	$20\sim50$	pH	$1.5\sim4.5$
NH_4Cl	$8\sim20$	$T/℃$	$20\sim50$
H_3BO_3	$30\sim75$	$i_c/(A·dm^{-2})$	$2.0\sim6.0$
$LaCl_3·7H_2O$	$1\sim5$	t/min	$30\sim120$
$C_6H_8O_7·H_2O$	$10\sim30$	阳极	DSA
NaH_2PO_2	$6\sim15$	阴极	铜箔

在该体系下制备的镧镍合金镀层表面上有明显的微裂纹存在。这可能是由于在电沉积过程中,大量的氢气析出对镀层的冲击所造成的。这些微裂纹的存在可以提高薄膜的比表面,同时也将有利于氢原子在充放电过程中的进入和脱出。

对电沉积的合金薄膜在充放电前后进行了 XRD 测试,结果如图 8.39 所示。由图 8.39 可知,在充放电前电沉积的薄膜为 $LaNi_5$,由分光光度法对沉积层的组成分析也表明,La 与 Ni 的摩尔比也符合 1∶5 的组成,这说明在水溶液中电沉积的合金为 $LaNi_5$ 相。$LaNi_5$ 合金经过充放电循环后,峰发生了宽化,同时在薄膜中还有氢化物 $LaNi_5H_{5.6}$,$LaNi_5H_6$,$LaNi_5H_{6.8}$ 的衍射峰。由此表明,薄膜的结构在充放电循环后有稳定的氢化物形成,并且晶粒得到细化。

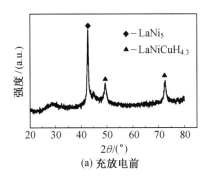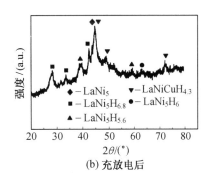

图 8.39　水溶液中电沉积的镧镍合金充放电前后的 XRD 谱图

对电沉积的镧镍合金薄膜的充放电性能测试发现,镍氢电池在放电电压为 1.2 V 附近有一个较为平稳的放电平台,最大放电容量为 156 mAh・g^{-1}。电池的放电容量较低,这是由于镧镍合金经充放电循环后,形成了较稳定的氢化物,部分氢原子无法释放出来,因此,电池容量较低。

2. 熔盐中电沉积镧镍储氢合金

由于镧的电极电势较负,在水溶液中沉积比较困难。因此,更适合在熔盐中进行电沉积。熔盐中电沉积镧镍合金的电解液组成及工艺条件如下:

$Na_3AlF_6 : La_2O_3$　　　　　92 : 8(质量比)

阴极　　　　　　　　　　镍丝

阳极　　　　　　　　　　石墨棒

阴极电流密度　　　　　　100 mA・cm^{-2}

温度　　　　　　　　　　1 273 K

时间　　　　　　　　　　1 h

以 Ni 丝为工作电极,石墨为对电极,W 丝为参比电极,对 $Na_3AlF_6-La_2O_3$ 电解液进行了循环伏安测试,发现由于工作电极 Ni 具有较强的阴极去极化能力,即 Ni 与 La 极易发生合金化过程,因此 La 仍可在 Ni 电极电沉积,与 Ni 形成镧镍合金($LaNi_5$ 和 $LaNi_3$)。对电沉积合金薄膜进行 XRD 测试,结果如图 8.40 所示。

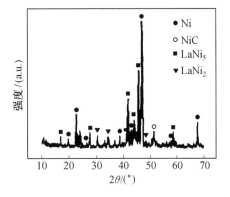

从图 8.40 中可以看出,电沉积的合金中主要成分是 $LaNi_5$,微量的 $LaNi_3$ 及杂质 NiC。

图 8.40　熔盐中电沉积的镧镍合金的 XRD 谱图

总之,从 1990 年在日本开始规模化生产镍氢电池至今,其负极材料主要使用 $LaNi_5$ 系合金,采用熔炼法制备。储氢合金中的稀土金属、Mg、Ti 都很难从水溶液中电沉积,而目前采用非水溶剂电沉积的研究还较少,缺乏相应的理论指导。采用电镀和化学镀的方法对储氢合金进行表面改性研究逐渐增多,有待深入研究。

第9章 现代镀层分析方法

9.1 概 述

现代镀层分析技术的发展与表面科学的发展密切相关。表面科学的快速发展始于 20 世纪 60 年代,随着超高真空技术的产生,出现了一些能够对微小表面进行分析的技术,如低能电子衍射、俄歇电子能谱、光电子能谱等。20 世纪 70 年代初,关于表面现象的研究进入微观水平,尤其是到了 20 世纪 80 年代,扫描隧道显微镜(STM)以及原子力显微镜(AFM)的出现使表面科学得到了飞速的发展。随着表面科学的进步,人们能够对只有几个原子层甚至是单个原子层厚度的镀层进行形貌、组成、结构等分析,这也极大地促进了电镀技术的发展。

现代镀层分析的基本原理,大多是以一定能量的电子、离子、光子等与镀层表面相互作用,分析镀层表面所放射出的电子、离子、光子等,从而得到各种相关的信息。

9.1.1 电子与物质的相互作用

当一束高能、聚焦的电子束沿一定方向入射到固体样品时,由于受到固体物质原子库仑场的作用,入射电子的方向将发生改变,这种现象称为散射。原子对电子的散射又分为弹性散射和非弹性散射。在散射过程中入射电子只改变方向,能量基本上无变化,这种散射称为弹性散射;在散射过程中入射电子不仅改变了方向,而且能量也发生了衰减,这种散射称为非弹性散射。

原子对电子的散射分为原子核对入射电子的弹性散射、原子核对入射电子的非弹性散射及核外电子对入射电子的非弹性散射。

1. 原子核对入射电子的弹性散射

当入射电子从原子核近距离经过时,受原子核库仑电场的作用,会引起入射电子的散射。由于原子核的质量远远大于电子的质量,因此,原子核对入射电子的散射主要是弹性散射。根据卢瑟福的散射模型,原子序数越大,电子能量越小,入射轨道距离核越近,则散射角越大。在电子显微分析术中,弹性散射电子是电子衍射及其成像的物理基础。

2. 原子核对入射电子的非弹性散射

入射电子与原子核也会发生非弹性散射,入射电子不仅发生了方向的改变,而且能量损失较大,损失的能量 ΔE 以 X 射线的形式释放出,它们的关系如下:

$$\Delta E = h\nu = hc/\lambda \tag{9.1}$$

式中　ΔE—— 非弹性散射损失的能量;

h—— 普朗克常数;

c——光速；

ν——X 射线的频率；

λ——X 射线的波长。

显然，能量损失越大，X 射线的波长越短。由于 ΔE 是一个连续变量，相应转变为 X 射线的波长也是无特征、连续可变的，因而不能反映样品结构或成分的任何特征，反而会产生背景信号，影响成分分析的灵敏度和准确度。但近几年的研究表明，连续谱的强度数据在分析颗粒样品和粗糙表面样品的绝对浓度方面是非常有用的。

3. 核外电子对入射电子的非弹性散射

原子中核外电子对入射电子的散射作用是非弹性散射，散射角度小，能量损失大。在散射过程中入射电子所损失的能量部分转变为热，部分使物质中原子发生电离或形成自由载流子（半导体），并伴随着产生各种有用的信息，如二次电子、俄歇电子、特征 X 射线、特征能量损失电子、阴极发光、电子感生电导等。

在电子衍射及透射电镜成像中，核外电子对入射电子的非弹性散射引起色差而增加背景强度及降低图像衬度是有害的。但在非弹性散射中产生的电离、阴极发光及电子云的集体振荡等物理效应，可以从不同侧面反映样品的形貌、结构及成分，是各种电子显微仪器的信息来源。

9.1.2　高能电子束与固体样品相互作用时产生的信号

高能电子束入射样品后，经过多次的弹性散射和非弹性散射，将会产生各种电子信号。电子束与固体样品作用时产生的信号包括背散射电子、二次电子、吸收电子、透射电子、特征 X 射线和俄歇电子，如图 9.1 所示。

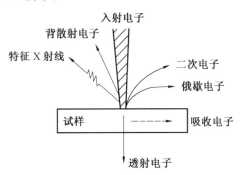

图 9.1　电子束与固体样品作用时产生的各种信号

1. 背散射电子（Backscattered Electron，BE）

背散射电子是指被固体样品中的原子核反弹回来的一部分入射电子，约占入射电子总数的 30%，主要来自样品表层几百纳米的深度范围。背散射电子包括弹性背散射电子和非弹性背散射电子。弹性背散射电子指被样品中原子核反弹回来的，散射角大于 $90°$ 的那些入射电子，其能量没有或基本上没有损失，等于或基本等于入射电子的能量（数千到数万电子伏特）。非弹性背散射电子指入射电子和样品核外电子撞击后产生的非弹性散射，不仅方向改变，能量也有不同程度的损失。如果有些电子经多次散射后仍能反弹出样品表面，这就形成了非弹性背散射电子。非弹性背散射电子的能量分布范围比较宽，在数十到数千电子伏特之间,但其数量比弹性背散射电子的数量要少得多,所以,在电子显微分析仪器中通常利用的是那些能量较高的弹性背散射电子信号,其特点如下:

(1)对样品物质的原子序数敏感

背散射电子的产额随原子序数的增加而增加,因此,背散射电子像不仅能用作形貌分析,而且可用来显示原子序数衬度,定性地用作成分分析。像的衬度与样品上各微区的成分密切相关,原子序数大的区域比较亮,原子序数小的区域比较暗,从而可以显示样品中微区成分和各种相的分布情况。

(2)分辨率及信号收集率较低

由于背散射电子能量与入射电子相当,因而从样品上方收集到的背散射电子可能来自样品内较大的体积范围,使得这种信息成像的空间分辨率较低;同时由于背散射电子能量高,运动方向不易偏转,检测器只能接受按一定方向出射及较小立体角范围内的电子,因而信号的收集效率较低。基于上述两种原因,背散射电子像的空间分辨率只能达到 100 nm。近年来在某些新型仪器上采用了半导体环形检测器,由于电子收集率高,使分辨率达到 6 nm 左右。

2. 二次电子(Secondary Electron,SE)

当入射电子与原子中核外电子发生相互作用时,会使原子失掉电子而变成离子,这种现象称为电离,而这个脱离了原子的电子称为二次电子。当入射电子和原子中价电子发生非弹性散射作用,使价电子脱离原子的过程称为价电子激发;当入射电子和原子中内层电子发生非弹性散射作用,使内层电子发生电离的过程称为芯电子激发。在芯电子激发过程中,除了能产生二次电子外,同时还伴随着产生特征 X 射线和俄歇电子等重要物理过程。二次电子是一种真空中的自由电子。由于原子核和外层价电子的结合力能很小,因此外层的电子比较容易和原子脱离,使原子电离。一个能量很高的入射电子射入样品时,可以产生许多的自由电子,这些自由电子中 90% 是来自样品原子外层的价电子,因此,价电子激发是产生二次电子的主要物理过程。

一般二次电子的能量在 30~50 eV 之间,大多数二次电子只带有几个电子伏的能量。二次电子一般都是在表层 5~10 nm 深度范围内发射出来的,它对样品的表面形貌十分敏感,因此,能非常有效地显示样品的表面形貌。但二次电子的产额和原子序数之间没有明显的依赖关系,所以不能用它来进行成分分析。二次电子的主要特点如下:

(1)对样品表面形貌敏感

二次电子最大的特点就是对样品表面形貌十分敏感,这是因为二次电子的产额 δ_{SE} 与入射束相对于样品表面的入射角 θ 之间存在着 $\delta_{SE} \propto 1/\cos\theta$ 关系。当样品表面不平时,入射束相对于样品表面的入射角 θ 就会发生变化,使二次电子的产额 δ_{SE} 也相应改变,如果用检测器收集样品上方的二次电子,使其形成反映样品上各照射点信息强度的图像,那么就可将样品表面形貌特征反映出来,形成所谓"形貌衬度"图像,如图 9.2 所示。二次电子对样品成分的变化很不敏感,因此,二次电子是研究样品表面形貌最为有用的工具。

(2)空间分辨率高

通常入射电子束进入样品表面后,由于受到原子核及核外电子的散射,其作用范围在样品内沿纵向及侧向扩展。尽管在电子的有效作用深度内都可以产生二次电子,但由于其能量很低,一般只有几个电子伏,所以只有在接近样品表面大约 10 nm 以内的二次电子才能

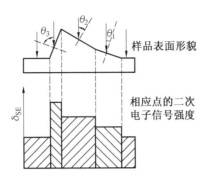

图 9.2　入射角 θ 对二次电子信号强度的影响

逸出表面,成为可以接收的信号。此时,由于入射电子还没有被多次散射,尚无明显的侧向扩展,因此,这种信号反映的是一个与入射束直径相当的、很小体积范围内的形貌特征,故具有较高的空间分辨率。目前在扫描电镜中二次电子像的分辨率一般在 3～6 nm 之间(取决于电子枪类型及电子光学系统结构),在透射扫描电镜中达到 2～3 nm。

（3）信号收集效率高

在入射电子束作用下,样品上被照射区产生的二次电子信号是以照射点为中心向四面八方发射的(相当于点光源),其中在样品表面以上的半个球体内的信号是可能被收集的。但是,由于仪器结构设计及其他原因,信号检测器的检测部分通常只占信号分布面积中很小的一部分。为了提高信噪比,必须尽量提高信号的收集效率。二次电子由于本身能量很低,容易受电场和磁场的作用,只要在检测器上面加一个 5～10 kV 的正电压,就可使样品上方的绝大部分二次电子都进入检测器,从而使样品表面上无论是凹坑还是突起物的背向检测器的部分显示出来。

二次电子的上述特点使其成为扫描电子显微镜成像的主要手段。

3. 吸收电子（Absorption Electron，AE）

高能电子入射较厚样品时,一部分电子在样品内经过多次非弹性散射后,能量耗尽,既不能穿透样品,也不能逸出表面,最后留在样品内部,称为吸收电子。如果在样品与地之间接一个高灵敏度的电流表,就能检测到样品对地电流的大小。假设入射电子电流强度为 i_0,二次电子电流强度为 i_s,背散射电子电流强度为 i_b,则吸收电子电流强度

$$i_a = i_0 - (i_s + i_b)$$

当入射电子电流强度 i_0 一定时,若逸出样品表面的背散射电子和二次电子数量越少,则吸收电子信号强度越大。因此,随原子序数增大,背散射电子增多,则吸收电子减少。若用吸收电流成像,同样可以得到原子序数不同的元素在样品上各微区定性的分布情况,只不过图像的衬度正好与背散射电子图像相反。

4. 透射电子（Transmission Electron，TE）

如果被分析样品的厚度小于入射电子的穿透深度时,那么就会有相当数量的入射电子透过样品而成为透射电子。透射电子是由直径很小(通常小于 10 nm)的高能电子束照射样品时产生的,因此,透射电子信号的大小是由微区的厚度、晶体结构及成分决定的,可以说透射电子是一种反映多种信息的信号。在 SEM、TEM 中利用其质厚效应、衍射效应、衍衬效应可实现对样品微观形貌、晶体结构、晶向、缺陷等多方面的分析。

（1）质厚衬度效应

样品上的不同微区无论是质量（原子序数）还是厚度的差别，均可引起相应区域透射电子强度的改变，从而在图像上形成亮暗不同的区域，这一现象称为质厚衬度效应。利用这种效应观察复型样品，可以显示出许多在光学显微镜下无法分辨的组织形貌细节。

（2）衍射效应

入射电子束通常是波长恒定的单色平面波，照射到晶体样品上时会与晶体物质发生弹性相干散射，使之在一些特定的方向由于相位相同而加强，但在其他方向却减弱，这种现象称为衍射。利用透射电子中弹性散射电子的衍射效应，可以确定样品的晶体结构、晶体的空间方位及与相邻晶体间的位向关系等。

（3）衍衬效应

在同一入射束照射下，由于样品相邻区域位向或结构不同，以致衍射束（或透射束，二者强度互补）强度不同而造成图亮度差别（衬度），称为衍衬效应。它可显示单相合金晶粒的形貌，或多相合金中不同相的分布状况，以及晶体内部的结构缺陷等。

（4）电子能量损失效应

透射电子中非弹性散射电子是入射电子与样品原子以非弹性方式相互作用，在相互作用的过程中损失能量，然后这些电子穿过样品成为透射电子的一部分。这种入射电子能量的非弹性损失反映了样品相互作用原子的特征，对于每种元素的每种键合状态，这些能量损失是唯一的，利用这些能量损失能给出样品被检测区域的成分和成键信息。电子能量损失谱（EELS）就是基于这一原理。

5. 特征 X 射线（Characteristic Xray）

当样品中原子的内层电子受入射电子的激发电离时，原子就会处于能量较高的激发态，此时外层电子就会向内层跃迁，填补内层电子的空缺。在能级跃迁过程中将释放具有特征能量和波长的 X 射线。特征 X 射线的能量和波长与产生这一辐射的元素（或原子序数）有关，因此，利用特征 X 射线可以对样品进行成分的定性及定量分析。

6. 俄歇电子（Auger Electron, AE）

当入射电子激发样品的内层电子时，如果原子内层电子在电子能级跃迁过程中产生的能量不以 X 射线的形式释放，而是将核外的另一个电子发射出去，这个被电离出来的二次电子称为俄歇电子。由于每种原子都有自己特定的壳层能量，所以它们的俄歇电子能量也各有特征值，俄歇电子的能量一般在 $50 \sim 500$ eV。俄歇电子是由距试样表面几个原子层厚度，约为 1 nm 的范围内产生的，因此俄歇电子信号可以进行表面层化学成分分析。

显然，原子中最少要含有三个以上电子才能产生俄歇电子，铍是能够产生俄歇电子的最轻元素。因此，俄歇电子信号适用于分析轻元素及超轻元素。

除了上述的 6 种信号外，固体样品中还会产生阴极荧光、电子束感生效应等信号，经过调制后也可以用于专门的分析。

目前，人们利用电子束与固体样品相互作用时产生的这些信号建立了多种材料的分析方法，如扫描电子显微镜（利用二次电子和背散射电子）、低能电子衍射（利用弹性散射电子）、透射电子衍射（利用弹性散射电子）、电子能量损失谱（利用非弹性散射电子）、俄歇电子谱（利用俄歇电子）和电子探针（利用特征 X 射线）。

9.2　镀层表面形貌观察

当我们得到一个镀层或薄膜材料时,一般都要对其表面形貌进行分析测试。表面分析方法和仪器的种类非常多,在科研和生产中常用的主要有扫描电子显微镜、透射电子显微镜、原子力显微镜、扫描隧道显微镜等。

9.2.1　扫描电子显微镜

扫描电子显微镜(Scanning Electron Microscope,SEM)是一种利用电子束扫描样品表面从而获得样品表面形貌信息的电子显微镜,它浓缩了电子光学技术、真空技术、精细机械技术以及现代计算机控制技术,是一个复杂的系统。由于制样简单、放大倍数可调范围宽、图像的分辨率高、景深大以及与能谱(EDS)组合、可以进行成分分析等特点,已广泛地应用在材料、机械加工、冶金、生物学、医学等众多科学领域。

1. 扫描电子显微镜的构成及成像原理

扫描电镜主要由电子光学系统、信号接收处理显示系统和真空系统组成。电子光学系统包括电子枪、电磁透镜、扫描线圈和样品室。它是扫描电子显微镜的主要部分,作用是提供具有较高亮度和尽可能小的束斑直径的扫描电子束。信号接收处理显示系统的作用是检测样品在入射电子作用下产生的各种物理信号,再将这些物理信号转化成电流信号输出,电流信号经视频放大器放大后就成为显像系统的调制信号。由于镜筒中的电子束和显像管中电子束是同步扫描的,而荧光屏上每点的亮度是根据样品上被激发出来的信号强度来调制的,因此样品上各点的状态各不相同,所以接收到的信号也不相同,于是就可以在显像管上看到一幅反映试样各点状态的扫描电子显微图像。真空系统的作用是为保证电子光学系统正常工作,提供防止样品污染所必需的高真空度,一般情况下要求保持 $10^{-4} \sim 10^{-5}$ mmHg 的真空度。

扫描电子显微镜的成像原理如图 9.3 所示。

扫描电镜是用聚焦电子束在试样表面逐点扫描成像。由电子枪发射的电子,在加速电压的作用下,经电磁透镜会聚形成具有一定能量、一定束流强度和束斑直径的微细电子束。在扫描线圈驱动下,在试样表面按一定时间、空间顺序作栅网式扫描。聚焦的高能电子束与样品物质相互作用,产生二次电子、背散射电子、X 射线等信号。这些信号分别被不同的接收器接收,转换成电信号,经视频放大后输入到显像管栅极,得到反映试样表面形貌的电子像。

扫描电镜根据使用的电子枪不同可分为常规扫描电镜(SEM)和场发射扫描电镜(FE-SEM)两种类型。常规扫描电镜使用热阴极电子枪,其优点是灯丝价格较便宜,对真空度要求不高,缺点是钨丝热电子发射效率低,发射源直径较大,即使经过二级或三级聚光镜,在样品表面上的电子束斑直径为 $5 \sim 7$ nm,因此仪器分辨率较低。场发射电子枪是利用靠近曲率半径很小的阴极尖端附近的强电场使阴极尖端发射电子。场发射电子从很尖锐的阴极尖端发射出来,因此可得极细而又具高电流密度的电子束,因此场发射扫描电镜分辨率非常高,成为许多研究领域,尤其是在纳米级微观分析研究方面应用非常广泛。场发射电子枪有两种:冷场发射式(Cold field Emission,CFE)和热场发射式(Thermal Field Emission,

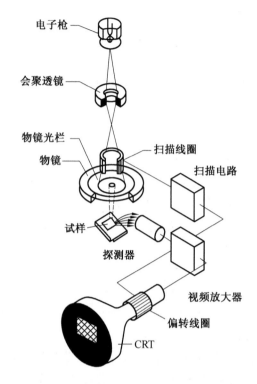

图 9.3　扫描电子显微镜的成像原理

TFE)。冷场发射式电子枪的优点为电子束直径非常小,约为 10 nm,亮度非常高,因此,图像的分辨率非常高,最高可达 0.5 nm。其缺点是电子源尺寸小,尖端发射的总电流很小,因此无法满足波谱仪(WDS)工作时电流较大的需要,所以在冷场电镜上只能配能谱仪(EDS)。热场(肖特基)发射电子枪其阴极尖端在 1 800 ℃场致发射电子,因此它可以提供较大的束流,解决了冷场发射电流小的问题,所以热场发射扫描电镜既可以加装能谱仪(EDS),又可以加装波谱仪(WDS)。热场发射的缺点是分辨率不如冷场高,阴极寿命也比冷场低。目前,场发射扫描电镜多采用冷场发射式电子枪。

2. 扫描电子显微镜的几种电子像分析

在 9.1.2 节中曾介绍过,具有高能量的入射电子束与固体样品的原子核及核外电子发生作用后,可产生多种物理信号:二次电子、背散射电子、吸收电子、俄歇电子和特征 X 射线。下面分别介绍利用这些物理信号进行电子成像的问题。

(1)二次电子像

二次电子的产额 δ 与二次电子束与试样表面法向夹角有关,入射电子束与试样夹角越大,二次电子产额也越大。二次电子形貌衬度示意图如图 9.4 所示。由于二次电子探测器的位置固定,样品表面不同部位相对于探测器的方位角不同,从而被检测到的二次电子信号强弱不同。样品表面凸出的尖棱、小粒子以及比较陡的斜面处二次电子产额较多,在二次电子图像中的亮度较大;平面上的二次电子产额较小,亮度较低;在较深的凹槽底部尽管也能产生较多二次电子,但不易被检测到,因此相应衬度较暗。二次电子主要来自样品表层 5～10 nm 深度范围,因此,二次电子像很好地反映样品的表面形貌,广泛地应用在镀层的表面形貌测试中。

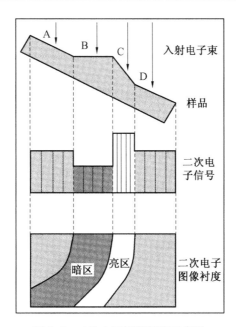

图 9.4　二次电子形貌衬度示意图

（2）背散射电子像

背散射电子的产额随原子序数的增加而增加，因此，背散射电子像具有较好的成分衬度。样品中原子序数较大的区域产生的背散射电子信号较强，所以荧光屏上的图像较亮。原子序数较低的区域产生的背散射电子信号较弱，在荧光屏上的图像较暗，这样就形成原子序数衬度，利用原子序数造成的衬度变化可以对各种合金进行定性分析。样品中重元素区域在图像上是亮区，而轻元素在图像上是暗区。

用背散射电子进行形貌分析时，其分辨率远比二次电子低。因为背散射电子来自一个较大的作用体积。此外，背散射电子能量较高，它们以直线轨迹逸出样品表面，对于背向检测器的样品表面，因检测器无法收集到背反射电子，而掩盖了许多有用的细节，不利于分析。因此，一般不用背散射电子信号进行形貌分析。

（3）吸收电子像

吸收电子和背散射电子一样，是对样品中原子序数敏感的一种物理信号。由前面的讲述我们已经知道，吸收电流与背散射电流存在互补关系，因此随原子序数增大，背散射电子增多，则吸收电子减少。

3. 扫描电镜对镀层形貌的分析

图 9.5 是在离子液体 EMIC－EG－CoCl₂ 体系中加入添加剂丁炔二醇前后镀层的扫描电镜照片。从图中可以看出，当 EMIC－EG－CoCl₂ 体系中未加入丁炔二醇时，金属钴的结晶比较粗大、疏松；电解液中加入丁炔二醇后，金属钴的结晶变得细小、致密。

利用背散射像可以分析合金镀层中不同成分的分布情况。图 9.6 是 Ni－W 梯度镀层断面的背散射电子像。图中亮度可定性表示镀层中钨含量的大小，亮度越大，钨含量越高，镍含量越低。由图可以看出，从右至左，亮度逐渐增大，表明镀层中钨含量从界面至镀层表层逐步增加，镍含量逐步减小，呈梯度分布。

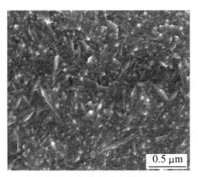
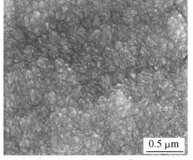

(a) 电解液中未加入丁炔二醇　　　　　(b) 电解液中加入 0.5 g·L^{-1} 丁炔二醇

图 9.5　EMIC－EG－CoCl$_2$ 体系中加入丁炔二醇前后镀层的 FE－SEM 照片

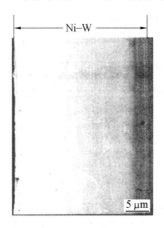

图 9.6　Ni－W 梯度镀层断面的背散射电子像

9.2.2　透射电子显微镜

1931 年,德国科学家马克斯·克诺尔和恩斯特·鲁斯卡研制成功了世界第一台透射电镜,尽管当时这台透射电子显微镜的放大倍数只有 17 倍,但其随后的发展速度却非常快,如今高分辨率透射电子显微镜的分辨本领已达到原子尺度水平(约 0.1 nm),比光学显微镜提高近 2 000 倍。

1. 透射电子显微镜的成像原理

透射电子显微镜(Transmission Electron Microscope,TEM)的成像原理与光学显微镜类似。光学显微镜使用可见光做照明源,用玻璃透镜将可见光聚焦成像,其分辨能力受可见光的波长所限制,能分辨的最小距离约为 200 nm;透射电子显微镜以波长小于可见光波长的电子为照明源,以磁透镜代替光学显微镜的玻璃透镜,利用散射电子和透过电子成像。由于电子波长极短,透射电子显微镜的分辨率比光学显微镜高得多,放大倍数为几万至百万倍。因此,使用透射电子显微镜可以用于观察样品的超微结构。

透射电镜的工作原理是:由电子枪发射出来的电子束,在真空通道中沿着镜体光轴穿越聚光镜,通过聚光镜将之会聚成一束尖细、明亮而又均匀的光斑,照射在样品室内的样品上。透过样品后的电子束携带有样品内部的结构信息,样品内致密处透过的电子量少,稀疏处透过的电子量多。经过物镜的会聚调焦和初级放大后,电子束进入下级的中间透镜和第 1、第

2 投影镜进行综合放大成像,最终被放大了的电子影像投射在观察室内的荧光屏板上。荧光屏将电子影像转化为可见光影像以供使用者观察。简单地说是在真空条件下,电子束经高压加速后,穿透样品时形成散射电子和透射电子,它们在电磁透镜的作用下在荧光屏上成像。

2. 透射电镜的构成

透射电镜的仪器比较复杂,主要由照明系统、成像系统、观察与记录系统、真空系统和电器系统组成。透射电镜的基本构造如图 9.7 所示。

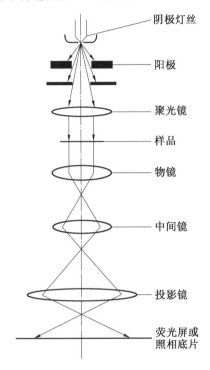

阴极灯丝

阳极

聚光镜

样品

物镜

中间镜

投影镜

荧光屏或照相底片

图 9.7　透射电镜的基本构造

照明系统由电子枪和聚光镜组成,其作用是提供亮度高、相干性好、束流稳定的照明电子束。电子显微镜使用的电子枪有热发射电子枪和场发射电子枪两类。热发射电子枪是利用加热的方法使阴极发射体内部的电子动能增加,使其中的一些高能电子能够越过物体的表面势垒而逸出,阴极材料用钨丝或硼化镧(LaB_6)。钨丝的特点是成本低,但亮度低、寿命短;硼化镧灯丝的特点是发光效率高、亮度大(能提高一个数量级),使用寿命比钨丝长,但价格较贵,是一种很好的新型材料,在现代电镜中有时使用硼化镧灯丝。场发射电子枪利用外部强电场来压制阴极表面势垒,使势垒的高度降低,并使势垒的宽度变窄,使阴极发射体内的大量电子能穿透表面势垒而逸出,它是利用隧道效应发射电子,其阴极为细的钨针尖。其特点是使用寿命比热发射电子枪长,电子束斑点更为尖细。场发射式电子枪因技术先进、造价昂贵,目前只应用于高档高分辨电镜当中。

成像系统由样品台、三组电磁透镜(物镜、中间镜和投影镜)和两个金属光阑(物镜光阑和选区光阑)以及消光器组成,是透射电镜电子光学系统中最核心的部分,它的作用是获得高质量的放大图像和衍射花样,并将其投影到荧光屏上。

观察与记录系统包括荧光屏和照相机构,在荧光屏下面放置一个可以自动换片的照相暗盒。照相时只要把荧光屏竖起,电子束即可使照相底片曝光。由于透射电子显微镜的焦长很长,虽然荧光屏和底片之间有数十厘米的间距,仍能得到清晰的图像。

真空系统的作用是排除镜筒内气体,使镜筒真空度至少要在 10^{-3} Pa 以上。如果真空度低的话,电子与气体分子之间的碰撞引起散射而影响衬度,还会使电子栅极与阳极间高压电离导致极间放电,残余的气体还会腐蚀灯丝,污染样品。

供电控制系统主要由高压直流电源、透镜励磁电源、偏转器线圈电源、电子枪灯丝加热电源,以及真空系统控制电路、真空泵电源、照相驱动装置及自动曝光电路等部分组成。另外,许多高性能的电镜上还装备有扫描附件、能谱仪、电子能量损失谱仪等仪器。

3. 透射电镜成像的方式

透射电镜成像方式分为明场像、暗场像和中心暗场成像,其光路如图 9.8 所示。

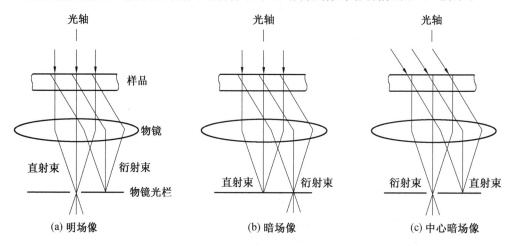

图 9.8　透射电镜成像操作光路图

在透射电镜中成像,用未散射的透射电子束成像,所得到的图像称为明场像;用衍射电子束成像,所得到的图像称为暗场像。如果将物镜光阑套在中心透射斑点上,挡掉散射角度较大的电子,使它们不能到达物镜像平面参与成像,那么只有透射电子束通过它用于成像,这样就得到了明场像,样品中较厚的区域或者含有原子数较多的区域对电子吸收较多,在图像上显得比较暗,而对电子吸收较小的区域看起来就比较亮。如果将物镜光阑套在一个衍射斑点上,那么只有这个衍射电子束通过物镜光阑用于成像,透射电子束被光阑挡掉,这样就得到了暗场像,其图像衬度正好与明场像相反。如果将物镜光阑仍套在中心透射斑点上,将用于成像的衍射斑点移到中心斑点的位置(物镜光轴位置)。在荧屏上进行移动衍射斑点的操作,实际上是使入射电子束偏转 2θ,使得衍射束平行于物镜光轴通过物镜光阑,这样得到的图像称为中心暗场成像。如果调整磁透镜使得成像的光圈处于透镜的后焦平面处而不是像平面上,就会产生电子衍射图样。对于单晶体样品,衍射图样表现为一组排列规则的点,对于多晶或无定形固体将会产生一组圆环。

透射电子显微镜是电子束透过样品成像,由于电子束的穿透能力比较弱,所以用透射电子显微镜分析的样品必须很薄,根据样品的原子序数大小不同,一般在 $50\sim500$ nm,通常要小于 200 nm。对于镀层来说,通常需要采用电解减薄或离子减薄的方法进行减薄处理,获得几十纳米的薄区才能进行透射电镜观察。

4. 透射电镜的应用

由于透射电镜的放大倍数比扫描电镜高,因此,透射电镜在纳米材料的形貌观察方面应用较多。图 9.9 是 CdS 纳米膜的 TEM 照片。以等物质的量之比的氯化镉和硫代乙酰胺混合液为电解液,在电解液的表面铺展表面活性剂蓖麻油/十六醇,采用电沉积的方法制备了 CdS 纳米膜。将 CdS 纳米膜转移至有碳膜覆盖的铜网上进行透射电镜观察。

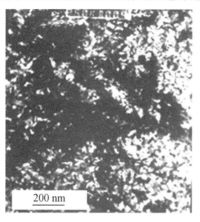

200 nm

图 9.9　硫化镉纳米膜的表面形貌

从图 9.9 中可以看出,CdS 颗粒的平均粒径约为 40 nm,分散性较好,但颗粒界面不很清晰,说明 CdS 纳米晶结晶不完整。

9.2.3　高分辨透射电子显微镜

高分辨透射电子显微镜(High Resolution Transmission Electron Microscope, HRTEM)实际上是透射电镜的一种。尽管普通的透射电镜放大倍数较高,能够观察样品内部的超微结构,但人们更希望能够观察到材料的单个原子像。1974 年,日本学者饭岛(S. Iijima)首次采用高分辨电子显微技术拍摄到 $Ti_2Ni_{10}O_{29}$ 的二维晶格像,像中的一个亮点对应于晶体结构中电子束入射方向的一个通道。这一研究成果将晶体结构与电子显微像结合起来,形成了在原子尺度上直接观察分析物质微观结构的高分辨电子显微学。近 30 年来,由于电子显微镜的分辨率不断提高,人们已经可以在 0.1~0.2 nm 水平上拍摄到晶体结构沿入射电子束方向二维投影的高分辨电子显微像。由于这种高分辨像可以直观地给出晶体中局部区域的原子配置情况,如晶体缺陷、微畴、晶体中各种界面及表面处的原子分布,因而在固体物理、固态化学、微电子学、材料科学、地质矿物学和分子生物学等学科领域得到广泛的应用。

1. 高分辨透射电镜的成像过程

在透射电镜中入射电子束穿过晶体样品时,电子束受到样品晶格的散射作用,在物镜背焦面上能够得到电子衍射花样。我们已经知道,采用位于物镜背焦面上的物镜光阑可以选取用来成像的电子束,从而达到控制成像的目的。如果选取透射束和一个衍射束成像时,这两个电子束干涉叠加,就会在像平面得到规律的干涉图像。由于这个衬度来自透射束和衍射束的相位差,因此称为相位衬度。假设透射束和衍射束在物镜像平面上同相位时,就会发生电子束的干涉叠加,这时就得到了高分辨图像,也就是晶格条纹像,这个干涉图像与样品的原子排列有关。

图 9.10 所示是高分辨透射电镜的成像过程。在高分辨成像过程中,要用电子的波动性质来描述,因此称为入射电子波,穿过样品的电子波称为样品出射波。在入射电子波穿透样品过程中,样品对入射电子波进行调制(即改变波的振幅、位相),导致样品出射波函数中携带了样品原子排列信息。样品出射波经过物镜系统传递到像平面上,得到高分辨像。值得注意的是,高分辨像中得到的是原子排列,也就是晶体、晶胞的信息,而不是原子本身的信息。简单地说,晶体的高分辨像是电子波经过晶体后,携带着它的结构信息,经过电子透镜干涉成像的结果。

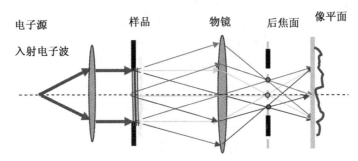

图 9.10　高分辨透射电镜的成像过程

高分辨透射电镜的结构与普通透射电镜大体相同,最大的区别在于高分辨透射电镜配备了高分辨物镜极靴和光阑组合,减小了样品台的倾转角,从而可获得较小的物镜球差系数,得到更高的分辨率。高分辨透射电镜与普通透射电镜的另外一个区别表现在图像的观察与记录设备方面。高分辨透射电镜的记录设备常常配备 TV 图像增强器或慢扫描 CCD 相机,将荧光屏上的图像在监视器上进一步放大,便于图像观察和电镜调节。

2. 高分辨透射电镜的图像

高分辨电镜图像实际上是多电子束的干涉条纹,可分为晶格条纹像、一维结构像、二维晶格像和二维结构像。

(1)晶格条纹

如果物镜光阑选择后焦面的两个波来成像,由于两个波干涉,得到一维方向上强度呈周期变化条纹花样,就是晶格条纹像。图 9.11 所示是 ZnO 纳米颗粒的晶格条纹像。在拍摄晶格条纹时不要求对准晶带轴,在很宽的离焦条件和不同样品厚度下都可以观察到,所以很容易获得。一般来讲,条纹与原子面之间不存在对应关系,但可以直接观察到样品的尺寸、原子的面间距、结晶状态、晶格缺陷等信息。

(2)一维结构像

一维结构图像与晶格条纹像不同之处在于成像时倾斜晶体,使电子束平行于某一晶面族入射,得到包含晶体结构的一维衍射条纹(图 9.12),一般附带衍射花样。因此可以结合衍射花样和晶体结构模型对样品进行一维结构分析。

(3)二维晶格像

如果电子束平行于晶体的某一晶带轴入射,能够得到二维衍射条件的电子衍射花样。二维晶格像的花样是随着欠焦量、样品厚度以及光阑尺寸改变的,能够观察单胞尺度的信

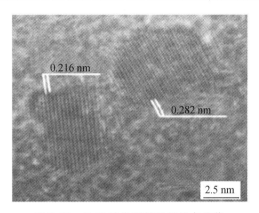

图 9.11　ZnO 纳米颗粒的晶格条纹像

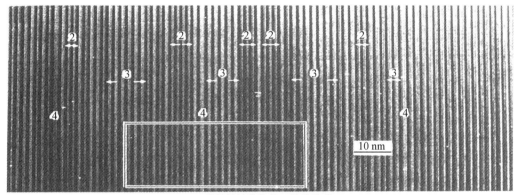

(a) Bi 系超导氧化物的一维结构像

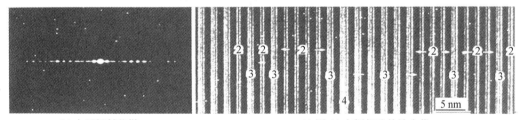

(b) 电子衍射花样　　　　　　　　(c) 图 (a) 方框部分的放大像

图 9.12　Bi 系超导氧化物的一维结构像及电子衍射花样

息,但不包含原子排列的信息。在不同的欠焦量下和样品厚度均可以获得二维晶格像,这是其大量出现的原因,也被广泛用于材料科学的研究中,用于获得位错、晶界、相界、析出、结晶等信息。要注意的是在不确定的成像条件下不能得到晶体的结构信息,可以计算模拟辅助分析。大部分文献中出现的都是二维晶格像。

图 9.13 所示是电子束沿 β 碳化硅(SiC)的[110]带轴方向入射时的二维晶格像。图像显示了化学气相沉积(CVD)法制得的 SiC 晶体中的丰富缺陷组态,标记从 f 到 m 是倾斜晶界,箭头所指为孪晶界,S 是层错,b−c 和 d−e 是位错等。

（4）二维结构像

二维结构像是严格控制条件下的二维晶格像,入射电子束严格平行于晶体的晶带轴入射,并且要求样品的厚度小于 10 nm,因此二维结构像只能在样品的薄区观察到。在二维结

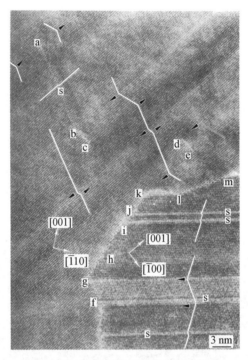

图 9.13 β 碳化硅(SiC)的二维晶格像

构像中,原子位置是暗的,没有原子的地方是亮的。图 9.14 是超导氧化物 $Tl_2Ba_2CuO_6$ 沿 [010] 方向的 HRTEM 二维结构像。

图 9.14 超导氧化物 $Tl_2Ba_2CuO_6$ 沿 [010] 方向的 HRTEM 二维结构像

　　高分辨电镜对样品的要求是非常严格的,样品要满足弱相位体近似,并且在最佳欠焦条件下才能获得高分辨图像。试样的厚度一般要求小于 20 nm,厚度超过这个要求,虽然也能得到清晰的照片,但衬度与晶体结构投影不是一一对应的,图像无法解释。利用高分辨像可以在原子尺度对材料微观结构和缺陷进行研究,其应用主要包括晶体缺陷结构、界面结构、表面结构的研究。

9.2.4　扫描隧道显微镜

1981 年,在 IBM 公司的苏黎世实验室 Gerd Bining 和 Heinrich Rohrer 博士研制成功了世界第一台扫描隧道显微镜(Scanning Tunneling Microscope,STM)。它的出现使人类第一次能够实时地观察单个原子在物质表面的排列状态和与表面电子行为有关的物理、化学性质,标志着人类在微观领域方面的认识又跨越了一个新的起点。1986 年 STM 的发明者获得了诺贝尔物理学奖。

1. 扫描隧道显微镜的成像原理

与其他显微镜不同,扫描隧道显微镜不需要采用物镜成像,而是利用了量子隧道效应。在金属探针和导电样品表面施加一定的偏压,当尖锐的金属探针和导电样品表面间距只有几纳米时,它们之间就会产生隧道电流,隧道电流的大小与针尖和样品之间的距离呈指数关系,当针尖在样品表面上方做平面扫描时,即使表面仅有原子尺度的变化,也会导致隧道电流显著的、甚至接近数量级的变化。当探针和样品间距变化 1 Å(1 Å=0.1 nm)时,隧道电流的大小将会发生一个量级的变化。因此 STM 的分辨率可高达 0.01 nm,放大倍数可达数亿倍,在实空间下可以测得原子图像。图 9.15 为扫描隧道显微镜工作原理示意图。

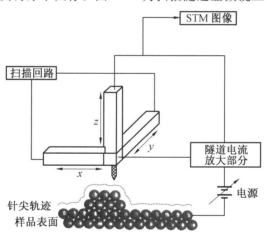

图 9.15 扫描隧道显微镜工作原理示意图

2. 扫描隧道显微镜的工作模式

STM 有恒电流和恒高度两种工作模式。在恒电流模式下,在针尖扫描过程中,利用一套电子反馈回路控制隧道电流保持不变。为维持恒定的隧道电流,针尖将随样品表面的高低起伏而做相同的起伏运动,记录针尖上下运动的轨迹即可给出样品表面的三维立体信息,是 STM 常用的工作模式。其优点是在扫描过程中探针不会被样品表面的起伏所损坏,能够反映出样品表面状态的高度信息,应用广泛;缺点是扫描速度慢。在恒高度模式下,针尖以一个恒定的高度在样品表面进行扫描,针尖与样品间的距离将发生变化,隧道电流的大小也随着发生变化,将隧道电流的变化转换成图像信号显示出来,即得到了 STM 显微图像。这种工作方式仅适用于表面比较平坦且组成成分单一(如由同一种原子组成)的样品。其优点是扫描速度快;缺点是样品表面起伏较大时,由于针尖离表面非常近,容易造成针尖与样品表面相撞,导致针尖与样品表面的破坏。

从 STM 的工作原理可以看到:STM 工作的特点是利用针尖扫描样品表面,通过隧道电流获取显微图像,而不需要光源和透镜,这正是得名"扫描隧道显微镜"的原因。

3. STM 独特的优点

①具有原子级的高分辨率,STM 在平行于样品表面方向上的分辨率分别可达 0.1 nm 和 0.01 nm,即可以分辨出单个原子。

②可得到实空间中样品表面的三维图像,可用于具有周期性或不具备周期性的表面结构的研究,这种可实时观察的性能可用于表面扩散等动态过程的研究。

③可以观察单个原子层的局部表面结构,而不是对体相或整个表面的平均性质,因而可直接观察到表面缺陷,表面重构、表面吸附体的形态和位置,以及由吸附体引起的表面重构等。

④可在大气、惰性气体、超高真空或液体,包括绝缘的和低温的液体,甚至电解液中工作。工作温度可从绝对零度(−273.15 ℃)到摄氏几百度。样品甚至可浸在水和其他溶液中,不需要特别的制样技术并且探测过程对样品无损伤。这些特点特别适用于研究生物样品和在不同实验条件下对样品表面的评价。

⑤配合扫描隧道谱(STS)可以得到有关表面电子结构的信息,例如表面不同层次的态密度,表面电子阱、电荷密度波、表面势垒的变化和能隙结构等。

⑥利用 STM 针尖,可实现对原子和分子的移动和操纵,这为纳米科技的全面发展奠定了基础。

9.2.5　原子力显微镜

根据扫描隧道显微镜的工作原理,STM 的样品必须是导体或半导体,不适合绝缘体的测试。为了弥补 STM 的不足,Binning、Quate 和 Gerber 在 1986 年发明了原子力显微镜。AFM 是在 STM 基础上发展起来的一种新的显微技术,它是通过测量探针与样品表面的原子之间的相互作用力而得到样品表面信息的测量与分析工具,其横向分辨率为 1 nm,纵向分辨率为 0.1 nm。由于 AFM 对样品的导电性没有限制,所以它可以用于测量包括绝缘体在内的各种材料的表面结构,应用范围比 STM 更加广泛。

1. 原子力显微镜的工作原理

原子力显微镜(Atomic Force Microscope,AFM)的工作原理是将一个对力极其敏感的弹性微悬臂的一端固定,另一端的纳米级针尖与样品表面轻轻接触。此时,针尖与样品表面上的原子之间存在一个非常微弱的相互作用力($10^{-8} \sim 10^{-6}$ N),微悬臂会发生微小的弹性形变。在扫描过程中,微悬臂的形变量能够反映针尖和样品之间作用力的大小,将该形变信号转变为光电信号并进行放大,就可以得到样品表面形貌的信息。

AFM 常用的成像模式有接触式、轻敲式和非接触式。接触式是指针尖在扫描过程中始终与样品保持接触,针尖处的单个原子与样品表面的单个原子之间存在排斥力,微悬臂因排斥力而发生弯曲。由于针尖与样品的距离比较近,AFM 图像稳定并具有极高的分辨率。但是由于针尖离样品太近,容易造成针尖或样品的损伤。非接触式是指针尖在样品表面上方 5～20 nm 距离处扫描,始终不与样品表面接触,大大减小了针尖和样品的损伤。针尖与样品之间的作用力是范德华吸引力和静电力等。由于针尖和样品间距比较大,成像很不稳定且分辨率较低,而且操作比较困难。轻敲模式介于接触式和非接触式之间,是新发展的一种测量模式。扫描时微悬臂是振荡的,针尖在振荡时与样品的表面只是轻轻接触。在这种模式下针尖同样品发生接触,因此分辨率几乎和接触模式一样好。轻敲式能够避免针尖黏附到样品上,在扫描过程中对样品几乎没有损坏。所以轻敲模式不仅用于真空、大气,在液体环境中应用也不断增多。

通过检测探针和样品作用力来表征样品表面的三维形貌,因为样品表面的高低起伏情况可以准确地以数值的形式反馈回来,所以能够通过对样品表面整体的图像进行分析,得到样品表面的粗糙度、平均梯度、颗粒度、孔结构以及孔径分布的参数等;若对小范围的样品表面的图像进行分析,还可以获得物质的晶形结构、分子的结构、聚集状态、表面积及体积等方面的信息。

2. AFM 的应用

图 9.16 是电沉积法制备的 $Pt_{50}Ru_{50}$ 合金薄膜的原子显微镜形貌图。从图中可以看出,电沉积制备的 $Pt_{50}Ru_{50}$ 合金薄膜微观结构为 100～200 nm 的颗粒状结构。

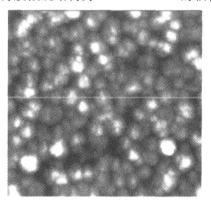

图 9.16　电沉积法制备 $Pt_{50}Ru_{50}$ 合金薄膜的原子力显微镜形貌图

9.2.6　扫描电化学显微镜

为了弥补扫描隧道显微镜(STM)和原子力显微镜(AFM)不能提供有关电化学活性信息的不足,20 世纪 80 年代末 A. J. Bard 小组提出并发展了一种新的扫描探针显微镜技术——扫描电化学显微镜(Scanning Electro Chemical Microscopy,SECM),它是在扫描隧道显微镜和超微电极的基础上产生的一种电化学现场测试新技术。扫描电化学显微镜的分辨率介于普通光学显微镜与 STM 之间,随着超微电极制作水平的不断提高,SECM 的分辨率也将随之提高,目前可达到的最高分辨率约为几十纳米。

SECM 的工作原理与 STM 和 AFM 不同,扫描电化学显微镜基于电化学原理工作,可测量微区内物质氧化或还原所给出的电化学电流。该技术将一支能够进行三维移动的超微电极作为探头插入电解质溶液中,在离固相基底表面非常近的位置进行扫描,通过测量在基底上方扫描的超微电极上发生的电流变化,获得基底电极表面形貌和相应的电化学信息,其装置图如图 9.17 所示。基底就是所研究的样品,可以是导体、绝缘体或半导体。

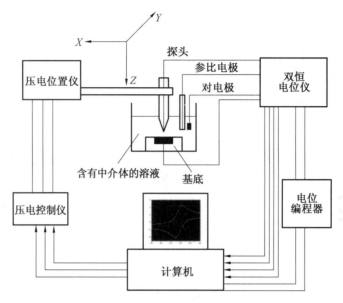

图 9.17　扫描电化学显微镜的装置图

SECM 具有多种不同的操作模式,正负反馈模式、产生/收集模式、穿透模式、离子转移反馈模式等。其中正负反馈模式是 SECM 中最常用的,并可用于定量分析。

正负反馈模式的工作原理是探针(超微圆盘电极)作为工作电极,与基底同时浸入含有一定浓度的电活性物质 R 的溶液中,此时溶液中的电活性物质为还原态 R,在探针上施加电位使 R 发生氧化反应,即 $R-ne \longrightarrow O$。当探针靠近导电基底时,其电位控制在 R 的氧化电位,则在探针上反应产生的 O 可以扩散到基底上并被还原成 R,新产生的 R 扩散至探针表面发生氧化,这样就使得探针上的氧化电流增大,这个过程称为"正反馈"。当探针靠近绝缘基底表面时,探针上产生的 O 不能在基底表面被还原,当探针逼近基底时,绝缘基底阻碍了 R 从本体溶液向探针表面的扩散,因此,探针电流随距离的减小而降低,这种使探针电流减小的反馈称为"负反馈"。SECM 就是通过电流的正反馈或负反馈过程及其强弱来感应基底表面的几何形貌或电化学活性。

SECM 的最大特点是可以在溶液体系中对研究系统进行实时、现场、三维空间观测,有独特的化学灵敏性,因此 SECM 不仅可以研究绝缘体和导体的表面形貌,探针和基底之间溶液层中的化学反应动力学,分辨电极表面的电化学活性,而且还可以对材料进行微米级加工以及研究生物过程等。

9.3　镀层的结构分析

在材料学领域,相是指具有特定的结构和性能的物质状态。材料中原子的排列方式决定了晶体的相结构,原子排列方式的变化导致了相结构的变化。材料的相结构对材料的性能起着决定性的作用,因此,材料的结构分析对于研究材料的相结构与性能的关系具有重要的意义。目前,常用的材料结构分析方法主要有 X 射线衍射分析和电子衍射分析。

9.3.1　X 射线衍射分析

X 射线是一种波长很短的电磁波,波长在 10^{-8} cm 左右,具有波动性和粒子性。1912年,劳埃(M. vonLaue)等人根据理论预见,并通过实验证实 X 射线与晶体相遇时会发生衍射现象,证实 X 射线具有电磁波的性质,这成为 X 射线衍射学的首个里程碑,同时还揭示了物质内部原子规则排列的特征。

1. X 射线衍射产生原理

X 射线衍射(X－ray Diffraction,XRD)是通过晶体形成的 X 射线衍射,对物质内部原子进行空间分布状况的结构分析方法。X 射线射入晶体后会发生许多变化,利用其衍射现象,可以对晶体架构进行分析。

由物理光学可知,可见光光波与衍射光栅的宽度比较接近时,则从每个狭缝中发出的光波为相干波,它们发生干涉的结果就是会出现一系列相间的亮暗条纹,亮带为干涉加强区,暗带为干涉相抵消区域。若采用衍射仪法探测衍射线,则会得到一系列的衍射峰,衍射峰越明锐,说明晶体结晶度越高;当 X 射线照射到非晶体时,因为非晶体结构短程有序、长程无序,所以不存在明显的衍射光栅,也不会有明锐的衍射线。由以上分析可知,衍射现象和晶体结构的有序性有关,衍射花样的规律性能直接反映晶体结构的规律性。

2. X 射线衍射仪的结构

X 射线衍射仪是晶体结构分析的主要设备,主要由 X 射线发生器、测角仪、辐射探测器、记录单元或自动控制单元等部分组成。其中产生 X 射线的装置是 X 射线发生器,它主要是由高压控制系统和 X 光管组成,其中 X 光管发射的 X 射线有两种,即连续 X 射线和特征 X 射线。

(1)测角仪

衍射仪测角仪是 X 射线衍射仪的重要组成部分,其光路图如图 9.18 所示。X 射线光焦点与计数管窗口均分布在测角仪圆上,试样及试样台均位于测角仪圆的正中心位置。当一束发散 X 射线照射到试样上时,满足布拉格方程的某种晶面,其反射光线将形成一根收敛的光束。接收狭缝与计数管同时安装在可以旋转的支架上,当计数管旋转到合适的位置时便可以接收到一根反射线,而计数管的 2θ 角度可以在刻度尺上读出,计数管将具有不同强度的 X 射线转化为电脉冲信号,然后通过计数率仪、电位差计将电脉冲信号放大处理后通过记录仪描绘成衍射图,然后就得到衍射强度随 2θ 角的变化情况。

(2)探测器

计数管是 X 射线衍射仪的探测元件,它与其附属电路被称为计数器。目前,使用最为普遍的计数器是正比计数器(PC)和闪烁计数器(SC)。正比计数器所给出的脉冲峰值与所吸收的光子能量成正比,故用作衍射线强度测定比较可信。正比计数器反应非常快,通常两个脉冲的分辨时间仅需要 10^{-6} s。它的优点是能量分辨率高,光子技术效率比较高等;缺点是对温度比较敏感,对电压的稳定性要求也较高,并且需要比较大的电压放大设备等。闪烁计数器是利用 X 射线激光磷光体发射可见荧光,并通过光电管进行测量。闪烁计数器分辨时间较正比计数器的要长,为 10^{-5} s,计数效率高,但是其具有背底脉冲较高,且晶体容易受潮等缺点。

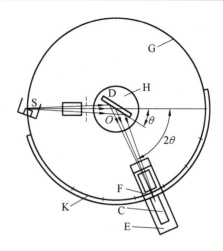

图 9.18 测角仪光路示意图

G—测角仪圆；D—试样；S—X 射线光源；H—试样台；F—接收狭缝；C—计数管；E—支架；K—刻度尺

3. X 射线衍射分析与应用

X 射线是利用衍射原理，精确测定物质的晶体结构、织构及应力，同时，还可以对物质进行物相分析、定性分析、定量分析，因此被广泛应用于冶金、石油、化工、科研、航空航天、教学、材料生产等领域。

（1）定性分析

X 射线物相分析是以晶体结构为基础，通过比较晶体衍射花样来进行分析的。对于晶体物质来讲，各种物质都有其特定的结构参数（例如点阵类型、晶胞大小、晶胞中原子或分子的数目、位置等），结构参数不同，则 X 射线衍射花样也就各不相同，所以通过比较 X 射线衍射花样可区分出不同的物质。当多种物质同时衍射时，其衍射花样也是各种物质自身衍射花样的机械叠加。它们互不干扰，相互独立，逐一比较就可以在重叠的衍射花样中剥离出各自的衍射花样，分析标定后即可鉴别出各自物相。

（2）定量分析

多相物质经定性分析后，若要进一步确定各个组成物相的相对含量，就需要进行 X 射线物相定量分析。根据 X 射线衍射强度公式（9.2），某一物相的相对含量的增加，其衍射线的强度也随之增加，所以通过衍射线强度的数值可以确定对应物相的相对含量。由于各个物相对 X 射线的吸收影响不同，X 射线衍射强度与该物相的相对含量之间不成正比关系，必须加以修正。德拜法中由于吸收因子与 2θ 角有关，而衍射仪法的吸收因子与 2θ 角无关，所以 X 射线物相定量分析常常是用衍射仪法进行。

$$I = I_0 \frac{\lambda^3}{32\pi r} \left(\frac{e^2}{mc^2}\right)^2 \frac{V_j}{V_c^2} P \mid F \mid^2 \varphi(\theta) \frac{1}{2\mu} e^{-2M} \tag{9.2}$$

式中　　I_0——入射线强度；

　　　　λ——X 射线波长；

　　　　r——衍射线的路程；

　　　　e——电子电荷；

　　　　m——电子质量；

c—— 光速；

V_j——j 相的体积；

P—— 多重性因子；

F—— 结构因子；

μ—— 多相混合物的吸收系数；

$\varphi(\theta)$—— 角因数（又称洛伦兹－偏振因子，是为修正角度因素人为引入的修正因子）；

e^{-2M}—— 温度因子。

（3）晶粒大小的测量

由衍射花样的形状和强度可计算晶粒的大小。其原理是根据衍射线的宽度与材料晶粒大小有关这一现象，一般当晶粒直径在 100 nm 以上的时候，其衍射峰将随着晶粒尺寸的变小而明显宽化。晶粒大小一般采用 Scherrer 公式计算，公式如下：

$$D_{hkl} = K\lambda / B_{1/2} \cos\theta \tag{9.3}$$

式中　　D_{hkl}—— 沿着（hkl）晶面垂直方向的厚度，也可以称为晶粒的大小；

K—— 衍射峰形 Scherrer 常数，其数值一般取 0.89；

λ——X 射线波长，cm^{-1}；

θ—— 布拉格衍射角，（°）；

$B_{1/2}$—— 衍射峰半高度，rad。

在不锈钢板基体上，通过改变 $CoSO_4 \cdot 7H_2O$ 的含量获得不同成分的纳米晶 Ni－Co 合金镀层，对纳米晶 Ni 和纳米晶 Ni－Co 合金镀层进行 XRD 分析，其结果如图 9.19 所示。由图可知，纳米晶 Ni 和纳米晶 Ni－Co 合金镀层均为面心立方晶系，纳米晶 Ni 在 2θ 为 45°和 53°附近表现出来的衍射峰（111）和（200）明显宽化，表现出（200）织构择优取向。随着 Co 含量增大，纳米晶 Ni－Co 合金镀层中衍射峰（200）逐渐减弱，表现出（111）织构择优取向。

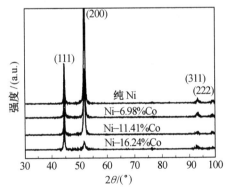

图 9.19　脉冲电沉积纳米晶 Ni 和纳米晶 Ni－Co 合金镀层的 XRD 谱图

9.3.2　电子衍射分析

1. 电子衍射原理

电子衍射的原理与 X 射线衍射一样，是以满足或基本满足布拉格方程作为衍射产生的必要条件，两种技术得到的晶体衍射花样在几何特征上也大致相同，即多晶体的电子衍射花样是一系列不同半径的同心圆；单晶花样由排列整齐的许多斑点组成。

非晶体物质衍射花样只有一个漫散的中心斑点,如图 9.20(c)所示。

(a) 多晶态物质 (b) 单晶态物质 (c) 非晶态物质

图 9.20　电子衍射花样

(1)布拉格方程

由 X 射线衍射原理可知,布拉格方程的一般表达式为

$$2d\sin\theta=\lambda \tag{9.4}$$

通常透射电镜的加速电压为 $100\sim200$ kV,电子波的波长 λ 在 $10^{-2}\sim10^{-3}$ nm,常见晶体的晶面间距 d 在 1 nm 左右,所以 $\sin\theta$ 很小,也就是电子衍射的衍射角 θ 很小,这是电子衍射花样特征与 X 射线衍射存在区别的主要原因。

(2)倒易点阵与爱瓦尔德球图解法

晶体的电子衍射(X 射线单晶衍射)结果得到的是一系列规则排布的斑点,这些斑点虽与晶体点阵结构有对应的关系,但又不是原子排布的直观影像。倒易点阵是一个假想的点阵,它可以将晶体点阵结构与其电子衍射斑点之间很好地联系在一起。爱瓦尔德球图解法实际上是布拉格方程的几何表达形式。以 O 为球心,$(1/\lambda)$ 为半径作一个球,这个球就是爱瓦尔德球,如图 9.21 所示。满足布拉格方程的几何三角形一定在该球的某一截面上,三角形的三个顶点 A,O^*,G 均落在球面上,OO^*(图中的波矢量 k)为入射束,OG 为衍射束,θ 为衍射角,则 $O^*G=1/d_{hkl}=g_{hkl}=k'-k$。根据衍射斑点的排列方式,通过坐标变换,可推测出整空间中各衍射晶面的相对方位,从而确定晶体的晶体结

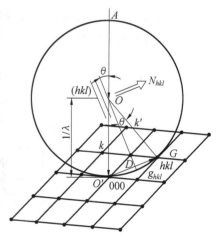

图 9.21　爱瓦尔德球作图法

构(这就是电子衍射斑点的标定),如果记录到 g_{hkl} 矢量的排列方式,就可推测出正空间对应的衍射晶面的方位,这是电子衍射分析要解决的主要问题。

2. 电子衍射的应用

与 X 射线衍射一样,电子衍射可以用来做物相鉴定,测定晶体取向和原子位置。由于电子衍射强度远强于 X 射线,电子又极易被物体所吸收,因而电子衍射适合于研究薄膜、大块物体的表面以及小颗粒的单晶。因电子与物质的交互作用远比 X 射线与物质的交互作

用强烈,从而在金属和合金的微观分析中特别适用于少量原子的样品,如薄膜、微粒、表面等进行结构分析。在电子显微镜中,根据入射电子束的几何性质不同,相应地有两类电子衍射技术:选区电子衍射以平行的电子束作为入射源;会聚束电子衍射以具有一定会聚角(一般在±4°以内)的电子束作为入射源。

图 9.22 是合金化热镀锌镀层中 Γ 相的形貌及选区电子衍射分析,其中(a)、(b)和(c)为 Γ 相 3 个主要零层倒易截面的选区电子衍射花样。从图中可以看出 3 个零层倒易截面的电子衍射花样均存在超点阵衍射斑点,且衍射花样都由规则排列的强斑点和弱斑点组成,强斑点组成的倒易点阵是弱斑点的 3 倍。由此可以推断,Γ 相点阵结构中存在明显的有序化,Fe 原子和 Zn 原子在 Γ 相单胞中占据固定的位置。

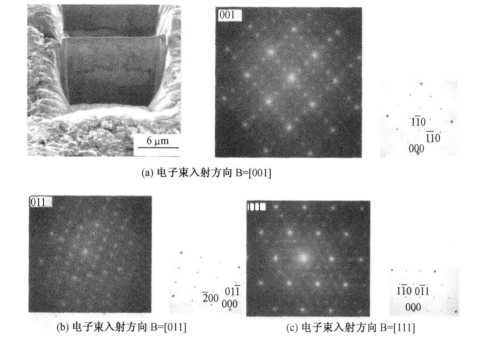

(a) 电子束入射方向 B=[001]

(b) 电子束入射方向 B=[011]　　　　　(c) 电子束入射方向 B=[111]

图 9.22　合金化热镀锌镀层中 Γ 相的形貌及选区电子衍射分析

9.4　镀层成分分析方法

材料表面层的化学信息包括构成材料的原子的种类、分布以及具体的化学态等内容。任何具有元素特征的物理信息,包括相对原子质量、电子的能级、原子核自旋,甚至局域的电子态密度等都可以用来做材料的化学分析。化学信息由来自材料本身的或用作探针的电子、光子、离子或中性原子携带,常用于合金镀层的化学成分分析方法主要有电子探针 X 射线显微分析、X 射线光电子能谱、俄歇电子能谱、X 射线荧光光谱等。

9.4.1　电子探针 X 射线显微分析

电子探针 X 射线显微分析(Electron Probe Micro Analysis,EPMA),简称为电子探针显微分析,是一种显微分析和成分分析相结合的一种微区分析方法。法国人卡斯坦

(R. Castaing)最早提出了电子探针的概念,并于 1948 年制造出世界上第一台电子探针仪,1958 年电子探针仪开始商品化生产。电子探针仪中的成像原理与 SEM 是相似的,EMPA 与 SEM 不同的是,前者着重微区成分分析,后者主要用作图像观察。

1. 电子探针 X 射线显微镜分析的原理

电子探针是在电子光学和 X 射线光谱学的基础上发展起来的一种高效率分析仪器,由于作用在试样表面的电子束非常细,形状像针一样,所以它的作用范围非常小,是一种微区成分分析仪器。

当用具有足够能量的电子束轰击试样表面时,由于电子和物质之间的相互作用,样品中原子被电离出来,当外层的电子跃迁到内层轨道时,原子能量将下降,而它所降低的能量则会以特征 X 射线的形式辐射出来。通过波谱仪或者能谱仪对这些特征 X 射线进行展谱分析,得到反映特征 X 射线波长与强度或能量与强度的关系的 X 射线谱。根据特征 X 射线谱中 X 射线的波长或者能量进行元素的定性分析;根据特征 X 射线的强度进行元素的定量分析。

2. 电子探针 X 射线显微镜分析仪的结构

电子探针的构造与扫描电子显微镜的大体相似,只是增加了接收记录 X 射线的谱仪。电子探针分析仪主要是由电子光学系统、X 射线谱仪、光学显微镜系统、电子信号检测系统、真空系统以及计算机与自动控制系统几大部分组成,结构如图 9.23 所示。

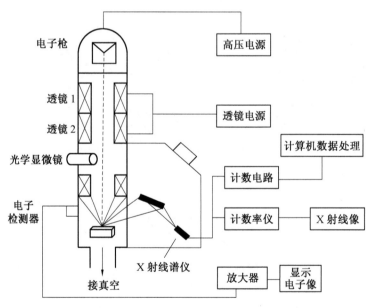

图 9.23 电子探针仪的构造示意图

电子探针分析仪中的 X 射线谱仪是将不同波长或者能量的特征 X 射线分开的装置,将 X 射线分开的方法有两种:一种是通过衍射分光原理,测量 X 射线的波长分散与其强度之间关系的方法,这种方法采用装置称为波长分散谱仪(Wavelength—Dispersive Spectrometer,WDS),简称为波谱仪;另一种是利用固态检测器测量每个 X 射线光子的能量,并将其按照能量进行分类,通过记录不同能量光子的数目或者数率的方法,这种方法采用的装置称为能量谱仪(Energy—Dispersive Spectrometer,EDS),简称为能谱仪。波谱仪和能谱仪的区别见表 9.1。

表 9.1　波谱仪与能谱仪的比较

比较	波谱仪(WDS)	能谱仪(EDS)
探测效率	正比计数器只计由分光晶体衍射来的 X 光量子,因此其探测效率远远低于能谱仪	锂漂移硅探测器对 X 射线发射源所张的立体角显著大于波谱仪,所以可以接受更多的 X 光,故探测效率高
分析速度	只能单个元素地测定波长,较慢	可以在一次实验中同时测定试样中所有元素的 X 光量子,几分钟就可以得到定性分析的结果
分辨率	比能谱高一个数量级	较低,谱峰宽,容易重叠,背底扣除困难
分析范围	4Be—92U 之间的所有元素	铍窗口的限制,只能分析原子序数大于 11 的元素
其他优点	峰背比高	谱线重复性好(无运动部件)
特殊要求	较大的电源	锂漂移硅探头必须始终用液氮冷却保持低温

除专门的电子探针仪外,大部分电子探针仪是作为附件安装在扫描电镜或透射电镜镜筒上,以满足微区组织形貌、晶体结构及化学成分三位一体同位分析的需要。虽然 EDS 分析的准确性不如 WDS,但由于 EDS 的分析速度快,目前常常作为附件安装在扫描电镜上,在对样品进行表面形貌观察时,可以同时获得成分分析结果。

3.电子探针 X 射线显微镜分析仪的应用

(1)定性分析

电子探针 X 射线波谱及能谱分析的基本工作方式有定点分析、线扫描分析和面扫描分析三种。

①定点分析。对样品表面选定微区做定点的全谱扫描,进行定性或半定量分析,并对其所含元素的质量分数进行定量分析。

②线扫描分析。电子束沿样品表面选定的直线轨迹进行所含元素质量分数的定性或半定量分析。

③面扫描分析。电子束在样品表面做光栅式面扫描,以特定元素的 X 射线的信号强度调制阴极射线管荧光屏的亮度,获得该元素质量分数分布的扫描图像。

(2)定量分析

定量分析是在定性分析的基础上进行的。定量分析一般采用波谱仪,将波谱仪的分光晶体置于不同的 L 值处,分别测定各元素主要特征 X 射线的强度值,并与已知成分的标样的对应谱线强度值进行对比,根据式(9.4)可求出试样中某种元素的浓度 C。

$$C = C_s \frac{I_u}{I_s} = \frac{(P_u - B_u)}{(P_s - B_s)} C_s \tag{9.4}$$

式中　　I_u, I_s —— 试样和标样中某元素特征 X 射线的强度;

　　　　P_u, P_s —— 试样和标样中某元素特征 X 射线的峰强度;

　　　　B_u, B_s —— 试样和标样中某元素特征 X 射线的背底强度;

　　　　C_s —— 标样的浓度。

图 9.24 是碳化硅增强铝基复合材料与化学镀 Ni－P 合金层界面各元素的 EPMA 线扫描分析结果。

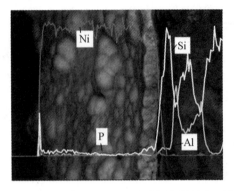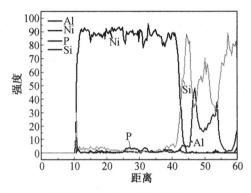

图 9.24　SiC$_p$/Al 复合材料表面化学镀 Ni－P 层的断面 EPMA 线扫描图

从图 9.24 中可以看出，镍在基体中有分布，基体中的铝、硅元素在镍层中也有分布，获得的镀层中镍的谱线都在与基体交界处开始发生倾斜，并且已经在基体内形成了浓度梯度，表明镍与基体之间存在着强烈的相互作用，因此，镀层与基体具有良好的结合强度。

9.4.2　X射线光电子能谱

1954 年，瑞士的 K. M. Siwgbahn 建立了 X 射线谱学。X 射线光电子能谱（X－ray Photoelectron Spectroscopy，XPS）主要用于成分和化学状态（可用于区分非金属原子的化学状态和金属的氧化状态）的分析，所以它又被称为"化学分析用电子能谱（Electron Spectroscopy for Chemical Analysis，ESCA）"。

1. XPS 的原理

用单色的 X 射线照射样品时，具有一定能量的入射光子同样品原子发生作用，光致电离产了光电子，这些光电子于产生的地方克服逸出功运输到待测物质表面，这就是 X 射线光电子发射的过程，该过程可以用下式表示：

$$h\upsilon = E_k + E_b + \Phi \tag{9.5}$$

式中　$h\nu$——X 射线光电子的能量；

　　　E_k——光电子的动能；

　　　E_b——电子的结合能；

　　　Φ——仪器材料的功能函数，为定值，约为 4 eV。

X 射线光电子能谱的定性分析就是根据测出的光电子动能 E_k，便可以通过式（9.5）得到样品的电子结合能 E_b，已知各种原子的分子轨道电子结合能是定值，从而可以确定样品表面存在什么元素以及该元素原子所处的化学状态。元素所处的化学环境不同，其结合能 E_b 会有微小的差别，而这种由化学环境的不同引起的结合能的微小差别称为化学位移，由化学位移的大小可以确定元素所处的化学状态。例如，某元素失去电子变为离子之后，其结合能会有所增加；而得到电子变成负离子，其结合能则降低，因此，通过化学位移值可以分析元素的化合价以及其存在形式。

2. XPS 的结构

XPS 是用来精确测量物质受 X 射线激发后产生光电子能量分布的仪器。XPS 系统的主要组成部件包括 X 射线源、超高真空不锈钢舱室及超高真空泵、电子收集透镜、电子能量分析仪、合金磁场屏蔽、电子探测系统、适度真空的样品舱室、样品支架、样品台、样品台操控装置。XPS 的 X 射线源采用 AlKα(1 486.6 eV)和 MgKα(1 253.8 eV)作为阳极的 X 射线管,它们具有强度高、自然宽度小等特点,可以用于高分率观察。为了能够获得更高的观测精度,采用晶体单色器来降低 X 射线的强度。由 X 射线源产生强的 X 射线,照射样品激发出光电子,经电子能量分析器,将其按照电子的能量展谱,再进入检测器,检测经过能量分析的电子,并在数据处理系统上输出一个与电子结合能呈函数关系的信号。

3. XPS 的应用

(1)定性分析

XPS 谱图的横坐标为电子的动能或结合能,单位是 eV,一般以结合能为横坐标,纵坐标为光电子的相对强度(CPS),可以根据 XPS 电子结合能标准手册对被分析元素进行鉴定。各种元素的电子结合能是其本身的特征,所以在 XPS 能谱图中将会出现特征谱线,根据这些谱线的位置,可以在谱图中确定元素周期表中除了 H 和 He 以外的所有元素。

(2)定量分析

X 射线光电子能谱定量分析的依据是光电子谱线的强度(光电子峰的面积)反映原子的含量或相对浓度。光电子谱线的强度除了与产生该信号强度的元素含量或浓度有关之外,还与电子的自由程和样品对激发 X 射线的吸收系数有关。因此,在实际测试分析中,采用与标准样品相比较的方法来对元素进行定量分析,其分析精度达 1%～2%。

(3)化学状态分析

化学结构的变化和化合物氧化状态的变化都可以引起峰位置发生有规律的偏移,因此可以根据化学位移来分析有机物、无机物的结构和化学组成。通常情况下,同样的原子,在具有强电负性的置换基团中具有的电子结合能较弱电负性基团中大。

X 射线光电子能谱法是一种表面分析方法,提供的是样品表面的元素含量与形态,而不是样品整体的成分,其信息深度为 3～5 nm。借助于离子溅射,用离子枪打击材料的表面,这样可以不断地打击出新的表面,通过连续测试,循序渐进就可以做深度分析,得到沿表层到深层元素的浓度分布。

图 9.25 为铜表面 Cu—Li 合金镀层的 XPS 谱图。Cu—Li 合金镀层的制备是将铜箔做阴极,以离子液体[BMIm][BF_4]为溶剂,Cu(BF_4)$_2$ 的浓度为 0.8 mol·L^{-1},LiBF$_4$ 的浓度为 1.7 mol·L^{-1},并加入质量分数为 1.0% 的 1,4—二羟基—2—丁炔作为添加剂,在电极电势为 -1.8 V(vs. Pt)条件下电沉积获得。由图可以看出,在较低能量峰处(即 54.6 eV)是来源于金属锂,而在 55.6 eV 处的能量峰则归因于氧化锂。$Cu_{2p3/2}$ 用三个峰来拟合,即分别在 932.2 eV 的 Cu_2O,932.6 eV 的 Cu 和 933.8 eV 的 CuO,而 $Cu_{2p1/2}$ 则用两个峰来拟合,即分别在 952.5 eV 的 Cu_2O 和 952.7 eV 的 CuO。XPS 结果表明,镀层中不仅有金属锂和金属铜,也有它们的氧化物。氧化物的存在可能是它们暴露于空气中氧化造成的。因此,说明镀层是由金属锂和金属铜组成的。

9.4.3　俄歇电子能谱

法国科学家 Pierre Auger 首先发现了俄歇过程,1925 年 Auger 发现了俄歇效应。1953

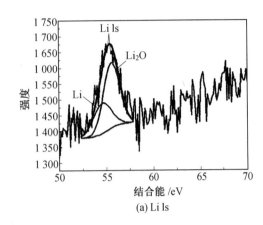

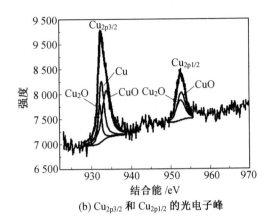

(a) Li 1s　　　　　　　　　　(b) Cu₂ₚ₃/₂ 和 Cu₂ₚ₁/₂ 的光电子峰

图 9.25　铜表面电镀 Cu—Li 合金的 XPS 谱图

年 Lander 从二次电子能量曲线中第一次辨别出了俄歇电子能谱线,并提议使用电子激发俄歇电子技术来鉴别表面杂质。20 世纪 60 年代末期,采用电子能量分布函数的微分法和使用低能电子衍射的电子光学系统,使得检测俄歇电子的仪器有了突破。随后,俄歇电子能谱迅速地发展成为强有力的固体表面化学分析方法。

1. 俄歇电子能谱的结构与原理

俄歇电子能谱仪(Auger Electronic Spectrum,AES),是一种表面科学和材料科学的分析技术,因为该技术主要是借助于俄歇效应来进行分析的,所以由此得名。1953 年,俄歇电子能谱逐渐地被应用于鉴定样品表面的化学性质及组成成分,其特点是俄歇电子来自浅层表面,仅带出表面的信息,且俄歇电子能谱的能量位置固定,比较容易分析。

(1)基本原理

当具有足够能量的粒子(光子、电子或者离子)与一个原子发生碰撞时,原子内层轨道上的电子被激发出来后,在原子内层轨道将会产生一个空穴,形成激发态正离子。这种激发态正离子是不稳定的,必须通过退激发恢复到原来的稳定状态。在激发态离子的退激过程中,外层轨道的电子可以向该空穴跃迁并释放能量,而释放的能量又可以激发同轨道层或者更外层轨道电子使其电离而逃离样品表面,这种出射电子就是俄歇电子。俄歇跃迁所产生的俄歇电子可以用它跃迁过程中涉及的三个原子轨道能级的符号来标记,即标记为 WXY 跃迁。其中激发空穴所在的轨道能及标记为首位,中间为填充电子的轨道能级,最后是激发俄歇电子的轨道能级。例如 CKLL 跃迁,说明在碳原子的 K 轨道能级(1s)上激发产生一个空穴,然后外层的 L 轨道能级(2s)的电子填充 K 轨道能级上的空穴,同时,外层 L 轨道能级(2p)上的另一电子激发发射。对于 WXY 不同方式的跃迁,产生的俄歇电子的动能为

$$E_{WXY} = E_W - E_X - E_Y - \Phi_A \tag{9.6}$$

式中　Φ_A——分析器物质的功函数。

(2)俄歇电子能谱仪的结构

俄歇电子能谱仪的仪器结构与 X 射线光电子能谱仪一样,也是非常复杂的。俄歇电子能谱仪主要是由安装在超高真空中的电子枪/源、电子能量分析器、电子检测器以及用于控制谱仪和数据处理的数据系统等部分组成。图 9.26 为俄歇电子能谱仪的结构示意图。

俄歇能谱仪的电子枪分为固定式电子枪和扫描式电子枪两种。扫描式电子枪适用于俄

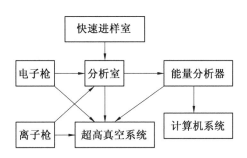

图 9.26　俄歇电子能谱仪的结构示意图

歇电子能谱的微区分析。新一代的俄歇电子能谱仪大多采用场发射电子枪,它的优点是空间分辨率高、束流密度大,但价格昂贵,维护复杂,对真空要求高。常用的俄歇电子能谱仪的电子能量分析器有两种类型,即四栅球型能量分析器(拒斥场型)和筒镜能量分析器(偏转色散型)。其中四栅球型能量分析器具有分辨率不高,检测灵敏度低等缺点。筒镜能量分析器是利用不同能量的粒子在静电场中偏转轨道半径不同,使其被分离开,以便于选出某种能量的电子。俄歇电子能谱仪的采集模式有四种,分别为点分析(Pointanalysis)、线扫描(Line Scan)、面绘图(Mapping)和深度剖析(Profiling)。

2. 俄歇电子能谱分析与应用

在表面化学成分的分析中,俄歇电子能谱技术的应用主要是定性分析和定量分析,可用于半导体技术、冶金、催化、矿物加工以及晶体生长等领域。在定性分析中又包括元素鉴别分析、元素化学状态分析和俄歇剖面分析。俄歇电子能谱的采样深度为俄歇电子平均自由程的 3 倍,根据俄歇电子的平均自由程数据,可以估计出各种材料的采样深度,通常金属为0.5~2 nm,无机物和有机物为 1~3 nm。总的来说,俄歇电子能谱的采样深度要比 XPS 的要浅一些,所以具有更高的灵敏度,更快的数据收集,同样能探测出除氢、氦以外的其他所有元素,在很多情况下还能够提供化学结合状态的信息。

(1)定性分析

表面元素的定性分析方法是俄歇电子能谱最常规的分析方法。根据俄歇电子能谱图中俄歇峰的位置确定元素种类的步骤有以下几个:

①找出最强线,查手册确定元素类别。

②找出第 1 步确定的元素在谱图中的所有谱线。

③重复以上两个步骤。

④如果有重叠的谱线,需要进行综合考虑。在测量时,需要改变初级束能量,以排除初级电子能量损失,分析谱图时,也要考虑是否存在化学位移。

(2)定量分析

俄歇电子能谱仅仅可以给出半定量分析结果,即给出元素之间的相对含量而不是绝对含量。如果要进行绝对定量分析,有必要找出某种元素的俄歇电流与该元素在表面区的总密度之间的关系,这种做法比较困难。俄歇电子能谱的定量分析方法主要包括纯元素标样法、相对灵敏度因子法和相近成分的多元素标样法。其中最常用和最简便的方法是相对灵敏度因子法,该方法的定量分析计算方法可以用以下公式进行计算:

$$C_i = \frac{I_i/S_i}{\sum\limits_i I_i/S_i} \tag{9.7}$$

式中　S_i——第 i 种元素的相对灵敏度(可以在手册中获得);

　　　I_i——第 i 种元素的俄歇电流;

　　　C_i——第 i 种元素的摩尔分数浓度。

(3)化学价态分析

俄歇电子的动能虽然主要由元素的种类和跃迁轨道所决定的,但是由于原子内部外层电子的屏蔽效应以及电子的结合能在不同环境中是不一样的,会产生微小的变化,这种微小的变化可以导致俄歇电子能量的变化,这种变化就称为元素的俄歇化学位移,它是由元素在样品中所处的化学环境决定的。一般来讲,俄歇化学位移要比 XPS 的化学位移大得多,显然,前者更适合于表征和分析元素在该物种中的化学价态和存在形式。因此俄歇电子能谱的化学位移在表面科学和材料科学的研究中具有广阔的应用前景。

(4)俄歇深度剖析

俄歇电子能谱的深度剖析是俄歇电子能谱最有用的分析功能。通常采用氩离子束进行样品表面剥离,这种方法属于一种破坏性分析方法,会引起表面晶格损伤、择优溅射和表面原子混合等现象。当剥离速度很快、剥离时间很短时,可以不用考虑以上效应。因为俄歇电子能谱的采样深度较 XPS 浅,所以俄歇电子能谱的深度分析具有更好的深度分辨率。

图 9.27 为不锈钢表面镀铬渗氮层材料不同元素随着深度分布的 AES 谱图。从图中可以看出,时间在 0~40 min 时,4 种元素的含量均比较平稳,没有发生太大变化,其中铬元素和氮元素的原子数分数分别为 60% 左右和 35% 左右,而氧元素和铁元素的含量接近于零,由此可以推断出不锈钢表面氮化铬镀层的主要成分是 Cr_2N。

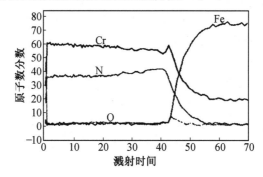

图 9.27　不锈钢表面镀铬渗氮层材料的 AES 图谱

9.4.4　X 射线荧光光谱

1948 年,H・弗里德曼和 L・S・伯克斯制成了一台波长色散的 X 射线荧光分析仪,此后,随着 X 射线荧光分析理论和方法的逐渐开拓和完善、仪器的自动化和计算机水平的迅速提高,20 世纪 70 年代以后,按激发、色散和探测方法的不同,发展成为 X 射线光谱法(波长色散)和 X 射线能谱法(能量色散)两大分支,现已遍广泛应用。

1. X 射线荧光光谱分析基本原理

X 射线荧光光谱分析(X—Ray Fluorescence Spectrum,XRFS)是利用初级 X 射线光子

或其他微观离子激发待测物质中的原子,使其产生荧光(即二次 X 射线)而进行物质成分分析和化学状态研究的一种分析方法,也称为 X 射线二次发射光谱。XRFS 可测试的样品可以是各种形态的,例如固体(块状)、粉末、薄膜、泥浆、液体等,它的测量具有的优点是快速、准确、制备样品方便,而且测试过程对样品不会产生损害,更不会改变样品的性质。

待测样品经过 X 射线照射后,其中各种元素原子的内外壳(如 K、L 或 M 层)电子被激发,从而引起电子跃迁,并发射出该元素的特征 X 射线荧光,而且每种元素都有其特定波长的特征 X 射线,所以通过测试样品中特征 X 射线的波长,便可以确定试样中存在何种元素,这就是 XRFS 的定性分析;元素的特征 X 射线的强度与样品中该元素的原子数量(含量)成正比,所以通过测得样品中某元素特征 X 射线的强度,并采用适当的方法进行校准和校正,便能够求出该元素在样品中的百分含量,这就是 XRFS 的定量分析。

2. X 射线荧光光谱仪的结构

X 射线荧光光谱仪主要是由激发源、色散(波长和能量色散)系统、探测器、记录及数据处理系统等几个部分组成。

(1)激发源

激发源的作用是产生初级 X 射线,它是由高压发生器和 X 射线光管组成的。X 射线光管产生的 X 射线透过 Be 窗入射到样品上,激发出样品元素的特征 X 射线,正常工作时,X 射线管所消耗功率的 0.2% 左右转变为 X 射线辐射,其余均变为热能使 X 射线管升温,因此必须不断地通冷却水冷却靶极。

(2)色散系统

色散系统的作用是将不同波长的 X 射线分开,它是由样品室、狭缝、测角仪和晶体分光器(主要部分)等组成。根据布拉格定律,当波长为 λ 的 X 射线以 θ 角射到晶面,如果晶面间距为 d,则在出射角为 θ 的方向,可以观测到波长为 $\lambda = 2d\sin\theta$ 的一级衍射及波长为 $\lambda/2$、$\lambda/3$ 等高级衍射。改变 θ 角,可以观测到另外波长的 X 射线,因而使不同波长的 X 射线可以分开。

(3)探测器

探测系统的主要作用是将 X 射线光子能量转化为容易测量的电信号。最初的 X 射线探测器是无能量分辨能力的盖革计数器,现在常用的有正比计数管、闪烁计数管、半导体探测器、Si(Li)探测器等。

(4)记录及数据处理系统

记录系统是由放大器、脉冲幅度分析器、显示部分组成。通过定标器的脉冲分析信号可以直接输入计算机,通过进行联机处理可以得到被测元素的含量。

3. X 射线荧光光谱分析的应用

(1)定性分析

不同元素的荧光 X 射线具有各自的特定波长,因此根据荧光 X 射线的波长可以确定样品中元素的组成。如果是波长色散型光谱仪,对于一定晶面间距的晶体,由检测器转动的 2θ 角可以求出 X 射线的波长 λ,从而确定元素成分。而实际上定性分析时,可以根据计算机自动识别谱线,并给出定性结论。但是如果样品中某种元素含量过低或存在元素间的谱线干扰时,仍需人工鉴别。在分析未知谱线时,要同时考虑到样品的来源、性质等因素,以便综合判断。

（2）定量分析

采用X射线荧光光谱法进行定量分析的依据是元素的荧光X射线强度I_i与试样中该元素的含量W_i成正比：

$$I_i = I_s W_i \tag{9.8}$$

式中　　I_s——$W_i = 100\%$时，该元素i的荧光X射线的强度。

根据式（9.8），可以采用标准曲线法、增量法、内标法等进行定量分析。但是这些方法都要使标准样品的组成与试样的组成尽可能相同或相似，否则试样的基体效应或共存元素的影响，会给测定结果造成很大的偏差。

9.5　现代原位分析方法

9.5.1　原位红外光谱分析

20世纪70年代，人们就有意识地将光谱电化学作为分子水平上研究电化学的技术。早在20世纪60或70年代，紫外可见反射光谱、表面拉曼散射光谱等谱学方法就已经被用于固/液界面电化学过程的原位研究，而80年代初期，Bwick才成功地将电化学原位反射光谱引入原位研究行列，这也是红外光谱的特点决定的。将红外光谱引入固/液界面原位研究来探测界面结构，可以检测表面吸附物的种类以及它们的成键方式，同时也可以监测反应物分子和产物的实时变化表情况等，从而可以在分子水平上来研究反应的机理。

溶剂分子对红外光的吸收等障碍导致固/液界面的红外反射信号十分微弱，以至于无法测量。对于这些障碍的解决方法有以下几个方面：首先，对于弱信号的检测，可以通过信号调制技术解决。按照信号调制方法的不同，可以将电化学原位红外光谱方法分为以下三种主要方法：电化学调制红外光谱法（Electro Modulated Infrared Spectroscopy，EMIRs）、差减归一傅里叶变化红外光谱法（Subtractive Normalized Fourier Transform Infrared Spectroscopy，SNFTIRs）、红外反射吸收光谱法（Infrared Reflection Absorption Spectroscopy，IRRAs），其次，采用薄层电解池和红外光谱电解池（图9.28）。其中，必须保证电极表面是平面，并且与红外窗口尽量紧密接触，以减少红外光路中溶剂分子的量和红外能量损失。

杨晨等人通过原位红外光谱技术研究了酸性介质中铂电极上电沉积普鲁士蓝的过程，通过该技术获得的信息总结出普鲁士蓝的电沉积机理，即酸性溶液中铁氰酸根离子解离成铁离子和氰根离子，在电位的驱使下游离的铁离子被还原成二价亚铁离子，亚铁离子与生成的亚铁氰酸根离子配位生成了普鲁士白，而普鲁士白和普鲁士蓝在一定电位下可以发生快速可逆的转化。黄桃等人通过原位红外光谱技术研究了草酸还原制备乙醛酸的反应，通过跟踪和鉴定该反应过程的中间产物、最终产物等信息，在分子水平上为电催化反应的反应机理给出直接的实验依据，结果表明，当电极电位在$-0.7 \sim -1.5$ V之间时，草酸被还原成乙醛酸。徐常登采用原位红外光谱研究了电沉积常用表面活性剂十六烷基三甲基溴化铵CTAB在Pt(100)电极表面吸附、解离对电极表面结构的影响，结果表明：在低电位区间，CTAB的氮与电极表面的氢原子结合，生成N—H键；当电位高于0.5 V时，CTAB发生氧化反应生成CO_2，而CH_2振动峰的增强，可能是由于CTAB分子中C—N键的断裂导致的

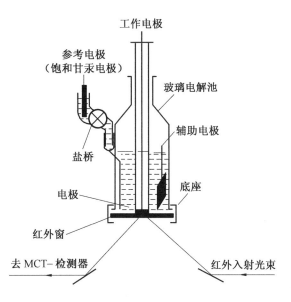

图 9.28　红外光谱电解池示意图

空间位阻变小,从而使得 CH_2 进入薄层中。Aurbach 等人研究了在 THF 中三种类型体系 $(RMgX,Mg(Al_{4-n}R_n)_2,Mg(BPh_2Bu_2)_2)$ 中 Mg 的沉积—溶解过程的机理,并采用原位红外光谱观察法获得 Au 电极上 Mg 的光谱性质,原位红外光谱显示有 RMg^+ 或 $RMg\cdot$ 粒子吸附于 Mg 电极表面;在 $Mg(Al_{4-n}R_n)_2$ 复合溶液中,通过原位红外光谱可以观察到 $Mg_xCl_y^+$ 可能吸附于 Mg 电极表面,而且还发现了 Al—Cl 键和 Mg—C 键的存在;而在 $Mg(BPh_2Bu_2)_2$ 溶液中,Mg 电极表面可能被吸附的粒子为 $PhMg^+$ 和 $B(Ph_2Bu_2)Mg^+$,而且以上粒子通过 THF 分子可以与 Mg 离子形成稳定的配合物。因此可以看出,在这些体系中 Mg 沉积—溶解过程并不是简单地 Mg/Mg^{2+} 反应。以上溶液体系中 Mg 的沉积过程可以认为是:首先通过 THF 分子形成几种可能的离子,并吸附于电极表面,而后通过将电荷传递给这些阳离子,吸附粒子发生非均相反应,从而形成了 Mg 沉积和溶液粒子(如 R_2Mg 等),通过电化学方法可以进一步证明这一机理的正确性。

9.5.2　原位 STM 观察

在 9.2.4 部分,已经介绍了 STM 工作原理及应用。如果将电化学测试体系附加到 STM 装置,就能够对溶液中发生的电化学反应进行实时观察,以获得电极表面形貌的变化过程。多功能 UHV—STM—LEED—AES 联合系统是以 STM 为核心进行多种原位分析的联合系统。

图 9.29 为电化学 STM 的实验装置图,它包括两个组成部分:

①电化学实验测量控制部分。

②STM 部分。在电化学 STM 中,它的针尖相当于电化学测量系统的另一个工作电极,这一电极和电化学测量系统的三电极(工作电极、辅助电极和参比电极)放于同一个电解池中,与电化学系统共用辅助电极和参比电极,形成另一个三电极系统,其中整个过程由 STM 针尖在样品的表扫描记录,所以 STM 针尖既具有扫描功能,又是另一个工作电极。

肖晓银等人通过原位技术研究了铜在铂单晶电极上的沉积过程,并通过调节隧道条件,

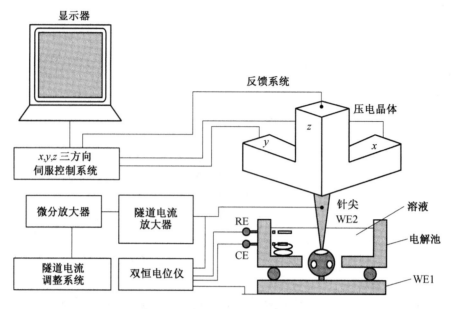

图 9.29　电化学原位 STM 装置图

跟踪监测电极表面沉积的表面过程和沉积层内部的结构,发现了沉积层的结构重构现象,并通过 STM 针尖诱导沉积层溶解的方法,解释了沉积层重构现象。黄令等人通过原位 STM 技术研究了铜基底上锡镍合金的电沉积过程,原位 STM 测试结果表明,锡镍合金电沉积的初期是以三维岛状模式生长,基本沿袭铜基底表面结构;高过电位使其成核速度增大,表面晶粒变得细小;沉积的后期出现择优取向生长。Inukai 等人在 $0.05 \ mol \cdot L^{-1} \ H_2SO_4 +$ $1 \ mmol \cdot L^{-1} \ CuSO_4$ 溶液中,采用原位 STM 技术观察铜在 Pt 电极上的欠电位沉积过程。由于 STM 具有原子级的高分辨率,因此在金属电沉积过程中常常用于晶核生长的研究。图9.30是在 Au(111)电极上电沉积金属钴的 STM 像。电解液是以离子液体 $BMIBF_4$ 为溶剂,$CoCl_2$ 的浓度为 $0.1 \ mmol \cdot L^{-1}$,电极电势为 $-2.05 \ V$。

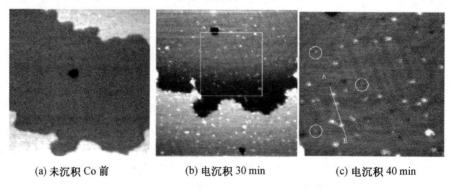

(a) 未沉积 Co 前　　　　　(b) 电沉积 30 min　　　　　(c) 电沉积 40 min

图 9.30　在 Au(111)电极上电沉积金属钴的原位 STM 像

从图 9.30 中可以看出,电沉积 30 min 时,金电极表面出现了一些 Co 的原子簇,这些原子簇成为 Co 生长的晶核,电沉积 40 min 后,金属 Co 的晶粒大小为 2～3 nm。

参考文献

[1] 徐滨士,谭俊,陈建敏. 表面工程领域科学技术发展[J]. 中国表面工程,2011,24(2):1-12.

[2] 师昌绪,徐滨士,张平. 21 世纪表面工程的发展趋势[J]. 中国表面工程,2001,14(1):2-7.

[3] 涂铭旌,欧忠文. 表面工程的发展及思考[J]. 中国表面工程,2012,25(5):1-5.

[4] 郭鹤桐,张三元. 复合电镀技术[M]. 北京:化学工业出版社,2007.

[5] 查全性,等. 电极过程动力学导论[M]. 北京:科学出版社,2002.

[6] 渡边辙. 纳米电镀[M]. 陈祝平,杨光,译. 北京:化学工业出版社,2007.

[7] 屠振密,李宁,胡会利,等. 电沉积纳米晶材料技术[M]. 北京:国防工业出版社,2008.

[8] 刘仁志. 电子电镀技术[M]. 北京:化学工业出版社. 2008.

[9] 王桂香,李宁,黎德育. 直接电镀用胶体钯催化剂的研制及性能[J]. 稀有金属材料与工程,2006,35(10):1656-1660.

[10] 张鹏,何大容,赵发云. 塑料(ABS)表面直接电镀工艺研究[J]. 材料保护,2001,34(6):30-33.

[11] 张正,李孝琼,高四,等. 化学镀厚铜、有机导电膜、黑孔化工艺比较[J]. 印制电路信息,2015,2:23-25.

[12] 蔡积庆. 孔金属化印制板黑孔化电镀技术[J]. 电镀与环保,1992,12(5):4-8.

[13] 段远富,高四,张伟,等. 纳米碳孔金属化直接电镀技术[J]. 装备环境工程,2013,10(2):114-117.

[14] 韩卓江,刘良军. 挠性基板制造工艺[J]. 印制电路信息,2013,3:42-45.

[15] 蔡积庆. 挠性薄膜上形成的电子电路[J]. 印制电路信息,2012,12:64-67.

[16] 许人元. 刚挠结合板制作中难点改良[J]. 印制电路信息,2015,1:64-67.

[17] 张宣东,吴向好,林均秀,等. HDI 刚挠印制板中的埋盲孔工艺研究[J]. 印制电路信息,2009,3:26-29.

[18] 王增林,刘志娟,姜洪艳,等. 化学镀技术在超大规模集成电路互连线制造过程的应用[J]. 电化学,2006,12(2):125-133.

[19] 张炜,成旦红,王建泳. 超大集成电路互连线电沉积铜的研究动态[J]. 材料保护,2005,38(12):33-39.

[20] 徐小城. 深亚微米集成电路工艺中铜金属互联技术[J]. 微电子技,2001,29(6):1-7.

[21] 王旭. 超级化学镀铜方法填充微道沟的基础研究[D]. 西安:陕西师范大学,2011.

[22] 景璀,赵晓明. IC 引线框架电镀工艺及设备[J]. 电子工业专用设备,2008,160:24-27.

[23] 张勇强，蒋维刚. 接插件微孔深孔电镀工艺技术[J]. 电镀与涂饰，2015，34(4)：189-195.

[24] 潘国锋. 电子开关接插件滚镀银工艺[J]. 电镀与涂饰，2012，31(6)：13-15.

[25] 胡信国. 动力电池技术与应用(第二版)[M]. 北京：化学工业出版社，2014.

[26] 李均明. 铝合金微弧氧化陶瓷层的形成机制及磨损性能[D]. 西安：西安理工大学，2008.

[27] 陈明. 镁合金微弧氧化微区电弧放电机理及电源特性的研究[D]. 兰州：兰州理工大学，2010.

[28] 王庆良，葛世荣，史兴岭. 钛合金微弧氧化陶瓷层的结构研究[J]. 中国矿业大学学报，2008，37(7)：462-466.

[29] 孙志华. 铝合金微弧氧化陶瓷层形成机理探讨[J]. 腐蚀与防护，2012，33(11)：976-980.

[30] 王燕华. 镁合金微弧氧化膜的形成过程及腐蚀行为研究[D]. 北京：中国科学院研究生院，2005.

[31] FADAEE H, JAVIDI M. Investigation on the corrosion behaviour and microstructure of 2024-T3 Al alloy treated via plasma electrolytic oxidation[J]. Journal of Alloys and Compounds, 2014, 604: 36-42.

[32] LI H, SUN Y, ZHANG J. Effect of ZrO_2 particles on the performance of micro-arc oxidation coatings on Ti6Al4V[J]. Applied Surface Science, 2015, 342: 183-190.

[33] 朱荻，云乃彰，汪炜，等. 微机电系统与微细加工技术[M]. 哈尔滨：哈尔滨工程大学出版社，2008.

[34] 王振龙. 微细加工技术[M]. 北京：国防工业出版社，2005.

[35] 徐家文，云乃彰，王建业，等. 电化学加工技术——原理·工艺及应用[M]. 北京：国防工业出版社，2008.

[36] 曹凤国. 电化学加工[M]. 北京：化学工业出版社，2014.

[37] 苑伟政，炳和. 微机械与微细加工技术[M]. 西安：西北工业大学出版社，2000.

[38] 李永海，丁桂甫，毛海平，等. LIAG/准LIAG技术微电铸工艺研究进展[J]. 电子工艺技术，2005，26(1)：1-5.

[39] 朱荻，王明环，明平美，等. 微细电化学加工技术[J]. 纳米技术与精密工程，2005，3(2)：151-155.

[40] 张朝阳. 纳秒脉冲电流微细电解加工技术研究[D]. 南京：南京航空航天大学机电学院，2006.

[41] 吕文龙，陈义华，孙道恒. 微电铸及其在MEMS中的应用[J]. 厦门大学学报(自然科学版)，2005，44(增刊)：316-318.

[42] 李冠男，黄成军，罗磊，等. 微电铸技术及其工艺优化进展研究[J]. 微细加工技术，2006(6)：1-5.

[43] 曾跃，姚素薇. 电镀磁性镀层[M]. 天津：天津大学出版社，1999.

[44] 姚永林，张传福，湛菁，等. 不同形貌纳米FeNi合金的制备[J]. 化学进展，2012，24(12)：2312-2319.

[45] LONG X F, GUO G H, LI X H, et al. Electrodeposition of Sm-Co film with high Sm content from aqueous solution[J]. Thin Solid Films, 2013, 548: 259-262 .

[46] 龙雄飞,郭光华,李新华,等. 水溶液中 Sm-Co 薄膜的制备及其磁学性质[J]. 材料导报 B,2013,27(8):24-26.

[47] WEI J C, SCHWARTZ M, NOBE K. Aqueous electrodeposition of SmCo alloys－I. Hull cell studies[J]. Journal of the Electrochemical Society, 2008,155(10): 660-665.

[48] TAKAHISA I, TOSHIYUKI N, YASUHIKO I, et al. Electrochemical formation of Sm-Co alloys by codeposition of Sm and Co in a molten LiCl-KCl-SmCl$_3$-CoCl$_2$ system[J]. Electrochimica Acta, 2003, 48(17):2517-2521.

[49] 龚晓钟，汤皎宁，李均钦，等. 稀土钐钴永磁功能合金膜的电沉积制备及磁学性能 [J]. 中国有色金属学报, 2007, 17(5):750-756.

[50] 王成伟,彭勇,潘善林,等. α-Fe 纳米线阵列膜磁各向异性的穆斯堡尔谱研究[J]. 物理学报,1999, 48(11): 2146-2150.

[51] LIN S W, CHANG S C, LIU R S, et al. Fabrication and magnetic properties of nickel nanowires[J]. Journal of Magnetism and Magnetic Materials,2004, 282(9): 28-31.

[52] 袁想洋. 氧化钨电致变色薄膜的研究[D]. 杭州:浙江大学, 2007.

[53] 王丽阁. 磁控溅射 WO$_3$ 和 NiO$_x$ 互补型电致变色薄膜[D]. 大连:大连理工大学, 2008.

[54] ZHANG J, WANG X L, XIA X H, et al. Enhanced electrochromic performance of macroporous WO$_3$ films formed by anodic oxidation of DC-sputtered tungsten layers [J]. Electrochimica Acta, 2010, 55: 6953-6958.

[55] 贾小东, 杜金会, 于振瑞, 等. 脉冲电沉积法制备掺钴 WO$_3$ 薄膜[J]. 光电子技术, 1999,19(4): 239-242.

[56] 姚建年, 陈萍, 藤岛昭. 电解沉积成膜法制备氧化相变色薄膜的研究[J]. 感光科学与光化学,1996, 14(3): 224-229.

[57] 傥正才, 吴正华. 氧化铱电致变色显示[J]. 光电子学技术, 1987(2):30-38.

[58] 马如璋, 蒋民华, 徐祖雄. 功能材料学概论[M]. 北京:冶金工业出版社, 1999.

[59] 钱九红, 袁冠森. 高温超导材料制备工艺的进展[J]. 稀有金属, 1998, 22(2):132-137.

[60] 吴耀明, 苏明忠, 杜森林. 熔融盐研究进展[J]. 化工进展, 1995(5): 5-7.

[61] 刘伯生. 非水溶液电镀[J]. 表面技术,1991(1):1-8.

[62] WU M K, ASHBURN J R, TORNG C J, et al. Superconductivity at 93 K in a new mixed-phase Yb-Ba-Cu-O compound system at ambient pressure[J]. Phys. Rev. Lett. , 1987, 58: 908-910.

[63] 赵忠贤, 陈立泉, 杨乾生, 等. Ba-Y-Cu 氧化物液氮温区的超导电性[J]. 科学通报, 1987, 6: 412-414.

[64] BHATTACHARYA R N, PARILLA P A, NOUFI R. YBaCuO and TlBaCaCuO superconductor thin films via an electrodeposition process[J]. Journal of the Electro-

chemical Society，1992，139(1)：67-69.

［65］RICHARDSON K A，ARRIGAN D M W，GROOT P A J，et al. Electrodepodition of the bismuth-based superconductor $Bi_2Sr_2CaCu_2O_{8+\delta}$［J］. Electrochimica Acta，1996，41(10)：1629-1632.

［66］SHIRAGE P M，SHIVAGAN D D，KALUBARME R S，et al. The nucleation and growth mechanism of the electrodeposition of $Tl_2Ba_2Ca_2Cu_3O_{10}$ superconducting thin films on Al-substrate［J］. Superconductor Science and Technology，2008，21(6)：1-8.

［67］杨祥鹏，王建波，孙远航. 电化学方法进行 MgB_2 超导薄膜的制备［J］. 化工时刊，2006，20(1)：4-6

［68］刘东，吴辉煌，张瀛洲，等. 热处理对电沉积 CdSe 薄膜光电性能的影响［J］. 厦门大学学报，1992，31(3)：251-255.

［69］樊玉薇，李永祥，吴冲若. 半导体 CdTe 薄膜电化学沉积研究［J］. 功能材料，1998，29(2)：180-182.

［70］焦淑红，徐东升，许荔芬，等. 金属氧化物纳米材料的电化学合成与形貌调控研究进展［J］. 物理化学学报，2012，28(10)：2436-2446.

［71］XU L F，GUO Y，LIAO Q，et al. Morphological control of ZnO nanostructures by electrodeposition［J］. J. Phys. Chem. B.，2005，109(28)：13519-13522.

［72］PEULON S，LINCOT D. Mechanistic study of cathodic electrodeposition of zinc oxide and zinc hydroxychloride films from oxygenated aqueous zinc chloride solutions［J］. Journal of the Electrochemical Society，1998，145(3)：864-874.

［73］彭琰. 材料领域的新葩——梯度材料［J］. 河北陶瓷，2001(1)：29-30.

［74］雷孙栓，李宁，王鸿建. 电沉积梯度功能材料概述［J］. 材料保护，1995，28(7)：12-14.

［75］王立平，高燕，薛群基，等. 新型 Ni-P 功能梯度镀层的磨损特性研究［J］. 摩擦学学报，2005，25(4)：294-297.

［76］WANG L P，GAO Y，XUE Q J，et al. Graded composition and structure in nanocrystalline Ni-Co alloys for decreasing internal stress and improving tribological properties［J］. Journal of Physics D：Applied Physics，2005，38：1318-1324.

［77］王宏智，姚素薇，张卫国. Ni/ZrO_2 梯度镀层高温氧化性能及热应变特性［J］. 功能材料，2006，37(6)：955-958.

［78］DONG Y S，LIN P H，WANG H X. Electroplating preparation of $Ni-Al_2O_3$ graded composite coatings using a rotating cathode［J］. Surface and Coatings Technology，2006，200：3633-3636.

［79］王辉，杨贵荣，马颖，等. Ni-P 功能梯度层及均质 Ni-P 化学镀层的磨损性能［J］. 材料保护，2010，43(3)：1-3.

［80］张晓燕，刘卫红. N，N-二甲基甲酰胺中电沉积制备镁镍储氢合金［J］. 化学学报，2007，65(7)：575-578.

［81］王栋，李燕，王玲，等. 电沉积和化学镀技术在镁基储氢合金制备及表面改性中的应

用[J]. 电镀与涂饰，2009，28(5)：1-4.

[82] 夏同驰，李晓峰，董会超，等. 电沉积镧镍合金薄膜的电化学贮氢性能研究[J]. 稀有金属材料与工程，2007，36(5)：896-898.

[83] 韩庆，陈建设，刘奎仁，等. 复合型 $LaNi_5/Ni$-S 合金镀层在碱液中的析氢反应[J]. 金属学报，2008，44(7)：887-891.

[84] 邵元华. 扫描电化学显微镜及其最新进展[J]. 分析化学，1999，27 (11)：1348-1355.

[85] 毛秉伟，任斌. 扫描电化学显微技术[J]. 化学通报，1995，24 (3)：13-17.

[86] 卢小泉，王晓强，胡丽娜. 扫描电化学显微镜及其在界面电化学研究中的应用[J]. 化学通报，2004，9：673-678 .

[87] SHAO Y, MIRKIN M V. Probing ion transfer at the liquid/liquid interface by scanning electrochemical microscopy (SECM)[J]. Journal of Physical Chemistry，1998，102(49)：9915-9921.

[88] LIU H Y, FAN F F, LIN C W, et al. Scanning electrochemical and tunneling ultramicroelectrode microscope for high-resolution examination of electrode surfaces in solution[J]. J. Am. Chem. Soc. ，1986，108 (13)：3838-3839.

[89] 王宏智，姚素薇，邢冬梅，等. Ni-W 纳米结构梯度镀层的制备、表征及热应变特性[J]. 物理化学学报，2002，18(11)：1029-1032.

[90] 周玉. 材料分析方法[M]. 北京：机械工业出版社，2000.

[91] 华中一，罗维昂. 表面分析[M]. 上海：复旦大学出版社，1989.

[92] 肖宇，顾大明，刘峰，等. 不锈钢双极板表面 Gr 与 Cr_2N 镀层导电与耐腐蚀性能研究[J]. 真空科学与技术学报，2013，33(3)：240-244.

[93] 杜希文，原续波. 材料分析方法[M]. 天津：天津大学出版社，2006.

[94] 谈育煦. 金属电子显微分析[M]. 北京：机械工业出版社，1989.

[95] YANG P X, ZHAO Y B, SU C N, et al. Electrodeposition of Cu-Li alloy from room temperature ionic liquid 1-butyl-3-methylimidazolium tetrafluoroborate[J]. Electrochimica Acta，2013，88(2)：203-207.

[96] LI L B, AN M Z, WU G H. A new electroless nickel deposition technique to metallise SiCp/Al composites[J]. Surface and Coatings Technology，2006，200(16-17)：5102-5112.

[97] 余金山，刘俊亮，张津徐，等. 合金化热镀锌镀层组织 Γ 相的结构分析[J]. 材料科学与工艺，2008，16(1)：99-102.

[98] 黄孝瑛. 材料微观结构的电子显微学分析[M]. 北京：冶金工业出版社，2008.

[99] 刘粤惠，刘平安. X 射线衍射分析原理与应用[M]. 北京：化学工业出版社，2003.

[100] 李巧霞，周小金，李金光，等. Pt-Ru 合金薄膜的电沉积制备及其电化学表面增强红外吸收光谱[J]. 物理化学学报，2010，26(6)：1488-1492.

[101] 钟远辉，戴品强，徐伟长，等. 脉冲电沉积纳米晶 Ni-Co 合金镀层腐蚀特性研究[J]. 稀有金属材料与工程，2009，38(6)：1053-057.

[102] 罗立强，詹秀春，李国会. X 射线荧光光谱仪[M]. 北京：化学工业出版社，2008.

[103] 余焜. 材料结构分析基础[M]. 北京：科学出版社，2010.

[104] 刘艳娜. 含氯芳香族化合物电化学脱氯机理的原位红外光谱研究[D]. 杭州：浙江工业大学,2009.

[105] 孙世刚,贡辉. 固体催化剂的研究方法第十一章电化学催化中的原位红外反射光谱法[J]. 石油化工,2001,30(10)：806-814.

[106] 杨晨. 电催化材料的原位光谱研究及其在生物分析中的应用[D]. 南京：南京大学,2011.

[107] 黄桃. 乙醛酸电合成的催化剂制备和原位红外反射光谱研究[D]. 厦门：厦门大学,2007.

[108] 徐常登. CTAB 和 HBr 与铂单晶表面相互作用的电化学和原位红外光谱研究[D]. 厦门：厦门大学,2014.

[109] AURBACH D, TURGEMAN R, CHUSID O, et al. Spectroelectrochemical studies of magnesium deposition by in situ FTIR spectroscopy[J]. Electrochemistry Communication, 2001,3(5)：252-261.

[110] 万立骏. 电化学扫描隧道显微术及其应用[M]. 北京：科学出版社,2005.

[111] 肖晓银. 电化学表面过程的原位振动光谱和扫描隧道显微镜研究——Pt、Au 多晶和单晶电极上 CO,CN⁻,PNBA 和氨基酸分子的吸附及 Cu 的电沉积过程[D]. 厦门：厦门大学,2000.

[112] INUKAI J, OSAWA Y, WAKISAKA M, et al. Underpotential deposition of copper on iodine-modified Pt(111)：in situ STM and ex Situ LEED studies[J]. J. Phys. Chem. B, 1998,102：3498-3505.

[113] LIN L G, YAN J W, WANG Y, et al. An in situ STM study of cobalt electrodeposition on Au(111) in BMIBF$_4$ ionic liquid[J]. Journal of Experimental Nanoscience, 2006,1(3)：269-278.

名词索引